应急通信实务

广东省安全生产科学技术研究院　组织编写

应急管理出版社

·北　京·

内 容 提 要

本书全面介绍了我国应急通信发展的发展历程，系统解析应急通信体系与技术图谱，阐述了常规应急通信体系架构的构成、通信保障应急预案和演练、应急通信系统建设实施，着重详述了当前主流的应急通信方式以及应急通信的场所和设备情况，包括短波应急通信、集群应急通信、卫星应急通信、全球卫星导航系统、移动应急通信、应急融合通信等技术，以及诸多技术在四大突发事件场景中的应用实践探索。

本书可作为政府、企业、科研单位人员理解应急通信技术与方法、建设应急通信平台、构建应急通信生态体系的重要参考书。

编　委　会

主　　编　章云龙

副 主 编　陈清光　肖俊才　杜劲松

编写人员（按姓氏笔画为序排列）

王　琢　田震华　朱亚星　刘凯凯　刘培鹤
米荣奎　杜劲松　李木胜　李　成　赵军涛
杨周伟　肖俊才　宋飞浩　朱伟利　张佳轩
张　静　陈太坤　陈清光　郑　月　郑　欣
郑高峰　郑绵彬　郑　睿　赵　亮　秦瑞伦
徐伟强　郭功华　郭俊峰　章云龙　梁家海
彭　杰　舒孝畅　谢剑颖　熊　文

前　言

党中央、国务院高度重视安全生产、防灾减灾救灾和应急管理工作。习近平总书记在中共中央政治局第十九次集体学习会上强调：要强化应急管理装备技术支撑，优化整合各类科技资源，推进应急管理科技自主创新，依靠科技提高应急管理的科学化、专业化、智能化、精细化水平。

广东省深入贯彻落实党中央、国务院工作部署，以应急通信装备融合创新和通信队伍保障为重点，综合利用各类通信技术，构建完备可靠、高效可用、科学联动的应急通信体系，实现对不同种类的通信手段进行全融合、全联通，有效解决了非常态下应急通信"看不见，听不到"的问题，为成功应对多次台风、强降雨等灾害事故提供了通信支撑。为充分利用应急通信建设成果，进一步提升全省各级应急管理人员对应急通信的理解，本书编写团队对工作中的实践经验和有价值的观点进行总结提炼，编著成书，以便能够为国内关心与从事应急救援的朋友提供参考。

《应急通信实务》一书深入阐述了应急通信发展的背景和意义，全面梳理了应急通信的体系，介绍应急通信应用到的各类技术及其特点，并通过实际应用场景进行详细描述。创新之处在于系统论述应急通信技术和方法论，提供了诸多实践案例，具有较强参考价值。希望读者朋友能够从中体会应急人的职责与使命，认识到应急通信在应急救援中发挥的重要作用，获取实践经验，各方携手奋进．共同推进应急管理与技术发展。

本书编写团队主要由广东省安全生产科学技术研究院、广东省电信规划设计院有限公司、华为技术有限公司、广州海格通信集团股份有限公司、海能达通信股份有限公司的专家组成，其中广东省安全生产科学技术研究院主要负责第一章、第九章和第十章的编写以及全书的统稿工作，广东省电信规划设计院有限公司主要负责第二章、第十一章和第十二章的编写，华为技术有限公司主要负责第七章和第八章的编写，广州海格通信集团股份有限公司主要负责第三章、第五章和第六章的编写，海能达通信股份有限公司主要负责第四章的编写。

本书在收集资料和编写过程中，得到了大量人员的帮助，感谢广东省应急管理厅成海峰给予的大量的一手实践资料和案例，感谢张志和张霆廷两位教授对书稿内容的把关和审核。

由于编者水平有限，书中难免存在一些问题和遗漏，敬请各位读者批评指正。

编　者

2023年1月

目 录

第一章　绪　　论

第一节　应急通信的概念

一、通信的概念

通信，指人与人或人与自然之间通过某种行为或媒介进行的信息交流与传递，广义上是指需要信息的双方或多方在不违背各自意愿的情况下采用任意方法、媒介，将信息从某方准确安全地传送到其他方。通信技术在人类实践过程中随着社会生产力的发展对传递消息的要求不断提升，同时通信技术的提高也推动人类文明不断进步。在各种各样的通信方式中，利用“电”来传递消息的通信方法称为电信（Telecommunication），这种通信具有迅速、准确、可靠等特点，且几乎不受时间、地点、空间、距离的限制，因而得到了飞速发展和广泛应用。目前一般说的通信都是指电信。在现代科学水平的飞速发展下，相继出现了无线电报、固定电话、移动电话、互联网、视频电话等各种通信方式。通信技术拉近了人与人之间的距离，提高了沟通的效率，深刻地改变了人类的生活方式和社会面貌。

1. 通信的基本要素

通信的目的就是把消息从一个人或者设备传输到另一个人或者设备。通信的方式种类较多，但是如果要完成通信必须要满足 3 个基本的要素：①消息的来源，也就是消息的发送方，简称信源。②消息的目的地，也就是消息的接收者，简称信宿。③消息所要传输的介质或者通道，简称信道。信息是抽象的，但传送信息必须通过具体的媒质，针对现代通信一般还可以概括为以下 5 个要素：

（1）信源的作用是把各种信息转换成原始电信号，称之为消息信号或基带信号，信源可分为模拟信源和数字信源。

（2）发送设备的基本功能是将信源和信道匹配起来，即将信息源产生的消息信号变换成适合在信道中传输的信号。

（3）信道可以是自由空间，也可以是明线、电缆或光纤。传输媒介的特性及引入的干扰和噪声直接关系到通信的质量。

（4）接收设备主要完成发送设备的逆变换，即进行解调、译码、解码等，从带有干扰的接收信号中正确恢复出相对应的原始基带信号。

（5）信宿是传输信息的归宿点，作用是将复原的原始信号转换成相应的信息。

随着人类对于通信的需求不断提高，基于通信的基本要素，人类仍在不断探索如何提高通信的速度、效果。

2. 通信的分类

由于传统的通信方式如信件、面对面交流、手势等效率较低，且受各种因素影响，提升的可能性也很低，所以以下分类主要是指基于电子和信息化的通信领域。

1）按信息传输的方向和时间分类

（1）单工通信：是指消息只能单方向传输的工作方式，如广播、遥控、无线寻呼等，信号（消息）只从广播发射台、遥控器和无线寻呼中心分别传到收音机、遥控对象和 BP 机上。

（2）半双工通信：是指通信双方都能收发消息，但不能同时收发消息的工作方式，例如对讲机、收发报机等，这种设备无法支持多人同时说话。

（3）全双工通信：是指通信双方可同时进行收发消息的工作方式，很明显，全双工通信的信道必须是双向信道，例如座机、手机等。

2）按传输媒质分类

（1）有线通信：是指传输媒质为导线、电缆、光缆、波导、纳米材料等的通信形式，其特点是媒质能看得见、摸得着（明线通信、电缆通信、光缆通信、光纤光缆通信）。有线通信一般来说具有频带宽、速率高、可靠性强等优势，但在抗自然灾害、建设费用、灵活性方面则较差。

（2）无线通信：是指传输媒质看不见、摸不着（电磁波）的一种通信形式，如微波通信、短波通信、移动通信、卫星通信、散射通信等。无线通信自由性强、适应性强、受自然灾害影响较小，但速率较低，稳定性较差。

3）按工作频率分类

按工作频率分为微波、超短波、短波、中波、长波等，具体见表 1-1。

表1-1 按工作频率分类

序号	波段名称		波长范围	频段名称	频率范围	传播模式
1	长波	超长波	1000~10000 km	超低频 ELF	30~300 Hz	空间波
2		甚长波	10~100 km	甚低频 VLF	3~30 kHz	空间波为主
3		在长波	1~10 km	低频 LF	30~300 kHz	地波为主
4	中波		0.1~1 km	中频 MF	0.3~3 MHz	地波与天波
5	短波		10~100 m	高频 HF	3~30 MHz	天波与地波
6	超短波		1~10 m	甚高频 VHF	30~300 MHz	空间波
7	微波	分米波	10~100 cm	特高频 UHF	300~3000 MHz	空间波
8		厘米波	1~10 cm	超高频 SHF	3~30 GHz	空间波
9		毫米波	1~10 mm	极高频 EHF	30~300 GHz	空间波

长波通信：是利用波长长于 1000 m（频率低于 300 kHz）的电磁波进行信息传输的无线电通信，亦称低频通信。它可细分为在长波（波长 1~10 km），甚长波（波长 10~100 km）和超长波（1000~10000 km）波段的通信。由于大气层中的电离层对长波有强烈的吸收作用，长波主要靠沿着地球表面的地波传播，其传播损耗小，绕射能力强。

中波通信：是指利用波长为 100~1000 m，频率为 0.3~3 MHz 的电磁波进行信息传输的无线电通信。它可以靠电离层反射的天波形式传播，也可以靠沿地球表面的地波形式传播。白天由于电离层的吸收作用大，天波不能作有效的反射，主要靠地波传播。但地面对中波的吸收比长波强，而且中波绕射能力比长波差，传播距离比长波短。

短波通信：是指波长在 10~100 m 之间，频率范围在 3~30 MHz 的一种无线电通信。短波的波长短，沿地球表面传播的地波绕射能力差，传播的有效距离短。短波以天波形式传播时，在电离层中所受到的吸收作用小，有利于电离层的反射。经过一次反射可以得到 100~4000 km 的跳跃距离。经过电离层和大地的几次连续反射，传播的距离更远。

超短波通信：是指利用 30~300 MHz 波段的无线电波传输信息的通信。由于超短波的波长在 1~10 m 之间，所以也称米波通信，主要依靠地波传播和空间波视距传播。整个超短波的频带宽度有 270 MHz，是短波频带宽度的 10 倍。由于频带较宽，因而被广泛应用于电视、调频广播、雷达探测、移动通信、军事通信等领域。

微波通信：是指使用波长在 1 mm 至 1 m 之间的电磁波进行信息传输的通信。该波段电磁波所对应的频率范围是 30~3000 GHz。使用微波作为介质进行的通信，不需要固体介质，当两点间直线距离内无障碍时就可以使用微波传送。利用微波进行通信具有容量大、质量好并可远距离传播的特点。我们常用的卫星通信 KU 段、KA 段以及运营商的 2G、3G、4G、5G 都属于微波通信。

4）按调制方式分类

（1）基带传输：是指信号没有经过调制而直接送到信道中去传输的通信方式。其按照数字信号原有的波形（以脉冲形式）在信道上直接传输，要求信道具有较宽的通频带，基带传输不需要调制、解调，设备花费少，适用于较小范围的数据传输。

（2）频带传输：是指信号经过调制后再送到信道中传输，接收端有相应解调措施的通信方式。远距离传输或无线传输时，数字信号必须用频带传输进行传输。基带信号与频带信号的转换是由调制解调技术完成的。

5）按信道中传输的信号分类

（1）模拟通信：是指利用模拟信号来传递信息的通信。模拟信号是用一系列连续变化的电磁波或电压信号来表示，模拟信号抗干扰性较差。

（2）数字通信：是指利用数字信号来传递信息的通信。数字信号是用一系列断续变化的电压脉冲，只有 0 和 1，数字型号抗干扰性强。

二、应急管理的概念

21 世纪以来，世界范围内的突发公共事件时有发生，如切尔诺贝利核电站事故、美国“9·11”恐怖袭击事件、日本“3·11”大地震、非典型性肺炎（SARS）、新冠疫情事件等。这给全世界的公共安全都带来了极大影响。在此背景下，应急管理逐步进入人们的视野，其英文是 Emergency Management，维基百科解释为：“应急管理是对资源和职责的组织管理，以应对突发事件的所有方面，包括准备、响应和恢复。目的是减轻所有灾害的不利影响。”同样是对突发事件的预防与应对，世界各国由于关注的重点有所差异，相关提法并不完全一致，如英国的 Contingency Management（紧急事态管理）、日本的 Disaster Management（防灾管理）、德国的 Krisenmanagement（危机管理）等，但其总体目标、体系框架和核心内容并无本质区别。

关于应急管理的概念，目前尚无统一的定义，美国联邦应急管理署下属的应急管理研究小组于2008年对应急管理有如下的定义：应急管理是为组织机构或社会团体降低灾害脆弱性而进行灾害响应的管理功能，该功能可以帮助人们通过协调和整合所有的行动，建立并逐步改进所有突发事件的减灾、备灾、响应和恢复的能力。姜安鹏等指出，应急管理是指政府及其他公共机构在突发事件的事前预防、事发应对、事中处置和善后管理过程中，通过建立必要的应对机制，采取一系列必要措施，应用科学、技术、规划与管理等手段，保障公众生命财产安全，促进社会和谐健康发展的有关活动。本书认为应急管理是指政府、企业、社会组织、公众等相关主体在突发事件的事前预防准备、事发应对、事中处置救援、事后恢复重建全过程中，通过科学技术、规划及管理手段，建立所需的应对机制，采取有效措施，保障公众生命健康和财产安全，促进社会稳定并健康发展的活动，目的是提高防灾减灾救灾能力，确保人民群众生命财产安全和社会稳定。可以从对象、实施主体、工作内容等方面，对应急管理的内涵加以分析。

应急管理的主要对象是各类突发事件。2007年发布的《中华人民共和国突发事件应对法》中明确“突发事件是指突然发生，造成或者可能造成严重社会危害，需要采取应急处置措施予以应对的自然灾害、事故灾难、公共卫生事件和社会安全事件”。突发事件具有多样性、复杂性、不确定性等特征，针对“多灾种”的综合性应急管理模式是国内外应急管理发展的总体趋势，2018年我国应急管理部的组建正是这一趋势的直接体现。

从实施主体来看，作为社会治理体系的重要组成部分，应急管理的实施主体呈现从单一的政府向多元化主体转变的趋势。涉及党委、政府、企业、社会组织和公众等各类应急管理主体，以打造“党委领导、政府主导、社会协同、公众参与、协调联动”的应急管理工作格局。其中，应急管理要坚持和加强党的集中统一领导，发挥总揽全局、协调各方、督促落实的作用；政府拥有层级化、组织程度高的组织体系，掌握大量的专业救援队伍、装备、物资、资金等资源，是应急管理工作的统筹者和主力军，占据主导地位；企业是生产经营活动的主体，做好应急管理工作，强化和落实企业主体责任是根本和关键所在，同时，企业也是应急管理所需的各类装备、物资和服务的主要生产者和提供者；社会组织具有反应灵活、服务多样、资源广泛等优势，可通过提供多样化、专业性的应急管理服务，弥补政府主导应急管理力量和方式的不足，是政府应急力量的有益补充；公众既是突发事件的直接受害者，也是应急管理的直接参与者，要培养和强化风险意识，提高防灾、自救和互救能力，同时发挥在群测群防、信息报告、志愿服务等方面的作用。

从工作内容看，应急管理工作覆盖突发事件的全生命周期。坚持预防为主、强化准备、预防与应急并重、常态与非常态结合，由应急处置为重点向全过程管理转变，是完整、连续、动态的过程，包括事前预防、应急准备、监测预警、处置救援、恢复重建等事前、事中、事后各个环节。①在事前预防方面，主要是通过管理、技术、工程等方面的建设，落实应急管理各方责任，完善突发事件风险防控体系，推动应急管理科技创新，加强灾害设防及设施建设；②在应急准备方面，主要是加强应对突发事件的思想准备、组织准备、预案准备、机制准备和工作准备，包括完善以“一案三制”为核心的应急管理体系，加强应急救援力量和保障资源建设，加强应急文化建设；③在监测预警方面，主要是完善监测监控及预警发布手段，加强突发事件监测预警；④在处置救援方面，主要是完善应急协调联动及现场统一指挥机制，科学调配和运用应急资源，提高灾害事故现场应急救援处置效能；⑤在恢复重建方面，主要是加强灾害事故调查评估，统筹推进恢复重建工作，加快恢复正常生产生活秩序。中国特色应急管理应是针对各类突发事件，由党委、政府、企业、社会组织、公众等相关主体协同参与，贯穿事前预防准备、事中处置救援、事后恢复重建的多灾种、多主体、全流程、专业化的动态管理过程，目的是提高“防灾、减灾、救灾”能力，确保人民群众生命财产安全和社会稳定。

中华人民共和国成立后，党和国家高度重视防灾减灾和应急管理工作，建立了一系列防灾减灾体系和工作机制，在灾害预防、监测预警、应急救援和灾后重建等方面发挥了重要作用。伴随着我国经济社会快速发展以及公共管理体制不断改革创新，国内应急管理体制建设主要经历了4个发展阶段：①1949—2002年，以议事协调机制为主的单灾种管理时期；②2003—2007年，以“一案三制”为核心的应急管理体系初步建设时期；③2008—2017年，应急管理机制建设的实践、完善与反思时期；④2018年之后，总体国家安全观指导下中国特色应急管理体系建设时期。随着4个阶段的不断更迭发展，我国应急管理水平也得到了快速提高，实现了质的飞跃。每一次的制度创新都是在前一次的基础上实现的。尤其是2018年以来，我国立足经济社会发展，应急管理制度创新优化，为保护人民生命财产安全、保障社会稳定发展、提升各级政府服务效率和质量，为提高党的领导水平和执政水平提供了基本保障。面对未来的复杂形势，以总体国家安全观为指导，实现应急管理常态化管理。我们要立足当代，放眼未来，将应急管理纳入国家经济社会总体发展战略规划，构建以风险管理为基础，以智慧技术为手段的新时代新型国家应急管理体制。

三、应急通信的概念

在应急管理工作中，应急通信是覆盖突发事件全生命周期的重要支撑手段。对于应急通信的理解目前主要有两种：

（1）应急通信是指利用各种通信方式实现和保障紧急状况下的通信，可以简单地理解为应对突发事件发生后的通信，主要是指突发事件发生后因常规通信中断或因需要支撑救援而建立的通信，是一种暂时的特殊通信机制。陈兆海提出，应急通信可以定位为：为应对自然或人为突发性紧急状况，综合利用各种通信资源，为保障紧急救援和必要通信而提供的一种暂时的、快速响应的特殊通信机制。

（2）应急通信是涵盖突发事件各阶段的通信。国际电信联盟（ITU）作为统领全球通信业发展和应用的国际机构，从公共保护和救灾的角度提出了PRDR无线电通信的概念，是指政府和机构用于维护法律和秩序，保护生命和财产及应对紧急情况的无线电通信。其中公共保护（Public Protection，PR）无线电通信包括两部分，分别是满足日常工作的无线电通信和应对重大突发或公众事件的无线电通信。救灾（Disaster Relief，DR）无线电通信是指用于处置对社会功能造成严重破坏，以及对生命、财产或环境造成广泛威胁事件的无线电通信。

从应急管理改革发展方向来看，应急通信是指支持应急管理需要的通信，在突发事件的事前预防准备、事发应对、事中处置救援、事后恢复重建全过程中应用的通信，都属于应急通信的一部分。应急通信一般要支撑以下内容：

（1）支持突发事件监测预警的通信系统。

（2）支持突发事件接报的通信系统。

(3) 支持突发事件处理的会商处理通信系统。

(4) 支持突发事件指挥调度的通信系统。

(5) 支持突发事件协同救援的通信系统。

(6) 支持突发事件现场通信系统。

(7) 支持突发事件灾区群众与外界通信。

(8) 支持突发事件灾区公众自救或互救通信。

从以上可以看出应急通信不是一种通信方式，而是一个由多种通信方式组合，支持不同应急需求，实现不同功能的综合体系。

第二节　应急通信的需求和特点

一、应急通信的需求

(一) 业务需求

应急管理包括对突发事件的事前预防准备、事发应急响应、事中处置救援、事后恢复重建的全过程，在每个阶段对于应急通信的需求也各不相同。

1. 事前预防准备阶段对应急通信的需求

随着应急管理的改革发展，应急管理理念已经变成预防为主、防抗救相结合，预防是应急管理工作的重点。突发事件的预防包括事前监测、预报、预警，尽可能提前发现存在的风险，尽早预测灾害发生信息，并及时进行预警，为人员撤离和救援准备赢得时间。这个阶段对应急通信的需求主要是确保监测点的网络连通，大量数据能够实时传送，警报能够及时发送。此时突发事件还未发生，公用网络可实现这些功能。

2. 事发应急响应和事中处置救援阶段对应急通信的需求

如果说事前预防是常态化阶段，那么事发和事中阶段就是战时状态，这个时候对于通信的要求非常高，无论是现场灾情信息的获取、形势趋势的研判，还是应急救援的组织、人员物资的协调都需要通信系统来保障，如果没有可靠的通信系统，救援效率将大大降低。同时，这个时候的公网及常规的通信手段可能因为各种原因拥塞甚至瘫痪，需要采用卫星通信等高抗毁性的通信手段，临时搭建应急通信网络等办法来实现通信功能。

在预先没有网络覆盖或因设备损坏不能保证事发现场通信的情况下，除了卫星外，能够快速部署并且与后方网络连接的便携式集群系统（车载或背负式）是十分重要的应急通信手段，此外还可以采用对讲机、短波等方式进行应急通信。随着技术的发展，各种通信手段同时应用的场景也越来越多，将各类通信手段进行融合使用已经成为应对突发事件的一个趋势。这个阶段的主要需求比较多，也很重要，主要包括以下方面：

(1) 支撑指挥中心与前方指挥部互联，满足应急指挥需要。通信手段包括语音对讲、语音通话、图片传输、视频会议等方式。由于此时的公网可能瘫痪，同时应急通信对通信质量要求较高，一般采用卫星通信来实现视频、图像回传，同时用窄带、短波等语音手段辅助，配置融合通信系统实现各通信方式的融合和对接。

(2) 支撑灾害现场各方协调互联。灾害现场指挥人员、救援人员、专家等较多，他们之间的救援协调以及和前方指挥部的联络也需要使用通信手段，可采用自组网、便携式基站的方式进行宽带网络覆盖，自组网内部进行连通，传输语音、图像和视频，最后通过前方指挥部实现与指挥中心的互联互通。同时，也可为现场人员配备窄带对讲设备。

（3）支撑灾区公众与外界联系。在突发事件发生时，由于公网瘫痪导致灾区群众无法与外界联系，这时需要由运营商来提供紧急公网通信业务，一般由移动通信车来恢复，如果移动通信车无法前往，则可以通过空中应急通信来恢复。

3. 事后恢复重建阶段对应急通信的需求

事后恢复重建阶段是一个持续时间很长的任务，应急通信系统除了本身的恢复重建外，还需要为灾害恢复提供可靠的通信支持。通信技术主要是为了寻找失踪人员、发送物资、开展灾后评估等方面服务，时间上相对宽松，公网系统也逐步恢复，应急通信相对来说压力较小。在部分特殊地点、特殊事件可以通过卫星通信、宽带集群或窄带对讲的方式进行通信。在灾后评估方面可以使用卫星遥感来获取信息。

总之，应急通信是平时和战时结合、以战时为主，公网和专网结合、以专网为主，多种通信手段融合、协同应用的综合体系。

（二）网络特性需求

应急通信对网络特性的要求非常高，特别是在指挥救援阶段，良好的网络是应急救援的基础保障。应急通信要求的网络特性体现在以下几个方面：

1. 宽带化需求

在突发急救的情况下，现场人员需要发送和接收图片、视频等数据信息，准确的图片、视频信息为指挥调度人员充分了解现场情况，进一步作出准确的指挥调度决策提供非常重要的依据。在紧急情况下，现场人员需要快速发送和接收地理位置信息、导航路线图等数据，确保指挥调度人员对事件现场的地理位置信息准确把握，以及现场人员能准确获取调度指挥中心的移动命令。为应对突发事件，应急处置各部门可能需要进行跨部门间的多方视频会商，并将现场情况通过视频会议系统传送给各方。应急现场情况嘈杂，需要具备高质量语音、视频集群能力，以确保获得准确的指挥调度信息。以上业务都对网络传输的带宽提出了要求，宽带化成为应急通信的迫切需求。

2. 优先级保障需求

在应急通信使用的过程中，有限的资源需要优先分配给重要用户，确保应急通信能够发挥最大效用。无线网络要求同时向用户的终端单元提供多种业务，能够基于用户预先指定的优先级执行对多种业务的优先级控制。

3. 快速集群通信需求

应急管理部门内部和部门间的调度指挥，需要快速多样化的语音、视频集群通信能力。基本的集群能力包括全双工语音/视频单呼、半双工语音单呼、语音/视频组呼、紧急呼叫、快速建立、组播、动态重组、强拆/强插、监听等。

4. 安全性需求

应急通信对网络和信息传输的安全性和保密性要求极高，尤其是涉及国家安全部门使用的专用网络，要防止遭受恶意攻击以及信息被截获或篡改。应急通信的安全性可以从两个方面来实现：①通过专用频率手段，从物理上保证专网的隔离性；②通过在系统设计中应用安全/加密机制来保障专网数据的安全性。安全需求包括用户身份安全、数据的加密和完整性保护等。考虑到语音组呼、视频组呼、组播短数据等业务的安全需求，专网系统除了点到点数据传输的安全，还需要支持点到多点数据传输的安全。

5. 高可靠性需求

面对突发事件，尤其是自然灾害等容易造成通信网络损毁的现实场景，畅通的通信系统是保障及时有效地调度指挥的关键。因此，具备容灾备份的通信系统成为应急通信系统的关键要求。应急通信系统应具备抗毁性，在极端恶劣情况（如地震、台风）下，能够维持生存能力，确保通信畅通。支持容灾备份，确保（如遇自然灾害等）紧急情况下，关键地区的若干个基站在其中一个无法工作时，有备用基站能够继续为现场人员提供通信保障。

6. 便携性需求

在应急救援时，由于场景众多，应急通信网络对于便携性要求较高，车载、可背负等灵巧、便携的基站，具备快速搭建部署、快速移动的特点，可作为固定站点无法覆盖下的应急建站和补盲，同时灵巧基站具备独立组网能力，支撑前线救援指挥。

7. 自组网需求

由于自然灾害或其他各种原因导致系统出现故障而无法使用时，仍能借助于基站自组网技术，快速建立现场、救援队伍和指挥部之间的自组网络，实现多基站的互联互通，增强专网通信的生存能力和抗毁性。

二、应急通信的特点

由于突发事件往往在时间、空间上都具有不确定性，而且常常难以预知，因此应急通信具备以下特点：

（1）小型化。传统的通信系统都是大范围覆盖的，而且具备相当全面的功能。一旦有特殊情况发生，特别是大范围灾害，基础设施会出现不同程度的损坏，此时具备小型化特点的应急通信设备就很有必要，可以使布设更加方便，同时也增加设备的移动性。

（2）快速布设。快速将应急通信设备布设至指定区域，是应对紧急情况的基本要求，布设周期是评价应急处理能力的关键性指标。例如在时间空间已知的大型集会开始前，必须在短时间内布设好应急通信设备。

（3）节能性。在很多电力无法正常供应的场景下，应急通信系统必须确保长时间的稳定工作，所以节能性是其重要指标。

（4）突发性。自然灾害（比如地震、海啸）是突如其来的，几乎没有征兆，往往造成巨大的破坏力，给通信设备带来巨大的损坏，对应急通信的要求也是突发的。

（5）时效性。面对突发事件，第一时间恢复通信对救灾减灾具有重要意义。

（6）可靠性和安全性。应急指挥救援场景下要求通信准确、可实施现场作业通信联络，因此要求通信区域网络稳定可靠。同时，部分应急通信信息事关人员伤亡、重要区域等信息可能涉密，对于通信有安全保密要求。

第三节　应急通信现状和发展

一、应急通信历史

按照通信交流方式与技术的不同，可以把应急通信分为以下几个历史阶段：

1. 古代原始的应急通信

古代原始的应急通信手段，主要依靠自身的听觉和视觉来传递紧急信息，比较典型的应急通信方式有烽火台、击鼓传声等，后来也有信鸽、火箭、八百里加急军报等。古代应急通信手段信息传递慢，往往需要一天或者几天时间才能将紧急的信息传递到指挥中枢。

2. 电气时代的应急通信

电报、电话的发明，使得长距离即时通信成为可能，人们传递信息脱离了常规的视觉和听觉方式，把电信号作为新的载体；无线电报的发明，利用电磁波传播信息，使得应急通信进入新时代；中短波通信、无线电话、集群、卫星通信等方式的出现，使得通信不再受时空限制，无线通信以高机动性、超强的抗毁能力、快速组网等优点，逐步成为应急通信的有效手段。

3. 信息时代的应急通信

随着信息时代的到来，社会对信息传递、存储、处理的要求越来越高，信源种类越来越多，除了语音，图像数据等信息传输要求也逐步出现，光通信技术的日益成熟及微电子技术的快速发展，使得通信技术有了突飞猛进的发展，以因特网为代表的新技术正在改变传统的通信概念和体系，在新的通信条件下，出现了像互联网应急通信等新的应急通信方式。

二、国外应急通信现状

发达国家的应急通信发展较早，经过多年建设以及实践检验，目前已颇具规模。美国、日本及欧洲的一些国家和地区建立了较为完善的应急通信体系，在突发事件的应对中发挥了突出的作用。

1. 美国应急通信

美国应急通信的发展一直受到政府的高度重视，目前已逐步形成了适应美国发展需要的应急通信体系，总体水平居世界前列。2008 年 7 月，美国国土安全部在国会的指导下制定了第一个“国家应急通信计划”，其目的是在国家层面对应急通信作整体战略规划，提高紧急服务提供者和相关政府部门的应急能力，加速实现全国应急通信系统的互联互通。2012 年初又启动了规模宏大、影响深远、在全球具有示范意义的“FirstNet”（First Responders Network，即“第一应急响应人员网络”）项目的建设，旨在保障警察、消防队员、应急医疗技术人员以及其他现场应急响应人员之间在处置突发事件时进行高效的沟通，并能利用新技术来提高响应效率、保障社会安全及挽救更多生命。

目前，美国建立的各种应急通信系统在纵向的联邦、州地方政府之间实现了连通，同时，在联邦部门之间、州之间，地方之间也各自实现了横向连接，这就使得美国的应急密码通信系统基本实现了“纵向到底、横向到边”的全方位覆盖。

美国面向公众的应急密码通信系统包括城市应急联动 911 系统、国家紧急报警系统、国家无线系统等。其中，下一代 911 系统综合了 VoIP、即时消息、短信、Wi-Fi 和视频通信等各项新技术，更好地满足应急通信的业务需要。报警系统覆盖美国全境，主要由紧急报警系统、国家预警系统等组成。

2. 欧盟应急通信

欧盟在 2000 年建成的 e-Risk 系统是一个基于卫星通信的网络基础设施，为其成员国实现跨国、跨专业、跨警种、高效及时地处理突发事件和自然灾害提供支持服务。

在重大事故发生后，救援人员常常遇到通信系统被破坏、信道严重堵塞等情况，导致救援人员无法与指挥中心和专家小组及时联系。出现这种情况时，通过 e-Risk 系统可利用卫星通信和多种通信手段来支持突发事件的管理。考虑到救灾和处理突发紧急事件必须分秒必争，救援单位利用“伽利略”卫星定位技术，结合地面指挥调度系统和地理信息系统，对事件现场进行精确定位，在最短的时间内到达事发现场，开展救援和处置工作。

由于通信基础设施在灾区地面极易遭到破坏，或性能严重下降，或遭到彻底摧毁而根本无法使用，因此，卫星应急通信系统由于其覆盖不受地域限制、架设速度快等特点，无论在灾前、灾难中，还是在灾后的救援和基础设施恢复过程中都成为必不可少的应急通信手段。为此，欧洲委员会于 2006 年 9 月开始建设应急通信无线卫星基础设施（WISEC-OM）。

3. 英国应急通信

2001 年，英国政府出台的《国内突发事件应急计划》的主要内容是对可能引起突发事件的各种潜在因素进行风险评估，并制定相应的预防措施，进行应急处理规划、培训及演练，以便在突发事件之后快速作出反应。

英国现已建成并投入应用的 Airwave 网络是全球应急通信无线专网建设的典范，它实现了高安全性、高可靠性、高扩展性和高覆盖范围的有机统一。Airwave 网络优点包括：①提供了完全集成的语音和移动数据通信，解决了传统的需要回到各安全部门属地才能调取数据的问题；②利用集群热备份技术实现了服务的预先配置和快速恢复；③采用了终端到终端的加密密钥管理方案，可根据用户需求进行加密和针对性隐私保护，满足复杂环境下的安全需求；④先后开发了三代应急响应车，第三代车辆既可作为一个移动基站运作，又可通过卫星实现全网络连通。为适应新的发展需求，英国内政部于 2013 年底推出了应急服务移动通信计划（Emergency Services Mobile Communications Programme，ESMCP），该计划把移动宽带技术纳入未来的项目中，使公共安全全面进入移动宽带时代。

英联邦国家采用 999 作为统一的报警或求助电话号码，统一接警，统一指挥协调警察、消防和医疗救护的力量，处理各种应急事件。同时，999 系统也为市民提供非应急的社会综合服务。

4. 日本应急通信

为了应对各种可能的突发公共事件，日本各级政府采取了各种行之有效的措施，比如完善相关的立法、修建水库和整治堤防、对建筑物进行抗震处理、建立危机管理体制等，都取得了理想的成效。十分值得关注的是，日本在突发公共事件应急信息化发展方面，不仅建立起了完善的应急信息化基础设施，而且在长期的应急实践中，积累起了丰富的利用现代信息技术实现高效应急管理的经验。

在经历了“阪神大地震”的浩劫后，日本政府深刻地认识到防灾信息化建设在应急过程中的极端重要性。为了准确并迅速地收集、处理、分析、传递有关灾害信息，更有效地实施灾害预防、灾害应急以及灾后重建，日本政府于 1996 年 5 月 11 日正式设立内阁信息中心，并 24 h 工作，负责迅速搜集与传达灾害相关的信息，并把防灾通信网络的建设作为一项重要任务。

经过多年的发展和建设，日本政府从应急信息化基础设施抓起，建立起覆盖全国、功能完善、技术先进的防灾通信网络，包括：①以政府各职能部门为主，由固定通信线路（包括影像传输线路）、卫星通信线路和移动通信线路组成的“中央防灾无线网”；②以全国消防机构为主的“消防防灾无线网”；③以自治体防灾机构和当地居民为主的都道县府、市町村的“防灾行政无线网”；④在应急过程中实现互联互通的防灾相互通信用无线网等。

此外，还建立起各种专业类型的通信网，包括水防通信网、紧急联络通信网、警用通信网、防卫用通信网、海上保安用通信网以及气象用通信网等。

5. 德国应急通信

2001 年，德国内政部门建设了危机预防信息和通信系统（deNIS）。deNIS Ⅱ整合了所有相关的数据设置，建立了统一的服务中心，通过地理信息系统（GIS）的交互式态势图提供必需的信息。最重要的是，deNIs Ⅱ将会互连接入相关的政府部门以便于合作，它连接了联邦政府和各州的成员，他们将在发生巨大灾难时联合行动。

deNIS Ⅱ原型系统的支持目标：

（1）支持市民呼救反应与联邦和地方政府管理者之间的信息沟通；

（2）为自然灾害和技术事故等突发事件的援救提供信息服务；

（3）主要支持联邦政府的内务部门和灾难控制部门使用。

deNIS Ⅱ改进版本的支持目标是在危机发生时支持联邦和州政府的决策者更好地与救援机构和队伍取得沟通。

三、国内应急通信现状

为了满足国防战备等应急通信需要，我国在“八五”“九五”期间进行了大规模的应急通信建设，各种应急通信网络保障任务主要由通信运营商承担，初步形成了覆盖全国的应急通信网。

2006 年 1 月 24 日，原信息产业部出台了《国家通信保障应急预案》，明确了应急通信的任务是通信保障或通信恢复工作，应急通信主要服务对象是特大通信事故；特别重大自然灾害、事故灾难、突发公共卫生事件、突发社会安全事件；党中央、国务院交办的重要通信保障任务。预案明确了原信息产业部（现为工业和信息化部）设立国家通信保障应急领导小组，下设国家通信保障应急工作办公室，负责组织、协调相关省（区、市）通信管理局和基础电信运营企业通信保障应急管理机构，进行重大突发事件的通信保障和通信恢复应急工作。

2007 年，我国发布实施的《中华人民共和国突发事件应对法》对应急通信保障提出基本要求：国家建立健全应急通信保障体系，完善公用通信网，建立有线与无线相结合、基础电信网络与机动通信系统相配套的应急通信系统，确保突发事件应对工作的通信畅通。

2008 年，汶川大地震让国人充分认识到应急通信的重要性，工信部和各省级通信管理局及中国电信、中国移动、中国联通三大运营企业抓紧应急保障队伍建设，设立专职应急通信管理部门，负责管理和协调应急救援抢险的应急通信保障工作。

2011 年，针对应急通信装备水平改进提升的需求，国家批准应急通信装备更新完善工程，更新完善的设备涵盖应急通信指挥车、集群通信车、卫星车、基站车、短波车、电源车、便携式 VSAT 卫星站、便携式油机、各种终端设备等。

2014 年，国务院办公厅印发《关于加快应急产业发展的意见》，提出应急通信产业的重点方向是监测预警、预防防护、处置救援、应急服务，其中应急通信在处置救援中发挥重要的作用。

2017 年 7 月，国务院办公厅发布《国家突发事件应急体系建设“十三五”规划》，明确指出要“制定不同类别通信系统的现场应急通信互联互通标准，研发基于 4G/5G 的应急通信手段，加快城市基于 1.4G 频段的宽带数字集群专网系统建设，加强无线电频率管理，满足应急状态下海量数据、高宽带视频传输和无线应急通信等业务需要。”

2018 年 3 月，中共中央第十三届全国人民代表大会第一次会议批准了国务院机构改革方案，为防范化解重特大安全风险，健全公共安全体系，整合优化应急力量和资源，正式成立中华人民共和国应急管理部，应急通信进入了新发展阶段。2018 年，应急管理部印发《应急管理部信息化发展战略规划框架（2018—2022 年）》对应急通信建设提出了明确要求和具体目标。

2020 年，新冠疫情暴发，在云计算、大数据、5G 等技术支撑下，应急通信呈现新的形式，我国应急通信发展进入新阶段。借鉴海外应急通信模式，加之我国卫星、互联网、专网通信等产业发展逐渐成熟，我国应急通信方式逐渐走向卫星化、专网化。

我国政府日益重视应急通信建设，随着应急管理能力现代化的要求和信息技术的迅速发展，我国的应急通信发展迅速，为了保障多场景下的用户体验，支持应急管理预防预报、监测预警、处置救援和恢复重建 4 个阶段的通信，已经形成了应用多种技术覆盖空、天、地，迅速启用、稳定高效的应急通信能力。

四、应急通信发展趋势

目前，应急通信手段还较依赖于通信基础设施，网络的生存性和容灾性低。应急通信应用场景多样，通信需求形式多样，任何单一通信技术无法满足要求，充分融合各种通信技术手段，构建集监测、报警、决策等功能的一体化应急通信平台，以满足在应急情况下提供快速可靠的通信保障，实现公专网互联互通、保障多部门统一调度指挥，是全方位的应急通信保障发展的方向。近年来，在自然灾害频发、技术发展和政府推动下，应急通信技术的发展趋势如下：

（1）新型的宽带卫星通信系统取代旧的窄带系统，为应急通信提供覆盖更广、带宽更宽、技术体制更新、扩展能力更强的卫星通信系统，构成有线传输的有力备份。

（2）公众通信网的应急支撑能力进一步提高。在公网建设中，通过多路由、双节点、建设标准（选址、加固等）提高等来增强公网在突发事件中的生存能力；改造公网，实行应急呼叫优先服务，在网络拥塞时优先保障重要信息的传输。

（3）应急通信机动装备向便携化、小型化、本土化方向发展。近年来，宽带集群终端、卫星天线越来越小，卫星通信终端的体积甚至已经接近手机大小，带来了极大的便利；而装备本土化，不仅是市场的需要，更是国家安全的需要。

（4）新技术广泛应用于应急通信。利用 5G 通信技术，实现现场移动通信信号的快速覆盖；利用空间通信技术，实现搭载基站，如热气球、氦气球等；广泛利用云计算、包括 WSN 技术在内的无线自组织网络技术等，这些将促进应急通信保障发展到一个新的更高的阶段。

（5）标准化工作不断推进。国际上各大标准组织，如 ITU、IETF、ETSI 和 3GPP 等，均开展了应急通信相关技术与标准的研究。中国通信标准化协会已经成立了相关任务组，多家机构、企业、高校加入该项工作。通过标准化工作，能够将应急通信资源进行整合，推动整个应急通信产业的良性、健康发展。

第四节　应急通信相关组织和标准

随着应急通信技术的发展，应急通信的作用越来越凸显，也越来越受到各国政府和标准化组织的重视，成为研究的焦点之一。其中国际上比较知名的是 ITU、ETSI、IETF 等，国内则有 CCSA。

一、国际应急通信组织和标准

1. ITU（国际电信联盟）

国际电信联盟是主管信息通信技术事务的联合国机构，也是联合国机构中历史最长的一个国际组织。负责分配和管理全球无线电频谱与卫星轨道资源，制定全球电信标准，向发展中国家提供电信援助，促进全球电信发展。2020 年，为了帮助各国更好地管理灾害响应活动，国际电信联盟推出了制定和实施国家应急通信计划的新导则。这些导则将有助于国家当局和决策者能够制定确保在灾害发生之前、期间和之后继续使用电信网络和服务的政策和法规。国际电信联盟下属主要有 3 个重要部门，分别是 ITU-R、ITU-T、ITU-D，分别负责无线电通信标准化、电信标准化及电信发展相关工作，在应急通信方面都有相关研究和标准出台。

1）ITU-R

ITU-R（无线电通信部门）是 ITU 下属负责无线电通信标准化工作的机构，研究卫星、地面固定站、广播、移动、无线电波、射电天文、遥感、航天器等方面的无线通信，主要从预警和减灾的角度对应急通信进行规范，部分最新研究内容见表 1-2。

表 1-2　ITU-R 应急通信标准

序号	研 究 内 容	时间
1	M. 1042 业余卫星服务中的灾害通信	2007 年
2	M. 1826 4940~4990 MHz 宽带公共保护和救灾行动协调频率通道计划	2019 年
3	M. 1854 移动卫星服务在救灾中的应用	2012 年
4	M. 2009 供公共保护和救灾行动使用的无线电接口标准（根据第 646 号决议）	2019 年
5	M. 2015 为公共保护和救灾无线电通信系统作出的频率安排（根据第 646 号决议）	2018 年
6	BO. 1774 利用卫星和地面广播基础设施进行公共警报、减灾和救灾	2015 年
7	BS. 2107 使用国际救灾无线电频率在高频段进行紧急广播	2017 年
8	BT. 1774 利用卫星和地面广播基础设施进行公共警报、减灾和救灾	2015 年
9	F. 1105 用于减灾和救灾行动的固定无线系统	2019 年

表 1-2（续）

序号	研 究 内 容	时间
10	RS. 1859 在发生自然灾害和类似紧急情况时使用遥感系统收集数据	2018 年
11	S. 1001 在发生自然灾害和类似紧急情况时使用固定卫星服务系统进行预警和救灾行动	2010 年

2）ITU-T

ITU-T（电信标准化部门）是 ITU 下属负责有关电信标准化方面工作的部门，其工作涵盖电信业各方面，包括电信的运营管理、物联网、性能、服务质量、宽带、未来网络、多媒体、测试等。在应急通信方面，ITU-T 主要通过标准化方面的工作，制定技术标准（即建议书），推动公共电信服务和通信系统在应急、救灾和减灾方面的应用。ITU-T 的众多研究小组都参与了应急通信的相关研究工作。其中第二研究组是预警、救灾通信的牵头研究组，提出了紧急通信业务（Emergency Telecommunication Service，ETS）和减灾通信业务（Telecommunication for Disaster Relief，TDR），并制订相关标准。同时，ITU-T 还于 2003 年成立救灾和减灾通信伙伴关系协调组、救灾通信及预警行动计划等，旨在进一步提升应急通信的可靠性和实用性。ITU-T 主要推出有关应急通信的标准见表 1-3。

表 1-3　ITU-T 部分应急通信标准

序号	标　　准	时间
1	E. 106 用于救灾行动的国际应急优化方案（IEPS）	2003 年
2	E. 107 应急电信业务（ETS）和各国实施 ETS 的互联框架	2007 年
3	E. 108 救灾移动信息服务的要求	2016 年
4	E. 119 救灾安全确认和广播信息服务要求	2017 年
5	Y. 1271 在不断演进的电路交换和分组交换网络上进行应急通信的网络要求和能力框架	2014 年
6	Y. 2205 下一代网络．应急通信．技术考虑	2011 年
7	Y. 2705 应急电信服务（ETS）互联的最低安全要求	2013 年
8	L 系列增补用于网络恢复和恢复的灾难管理框架	2019 年
9	Q 系列增补 IMT-2000 网络（第三代通信网络）的应急服务．协调和融合要求	2010 年

3）ITU-D

ITU-D（电信发展部门）是 ITU 致力于通过信息通信技术（ICT）促进人类和社会经济发展的部门。在应急通信方面，主要通过一些计划、项目以及培训等来加强电信和信息技术在灾害防御方面的应用，如灾难发生后，国际电联电信发展部门会制定临时的电信/信息通信技术解决方案，协助受灾国家开展工作，包括通过卫星提供基本电信和远程医疗应用。随后会派遣相关人员到受灾国家开展评估工作，通过使用地理信息系统对网络受损程度作出判断，并基于调查结果，协助受灾国家重建和恢复电信相关基础设施。近年来，与应急通信相关的研究和项目见表 1-4。

表 1-4 ITU-D 应急通信标准

序号	研究内容	时间
1	为应对疫情大流行的电信/ICT 应急计划指南	2020 年
2	ITU 国家应急通信计划指南	2020 年
3	ICT 及颠覆性技术及其在减少和管理灾害风险中的应用	2019 年
4	利用电信/通信技术备灾、减灾和救灾	2017 年
5	应急通信——拯救生命	2016 年
6	将通信技术用于灾害管理、资源以及适用于灾害和紧急救济情况的主动和被动天基传感系统	2010 年

2. 3GPP（第三代合作伙伴计划）

3GPP 是电信标准组织的联合体，最初是为了建立 3G（GSM、WCDMA）技术的全球规范和标准而成立。随着技术的发展，3GPP 一直延伸工作，致力于创建新版本，目前 4G、5G 相关标准都由 3GPP 进行规范，并且开始着手研究 6G 相关技术和标准。同时 3GPP 也高度重视应急通信相关标准，从网络架构到协议等都制定了相关标准支持应急通信的特殊需求，见表 1-5。

表 1-5 3GPP 应急通信标准

序号	规范或报告	时间
1	TR22. 871 非语音应急服务研究	2010 年
2	TR22. 967 紧急呼叫数据的传输	2018 年
3	TR22. 968 公共警报系统（PWS）服务要求研究	2018 年
4	TS22. 168 地震和海啸警报系统（ETWS）需求	2015 年
5	TS22. 268 公共警报系统（PWS）需求	2020 年
6	TS23. 167 IP 多媒体子系统（IMS）紧急会话	2014 年

3. ATIS（The Alliance for Telecommunications Industry Solution，电信产业解决方案联盟）

ATIS 是获得美国国家标准学会（ANSI）认可的，致力于提供通信技术标准和解决方案，促进相关技术发展和业务应用。ATIS 特别关注新技术，2020 年 10 月，全球各国 5G 通信技术尚未全面普及，ATIS 宣布成立了“6G 联盟”（Next G Alliance），开始着手发展 6G 技术。在应急通信方面，其下属的委员会或论坛均根据需要开展了应急通信相关的研究工作，同时为了进一步推动应急通信工作，ATIS 还成立了紧急业务互联论坛（ESIF），致力于有线、无线、电缆、卫星、互联网和紧急业务网络互联研究。ATIS 相关成果见表 1-6。

表 1-6 ATIS 应急通信标准

序号	研究内容/成果	发布时间
1	ATIS 1000070 应急通信服务（ETS）路线图	2016 年
2	ATIS 1000055 应急通信服务（ETS）：核心网络安全要求	2013 年

表 1-6（续）

序号	研究内容/成果	发布时间
3	ATIS 0100004 应急通信服务（ETS）的可用性和可恢复性	2006 年
4	ATIS 1000059 应急通信服务有线接入要求	2017 年
5	ATIS 0100009 支持应急通信服务（ETS）的标准概述	2006 年

4. ETSI（European Telecommunications Standards Institute，欧洲电信标准协会）

ETSI 是由欧共体委员会于 1988 年批准建立的一个非营利性的电信标准化组织。ETSI 的标准化领域主要是电信业，并涉及与其他组织合作的信息及广播技术领域。ETSI 制定的推荐性标准常被欧盟作为欧洲法规的技术基础而采用并被要求执行。ETSI 非常重视应急通信相关标准的制订，专门成立了应急通信特别委员会（EMTEL），其主要研究内容包括定位（例如高级移动定位）、数据、视频和文本的多媒体应急服务通信、涉及紧急情况下物联网设备的通信以及警报等。2019 年 12 月，ETSI 发布 ETSI TS 103 479 紧急服务中独立访问网络的核心要素，详细描述了紧急服务中独立访问网络的架构和相关接口，并将其命名为 NG112 架构，将对欧洲各国应急通信建设提供重要的支撑。ETSI 发布的标准见表 1-7。

表 1-7 ETSI 应急通信标准

序号	研究内容/成果	发布时间
1	ETSI TS 103 479 紧急服务中独立访问网络的核心要素	2019 年
2	ETSI ES 203 178 支持欧洲紧急呼叫者定位和传输要求的功能架构	2014 年
3	ETSI TR 103 582 在紧急情况下涉及物联网设备的通信和应用	2019 年
4	ETSI TR 102 476 紧急呼叫和 VoIP：可能的短期和长期解决方案和标准化活动	2008 年
5	ETSI TS 103 698 用于紧急服务访问的轻量级消息传递协议	2020 年
6	ETSI TS 103 478 泛欧移动应急应用	2020 年
7	ETSI TR 103 166 卫星地面站和系统；卫星应急通信（SatEC）卫星电话应急通信	2011 年
8	ETSI TR 102 445 应急通信网络恢复力和准备能力概述	2006 年

5. IETF（The Internet Engineering Task Force，国际互联网工程任务组）

IETF 是国际互联网业界具有一定权威的网络相关技术研究团体，主要任务是负责互联网相关技术标准的研发和制定。随着应急通信与互联网的发展，两者之间的结合也越来越紧密。IETF 也日益重视互联网上的应急通信问题，建立了 Ecrit（基于互联网技术的紧急服务内容解析工作组），专门研究 Internet 的应急通信问题。IETF 对应急通信的研究涉及需求、架构、协议等各个方面，目前发布的标准见表 1-8。

表 1-8 IETF 应急通信标准

序号	研究内容/成果	发布时间
1	基于 Internet 多媒体的紧急呼叫框架	2011 年

表1-8（续）

序号	研究内容/成果	发布时间
2	基于互联网技术实现应急通信的需求	2008年
3	应急和其他服务的统一资源名称（URN）	2008年
4	扩展应急通信体系结构，用于处理未经验证和未经授权的设备	2014年
5	支持紧急呼叫的通信服务的最佳现行做法	2013年
6	非交互式紧急呼叫	2020年
7	基于Internet协议的车内紧急呼叫	2020年

6. 其他国际组织

国际上还有其他一些相关的组织也在开展应急通信相关技术和标准的研究，如美国电气和电子工程师协会（IEEE）下设专门的应急业务研究组（Emergency Service Study Group）从事应急通信相关技术研究，包括需求、架构、关键技术等方面。亚洲—太平洋电信组织（Asia-Pacific Telecommunity，APT）主要专注于亚太地区防灾无线电系统（Disaster Prevention Radio System）的研究；日本的ARIB（Association of Radio Industries and Business，无线行业企业协会）和TTC（Telecommunications Technology Committee，电信技术委员会）则专注于日本国内应急和救灾通信的研究。

二、国内应急通信组织和标准

1. 国内应急通信组织

中国通信标准化协会（China Communications Standards Association，CCSA）是我国开展通信技术领域标准化活动的主要机构，于2002年底成立，从2004年就开始了应急通信相关标准的研究，2009年成立了应急通信特设任务组（ST3），主要侧重于应急通信相关的综合性、管理性和框架性的标准研究，包括政策支撑性标准、网络支撑性标准和技术支撑性标准，涉及公网、集群、定位、视频会议、视频监控、卫星通信等多方面。2021年10月，由CCSA ST3申请的（GB/T 40686—2021）《便携式宽带应急通信系统总体技术要求和测试方法》正式发布。同时还积极参与应急通信方面的研究报告制订，具体见表1-9。

表1-9 CCSA应急通信研究报告

序号	研究内容/成果	发布时间
1	SR 127—2012天地一体应急移动通信体系研究	2012年
2	SR 112—2011应急公益短消息服务方案和流程研究	2011年
3	SR 107—2011自组织网络支持应急通信的架构和标准化需求研究	2011年
4	SR 14—2007应急通信体系架构及相关标准体系的研究	2007年

2. 国内应急通信标准

目前，我国在应急通信方面的标准总体还不多，通过国家标准查询网检索，总共有

14 项标准发布，其中 1 项国家推荐标准，13 项行业推荐标准，具体见表 1-10。

表 1-10 国内应急通信标准

序号	标 准 名 称	类别	发布时间
1	GB/T 40686—2021 便携式宽带应急通信系统总体技术要求和测试方法	国家推荐标准	2021 年
2	YD/T 2637.1—2013 自组织网络支持应急通信（共 5 部分）	通信行业推荐标准	2013 年
3	YD/T 2247—2011 不同紧急情况下公众应急通信基本业务要求	通信行业推荐标准	2011 年
4	SL 624—2013 水利应急通信系统建设指南	水利行业标准	2013 年
5	TB/T 3204—2018 铁路专用应急通信系统技术条件	铁路行业推荐标准	2018 年
6	TB/T 3326—2015 铁路应急通信系统试验方法	铁路行业推荐标准	2015 年
7	JT/T 1007.1—2015 交通移动应急通信指挥平台（共 3 部分）	交通行业推荐标准	2015 年
8	DL/T 5505—2015 电力应急通信设计技术规程	电力行业推荐标准	2015 年

自 2018 年应急管理部成立以来，我国在应急通信标准方面开展了大量的工作，依托项目建设，结合实战经验，正在编制应急通信相关的标准规范。目前我国已经编制了应急指挥窄带无线通信网总体技术规范、应急指挥窄带无线通信频率规划、应急指挥窄带无线通信网建设指南、应急通信前突侦察小队能力建设标准，正在征求意见阶段。

第二章　应急通信体系

第一节　应急通信体系架构

应急通信体系是为实现应急通信各项功能的技术、设备及管理的组合。构建应急通信体系的目的是在发生紧急情况时，能够尽快向应急管理等相关部门通报情况，支撑开展监测预警、评估损失、组织救助、应急指挥、协调联动等工作。

一、体系架构

应急通信突出体现在“应急”二字上，在面对公共安全保障、紧急事件处理、大型集会活动、自然灾害防治、抵御敌对势力攻击、预防恐怖袭击等众多突发情况的应急反应时，需要使用和构建的通信网络系统和体系均可以纳入应急通信的范畴。应急通信具有时间和地点不确定性、通信需求不可预测性、业务紧急性、网络构建快速性和过程短暂性等特点。日益增多的大型集会类事件给现有通信系统带来极大的压力，同时，系列突发事件诸如地震、火灾、恐怖事件等也在不断地考验着应急管理部门的工作能力和救援效率。因其重要性和专业性，应急通信系统体系需独立于公众网络之外，打造出“信息高速公路”上的应急“专用车道”。

应急通信保障作为事件预防、现场指挥、灾情勘察、事故追责等主要支撑手段，在社会、行业应急指挥调度，信息化应用、城市智能化管理等方面有着无可替代的作用。在大数据的信息化时代，应急通信体系已成为多技术融合应用的多元化体系，涵盖宽窄带数字集群、卫星通信、导航定位、视频监控、数据图像传输、应急指挥车、无人机、应急广播、信息安全等多个领域。

目前，我国应急通信保障系统不断完善，但仍缺乏对多种通信手段的有效集成，各专业部门应急通信系统体系缺少统一规划和互通标准，应急指挥平台难以互联，应急通信网络建设覆盖广度不够，应急通信资源基本集中于省一级大城市，对基层、县级、乡级等缺乏必要的资源投放和人员配备，应急通信产业前景广阔。

工业和信息化部高度重视国家应急通信体系建设，组织编制并修订了《国家通信保障应急预案》，相继实施了国家应急通信“十一五”“十二五”“十三五”发展规划，综合利用有线、无线和卫星等多种通信资源，基本形成了有线与无线相结合、固定与移动相结合的应急通信能力，国家应急通信指挥和保障能力得到显著提升。应急通信体系包括应急通信保障网络体系、应急通信装备与储备体系、应急通信综合支撑体系等。

二、网络架构

如图 2-1 所示，应急通信网络体系涵盖了各类通信网络，并且实现部分互联互通功

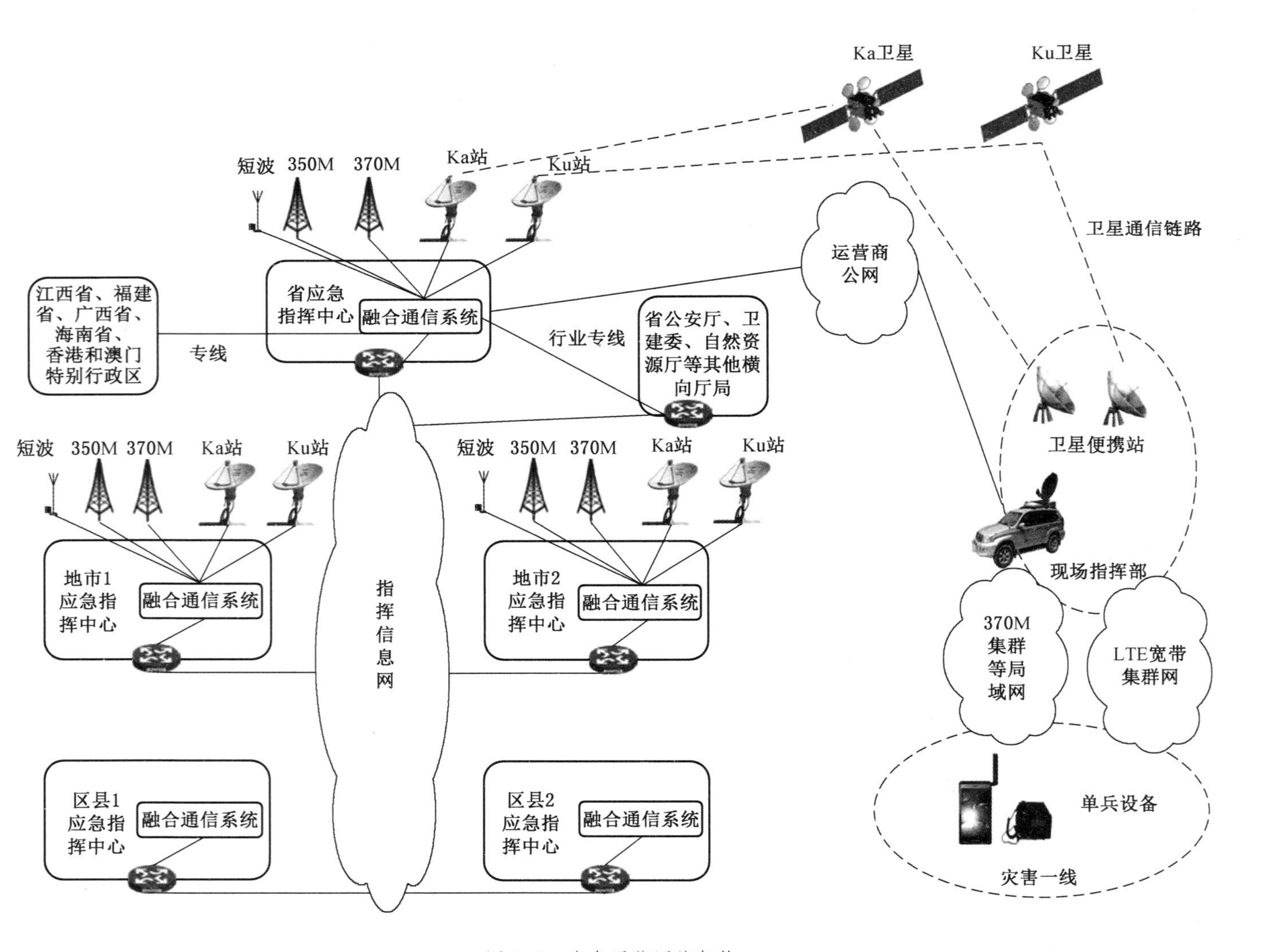

图2-1 应急通信网络架构

能，支持音视频信号的高效共享，保障应急指挥中心和各类网络的互联互通，实现视频融合管理及业务系统数据融合接入，涵盖互联网、政务网、行业专网、5G专网、指挥信息网、Ka卫星通信网、Ku卫星通信网、370 M应急数字集群通信网、350 M公安数字集群通信网、LTE宽带集群通信网、短波通信网等多种网络，同时支持应用各类通信终端设备，全面接入全省各种公网终端设备、固定电话、移动电话、卫星电话、移动指挥车、PDT终端、单兵设备、对讲机、5G终端等智能设备，实现“天地一体化”的应急通信网络体系的融合贯通。需注意的是，网络架构需根据实际情况作相应调整。

考虑到应急管理行业“全灾种、大应急”的发展趋势，应急通信网络体系须支持网络体系的灵活的扩展延伸和弹性的组网互联，同时支持实现与国家各相关部级单位、省内其他厅局、其他省份厅局、全省各市县镇等横向纵向、各级各类部门在“平时”及“急时”实现网络互联互通，以为在全灾种应急、全风险感知、全要素指挥、全过程管理、全部门联动等业务场景提供一体化、智能化、高效安全稳定的应急通信保障支撑。

三、体系安全

应急通信网络体系安全保障可通过构建边界可控、接入可信、全网可管、全量可查的“三横三纵”网络智能纵深防御体系来实现，通过保障应急管理信息化的安全、稳定和持续发展，全面提升应急管理业务的智能化、现代化水平，为民生安全、社会安全和国家安全保驾护航。

应急通信网络体系安全保障的建设基于国家网络安全等级保护2.0相关要求，以“用户为基础、风险为抓手、业务为核心”，贯彻“主动防御、安全韧性”的核心理念，建成“大协同、大共享”的应急通信网络安全体系，建立“风险能预知、防御更智能、威胁全感知、决策更精准、处置更及时、灾难即恢复”的应急通信网络安全能力。

1. 保密性

保密性是指网络信息不被泄露给非授权的用户、实体的过程，即信息只为授权用户使用。保密性是在可靠性和可用性的基础之上保障网络信息安全，杜绝有用信息泄露给非授权的个人或实体，强调有用信息只被授权对象使用。

应急通信网络保密性常用的保密技术包括：

（1）物理保密：利用各种物理方法，如限制、隔离、掩蔽、控制等措施，保护信息不被泄露。

（2）防窃听：使对手信号侦听不到有用的信息。

（3）防辐射：防止有用信息以各种途径辐射出去。

（4）信息加密：在密钥的控制下，用加密算法对信息进行加密处理。即使对手得到了加密后的信息也会因为没有密钥而无法读懂有效信息。

通过在网络边界部署防火墙，实现边界防护、访问控制、入侵防御、恶意代码防范、应用识别和加密流量监测等功能。通过流量探针采集网络流量，发送到态势感知平台检测，识别未知威胁攻击，态势感知平台再与防火墙联动进行威胁阻断。通过部署上网行为管理系统对用户上网行为分析，同时结合用户数据源，满足安全审计和取证的需要。

2. 安全性

应急通信网络架构应保证网络处理能力满足业务高峰期需要，保证网络各个部分的带宽满足业务高峰期需要。通过划分不同的网络区域，并按照方便管理和控制的原则为各网络区域分配地址，避免将重要网络区域部署在网络边界处，重要网络区域与其他网络区域之间应采取可靠的技术隔离手段。通过提供通信线路、关键网络设备的硬件冗余，保证网络系统的可用性。通信传输通过采用校验技术或密码技术保证通信过程中数据的完整性，应采用密码技术保证通信过程中数据的保密性。

通过构建“三横三纵”的通信网络安全保障框架来确保应急通信网络体系安全。①构筑外部网络、网络边界和数据中心的“三横”通信网络安全纵深防御体系；②在资产安全防护、威胁监测、事件响应的方面为整体安全保障体系提供通信网络安全“三纵”保障能力，构筑覆盖风险、威胁的全生命周期管理体系，实现“风险能预知、防御更智能、威胁全感知、决策更精准、处置更及时、灾难即恢复”的安全能力建设，以保证业务的连续性；③遵循最小化权限原则，所有服务访问必须认证与授权，数据传输必须经过加密，从而进一步提升整个网络的安全性。

应急通信网络安全设备主要包含网络安全类设备及网络通信类设备。网络安全类设备通常包含防火墙、抗 DDOS 攻击设备、入侵防御设备、WEB 应用网关、检测探针等，网络通信类设备通常包含路由器、交换机、DNS 服务器及其他设备。通过安全运营管理中心，实现应急通信网络安全的风险识别、增强保护、快速检测、及时响应和恢复业务，保障网络设备全生命周期的安全可靠。网络设备的自身安全是网络安全的重要基础，主要包括网络设备的安全配置核查、漏洞检测加固、安全运行监控、安全日志监控等。

3. 稳定性

稳定性是度量网络性能好坏的重要指标,是应急通信网络系统安全的基础要求之一,主要包括抗毁性、生存性和有效性。抗毁性是指系统在人为破坏下的可靠性。比如部分线路或节点失效后,系统是否仍然能够提供一定程度的服务。增强抗毁性可以有效地避免因各种灾害(如战争、地震等)造成的大面积瘫痪事件。生存性是指系统在随机破坏下的可靠性。生存性主要反映随机性破坏和网络拓扑结构对系统可靠性的影响。这里随机性破坏是指系统部件因为自然老化等原因造成的自然失效。有效性是一种基于业务性能的可靠性。有效性主要反映在网络信息系统的部件失效情况下,满足业务性能要求的程度。比如网络部件失效虽然没有引起连接性故障,但是却造成质量指标下降、平均延时增加、线路阻塞等现象。

应急通信网络稳定性主要表现在硬件稳定性、软件稳定性、人员可靠性等方面。可通过在网络交换机和防火墙上开启网络攻击诱捕等功能来确保应急通信网络的稳定性，自动化全网散布陷阱、自动仿真用户业务等技术迷惑和诱捕攻击者，有效检测和防御包括 APT、勒索病毒在内的网络攻击行为，并能联动网络控制器和安全控制器实现微隔离，有效防御已知和未知威胁。诱捕系统通过交换机、防火墙设备在网络中自动或手动地布满陷阱，在真实业务周边自动化产生大量的带漏洞仿真业务，并根据周边环境模拟出相似的仿真业务和诱饵，诱导攻击者进攻其他仿真业务。

第二节　应急通信主要方式

“天地一体化”应急通信网络主要包括短波通信网络、集群通信网络（窄带通信网络、宽带通信网络）、卫星通信网络、移动通信网络、融合通信平台和其他通信网络。各类网络可实现后方指挥中心与现场指挥中心之间的数据传输、现场指挥中心与现场应急救援队之间的指挥调度，以及用于现场救援人员执行救援任务的通信，为现场救援人员快速提供无线网络覆盖，实现终端间的互联互通。

一、短波通信

短波通信是无线电通信的一种，波长在10~100 m，频率在3~30 MHz，通过发射电波经电离层反射到达接收设备实现信号传递，通信距离较远，具有极高的抗毁能力和自主通信能力，具有成本低廉、机动灵活等特点。作为最终保底通信手段，在所有的有线及无线通信手段均失效的情况下，即使在极其恶劣的通信环境下仍可快速建立通信通道，保障基本应急指挥能力。通过部署固定短波电台，可实现与各级应急管理中心、事发现场的相关固定短波电台、车载短波电台、便携短波电台等短波业务通信，保障应急指挥调度的可靠通信能力。

1. 优势分析

（1）成本低、机动性好。短波电台广泛应用于县乡一级的应急通信中，不需要依靠额外的传输介质，具备组网灵活、建设维护费用低且传输距离可达几百公里以上等优点。

（2）稳定性高。短波通信不受网络枢纽和有源中继体制制约，当各种通信网络受到破坏时，短波通信依旧可以成为一种保底通信手段。

（3）安全性高。短波通信设备体积小、容易隐蔽，且能够通过改变频率躲避通信信号干扰和窃听。

2. 劣势分析

（1）可用带宽较窄，频谱资源紧张。短波频段可利用的频率带宽为28 MHz，每个短波电台频率带宽为3.7 kHz，可用信道仅有7700多个，通信空间拥挤，同时频道宽度也限制了通信容量和数据传输的速率。

（2）天波信号传输稳定性差。短波通信利用的是无线时变的变参信道，传输信号存在严重的多径衰落，再加上多普勒频移的影响，使得短波信号的接收变得很不稳定，导致短波通信电台无法达到较高的传输速率。

（3）容易受到电气干扰。大气和工业无线电噪声主要集中在无线电频谱的低端，容易在短波频段对短波通信信号产生较强的信号干扰，影响短波通信的可靠性。

3. 应急实战分析

HF-ITF HFSS是美国海军开发的HF通信网络，用于海军特遣部队内部军舰、飞机和潜艇间通信的HF通信试验系统，采用2~30 HMz频段、地波传播模式及扩频通信，为海军提供50~1000 km的超视距通信网络。

MHFCS是澳大利亚第一个数字化短波通信网络系统，为澳大利亚战区军事指挥互联网ADMI提供远距离的移动通信手段，将澳大利亚现存的各种短波通信网络升级纳入其中。

短波通信在应急管理领域的实战应用主要包括：

（1）野外搜救。在野外纵深的山区、戈壁、海洋等地区有人员被困和灾难事故需要救援时，超短波覆盖不到，可启用短波应急通信。与卫星通信相比，短波通信无须支付费用，运行成本低，很适合搜救部队指挥通信。

（2）地震救援。有特大地震灾害事故时，在有线固定通信和无线移动通信全部中断的紧急情况下，由于现场救援单位较多，经常出现卫星通信信道被众多现场同类设备挤占，通信不畅，部分配备了卫星公用电话的单位也因设备不统一、使用数量多、通道堵塞等原因无法正常通信。搜救部队可利用短波通信机动灵活、传输距离远、坚固耐用、快速组网的特点及时组建设通信应急指挥系统，开展救援工作。

（3）其他巨大自然灾害。在其他巨大自然灾害中会造成通信、交通、电力中断，灾区骨干光缆、交换机、蜂窝基站大量瘫痪，在这种情况下，可利用短波通信设备电源保障方便快捷（只要有电瓶或小型发电机）、简单架设就能够实现通信的特点，保障通信联络畅通以实现应急救援开展救援工作。

二、集群通信

（一）窄带集群通信

窄带集群通信系统是指已调波信号的有效带宽比其所在的载频或中心频率要小得多的信道，窄带通信信道带宽一般实现话音及话音数据的接入，由于其功能多、频谱利用率高、成本低，是应急通信体系中重要的基础应急通信手段。

窄带数字集群通信系统是用于指挥调度的专用移动通信系统，是现场应急通信保障能力的重要手段之一，可极大地方便指挥人员并适应指挥调度工作要求。窄带集群系统是无线信道共用的调度系统，具有信道利用率高、通话保密性好、接续速度快、成本低等优点，可支持基本单呼、组呼、广播呼叫、紧急呼叫等功能，极大地方便指挥人员适应指挥调度工作要求。工业和信息化部已批准应急管理部门使用 370 MHz 频段无线电频率。

1. 优势分析

（1）便利的语音通信能力。窄带集群通信系统支持的快速便捷实现语音及文字通信等功能，具备单呼、组呼、广播呼叫、紧急呼叫等功能，可极大方便应急指挥人员通信需要。

（2）信号抗信道衰落能力强。通过采用分集接收等抗衰落技术及扩频、跳频、交织编，窄带数字无线传输能提高信号抗信道衰落的能力。数字集群通信传输质量较高，比模拟集群移动通信网的话音质量好。

（3）保密性好。窄带数字集群移动通信网的用户信息传输时的保密性好，利用目前已经发展成熟的数字加密理论和实用技术，达到用户信息传输保密的目的。

（4）网络管理和控制更加有效和灵活。窄带数字集群移动通信网能实现更加有效、灵活的网络管理与控制，通过在用户话音比特源中插入控制比特，将信令和用户信息统一成数字信号，实现高质量的网络管理与控制。

2. 劣势分析

窄带集群通信网络仅能满足少量文字信息的传输，对于大量数据的视频、图像信息难以承载。

3. 应急实战分析

某省应急管理厅等应急管理部门通过部署搭载了 370 M 灾害集群设备的应急移动指挥车，在应对台风暴雨、森林火灾、地震地灾等重大灾害事故时，可派驻应急移动指挥车开赴灾害事故现场，快速实现以应急指挥车为中心的区域内抢修人员与指挥人员的实时语音、集群通话，快速打通应急救援“最后一公里”，支撑了快速构建灾害现场应急通信体系。

（二）宽带集群通信

宽带集群通信系统是按照动态信道分配的方式实现多用户共享多信道的无线移动通信系统，一般由终端设备、集群基站和中心控制站等组成，具有调度、群呼、优先呼、虚拟专用网、漫游等功能。

宽带集群通信网络的通信质量和能力都远超窄带通信系统，主要体现在数据通信和图像通信等方面。宽带自组网应急通信系统可用于解决各种应急条件下的可视化指挥、控制和通信问题。LTE 宽带集群系统具有高数据速率、低时延、广覆盖、高速移动性强、宽窄融合平滑演进等技术优势。可实现在大型活动、抢险救灾、应急处置等任务现场快速部署宽带无线专用网络，满足政府和行业用户高速数据接入、音频通信、高清视频通信与专业无线调度指挥业务需求。

1. 优势分析

（1）频谱利用率高。宽带数字集群通信系统采用多种技术来提高频谱利用率，在信道间隔不变的情况下可增加话路，采用高效数字调制解调技术提高频谱利用率。数字集群通信网络可采用时分多址（TDMA）和码分多址（CDMA）及有效的语音编码技术和高效的调制解调技术，进一步增加集群系统的用户容量。

（2）信号抗信道衰落能力强。通过采用分集接收等抗衰落技术及扩频、跳频、交织编，宽带数字无线传输能提高信号抗信道衰落的能力。数字集群通信传输质量较高，比模拟集群移动通信网的话音质量好。

（3）保密性好。宽带数字集群移动通信网的用户信息传输时的保密性好，利用目前已经发展成熟的数字加密理论和实用技术，达到用户信息传输保密的目的。

（4）支持多种传输业务。宽带数字集群移动通信系统可提供多业务服务，除数字语音信号外，还可传输用户数据、图像信息、视频数据等。

（5）网络管理和控制更加有效和灵活。宽带数字集群移动通信网能实现更加有效、灵活的网络管理与控制，通过在用户话音比特源中插入控制比特，将信令和用户信息统一成数字信号，实现高质量的网络管理与控制。

2. 劣势分析

数字集群通信系统的网络建设成本较高，需要一次性建设的投资较大。

3. 应急实战分析

当发生突发事件时，可在事发现场迅速布建一个专用指挥通信网络，覆盖范围一般可达 3~5 km（半径，根据需要通过升高天线来适当提升网络覆盖范围），保证在缺乏网络基础设施或网络基础设施被毁的条件下能够及时、迅速、准确、安全地传递一线实时可视化信息，使指挥人员可以根据实际情况从容地应对各种应急场合，合理部署救灾资源，制定救援方案，统一指挥各救灾单位联合工作，采取强有力的措施迅速开展救灾行动，最大限度地降低灾害损失。

如某省应急管理厅等应急管理部门通过部署搭载了 TD-LTE 宽带集群设备的应急移动指挥车，在应对台风暴雨、森林火灾、地震地灾等重大灾害事故时，可派驻应急移动指挥车开赴灾害事故现场，快速实现以应急指挥车为中心的区域内抢修人员与指挥人员的实时语音、集群和视频指挥调度，并可与上级指挥中心实现无缝融合通信，支撑了快速构建灾害现场应急通信体系。

三、卫星通信

卫星应急通信在保障国家和人民生命财产安全、保障社会稳定等方面具有重大的意义。灾情发生时，所有的地面设施严重损坏，通信设施遭到破坏，不能及时与外界取得联系。快速高效地响应各种突发状况，是卫星应急通信的一个非常重要的应用。卫星通信的全天候性比较强，覆盖范围较广，不受通信两点间任何复杂地理条件的限制和任何自然灾害、人为事件的影响，能够进一步提高在常规地面通信系统失效等极端条件下的应急通信保障能力，有力支撑应急救援、指挥调度等工作的有序、高效开展。

卫星通信网络是地球站之间通过通信卫星转发器所进行的微波通信，广泛应用于长途通信、应急通信、军队通信等领域，在面对地震、台风、洪涝的极端自然灾害发生的情况下，卫星通信有着其不可替代的重要作用。在陆地、海缆通信传输系统中断的情况下，以及其他通信链路暂未覆盖的地方，卫星通信可实现数据信息的传输。由于卫星通信受地面环境影响较小，因此卫星电话等通信手段可以作为主要的救灾临时通信设备，保障灾害现场的语音话务通信。

1. 优势分析

（1）传输距离较远，且成本与通信距离无关。地球静止轨道卫星最大的通信距离为18100 km左右，并且使用卫星通信的通信成本并不会因为地面卫星接收站之间的距离和自然条件变化而变化，这一特点与微波、光缆、电缆、短波通信相比是较为明显的优势。

（2）采用广播的方式进行工作，使用多址连接。卫星通信是以广播的方式进行工作的，在卫星天线波束覆盖的区域内，地球站可以建设在任意位置，地球站之间都可以利用该卫星进行通信，实现多址通信。同时，通过太空中的在轨卫星进行组网，具有组网高效性和灵活性。

（3）可以传输多种业务。卫星通信所采用的频段和微波通信一样，可使用的频带很宽，如C频段、Ku频段的卫星带宽可以达到500~800 MHz，Ka频段甚至可以达到G赫兹频段，具有很高的通信带宽，可传输多种业务。

（4）可以自发自收进行检测。在卫通通信的过程中，发送端地球站同样可接收到本身发出的卫星信号，已实现通过地球站监视并判断先前所发的消息是否正确并且评判传输质量的优劣等，提高通信可靠性。

（5）可以实现无缝覆盖。卫星通信不会受到地理环境、气候条件和时间等因素的限制，可建立覆盖全球的海、陆、空一体化的通信系统，实现全球无缝覆盖。

2. 劣势分析

卫星通信网络一般地面站造价较高，且易受到部分气象条件的影响，在每年春分、秋分前后各23天时，地球、卫星、太阳运行到同一条直线上。当地球处于卫星与太阳之间时，地球会把阳光遮挡，导致通信卫星的太阳能电池无法正常工作，只能使用蓄电池工作，而蓄电池只能维持卫星自传而不能支持转发器正常工作，会造成暂时的通信中断，这种现象一般称为星食，一般持续5~10 min不等。

3. 应急实战分析

卫星通信具有覆盖范围广、通信容量大、传输质量好、组网方便迅速等优点，是建立全球通信的一种重要手段，适合各种远距离通信，广泛应用于应急管理实战救援中，如在2019年12月5日广东佛山高明区凌云山重大森林火灾救援现场及2021年5月19日开始的江西特大洪涝灾害救援现场等救援实战中，均使用到了卫星通信手段，支撑了快速构建灾害现场应急通信体系。

四、卫星导航

卫星导航（Satellite navigation）是指采用导航卫星对地面、海洋、空中和空间用户进行导航定位的技术。常见的GPS导航、北斗星导航等均为卫星导航。利用太阳、月球和其他自然天体导航已有数千年历史，由人造天体导航的设想虽然早在19世纪后半期就有人提出，但直到20世纪60年代才开始实现。1964年美国建成“子午仪”卫星导航系统，并交付海军使用，1967年开始民用。1973年又开始研制“导航星”全球定位系统。苏联也建立了类似的卫星导航系统。法国、日本、中国也开展了卫星导航的研究和试验工作。卫星导航综合了传统导航系统的优点，真正实现了各种天气条件下全球高精度被动式导航定位。特别是时间测距卫星导航系统，不但能提供全球和近地空间连续立体覆盖、高精度三维定位和测速，而且抗干扰能力强。

1. 优势分析

卫星导航范围遍及全世界的各个角落，可以为全球的船舶、飞机等指明方向，可以全天进行导航。导航精准度比磁罗盘还要高，误差只有十几米左右，且不必使用任何的地图就可以读出经度以及纬度。通常，相关设备体积小，便携带，适合安装在大多数地方。

2. 劣势分析

卫星导航一般确认的位置会因为气候、电离层、对流层、空气、电磁波达到因素的影响出现误差，且相关设备一般使用寿命较短，对于卫星数量要求较多，成本随之增高。卫星导航的接收机之间不能通信，如要通信需要另外使用无线通信装置。

3. 应急实战分析

卫星导航以及卫星遥感等技术在应急救援、监测感知等方面能够起到十分重要的作用，帮助应急抢险人员提升救援抢险等工作效率。卫星导航及遥感作为一种重要监测技术手段，具有覆盖范围宽、获取信息快、重复周期短、信息量大等优点，能够对灾害进行实时和有效的长期监测，在应急预警中发挥十分有效的作用。

五、移动通信

移动通信网络是连接不同地区局域网或城域网计算机通信的远程网，它能连接多个地区、城市和国家，或横跨几个洲，并能提供远距离通信，形成国际性的远程网络，具有开放性好、信息量大等特性，能够为平时等大多数情况下的应急指挥调度、现场视频通信、常规移动通信等提供通信支撑。

移动通信可分为公众移动通信与专业移动通信两大领域。①公众网是由公用电信企业投资建设，面向整个社会，以公众用户为服务对象的网络。网络运营者建设并运行该电信网络的目的是为广大用户提供满意的电信服务，亦即向用户提供电信业务这类“商品”，应重视效率、经济性，并不断提高服务质量，扩大服务范围。②专业网是由专业单位自行投资建设，面向本部门，以专业用户为服务对象的网络。网络所有者建设并运行该电信网络的目的完全是为内部工作的需求向用户提供必要的电信服务，强调保证本部门正常运转的特殊要求。对国民经济的发展、社会的稳定和人民生命财产的安全等有着极其重要的作用。由于各部门业务性质、使用环境、交通工具的不同，各有其不同的使用要求，因而历史上便形成了各种不同的专用移动通信系统。随着移动通信技术的发展，人们尽力求同存异，使开发的专用移动通信系统尽可能满足多个不同专业部门的需求，集群系统也就应运而生。

1. 优势分析

移动通信网络技术成熟，涵盖范围广泛，是支撑“平时”应急通信网络的重要组成部分。我国的 2G/3G/4G 移动通信网络均由中国移动、中国联通、中国电信三大运营商自行负责建设，5G 移动通信网络由中国移动、中国联通、中国电信、广电集团（含 700 M）四大运营商自行负责建设部署，网络用户仅需支付使用费即可接入使用，投入建设成本低。

2. 劣势分析

在灾害救援等极端场景下，容易发生公网移动通信网络中断等情况，断网断电等情况将导致无法利用公网资源将灾害现场的实时信号回传至指挥中心。仅可在部分公网暂未中断的地区，利用 4G/5G 公网 CPE 等设备实现将灾害现场的音视频数据实时回传至指挥中心。

3. 应急实战分析

在靠近城市地区出现灾害事故的紧急情况下，如 2020 年 5 月 6 日出现虎门大桥异常抖动以及 2021 年 5 月 18 日深圳市赛格大厦异常晃动等紧急情况发生后，相关应急管理部门指挥调度人员基本通过运营商公网的移动通信网络实现与前方现场人员的应急通信，指导完成了人员疏散、场地围蔽等工作。

六、融合通信

融合通信可实现打通各类型应急通信网络，在应急救援及指挥调度等过程中保障通信系统的畅通，进一步提升应急通信保障能力和应急指挥调度救援能力。

1. 融合通信理论

融合通信平台基于同一网络体系架构，通过标准开放的协议对接，将各类应急通信网络体系打通，实现融合连接，实现公网、有线、卫星、短波、集群等各类通信网络之间终端的融合对接，实现基本的音视频信号互通，保障战时指挥调度的及时可视，满足自然灾害、安全生产、公共卫生、社会治安等四大领域内应对突发事件的指挥调度、决策支持、协同会商需求，加强应急管理部门在各类突发事件、重大活动中的应急指挥调度能力。

融合通信作为基础通信平台，可实现跨层级、跨地域、跨系统、跨部门、跨业务的可视化指挥调度。融合通信在向上与应用系统对接方面采用开放架构，提供多种形式的 SDK，支持 CS/BS 模式开发，提供标准完善的音频、视频、GIS、短彩信、会议等功能二次开发接口，支撑上层应用开发满足具体使用需求场景的应用系统，简化上层业务系统开发；融合通信在向下融合方面提供丰富的开放接口，与视频会议系统、视频监控系统、宽窄带集群系统、公共电话系统、公网手机系统、应急现场背负式通信系统等多个系统对接，实现多种通信手段的融合及多种通信系统和通信终端的互联互通，有效支撑融合指挥业务。

2. 应急实战分析

融合通信平台支持应急指挥大厅的应用场景，可以将视音频数据和大屏控制系统实现对接，将应急指挥系统的各种视频和数据信息直接输出到指挥中心大屏上。满足指挥人员在应急指挥大厅通过可视化调度台完成应急决策会议调度、应急决策会商、GIS 地理辅助决策、综合态势研判、现场信息回传等各种业务需求。

融合通信平台实现集群语音、全双工语音、视频业务、定位业务、多媒体信息和移动指挥业务的统一接入和承载，实现多业务融合通信，实现将公网、专网、卫星、短波、集群、无人机等通信资源在同一图层上显示，打造“看得见、呼得通、调得动”的现代化指挥调度系统。通过多种业务系统的融合对接，构建上下联动、横向呼应、高效运行的现代指挥体系。实现宽窄带、有线无线语音、有线无线视频、移动视频和电话会议视频的融合，实现接报系统、GIS 及各专业应用系统的信息关联、业务联动。

如某省打造了应急管理融合通信平台，具备多资源融合接入能力、多业务融合调度能力、多级多节点组网能力及跨平台灵活部署能力等，实现一张图融合指挥。通过标准开放的协议对接，将各类应急通信网络体系打通，实现各类通信终端的融合对接。实现和应急小分队、LTE 通信终端、视频会议终端、云视频会议终端、公网对讲机、无人机、VOLTE、固定电话、移动指挥车、鹰眼摄像头等各类终端融合通信，实现语音、数据、视频等数据的高效传输，并在一张图上统一展示和调度。

七、其他通信方式

（一）有线通信

有线通信网络是最基础和最重要的应急通信网络组成部分，可用于传送声音、文字、图像、视频等信息数据，支撑最基本的应急管理资源共享和信息互通。通过建设有线通信网络基础，包括指挥信息网等行业专网等，可提高应急管理部门基础应急通信保障能力，有力支撑应急救援、指挥调度、协同会商等工作的有序、高效开展。

有线通信网络是各种业务网的基础，为各种不同的业务网提供组网链路，对网络的可靠性和生存性起着重要的作用，是应急通信网络的重要组成部分。

1. 优势分析

有线通信网络采用有线介质传输通信信号，通常采用光纤、同轴电缆等传输介质，具有抗干扰能力小、可靠性高、传输距离远等优点。

2. 劣势分析

有线通信网络的铺设成本和运行维护成本较高，沿途需要检查有线通信链路的维护情况，故障发生时通常很难找到故障点。有线通信网络应对自然灾害等情况下的稳定性和可靠性不强，极易受损而导致通信中断。

3. 应急实战分析

指挥信息网作为应急通信网络中最重要的有线通信网络组成，主要面向指挥决策部门、应急救援部门的特定用户，承载应急指挥救援、大数据分析、视频会议、部分监测预警等关键应用，是基于 IPv6 的网络系统，支持 IPv4 共网运行，具有高可靠、高稳定、高安全特点。

在靠近城市地区出现灾害事故的紧急情况下，如2020年8月29日9时40分许，山西省临汾市襄汾县陶寺乡陈庄村聚仙旅馆发生坍塌事故后，广东等地应急管理部门指挥调度人员可通过应急指挥信息网实现与应急管理部及山西省应急管理厅等的远程联动，完成了指令接收、远程会商、信息共享等工作。

（二）无人机应急通信

无人驾驶飞机简称“无人机”，英文缩写为“UAV”，是利用无线电遥控设备和自备的程序控制装置操纵的不载人飞机，或者由车载计算机完全地或间歇地自主地操作。无人机按应用领域，可分为军用与民用。军用方面，无人机分为侦察机和靶机。民用方面，“无人机+行业应用”模式在应急管理、航拍、农业、植保、微型自拍、快递运输、灾难救援、观察野生动物、监控传染病、测绘、新闻报道、电力巡检、救灾、影视拍摄等领域应用广泛。

当前，我国应急救援部队面临着日益复杂的救援形势，对各类地震救援、抗洪抢险、山岳救助及大跨度或高层火灾等情况，传统现场侦查手段的局限性已日益凸显。如何有效实施消防预警和现场侦测，并迅速、准确处置灾情显得尤为重要。无人机不仅可以用于侦查，还可以作为通信平台。与其他应急通信平台相比，系统构筑灵活简单，具备高速、低滞后的通信能力，可快速搭建灾害现场一线的应急通信平台，在无信号覆盖区域构建起“空天地一体化”应急通信平台，创建我国应急救援通信体系建设的全新方案。无人机的运用可以解决以下4个方面的问题：

（1）灾情侦查：当灾害发生时，使用无人机进行灾情侦查：①可以无视地形和环境，做到机动灵活地开展侦查，特别是一些急难险重的灾害现场，在侦查小组无法开展侦查的情况下，无人机能够迅速展开侦查。②通过无人机侦查能够有效提升侦查的效率，第一时间查明灾害事故的关键因素，以便指挥员作出正确决策。③能够有效规避人员伤亡，既能避免人进入有毒、易燃易爆等危险环境中，又能全面、细致地掌握现场情况。

（2）监控追踪：应急救援部队所面对的各类灾害事故现场往往瞬息万变，在灾害事故的处置过程中，利用无人机进行实时监控追踪，能够提供精准的灾情变化，便于各级指挥部及时掌握动态灾害情况，从而作出快速、准确的对策，最大限度地减少灾害损失。

（3）辅助救援：可通过集成通信设备利用无人机担当通信中继。例如在地震、山岳等有通信阻断的环境下，利用无人机集成转信模块，充当临时转信台，从而使得极端环境下建立起无线通信的链路。还可利用无人机进行应急测绘，利用无人机集成航拍测绘模块，将灾害事故现场的情况全部收录并传至现场指挥部，对灾害现场的地形等进行应急测绘，为救援的开展提供有力支撑。

（4）辅助监督：利用航拍对高层及超高层建筑实现全面实时的监测、及时发现灾害隐患、救援现场灾情实时控制，可将空中监控视频实时传送到后方指挥中心和现场指挥部，支撑辅助决策等。

1. 优势分析

（1）机动灵活。小型无人机重量轻，依托飞行控件就可以对其进行操控，只需要1~2人就可以完成此类操作任务。在道路不畅、交通中断的情况下，徒步就可以携带至灾害事故现场，且起飞条件很简单，对地形无要求，加上无人机携带方便，所以具有很强的灵活性。此外，无人机的飞行速度易于控制，转弯半径小，机动性好，可以灵活机动控制飞行方向，无人机还能快速到达指定地点，反应能力快捷，对环境和气候条件也有很强的适应能力。

（2）快速覆盖。无人机通过无线技术可以实现超视距控制，可以快速全面覆盖灾害现场，快速实现灾害现场应急通信恢复，打通应急救援指挥“最后一公里”。通过远程控制无人机和摄像头，可以根据实际需求实时采集并传输图像，尤其是在低空飞行时，无人机跟踪拍摄能力极强，使用机载摄像头获取的图像分辨率很高，能有效提升应急救援部队抢险救援的侦查能力。

（3）操作简单。无人机的远程视频传输与控制系统通过网络和接口接入地面站，通过光纤接入指挥中心，因此，只需通过遥控摄像机及其辅助设备，就能直接观看无人机的摄像头实时视频。从应用层面上看，无人机的实际操作也并不复杂，只要掌握好飞行、音视频控制和其他兼容模块的操作，便能发挥效能。

（4）安全可靠。无论是面对暴雨、高温、台风、泥石流等恶劣天气环境或者易燃易爆、塌陷、有毒等严重灾害事故现场，抑或是山岳、峡谷、沟壑等极端地理环境，无人机技术均能有效规避传统灭火救援行动中存在的短板，可确保救援人员的自身安全，快速提升应急通信支撑能力，为事故处置的指挥决策提供安全可靠的依据，能够最大限度地控制灾情发展，减少灾情损失及人员伤亡。

（5）实时图传。无人机在对灾害现场提供应急通信能力覆盖的同时，可利用无线图传技术，实时传输高清图像至地面接收终端，无人机视频可同时被应急指挥车、指挥中心、操控手微型便携终端等多终端接收。

2. 劣势分析

（1）电量有限。受无人机电源限制，无人机在途飞行时长和在空中停留时长有限，无法长时间支撑提供应急通信服务。

（2）载荷有限。无人机最大起飞重量和外挂载荷均有限，除挂载航拍等多种吊舱外，留给通信设备和配套电源的空间和重量配额更加有限，这限制了无人机通信保障服务的能力。

（3）价格成本高。目前无人机应急通信保障服务所需要的成本较高，涵盖硬件成本、油费、人力成本、卫星链路租用等。

（4）带宽容量有限。无人机应急通信平台支持接通的用户数和带宽流量均有限，远不如一个普通的宏站。无人机基站最大的弱点就在于通信容量。卫星链路回传带宽的限制，决定了灾区人民仅能保证通话、短信等服务。

3. 应急实战分析

无人机作为应急通信基站，具有快速部署、轻便灵活、起降环境要求低等特点，能实现较大范围内快速、可靠、廉价的宽带通信，在突发自然灾害、通信基础设施受到破坏、通信环境恶劣等条件下，其应急通信能力优势明显，支持快速精准全天候应急通信保障救援，强化提升“全方位、立体式、天地一体、灵活机动”的、强大的应急通信保障能力。

2021 年 7 月 18—21 日，河南多地出现了持续强降水天气过程，尤其在省会郑州普降特大暴雨，累计平均降水量达 449 mm。最大的降雨是在 20 日下午 4 时到 5 时间，郑州全市降雨量达 201. 9 mm，超过我国陆地小时降雨量极值。降雨引发的洪水令市民措手不及，造成京广隧道倒灌、地铁 5 号线倒灌、郑州茜城花园 15 号及 22 号楼倾斜、小区及商场地库倒灌、道路塌陷等次生灾害问题。

关键时刻，奔袭千里救援河南的翼龙-II 无人机大显神通。在应急管理部紧急调派之下，紧急搭建了翼龙空中应急通信平台基站。翼龙-II 无人机从贵州安顺起飞，飞越约 1300 km 火速赶往河南灾区，最终在巩义市米河镇上空停留近 5 个小时。翼龙-II 应用宽、窄带组网设备和移动公网设备，保证受灾人员可及时获取专网和移动网络信号，还应用 CCD 航测相机、EO 光电设备和 SAR 合成孔径雷达，对受灾区域进行拍照和监测，实时将有关信息回传至指挥中心，解决了“三断”极端情况下“信息传不出来”的问题，实现了应急救援行动的高效、准确指挥。

（三）应急感知物联网

物联网是通过传感器、RFID 以及全球定位系统等技术，实时采集需要监控、连接、互动的物体或过程，通过各种网络接入实现万物互联，从而达到对物品和过程的智能化感知、识别和管理。应急管理感知物联网络是基于智能传感、射频识别、视频图像、激光雷达、航空遥感等感知技术，依托“天地一体化”应急通信网络、公共通信网络和低功耗广域网，面向生产安全监测预警、自然灾害监测预警、城市安全监测预警和应急处置现场实时动态监测等应用需求构建的全域覆盖应急管理感知数据采集体系，为应急管理大数据分析应用提供数据来源。应急管理感知网络建设以物联感知、航空感知和视频感知建设为主，重点建设生产安全、自然灾害、城市安全领域和应急处置现场的感知网络，分为常态和非常态两种情况：常态下，以市、县、区域、生产经营单位自行建设为主，最终汇聚于应急管理部本级数据中心；非常态下，地方按照应急管理部统筹制定的标准进行前端部署，就近接入应急通信网络。

应急管理感知网络建设主要包括感知层和传输层，采用物联感知、航空感知、视频感知、数据采集系统等前端感知技术和 NB-IOT、LORA、3G/4G/5G、蓝牙、MSTP、VPN 等各类无线、有线传输技术，为数据支撑层和应用层提供感知数据，并与其他政府部门、应急管理部进行感知数据交换共享。

1. 优势分析

（1）广覆盖。应急管理物联感知网络能够涵盖自然灾害监测预警、安全生产监测预警、城市安全监测预警和应急救援现场监测预警等应急管理业务应用领域，综合提升应急管理部门态势感知、监测预警、隐患排查等综合业务能力。

（2）海量连接。应急管理物联感知网络的每个网络扇区能够支持超 10 万个感知设备的连接，支持低延时敏感度、超低的设备成本、低设备功耗和优化的网络架构。

（3）更低功耗。应急管理物联感知网络终端模块的平均功耗较低，待机时间很长，可以保证长期稳定持续开展监测预警和感知数据采集、传输、管理和分析等工作。

（4）接入容量大。应急管理物联感知网络容量大，能够支持同时高速传输海量的应急管理业务领域监测预警和感知数据。

2. 劣势分析

（1）建设投入大。应急管理感知物联网络初期投资建设网络和传感器的成本要求很高，难以快速铺设覆盖全面的感知物联网络和感知设备等。

（2）运营维护难。考虑到网络设备多、分布广，且部分设备长期暴露在室外环境，所以对于应急管理感知物联网络设备的日常运维和故障排除等方面存在很大困难。

（3）安全风险较高。相较于互联网，物联网被攻击的应用更多、所受到的威胁更大、防护举措更难。由于物联网所涵盖的范围更广，除了建立在整个网络上的服务会面临安全威胁之外，其千万级别数量的设备在连接到云端后也会面临安全威胁。

3. 应急实战分析

通过围绕全省安全生产、自然灾害、城市安全、应急现场救援领域监测预警、应急处置等动态数据采集汇聚的需要，建设应急救援现场及地质灾害现场的包含多种前端数据采集手段的感知层设备、接入安全生产、自然灾害、城市安全、应急救援现场等领域感知数据，可支持完善全面高效互通的传输层网络，打造应急管理全域感知和应急通信体系，实现全省应急管理网络感知对象全覆盖、感知终端全接入、感知手段全融合和感知服务全统一，丰富应急管理全域感知数据来源和类型，强化支撑应急管理全域感知覆盖范围及数据处理能力，全面支撑具有系统化、扁平化、立体化、智能化、人性化特征的现代应急管理体系建设。

实现以人为主体的指挥体系、以数据为主体的网络体系和以应急资源为主体的保障体系的全要素覆盖，实现自然灾害、安全生产、城市安全、应急现场救援等行业的全领域涵盖，实现空中、地面和地下立体感知网络的全方位打造，实现事前预判、临灾预告、短临预警的全过程感知。提升应急管理各业务领域风险发现能力、隐患排查能力、综合决策能力和应急处置支撑能力。

通过天、空、地相结合覆盖全省的监测，实时、远程感知各灾种灾情态势、灾害过程，依靠科学的灾害风险评估模型，智能分析，预警信息智能生成、研判和发布，实现事故统计分析展示。建立和健全灾害监测预警感知、功能齐全、反应灵敏、运转高效的预警响应机制。面对自然灾害、安全事故等突发事件，及时获取事故现场相关的数据、视频、图像，并结合各方数据进行研判分析，辅助应急指挥决策，参考预案，协调周边各部门的资源，进行现场处置。

根据灾情、安全事故的事态发展，指挥决策进一步前移，指挥平台能力前移。结合应急救援现场感知服务开展，高效保障灾害事故发生后应急指挥及救援工作的顺利开展，有效降低灾害事故对人民群众的生命财产威胁，提高各地人民群众的安全感与幸福感。进一步健全应急管理信息化工作体系，大幅强化灾害事故发生后的救援工作效率，降低人员伤亡和经济损失，减轻灾害事故造成的社会影响，开创应急通信支撑和应急管理指挥救援工作的新局面。

如某省应急管理部门联合气象和水文部门，有序推进在全省上万个建制村修建气象站和水文站，这些站点通过搭载温度传感器、湿度传感器、雨量计等物联感知设备，精准获取全省大量的气象水文数据，结合后台大数据智能分析软件，实现对暴雨洪涝等灾害的提前预测和感知。同时，通过在全省林区建设视频监控及智能感知火灾监测等设备，实现对森林火灾的提前预警和有效防灾，这些应用都有利于提升该省的综合防灾减灾能力。

（四）其他特殊场景通信

应急通信体系涵盖范围广、功能要求多、技术复杂度高，除了上述应急通信网络方式外，还包括海事卫星、超短波无线通信、物联网等其他应急通信网络支撑方式，以进一步完善应急通信体系保障能力，推进构建“天地一体、全域覆盖、全面融合、全程贯通、韧性抗毁、随遇接入、按需服务”的应急通信体系，提升应急指挥和通信保障能力，为应急救援和指挥工作提供通信支撑。主要还可包括如下几种应急通信方式：

1. 水下应急通信

水声通信水下通信非常困难，主要是由于通道的多径效应、时变效应、可用频宽窄、信号衰减严重，特别是在长距离传输中。但是，通过水下通信，可有效提升水下应急救援和灾害抢险的工作效率，进一步保障人民群众生命安全。目前，我国在水声通信和定位技术领域已有多年的积累，水声通信机已达到实用化水平，已广泛应用于水下救援、海底潜标、水下有人/无人航行器、水下作业平台的遥控与数据回传等场合。

2. 空中飞艇通信

飞艇无线通信也称为平流层气球无线通信，是一种可以快速、可靠、廉价地实现实时、宽带、大容量的多媒体通信的方式。通过在飞艇上搭载应急通信装备，可以支撑实现快速恢复灾害一线的通信网络，同时支持开展物资投放、遥感监测等辅助指挥调度和应急救援等工作。

3. 矿山救援通信

结合无线通信技术研发矿山/井下应急通信系统，能够帮助建立起覆盖矿井的无线网络，实现数据传输，辅助完成应急通信调度及救援管理。系统可通过设置控制中心，将通信基站部署在矿山/井下的各个区域，实现整个矿井的网络覆盖，进而支撑实现语音通信、集群对讲、调度管理，以及多种数据、视频传输功能。

4. 海上船舶通信

海上船舶应急通信方式包括短波通信、卫星 AIS 船舶定位等技术。卫星 AIS 船舶通信技术可实现通过低轨道的卫星接收船舶发送的 AIS 报文信息，卫星将接收和解码 AIS 报文信息转发给相应的地球站，从而让陆地管理机构掌握船舶的相关动态信息，实现对远海海域航行船舶的监控，进而支持实现船队管理、数据传输和分析以及保障数据信息安全，支撑海上应急救援等的高效开展。

第三节 应急通信场所

应急通信场所（图 2-2）主要包括指挥中心、现场指挥部和灾害现场 3 个部分，另外还可包括移动指挥车（部），三类场所相互独立，相互联系，共同协作。通过搭建“现场指挥中心、支撑保障中心、通信保障中心”三位一体的现场指挥部应急通信体系，构建“现场指挥部、指挥中心、灾害一线”三级联动的应急指挥保障体系，为应急救援指挥提供统一高效的通信保障，解决非常态下应急通信“看不见，听不到”的问题，做到应急指挥同步响应、同频共振。

一、指挥中心

应急指挥中心是应急管理工作的中枢，是有效整合应急管理资源、指挥调度应急力量、处置突发事件的关键，承担着应急值守、政务值班等工作，拟订事故灾难和自然灾害分级应对制度，发布预警和灾情信息，提请衔接多方救援队伍参与应急救援工作，实现灾害安全从被动应对型向主动保障型、从传统经验型向现代高科技型的战略转变，促进政府健全体制、创新机制，全面提升应急管理水平。

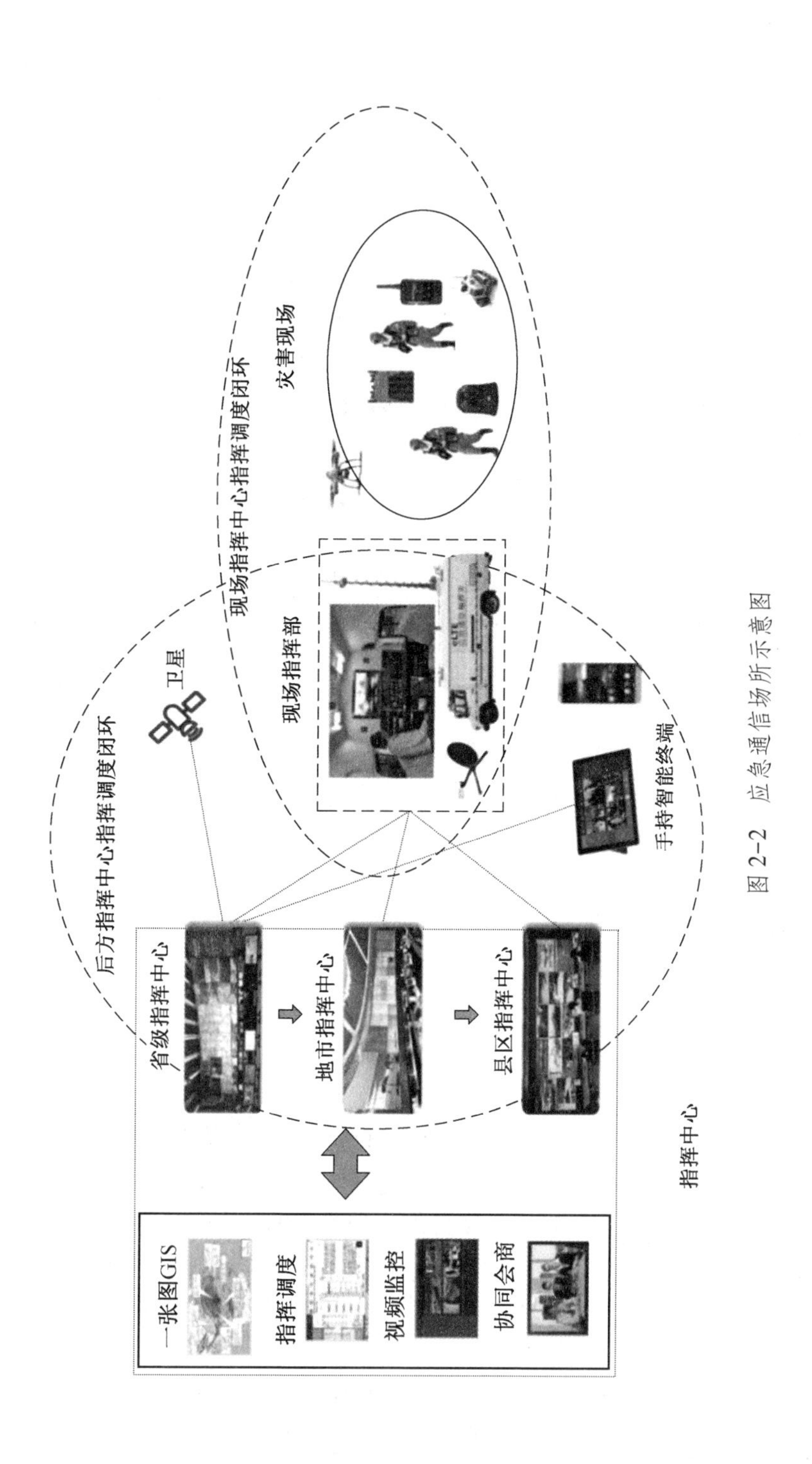

图 2-2　应急通信场所示意图

（一）职能定位

1. 信息中枢

指挥中心的首要工作是信息接报，通过对接上报的突发事件信息，支撑日常值班值守和突发事件应急处置等工作，围绕灾情险情，主动收集信息，精准研判趋势，及时报告情况。

2. 联络中枢

作为“后方总指挥部”，指挥中心会根据相应的响应级别及前线应急救援处置工作的实际需求，向前线派出现场应急救援队伍，完成指令下达、物资调度、队伍调动、后勤保障、现场救援等。

3. 决策中枢

应急指挥中心是各级应急管理部门传递、应对各种突发事件，作出各种应急决策的关键决策中心。在处置各类突发事件过程中，围绕重点问题，结合有关专家意见，利用指挥中心智能化数据分析手段及情报研判能力，深入研究对策，提供辅助决策支撑。

4. 指挥中枢

应急指挥中心是各类突发事件应急处置中的“指挥中枢”，在处置突发事件的关键时刻，应急救援指挥人员通过在指挥中心进行指挥调度，实现传达、督导、调度、协调等功能。

（二）主要职责

作为综合应急调度指挥中心，实现数据共享、业务协同，具备多源视频共享、实时视频、音频采集等信息处理能力，实现发现和处置应急事件、组织和协调救援等综合调度指挥功能，提供城市管理、自然灾害、地理监测等多领域的调度指挥能力。目前，指挥中心的主要职能围绕突发事件管理全生命周期展开，贯穿事前预警、事中处置、事后恢复。

1. 事前：预警、研判与灾害预案

（1）搜集情报、及时预警。指挥中心基于当地政治、经济、文化、自然等情况和特征，对潜在的和已经发生的自然灾害、事故、公共卫生事件和社会公共安全事件等突发事件进行分析评估，综合内外多种因素等影响，及时、准确地发现突发事件的征兆和苗头，化被动为主动，将应急管理的关口前移，有效杜绝和防止危机的发生。

（2）情报研判、风险评估。指挥中心通过对风险发展态势及可能的次生灾害进行前瞻性的综合性评估，对潜在的和已发生的突发事件的危害程度、行为方式、波及范围、持续事件等情况进行综合评估，确定突发事件发生最严重的情形和后果，制定最科学、最有前瞻性的应急管理处置方案。通过在指挥中心建立一整套动态的评估风险的运行机制，建立健全常态化的检测评估、研判预警运行模式及保障机制，确保新风险动态感知、新动态及时预警。

（3）编制预案，定期演练。指挥中心按照实地实景、实装实战、实用实效的要求，制定和落实应急预案和应急演练计划，确定预案演练的总体流程，从预警、响应、处置、恢复，全流程、全要素参与，突出即时性、临时性，让决策、指挥、处置、联动各环节力量充分得到调动。通过演习及时强化第一时间、第一响应的快速稳妥、高效，不断完善应急预案，保持平战结合、常态长效。

2. 事中：快速响应、先期处置、控制事态

（1）快速反应，先期指挥。突发事件发生后，指挥中心在得到决策部门授权后，迅速启动应急响应预案，调集处置力量，处置物资，并视情调整响应等级，迅速责成相关职能部门派员立即赶赴突发事件现场，核实突发事件的严重程度和发展态势。

（2）各司其职，先期处置。应急处置过程中，各相关单位在指挥中心指挥下各司其职、分工合作、相互配合，对现场危险源进行监测，同时保障现场处置人员安全。搜集现场情报，及时汇总研判，实时调整处置力量、处置资源的配备，争取突发事件处置的主动权，控制突发事件规模，减少损害，防止次生灾害发生。

（3）制定对策，平息事态。根据突发事件类型，各有关单位在指挥中心的组织下，成立突发事件处置工作小组。根据现场搜集的突发事件发展情况及处置信息，综合汇总研判，履行突发事件协调处置工作，并与指挥中心保持信息畅通。现场指挥部根据现场情况，制定现场处置策略，以最小损害为目标，及时快速平息事态。

3. 事后：恢复及善后

（1）恢复重建。突发事件发生后，指挥中心牵头指导开展恢复重建工作，针对自然灾害类、部分破坏性的社会安全事件及存在环境污染可能性的事故类突发事件，及时恢复正常的生活生产秩序，对受灾受损的基础设施及时重建，对防灾减灾基础设施的薄弱环节也进行同步的加固，消除突发事件带来的负面社会、经济、环境、心理影响。

（2）科学评估。突发事件发生后，指挥中心牵头指导对整个应急管理过程进行科学评估，对突发事件的产生、发展、影响、损失程度、处置得失的调查、评估与分析，对突发事件的先期指挥、现场处置、装备调用、应急保障、损害程度、恢复重建，全面、科学地开展评估分析，提出有效的预防、预警、缓解、解决办法，强化突发事件的处置应对能力。

（3）修改预案。突发事件发生后，指挥中心牵头指导通过对突发事件的全程评估分析，及时发现各类应急预案中存在的漏洞，完善应急预案、应急体制和机制，增强应急预案的可操作性，使得各类应急预案体系更加完整、流程更加规范、步骤更加清晰、权责更加明确。在提升应急预案实用性的同时，进一步优化应急预案体系内在机制。

4. 突发事件发生时的延伸职能

（1）区域协作。在突发事件损害程度超过事发地应急管理部门处置能力时，汇报上级应急管理部门，请求增援。同时，应上级应急管理部门统一协调，抽调处置力量增援周边区域，协助周边区域开展应急管理工作。

（2）社会动员。启动应急预案后，在消防等应急第一梯队无法有效控制损害、防止突发事件扩大等灾害突发事件时，指挥中心即启动应急动员机制，进一步动员社会群众共同参与处置，同时协调使用公共交通等公共物资进行灾害救援。

（3）舆情监控。突发事件发生后，指挥中心第一时间披露信息、表明观点，完成舆情监控，借助微博、微信等社交媒体资源，掌握应急管理、危机公关的主动权。

（三）区域构成

为满足应急值守、统一作战指挥和信息化保障要求，指挥中心结合应急指挥需求和物理环境，通常主要包括应急指挥大厅、领导决策室、专家会商室、接待室、值班室、新闻区、设备间等区域，以满足日常应急指挥、会商决策、工作接待、日常办公、应急值守等

工作需要。

1. 应急指挥大厅

应急指挥大厅满足指挥领导、业务部门、操作人员的共同会商空间和基础设施支撑，融合各项业务系统、现场图像接入、音视频会商和通信调度等手段。同时具备各类网络资源的接入能力，凭借高清多源信号接入大屏显示系统，支撑多屏显示监测预警信息、灾害事故发展态势、现场实时情况及联合会商等功能。

2. 领导决策室

领导决策室是为指挥领导应对突发事件应急处置的商讨和决策提供工作环境，满足视频会议、会商决策等功能需求，同时建设大屏显示系统，支撑多屏显示灾害事故发展态势、现场实时情况、联合会商画面等，配备音视频、灯光等相关硬件设施。

3. 专家会商室

专家会商室满足不同灾害事故专题会商交流席位和基础设施支撑要求，具备系统投屏、视频会商和与指挥大厅音视频信号连通等支撑能力。

4. 接待室

接待室是应急指挥中心的“窗口”，是接待来访者、进行交流座谈、开展业务往来的场所，为指挥中心的工作人员与来访者提供一个近距离接触、轻松交流的理想场所。

5. 值班室

值班室配置联合值守坐席和值守系统等软硬件设施，满足值班值守、突发事件接报、信息分发、指挥调度等需求，具备与指挥大厅音视频信号连通能力。

6. 新闻区

新闻区为在突发事件发生后，第一时间披露信息、表明观点、发布通知提供专业场所。

7. 设备间

设备间用于存放指挥中心配套网络及信息化硬件设备，设备机房应符合国家有关电子信息系统机房建设标准，满足通信网络、主控设备、网络安全、主机与存储、供配电等方面的相关要求。

（四）系统组成

应急指挥中心一般设计为集信息汇聚中心、成果展示中心、指挥调度中心、决策研判中心、监测预警中心于一体的指挥中心，形成统一领导、权责一致、权威高效的应急指挥体系，系统组成主要可包括以下模块：

1. 指挥中心基础设施

按照技术先进、适度超前、国产优先、节能环保的原则，科学布局，划定相应的功能分区，配置一个数字政府辅助决策大厅、一个应急指挥大厅和中小型研判会商室，配套建设应急指挥中心基础设施，满足指挥中心各项应急值守、研判会商、预警发布、联合值守、值班休息、指挥调度、救援处置等各项业务正常使用。

2. 指挥中心融合通信一张网

设计融合通信一张网，整合接入各类通信网络，实现互联互通、一张网调度，确保平时或战时情况下为省应急指挥中心提供全面、稳定、高效、安全的通信网络保障。实现各类网络统一融合接入到省应急指挥中心，保障指挥中心和各类网络的互联互通，实现视频融合管理及业务系统数据融合接入，为应急指挥中心在全灾种应急、全风险感知、全要素指挥、全过程管理、全部门联动等业务场景提供一体化、智能化、高效安全稳定的通信保障支撑。

3. 指挥中心应急指挥一张图

充分利用各类自然资源和空间地理信息数据图层，通过叠加应急指挥专业数据图层，实现对各类突发事件、应急资源、应急响应、重点目标等辅助信息和现场实时音视频等数据的上图呈现，实时掌握突发事件态势、应急资源分布情况、应急响应情况和重点目标、气象、人口、经济分布、交通路况等辅助信息，并可在图上进行应急通信和协同标绘，最终通过分析研判，实现自然灾害、事故灾难、公共卫生、社会安全四大类突发事件的综合态势展现和应急指挥。

4. 指挥中心系统融合“一平台”

平台通过汇聚接入各厅局委办及相关单位应急资源数据或相关系统，并汇聚应急部和周边水域等数据，为应急指挥一张图等应用提供支撑和应用开发环境，满足应急信息全面汇聚、综合展现、快速传达、互联互通，构建反应灵敏、协同联动、高效调度、科学决策、智能化、一体化的综合应用平台，提升全省应急响应能力。

5. 应急指挥中心值守信息管理系统

应急指挥中心值守信息管理系统实现全省应急职责部门值班值守信息的统一管理，强化横纵部门平时和战时的事件信息接报工作以应急指挥中心为节点，构建一体化值班值守、扁平化速报响应的联合值守体系，使得信息接报的速度更快、更实时、更全面。

6. 应急指挥中心安全系统

内容包含通信网络安全、区域边界安全、计算环境安全、安全管理中心和安全管理体系，应用系统支持国密体系。建设成“大协同、大共享”的安全体系，建立“风险能预知、防御更智能、威胁全感知、决策更精准、处置更及时、灾难即恢复”的安全能力。

二、现场指挥部

以灾害现场为中心快速搭建的现场指挥部为事故现场应急指挥调度提供图像、语音、数据等多种通信服务，通过现场指挥部与后方指挥中心之间实时双向信息传输，确保紧急情况下快速实现将现场实时音视频数据传至后方指挥中心。

（一）职责定位

前方现场指挥部职责主要包括接受后方指挥中心救援指令，组织救援队伍实施救援，向上级（指挥中心）和参与救援的局委办通报救援进展，总结应急救援过程的经验教训等。

（二）人员架构

现场指挥部的人员组成主要包括总指挥、副总指挥、应急救援队、消防救援队、卫生救援队、设备保障团队等。

1. 总指挥

组织负责整个应急指挥工作，宣布启动预案，对特殊情况进行紧急决策等职能。

2. 副总指挥

协助总指挥负责应急救援的具体指挥任务，协助总指挥下达应急指令，协调事故现场抢救等工作。

3. 应急救援队

负责开展应急救援工作，完成上级赋予的各项应急抢险救援任务。

4. 消防救援队

面向自然灾害和安全生产事故，负责实施应急消防救援等工作。

5. 卫生救援队

负责对伤员进行卫生防护、生命救治等工作。

6. 设备保障队

负责保障应急设备高效稳定应用，确保对外保持联络畅通，同时保障应急救援所需的各项物资及车辆等。

（三）系统组成

现场指挥部（图 2-3）主要由现场指挥部基础设施、通信子系统、计算机网络子系统、信息采集子系统、音视频处理子系统、无人机子系统、指挥控制子系统、供配电子系统、环境保障子系统、安全子系统等组成。依托民宅或帐篷可快速搭建现场指挥部，通过部署显示终端、指挥调度台、视频会议终端、天通桌面终端、短波电台等设备，实现现场指挥部信息化能力体系的构建。现场指挥部实时汇聚现场音视频信号，并可随时依托融合通信平台将信息转发至后方指挥中心，也可通过指挥中心的融合通信平台转发相关信息，为决策指挥提供支撑。

1. 现场指挥部基础设施

基于民宅、帐篷、桌椅等基础设施搭建现场指挥部，提供灾害一线的临时现场应急指挥调度场所，保障前线应急救援工作的正常开展，确保应急指挥决策的准确性和应急指挥调度工作的及时性。

2. 通信子系统

通信子系统实现数据采集、处理和传输，实现现场指挥部与指挥中心、移动应急指挥车、灾害现场救援队间的通信。通信方式主要包括卫星通信、宽窄带集群通信、短波通信等。

3. 计算机网络子系统

计算机网络子系统由通信线路和网络交换机将分布在不同地点的具有独立功能的多个计算机系统互相连接起来，在网络软件的支持下实现数据通信和资源共享。现场指挥部计算机网络子系统可实现计算机与终端、计算机与计算机间的数据传输；实现网络上的计算机彼此之间的资源共享；实现分布在不同网络的用户互相传输数据信息，提升交流协同效率。

4. 信息采集子系统

信息采集子系统主要包括摄像机、拾音器、单兵图传等，通过单兵携带无线图传等设备，在灾害一线采集实时音视频信息，并支持回传至后方指挥中心，辅助指挥决策。

5. 音视频处理子系统

音视频处理子系统主要包括硬盘录像机、高清视频矩阵、调音台、反馈抑制器、功放、无线话筒、会议话筒、VGA 矩阵和集中显示屏等，用于实现对采集到的音视频的存储、显示、可视化操作及远程传输等功能。

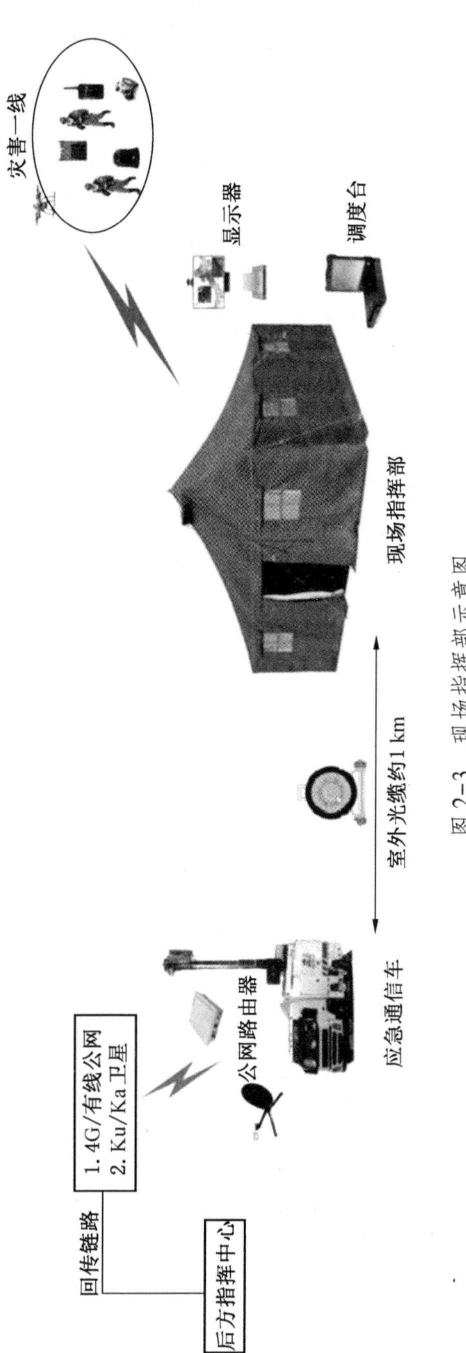

图 2-3　现场指挥部示意图

6. 无人机子系统

无人机凭借其轻便灵活、受地形影响小、覆盖面广等优势，广泛应用于自然灾害、事故灾难等突发公共事件的日常管理工作中，支撑突发事件现场信息采集，支持现场指挥部对自然灾害、事故灾难等突发公共事件的数据采集和远程视频查看。

7. 指挥控制子系统

指挥控制子系统实现对现场指挥部设备的集中控制与调度功能，提供便于操作和高度集成化的现场指挥部指挥作业平台。实现对整个现场指挥部的通信系统等各设备的电源控制；实现对摄像头镜头调焦及各方向旋转的控制；实现对所有音视频设备的控制，包括硬盘录像机的录存放控制、矩阵的音视频切换、各显示器的控制、视频会议主机的控制等。

8. 供配电子系统

供配电子系统包括采用UPS逆变供电、发电机供电、外电供电等供电方式确保现场指挥部的系统设备正常通电工作，且可向外界提供电源输出。为保证通信的畅通，采用通信电源为通信设备可靠、稳定供电。

9. 环境保障子系统

环境保障子系统包括照明灯、警示灯、空调等，照明灯和警示灯用于提供工作照明及发出应急示警，空调用于保证设备工作于稳定环境等。

10. 安全子系统

安全子系统用于保护现场指挥部的硬件、软件及其系统中的数据安全，确保系统连续、可靠、稳定运行，不因偶然或恶意原因而遭受破坏、更改、数据泄露或服务中断。

三、移动指挥车

突发事件发生后，移动应急指挥车在第一时间赶赴现场，实现现场指挥调度与通信传输，提升灾害现场移动应急指挥能力，最大限度地减少重大突发事件造成的人员伤亡和财产损失。移动应急指挥车具备机动功能，作为移动现场指挥部，可在行驶过程中实现与后方指挥中心和灾害一线的通信，通过搭载各类通信装备，接入公网、有线网、无线网、卫星网等各类应急通信网络，支撑实时获取声音、图像、文字等数据，实现数据共享和通信，支撑应急指挥。

（一）功能定位

移动应急指挥车在处理应急突发事件时，能够灵活快速地实现通信保障、指挥调度、图像采集传输等功能。

1. 指挥调度

应急指挥车可实现对重大突发事件现场各类信息的采集、整理、分析及发布，通过车载各类指挥系统向救援人员发送数据、语音、位置等调度指令，并准确及时地将信息传送至指挥中心，提高应急指挥的效率。同时，可根据实际应急指挥组织架构实现权限管理，支持发起单呼、组呼、广播及会议等，有效提高对突发事件处置的效率。

2. 通信功能

应急指挥车搭载具备多种应急通信系统和设备，提供数字集群通信、卫星通信、无线通信、单兵图传等多种通信传输方式，保证在复杂的环境下仍可快速建立后方指挥中心与现场指挥部之间的通信网络，完成图片、视频和语音等数据的传输。

3. 信息采集处理

通过运用通信终端、无线传感器等信息采集设备，对灾害事故现场的地理数据、环境数据、灾害损失等信息进行收集，完成现场灾情获取与调查，将采集到的数据信息输出显示到应急指挥车和后方指挥中心，同时从各救援机构、社会公众等渠道获取事件相关情报和资料信息，辅助指挥人员决策调度。

4. 远程可视化指挥

应急指挥车具备视频会议等功能，可与灾害一线救援人员、后方指挥中心及行业专家等召开视频会议协商调度，还可利用单兵设备功能，由后方指挥人员直接指挥单兵完成现场作业，提高现场指挥决策的时效性和针对性。

5. 其他辅助功能

应急指挥车除具有以上功能外，还可通过搭载发电机、照明灯具、红外摄像头、大喇叭等专用设备，提升移动指挥车辆的供配电、照明、警示等功能。

（二）类型及构成

应急指挥车按照功能配备可分为大型应急指挥车、中型应急指挥车、小型应急指挥车三类，应急指挥车的类型及特点见表 2-1。大型应急指挥车通常在应急救援时发挥总指挥调度作用；中型应急指挥车一般起到机动指挥的作用；小型应急指挥车通常会深入到应急救援的第一现场，能适应各种条件苛刻的路况环境。

表 2-1 应急指挥车的类型及特点

特点	大型应急指挥车	中型应急指挥车	小型应急指挥车
功能要求	必须完全符合国家指挥调度的建设原则，必须主要功能齐全	基本保证完全符合国家指挥调度的建设原则，基本保证主要功能齐全	实现通信保障、定位导航和警报控制 3 个主要功能。其他为选配
指挥区	指挥人员 9~12 人，其中前排决策席位为 9 人	指挥人员 5~7 人，其中前排决策席位为 5 人	可容纳指挥人员 1~2 人
操作区	容纳技术人员 2~4 人	容纳技术人员 2~3 人	容纳技术人员 1~2 人

1. 大型应急指挥车

大型应急指挥车以多样化通信手段、完善的功能匹配和充足的工作保障为特点，能够成为可靠的通信指挥平台。大型应急指挥车主要由以下系统构成：

（1）载体：大巴或方舱车（改造底盘）。

（2）通信系统：车载卫星、数字集群、4G/5G CPE。

（3）信息采集系统：车内摄像机、车顶摄像机、便携式摄像机、单兵无线图传设备、车内外拾音器。

（4）信息处理系统：硬盘录像机、VGA 矩阵、高清视频矩阵、交换式触摸屏、调音台、反馈抑制器、车内外功放、大功率喇叭、无线话筒、会议话筒、打印机一体机、语音调度台。

（5）集中控制系统：车载集中控制器。

（6）计算机网络系统：工控机、液晶监视器、网络交换机。

（7）照明及警示系统：车内外照明、警示灯。

（8）空调系统：车载空调。

（9）供配电系统：发电机、UPS、供配电箱、通信电源。

2. 中型应急指挥车

通过对通信指挥系统的合理搭配，中型应急指挥车能够独立对下级指挥中心完成通信指挥，向上级指挥中心完成实时汇报等工作，此外，还可以快速前往灾害一线执行任务。中型应急指挥车主要由以下系统构成：

（1）载体：中巴（改造底盘）。

（2）通信系统：车载卫星、数字集群、4G/5G CPE。

（3）信息采集系统：车内摄像机、车顶摄像机、便携式摄像机、单兵无线图传设备、车内外拾音器。

（4）信息处理系统：硬盘录像机、VGA 矩阵、高清视频矩阵、交换式触摸屏、调音台、反馈抑制器、车内外功放、大功率喇叭、无线话筒、会议话筒、打印机一体机、语音调度台。

（5）集中控制系统：车载集中控制器。

（6）计算机网络系统：工控机、液晶监视器、网络交换机。

（7）照明及警示系统：车内外照明、警示灯。

（8）空调系统：车载空调。

（9）供配电系统：发电机、UPS、供配电箱、通信电源。

3. 小型应急指挥车

小型应急通信车需要迅速抵达现场，为后方指挥中心和上级机关传回现场的实时信息，通常选择小型车作为车载平台，因此，设备选择应以轻便、环境适应能力强为主，图传、摄像机及通信系统应选最优，以适应复杂的环境。小型应急指挥车主要由以下系统构成：

（1）载体：SUV 车辆（改造底盘）。

（2）通信系统：车载卫星、数字集群、4G/5G CPE。

（3）信息采集系统：车内摄像机、车顶摄像机、便携式摄像机、单兵无线图传设备、车内外拾音器。

（4）信息处理系统：硬盘录像机、VGA 矩阵、调音台、反馈抑制器、车内外功放、大功率喇叭、无线话筒、会议话筒、语音调度台。

（5）集中控制系统：车载集中控制器。

（6）计算机网络系统：工控机。

（7）照明及警示系统：车内外照明、警示灯。

（8）供配电系统：发电机、UPS、供配电箱、通信电源。

四、灾害现场

灾害现场是突发事件的核心地带，加强灾害现场的通信保障，可支撑快速高效地处理突发事件，减少人员伤亡和次生灾害的发生。在灾害现场可通过集群终端、对讲机等进行音视频信息采集，并与现场指挥中心进行实时通信，或者按需与后方指挥中心进行音视频连线，汇报灾害一线的实时信息。灾害现场与现场指挥部的通信示意如图 2-4 所示。

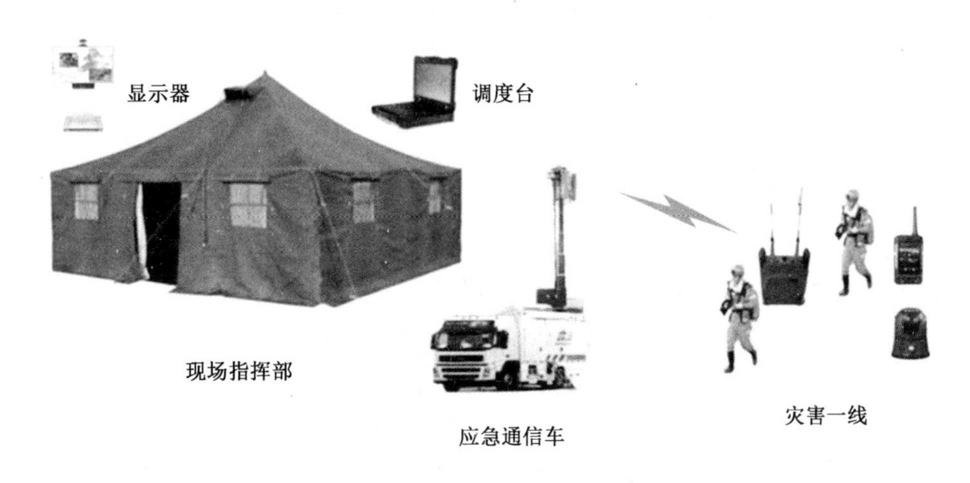

图 2-4 灾害现场与现场指挥部的通信示意图

灾害现场的通信保障目前主要包括信息采集和实时通信等方面的技术和应用。

1. 信息采集

通过部署音视频信息采集设备及系统，完成对灾害现场环境的快速识别和扫描，支撑构建 3D 模型，辅助灾害现场的应急救援。如在开展森林消防行动时，可通过搭载各种侦查设备的无人机来进行火场的初步观测侦查，确定火点位置、有无被困人员、危险地形等，有效地对火灾损毁情况进行实时评估，可以获取部分重点部位的清晰图像，第一时间获取火点位置、燃烧面积、火势蔓延情况等重要信息。同时，在地震、泥石流等灾害造成交通受阻时，通过无人机现场监测，初步评估灾害损失情况，及时掌握灾情发展趋势，为快速疏散现场人员和救援服务保障提供关键信息，基于无人机平台进行三维地形快速建立现场的高程模型，形成地形地貌形变统计数据，快速确定灾害损毁情况和抢修抢通工程量，寻找安全快速的救援路线等。

2. 实时通信

（1）宽窄带集群。数字集群通信系统可支持执行多任务、高效率的无线调度通信工作，支持基本的单呼、组呼、广播呼叫、紧急呼叫等集群业务功能，极大地方便指挥人员并适应指挥调度工作要求。此外，集群通信系统支持快速获取和脱离信道、具有自动监视和报警、动态组网、紧急呼叫、和有线交换机互联、数据传输等功能。目前，灾害一线现场采用的宽窄带集群通信系统主要坚持“宽带优先、语音保底”的原则。PDT 窄带集群通信可保障全员通话和应急指挥，LTE 宽带集群实现一线灾害救援现场实时视频回传和可视化指挥，实现 PDT 和 LTE 融合组网，统一调度。

（2）布控球。在灾害现场通过布设布控球等设备，提供高清、流畅、稳定的视频通信效果，支持实现定位、应急、视频、云台操作、双向对讲等功能，为实现应急指挥的“通信畅通、现场及时、数据完备、指挥到位”提供保障。

（3）无人机应急通信。通过无人机搭载相关的通信中继仪器，在最短的时间内在灾害事故现场建立起通信链路。

（4）单兵图传。在灾害一线为抢险救援人员配备单兵图传系统，为跟踪、侦查、取证工作提供有力的通信保障。在发生重大应急事故，现场监控无法覆盖的情况下，现场应急救援人员能通过单兵图传系统把现场实时的视频传递到指挥中心，辅助指挥中心领导决策。

第四节　应急通信设备

一、语音通信设备

语音通信设备是最基本的应急通信终端，通过点呼、广播形式传递最基本的语音信息，可为救援队员提供语音功能，完成语音集群指挥调度功能。语音通信设备通过语音通信系统的调度机制，除完成语音通信能力，也可实现语音调度功能。语音通信设备主要包含以无线通信为基础的短波电台、集群手台、手机以及以卫星通信技术为基础的各种卫星电话等多类终端。

1. 短波电台

短波电台主要用于传送话音、等幅报和移频报。在突发事件发生时，短波依靠其不受网络枢纽和中继制约的特点能发挥重要作用。短波电台由发信机、收信机、天线、电源和终端设备等组成，一般分为便携式、车载式和固定式电台。

2. 集群手台

集群手台，也叫集群对讲机，为可以手持使用的电台。集群手台适用于用户更密集，要求高级的调度指挥功能，可为集群系统用户专用，不过需要基站等控制设施支持才能正常使用。集群手台一般具有固定群组呼叫、单呼、抢占呼叫等功能。

3. 移动手机

蜂窝移动电话通信是在手机终端和网络设备之间通过无线通道连接起来的无线通信，主要支持语音业务，移动的手机端具有越区切换和跨本地网自动漫游功能，在平时等一般情况下，可作为主要通信设备为应急救援和指挥调度提供话音、数据、视频图像等业务支撑。

4. 卫星电话

卫星电话是基于卫星通信系统来传输信息的通话器，也就是卫星中继通话器。卫星电话的最大优点就是广域通信覆盖能力，因此在应急灾害事故现场，卫星电话成为有效的通信工具之一。

二、视频通信设备

随着通信技术的发展，视频通信设备在应急通信保障中成为不可或缺的工具，从“听得见”到“看得清”，更加有效保障应急指挥的高效精准。在应急救援通信现场所覆盖的范围内，视频通信设备可与后方指挥中心实时完成视频图像回传。通过视频调度，对现场救援队伍回传的现场图像视频信息进行监视，对现场视频通信设备进行远程控制。救援现场视频传输设备功能见表 2-2。

表 2-2 救援现场视频传输设备功能

视频通信设备	功能及描述
现场图像采集设备	用于救援现场救援队员采集现场图像信息并实时通信
便携式交互视频系统	可将作业现场的视频和语音实时交换
视音频会议系统终端	采集和处理现场紧急会议视频
便携可视会议终端	主要用于临时现场会议的召开
远程数字会议接入终端	通过卫星实现救援现场和后方指挥中心的协调

目前，应急管理业务领域的视频通信设备主要包含无人机、单兵图传、视频会议终端、布控球等。

1. 无人机

利用无人机自身具有的空中巡逻侦查、态势实时回传等功能，可为救援人员提供全面、准确且及时的现场信息，为作出正确决策提供可靠的数据保障。通过无人机搭载相关的通信中继仪器，在最短的时间内在灾害事故现场建立起通信链路，或者通过多台无人机设备定位人员位置并共享位置信息，协调灾害现场的指挥调度等工作。

2. 单兵图传

单兵图传设备可为跟踪、侦查、取证工作提供有力的通信保障，在发生重大应急事故，现场监控无法覆盖的情况下，仍能把现场实时的视频传递到指挥中心。单兵图传系统具备无线视频传输、GPS/北斗定位、全双工语音对讲功能，具有体积小、重量轻、功耗低、噪声小、便携等特点，适合在野外长时间工作。

3. 视频会议终端

视频会议终端具有高度集成、极佳的便携性和超强的网络适应能力，能够在普通互联网、专线、卫星网络条件下提供高清音视频互动效果，满足灾害现场与前方指挥部与后方指挥中心的视频会商需要。

4. 布控球

布控球可满足临时布控和快速安装的特殊要求，用于自然灾害、事故灾难等突发公共事件现场，提供高清、流畅、稳定的视频效果，实现定位、应急、视频、云台操作、双向对讲等功能，为突发公共事件现场的应急指挥调度提供数据支撑和技术保障。布控球架设方式有车载吸顶安装和支架安装两种。

三、短信通信设备

短信是指通过手机或其他电信终端发送或接收的文字或数字信息，短信虽然是较早期的通信手段，但在灾害发生前期的消息预警，以及通信带宽受限时消息求助等应用场景下依然在发挥着不可或缺的作用。

对于短信通信需求较高的部门主要包括：指挥中心通过该方式及时向受突发事件影响的群众发布短信、给各个救援队伍下达指令、随时向上级指挥部门上报突发事件及应急处置情况、随时响应上级指挥救援部门对救援工作的指挥协调等。同时，现场指挥部可通过短信通信的方式发送现场的文字和图片信息、随时随地传达救援指挥部门应急处置情况，并协调好现场救援力量。目前，短信通信设备主要类型见表 2-3。

表 2-3 短信通信设备主要类型

短信通信设备	功能及描述
手机终端设备	用于救援现场救援队员之间的文本通信，受灾群众也可以依靠该设备实现沟通
卫星便携终端设备	携带方便，主要用于救援队员接收上级指挥部门的应急调度并可以反馈现场信息给指挥中心
其他文本通信设备	用于实现现场人员的文字通信，向外界发布现场信息

四、其他通信设备

伴随着通信技术的发展，应急通信终端的种类也在不断丰富，形式也呈现多样性，同时，各类数据终端也为各种通信手段提供了便利。目前，其他通信设备主要包含以下几种。

1. 移动指挥箱

移动指挥箱作为前方指挥部的指挥控制核心，用于灾害事故现场各类图像、语音、数据调度及信息集中展现调度。适用于抢修救灾、大型活动安保等各种应急指挥通信应用场景。将指挥通信和音视频模块集成一体，可单兵携行、快速展开，作为前方指挥所指挥平台，实现前线指挥调度。移动指挥箱具备体积小、重量轻、集成度高、可单兵背负或携行快速部署等特点，能够实现现场各种通信手段的统一，具有通过 4G/5G、Ka/Ku 卫星链路的回传能力，支持多屏协同展示、视频切换灵活，具备高效视频编码能力。

2. 卫星固定站

卫星固定站可与灾害事故现场移动车载站通过卫星进行组网通信，通过卫星网络信号与远端执行任务人员进行实时话音、图像、视频和数据传输；卫星固定站能够独立工作以及与其他车载站的组网协同工作。

3. 卫星便携站

卫星便携站实现将现场指挥部汇聚的会议终端、宽带集群对讲、无人机视频、视频终端等音视频信号通过卫星网络回传给后方指挥中心。

4. LTE 背负式小站

LTE 背负式小站集成基站、核心网、调度系统等功能，提供集群语音、视频、定位、录音录像等多媒体调度功能，具有携带方便、部署灵活、开通简单快速等特性。

5. 370 M 窄带集群

370 M 窄带集群终端符合 PDT 标准，支持单呼、组呼、群呼等功能，内置收发模组、功放，采用多路载波，可通过公网 4G 组网，可灵活方便地扩大本地无线覆盖区域，主要应用于灾害事故现场应急指挥调度。

6. MESH 车载式自组网基站

MESH 车载式自组网基站可为视频、语音、数据等上层应用提供 IP 透明传输通道，可实现随时随地快速组建通信网络，针对应急通信所具有的时间不确定、地点不确定的特性，所有节点之间通过链路层自动协商路由，具有传输距离远、覆盖面广、穿透性强、信号稳定等特点。

7. MESH 中继

MESH 中继终端是具有无线收发装置的通信装备，若干个节点可组成一个智能、多跳、移动、对等的去中心化临时性自组通信网络，节点之间采用动态网状连接，无中心节点，能更有效分摊网络流量，任何一个节点的离开或消失不会影响整个网络的运行，提升网络健壮性。

8. Ka 相控阵卫星天线

相控阵天线是一种通过控制阵列天线中辐射单元的馈电相位来改变方向图形状的天线，可通过改变天线方向图最大值的指向，以达到波束扫描的目的，相位变化速度快。具备尺寸小、重量轻、追星速度快、一键对星、机动性强、遮挡快速恢复等优势。采用二维有源相控阵天线技术，具备低剖面、低风阻、轻量化等特点。采用自动跟踪算法，具备一键对星、遮挡快速恢复等功能，支持远程维护，支持搭建专网、自组网，支持音视频通信、视频监控、视频会议等多种业务。

第三章 短波应急通信

第一节 短波通信概述

1921年，意大利罗马城郊的一个小镇发生严重火灾，火灾导致小镇有线通信中断，与外界失去联系。在这紧急的关头，一台小功率短波无线电台发出了求救信号，意外被丹麦首都哥本哈根的一个无线电爱好者收到，火灾信息最终被转达到罗马城消防部门，他们迅速行动前去完成救援，减少了人员伤亡和财产损失。自从短波被发现可实现远距离通信以来，短波通信迅速发展，逐渐成为世界各国中远程通信的重要传输手段。

现如今，尽管新型无线电通信手段不断涌现，但短波这一古老而传统的通信方式仍然受到全世界普遍重视，得到不断发展，具体原因如下：

（1）短波是唯一不受网络枢纽和有源中继体制约束的远程通信手段。一旦发生战争或自然灾害，各种通信网络都可能被破坏，卫星也可能受到攻击。无论哪种通信方式，其抗毁能力和自主通信能力与短波都无法相比。

（2）短波的覆盖范围更大。在山区、戈壁、海洋等地区，超短波、移动通信等手段往往覆盖不到，短波仍然可以正常使用。

（3）短波运行维护成本更低。与卫星通信相比，短波通信无须支付通信费用，运行维护成本较低。

一、短波通信基本原理

短波是波长范围为10~100 m（相应的频率范围为3~30 MHz）的电磁波。短波能够在地球、电离层之间反射传播并到达远处。于是，人们利用短波的这个传输特性，发明了一种可用于中、远距离无线通信的方式，即为短波通信（Short-wave Communication）。短波通信也称为高频（High Frequency，HF）通信。在实际应用中，中波（MF）的高频段（1.5~3 MHz）一般也归入短波波段中，现有的许多短波通信设备波段范围往往覆盖1.5~30 MHz。

短波有天波、地波和散射等多种传播方式。其中，天波和地波是短波通信主要使用的两种传播方式。短波通信可以利用天波携带信息进行传播，从而实现中、远距离无线通信，也可以利用地波携带信息进行传播，从而实现近距离无线通信。

1. 天波传播适用于中、远距离通信

天波传播是指电磁波从发射点发出，经高空电离层反射而到达接收点的一种传播方式。天波传播距离可达几百公里甚至几千公里，比较适合远距离通信。电离层与地球对天波的直接作用关系如图3-1所示。接收点所收到的天波可能是经过电离层一次反射到达的，也可能是经过电离层和地球多次反射到达的。这个就是所谓的天波传播的多径现象。

不同路径的短波信号到达接收点会相互干扰，因此多径现象对短波通信有一定的不利影响。多径现象可以通过技术手段进行消除。此外，电离层的时变特性对短波通信的影响比较大，作用机理也比较复杂。

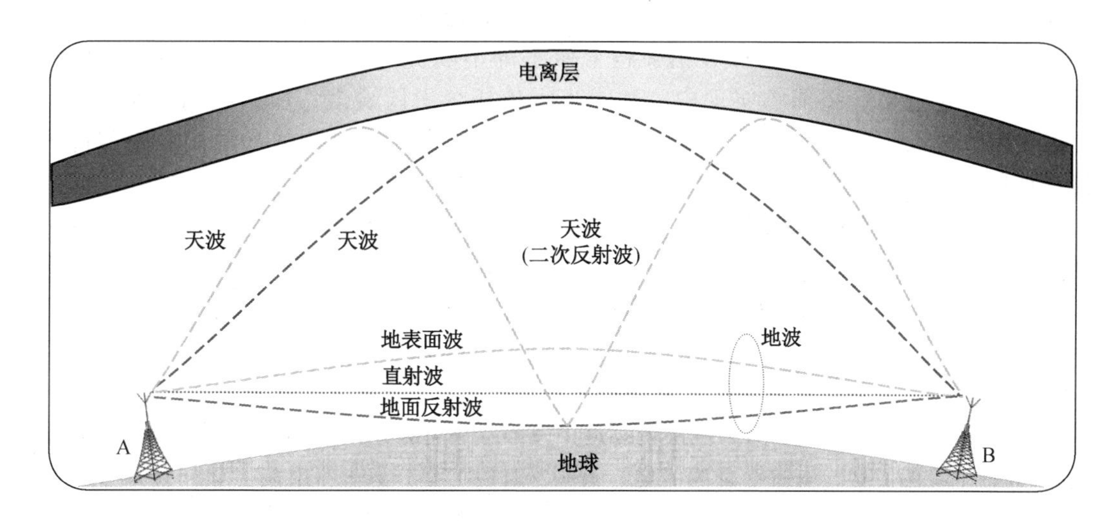

图 3-1 电离层与地球对天波的直接作用关系

2. 地波传播适用于近距离通信

地波传播沿着地球表面进行传播，它的传播距离主要由地表电特性决定。地波的传播衰减会随着距离和频率的增加而增加，因此短波以地波方式传播时使用短波的低频段频率，传播距离一般只有几十公里。地波传播虽然距离近，但是比较稳定，一般除了考虑障碍物的影响外，不需要经常改变无线通信工作频率，这是其与天波传播方式不同的地方。

短波信道一般是指短波电磁波信号传播的通道，如图 3-1 所示的在 A 点与 B 点之间无线电磁波传播的通道，包括天波、地表面波、直射波、地面反射波。

狭义的短波信道是指通信双方进行信息传输或沟通联络的无线通道。

广义的短波信道除了包含地表环境、大气电离层环境等短波电磁波信号传播的无线通道，还包括短波信号发射处理装置（如发信机）、短波信号接收处理装置（如接收机）等短波信号处理设备和天馈线等传输设施。

从短波信道定义可知，短波信号的传播具有多路径多方向的特点，因此可以利用该特性实现点对点、一点对多点或者多点对一点的短波通信。广义的短波信道里提及的短波信号发射处理装置（如发信机）、短波信号接收处理装置（如接收机）等短波信号处理设备和天馈线等传输设施，正是为实现无线通信而研制的短波通信系统。从广义的短波信道定义可知，一个具备双方通信能力的短波通信设备或系统应该是收发功能齐备，既有收信信道，又有发信信道，两部能够协调完成收发信任务。短波通信收、发信道所使用的电磁波频率分别称为收信频率和发信频率。短波通信系统收信频率和发信频率可以相同，也可以不同。但是，通信双方实现短波通信的前提是：一方的收信频率必须与对方的发信频率相同。

二、短波通信的适用场景

短波通信具有简单易用、传输距离远、建设周期短、建设和维护费用低、抗毁性强等优点，作为应急保障的最终保底手段，随着短波选频技术、射频前端处理技术、无盲区天线技术、短波综合组网等相关技术水平的不断提升，短波通信不仅能实现中、近距离无盲区通信，还能够实现中、远距离无依托全天候通信，长期应用于军队、应急、消防、外交等部门，可以有效支援各类应急灾害和突发事件的远距离救援保障和指挥调度。

因为短波主要依靠电离层反射，通信速率较低（0.6~19.2 Kbps），主要应用场景还是话音通信、少量数据回传。在各类应急救援保障中，对于远程高清视频会商、高清视频实时回传等产生大量数据的实时应用场景，目前无法满足需求。

三、短波工作频率选择

短波工作频率是短波通信系统实现互通的基本条件之一，它的选择与通信距离、短波信道特性、信道设备（短波电台及天线）架设和使用方式等息息相关。如何快速选择可通、好用、管用的工作频率，是短波作为一种不可或缺的应急通信手段的重要课题。

传统短波电台的工作频率需要靠人工凭经验进行选择，通信时双方需要按约定的用频方案才可能实现通信，因此存在“选频难，通不好”的问题。20世纪八九十年代，自适应选频建链技术开始应用于各种类型的短波自适应电台，实现了在预设频率集上选择通信频率建立最佳通信链路，一定程度上解决了传统人工选频难的问题，但缺点是选频建链时间比较长。

近10来年，随着短波宽带接收技术、高速调制解调技术等短波通信技术日新月异地发展，短波电台已经通过自主选频建链技术实现了自动选择最佳频率，快速建立最佳通信链路，保证通信质量。自主选频建链具体步骤如下：

（1）自动评估每个信道的质量，并根据评估结果排列优劣顺序。

（2）在预设的可通频段中快速选定可通频率，自动建立通信链路。

（3）在预设的可通频段中自动选择最佳频率，自动建立通信链路。

除此之外，短波工作频率的选择还需考虑的影响因素有：

（1）气候、昼夜、季节、地表环境、海拔高度等客观因素的影响。

（2）多用户干扰的问题等。

（3）工业、交通工具、电子设备等产生的频率干扰。

第二节　短波应急通信系统介绍

一、系统概述

短波主要通过大气电离层反射进行通信，具有无须中继设备、通信距离远、抗毁能力强、机动性能好、开通部署便捷等优点，非常适合在暴雨洪涝、山体滑坡等紧急情况下，实现受灾现场与后方应急主管单位的远距离保底通信。

在遭遇自然灾害或应对较大规模的突发事件时，公网或卫星通信等常规通信手段常常遭受破坏或者影响，难以满足实时通信需求。短波信号则可通过天波传播，更容易避开突发事件区域中的障碍物达到通信对象，为突发事件区域或远距离通信提供有效的最终保障通信手段。

新一代基于 IP 技术设计的短波电台，极大扩展了短波的使用场景和灵活性，电台可以通过有线或者无线的方式接入本地局域网，为用户提供多电台态势感知、基于 IP 的话音和数据服务、设备监控、系统配置等多种功能。

二、系统特点

目前，新一代短波电台采用射频直采、宽带接收、多路解调等业界先进技术，符合射频宽开化、中频宽带化、硬件通用化、软件架构化、动态可重构等典型 SDR（软件无线电）架构设计方案。波形上增加了主流选频技术，可快速、可靠地为用户提供短波可通频率，具备话音清晰、自主选频、业务速率自适应、小型化设计、接口丰富等功能特点。短波电台配备不同类型的天线可实现 0~2000 km 范围内的通信互联。具体特点如下：

1. 话音清晰

模拟话音采用新研制的业界卓越语音增强技术，大幅提升短波模拟话音效果，通话条件下，具有明显的降噪效果；声码话方面，采用更先进的声码器、码库定制化训练、数传波形优化设计等手段，提升数字话音质量。

2. 自主选频

电台具备全频段快速自主选频、自主用频和自动链路维护，人工干预少，确保复杂外部环境下作战信息及时可靠传输。

3. 业务速率自适应

数传为适应短波电磁环境抖动、传输瞬间深衰落特性，采用参数优选、实时信道检测、ARQ、断点续传、速率自适应等技术，实现数传业务在复杂电磁环境中的高效可靠传输。

4. 小型化设计

重点考虑尺寸和重量的小型化设计要求，符合用户装车和背负的使用需求。

5. 接口丰富性

支持多种接口，丰富使用场景。

三、系统组成

短波应急通信系统主要设备组成如图 3-2 所示，其中：

1. 短波电台（一般为小功率短波电台和中小功率短波电台）

完成射频数字化、基带数据调制解调、编解码、音频处理、短波波形切换和控制等功能；一些中小功率短波电台是由小功率电台主机搭配功率放大器而成，功率放大器在发射时，负责将来自小功率电台主机的激励信号进行放大后送至短波天线调谐器或者短波天线；在接收时，将来自天线的接收信号转送至电台主机。

2. 短波天线调谐器

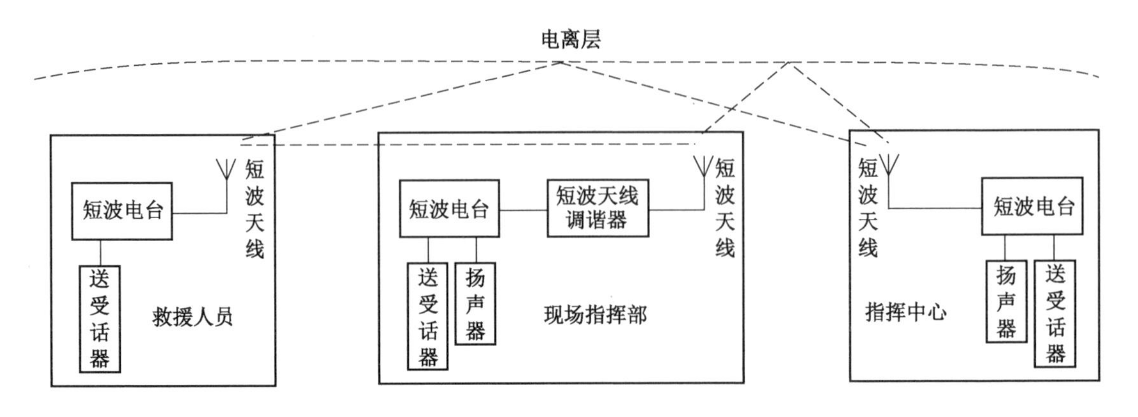

图 3-2 短波应急通信系统主要设备组成

包含功率监测、矢量检测、匹配网络和旁路切换等功能，实现短波天线与短波功放输出之间的阻抗匹配。

3. 短波天线

完成短波电流能量与空间的电磁波能量的转化，它分多种类型，针对电台固定、车载、背负使用方式可以搭配不同类型的天线，保证电台良好的通信能力和使用的方便性。

4. 送受话器/扬声器

完成话音声波和电信号的转化。

四、短波组网

（一）短波组网方式

典型的短波组网方式如图 3-3 所示。

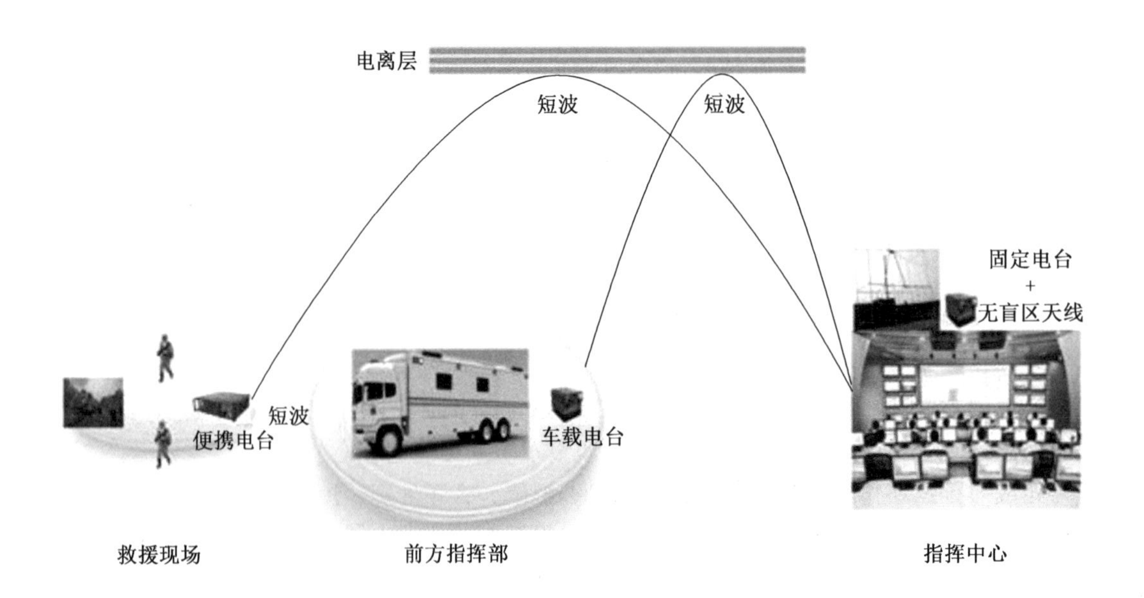

图 3-3 典型的短波组网方式

组网方式有4种，包括：

1. 固定频率通信网

固定频率通信网的组网方式较为简单，各站点的短波通信业务均在固定频率上开展。此类通信网络中各通信站点所使用的固定频率是通过长期的预报选取的可用或者最佳频率。在通信网组建过程中，网络中各通信站点利用提前约定的方式在这些固定频率建立通信网络。这种组网方式类似于广播型通信网，也就是传统通信中的由单一节点传播向多个方向/节点传播转变。这种通信网组建方式简单、费用低，主要用于海事等公益通信事业。但是由于其信道易受影响，通信稳定性、隐蔽性较差，抗干扰能力较传统短波通信方式提升有限，因此未被大范围使用，正在随着技术的发展而被逐渐淘汰。

2. 短波跳频通信网

短波跳频通信网是一种有别于固定频率通信网的短波通信组网方式。该类通信网络中，各通信站点主要采用跳频技术，在固定的带宽之内通过对通信信号频率进行随机性转换，实现通信内容的保密。该技术主要是通过对载频跳变的规律进行特殊设定，使信息窃取方难以从诸多频率中获取这种规律，进而达成秘密传输信息的目的。短波跳频通信网具有一定的抗干扰、抗截获、抗毁性，在军事通信领域备受青睐。但因其跳变用频的特点，会给网内用户和网外其他通信用户带来跳频干扰，因此不适合大规模、大范围的组网通信，一般仅用于作战部队编组内中、近距离的战术通信场合。

3. 短波频率自适应通信网

短波自适应通信网是由若干短波电台构成的一个无中心的、具有自组织功能的通信网络。这种组网方式需要先对已经设置好的频点进行质量分析，并找出其中适合通信使用的频率，进而构建起短波通信网络。由于其通信频率已经进行预先筛选，因此该种组网方式适应性较强，在短波通信中发挥出的质量优势也较为明显。短波自适应通信网适用于没有通信基础设施支持、网络节点状态变化剧烈，对网络抗毁性要求高的场合。该种短波通信组网方式的通信系统历经了较长的发展周期，包括早期的第一代频率自适应通信网（即各国自定义的简单的频率自适应通信网）、20世纪80年代第二代频率自适应通信网（以美军标141A为基础构建的频率自适应通信网络为代表）和第三代短波通信网（以美军标141B为基础构建的频率自适应通信网络为代表）。其中，第三代短波通信网还因其支持Internet协议而为大众所钟爱。

4. 短波IP通信网

在网际协议（Internet Protocol，IP）的框架之下，短波通信可通过建立更加多样化的通信手段相互连通形成综合网络。这种通信网组建的优势在于既可以实现信息共享，又可以扩大网络覆盖范围，有效提升抗毁坏能力，其通信组网方式应用前景较为广阔。

（二）短波组网系统介绍

1. CONTHEN系统

CONTHEN系统是由美国于1985年制造，当时该系统主要应用于军事用户的无线联络服务，也有部分用于商业通信。系统最大数量可以达到235个用户。该系统可利用短波网络通信的基础设备，设备研制成本低，具有支持最佳通信频率的通信、分散布局广泛、抗干扰能力强以及抗摧毁性能强等特点。

2. LONGFISH 系统

LONGFISH 系统即长鱼系统，是澳大利亚近几年在实施 MHFCS 计划后建立起来的一个实验网络平台。LONGFISH 采用类似于 GSM 的分层星状拓扑网络结构。该系统由 4 个在澳大利亚本土上的基站和多个分布在岛屿、船舶等处的移动站组成，基站之间用光缆或卫星宽带链路相连，具有网络结构简易，便于操作、呼叫率高且不易发生故障等优点。但由于频繁发射导航数据会导致通信基站的隐蔽性较差，故不能作为常用的通信技术，基站的不断变更使其应用范围有一定的局限性，目前仅适用于移动速度较低的用户。

3. HFGCS 系统

HFGCS 系统是美国国防局为解决空军的语音通信及信号传输而开发的项目。它在全球范围内有共 13 个短波网络基站，每个短波基站包含若干 4 kW 短波电台。该系统主要服务于军用机构，连入军用的专属网络，通过无线网络和有线网络组建成为短波综合通信网络。HFGCS 系统支持最佳接入基站及最优通信频率的选择，能够保障短波信道具有良好的通信质量。系统能够处理多条线路同时通信，与 LONGFISH 系统相比，由于不发送入网位置，其基站的隐蔽性更强，方便军方机构应用。但由于该系统采用的是 ALE（自适应选频建链技术）呼叫系统，因此存在建链时间较长的问题。

4. 民航 HFDL 系统

民航 HFDL 系统是国际民航组织主要应用的数据通信链之一。HFDL 系统与 TDMA 通信系统相同，都是利用各个地方的地面基站进行时间校准，地面基站对空中发来的数据进行分组归类，飞机通过基站分组工作选择台站、接入时间以及本机发送时段。该系统处理民航通信数据非常高效。HFDL 系统的呼叫率与通信质量也是具有一定的保障性。但由于 HFDL 系统的对话业务还未能完全适应频繁更换频率、频繁接入基站等通信特点，因此在突发业务上很难提供技术支持。

（三）短波组网应用案例

1. 国家应急短波网

国家应急短波网建设项目于 2013 年启动建设任务，并于 2016 年通过工信部组织的项目验收。

短波通信网是国家应急通信系统的重要组成部分，主要目的是解决局部地区在遭受严重自然灾害或发生重大突发事件时，在其他通信手段被严重干扰和被严重破坏、通信中断的情况下，保证重要部门通信不中断，为各级政府抢险救灾、应对重大突发事件等提供应急通信手段。短波组网架构如图 3-4 所示。

在广东地区，该项目部署了 1 个区域中心站、1 个 400 W 车载站、2 个 125 W 车载站和若干便携站，并保障广东地区的各类应急保障工作。

2. 珠海市石景山隧道“7·15”透水事故救援应用案例

2021 年 7 月 15 日凌晨 3：30 左右，珠海市兴业快线（南段）项目石景山隧道施工段 1.16 km 位置处发生透水事故，导致 14 名施工人员遇难。

事故发生后，广东省应急管理厅第一时间派出救援力量支援珠海，并调集广州、深圳、佛山、韶关、东莞、中山、清远等周边城市的 8 支救援力量支援。

7 月 15 日凌晨 6：30，根据广东省应急管理厅调度安排，移动应急指挥车由广西桂平（调研演练地）以最快速度赶赴珠海市石景山隧道发生透水事故现场，完成搭建现场指挥

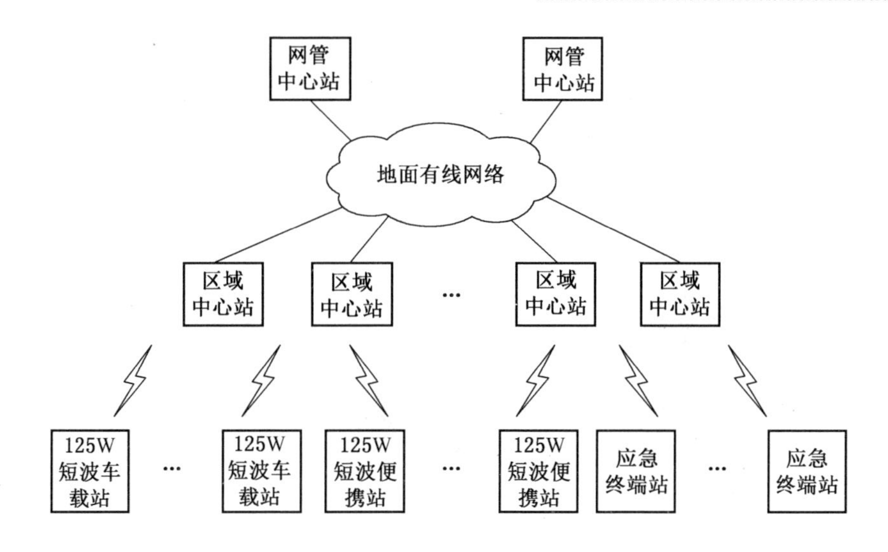

图 3-4 短波组网架构

部任务。从 7 月 15—22 日，保障人员连续 8 天 8 夜不休值守，顺利完成了“7·15”救援事故现场“上传下达、通信畅通、实时会商、全省调度”等通信保障任务。

移动应急指挥通信车部署 20/125 W 短波电台，并配置车载短波双极天线，作为与后方应急指挥中心通信的备用保底手段。

3. 汶川地震救援应用案例

2008 年汶川大地震几乎损坏了所有日常的通信系统，包括移动电话、有线电话、互联网、超短波集群等，救灾初期的通信联络主要依靠短波电台和卫星移动电话。

短波电台之所以能够在突发灾难时担当骨干应急通信工具，本质原因在于其独立的通信能力和抗毁能力，它们可以不依赖地面通信网络和电力系统而独立工作（依靠汽车电瓶、背负电池等）。在灾害和战争中，短波电台全部被摧毁的概率是极低的。这些设备只要幸存少数可用的短波电台，即可及时报出灾情，救灾应急通信也就不会成为难题。

在汶川地震前，由于短波通信不太被重视，救灾时短波电台不够，后期虽然调去了很多短波电台，但因为平时很少用，不能很好地发挥作用。经历汶川地震的惨痛教训后，在建设应急通信网时，很多机关、企业普遍把短波提到重要地位。

第三节 短波电台分类

短波电台分类的方法有很多种，下面分别从通信方式、发射功率、安装和使用方式 3 个角度介绍短波电台比较常用的分类方法。

一、以通信方式分类

一般根据系统对短波信息处理能力和处理时间的不同，可以将短波通信系统的通信方式分为单工、半双工和全双工 3 种。因此，根据系统的通信方式可以将短波通信设备分为三类，即单工通信设备、半双工通信设备、全双工通信设备。

典型的短波单工通信设备有短波接收机（只能收信，不能发信）、短波发射机（只能发信，不能收信），如图 3-5、图 3-6 所示。广播电台是典型的只发不收的单工通信设备，收音机是典型的只收不发的单工通信设备。

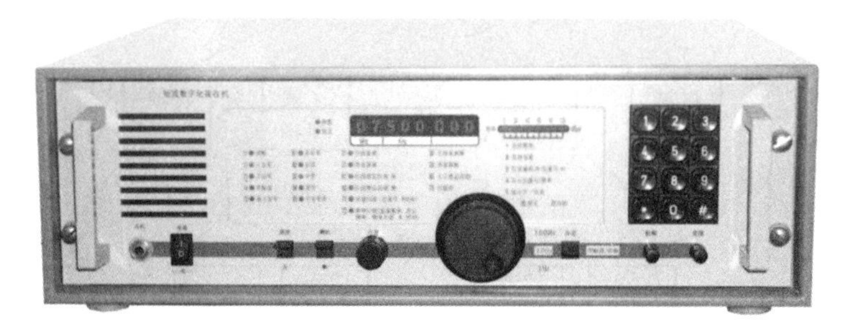

图 3-5　短波接收机外观

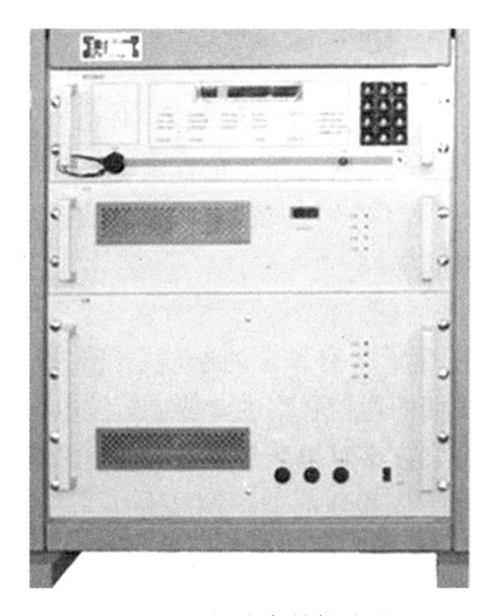

图 3-6　短波发射机外观

典型的短波半双工通信设备有 20 W 短波电台、125 W 短波电台、20/125 W 短波电台等收、发信一体短波通信设备，如图 3-7~图 3-9 所示。该类型短波通信设备集成了收信道机和发信道机于一体，只需一副天线，可分时实现收信或者发信，但不能同时实现收发信。

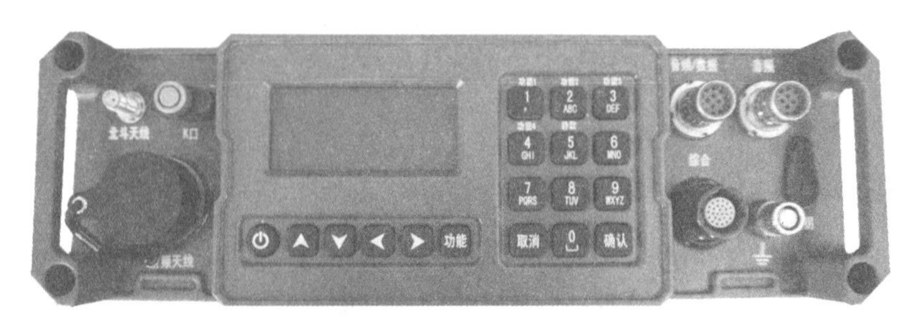

图 3-7　20 W 短波电台外观

图 3-8 125 W 短波电台外观

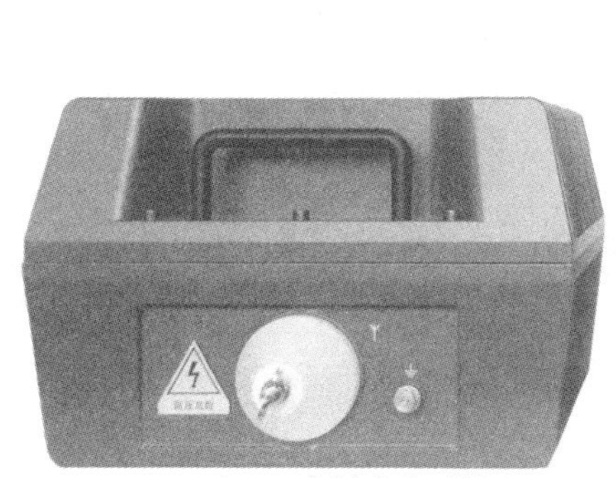

(a) 20/125W 短波电台天调

(b) 20/125W 短波电台主机

图 3-9 20/125 W 短波电台外观

典型的短波全双工通信设备有 400 W 短波通信系统、1000 W 短波通信系统等收、发信分体短波通信系统，如图 3-10、图 3-11 所示。该类型短波通信系统由系统控制器、接

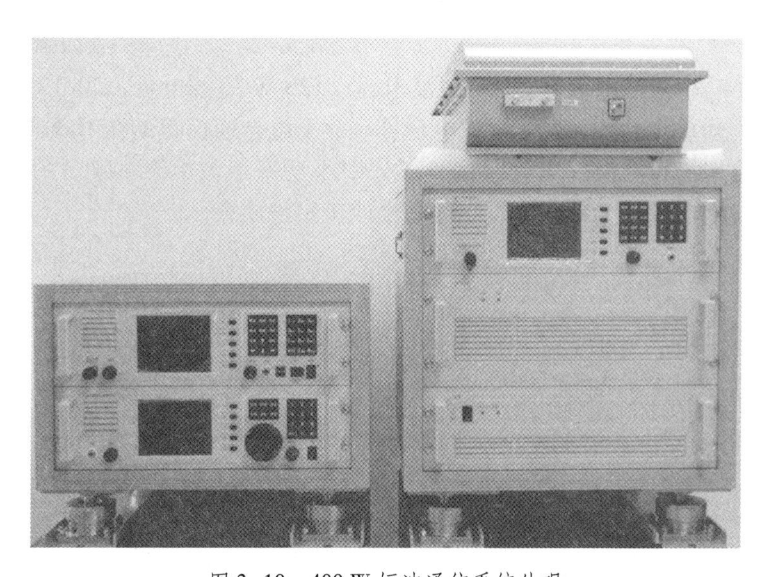

图 3-10 400 W 短波通信系统外观

收机、发射机（天调可选）组成。若接收机、发射机共用一副天线，可分时进行收信或者发信，从而实现半双工通信；若接收机、发射机各配置一副天线，则可同时进行收信和发信（系统需工作于全双工方式、收发异频模式），实现全双工通信。当 400 W 短波通信系统、1000 W 短波通信系统配置两副天线时，可以根据需要，工作于单工方式、半双工方式或者双工方式。

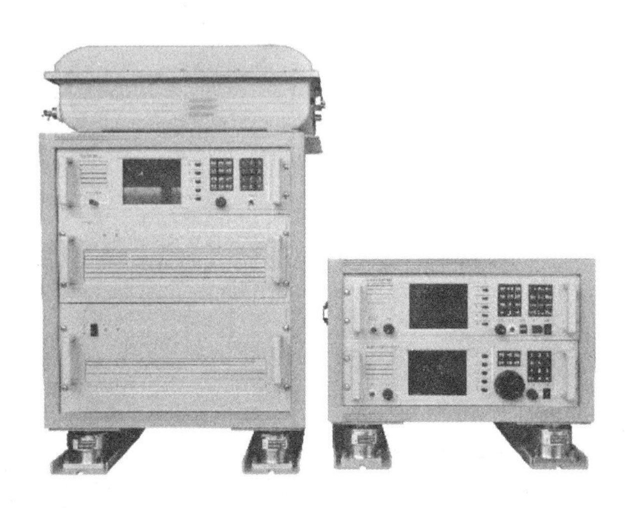

图 3-11　1000 W 短波通信系统外观

二、以发射功率分类

从短波通信系统额定发射功率的角度，可以将短波通信设备分为三类，即中小功率电台、中大功率电台和大功率电台。一般额定发射功率在 200 W 及以下的短波电台统称为中小功率电台；额定发射功率在 400 W 及以上、5 kW 以下的短波电台统称为中大功率电台；额定发射功率在 5 kW 及以上的短波电台统称为大功率电台。

1. 中小功率短波电台

常见的中小功率短波电台有 20 W 短波电台、125 W 短波电台、20/125 W 短波电台，此外还有 100 W 短波电台、200 W 短波电台等。此类电台通信距离在 1000 km 以内，在应急管理领域，可用于省内短波应急通信。部分中小功率短波电台如图 3-12～图 3-15 所示。该类型短波电台基本上是收、发一体的半双工短波电台。

图 3-12　20 W 短波自主选频电台外观

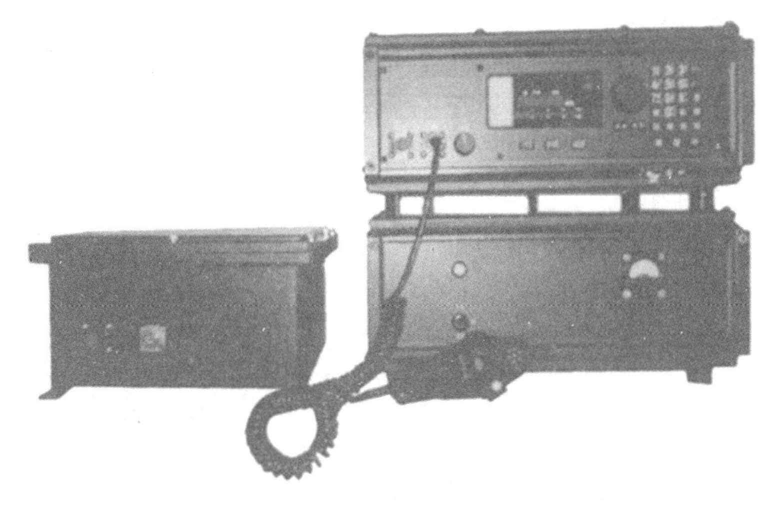

图 3-13　125 W 短波数字化电台外观

图 3-14　20/125 W 短波自主选频电台外观

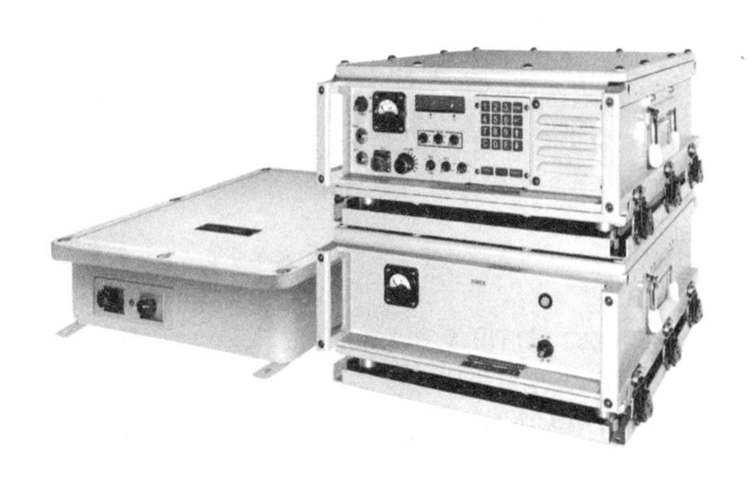

图 3-15　100 W 短波自适应电台外观

2. 中大功率短波电台

常见的中大功率短波电台有 400 W 短波电台、1000 W 短波电台，此外还有 500 W 短波电台、800 W 短波电台和 1600 W 短波电台等。此类电台通信距离在 1000~3000 km，可用于全国方位内的短波通信。部分中大功率短波电台如图 3-16、图 3-17 所示。

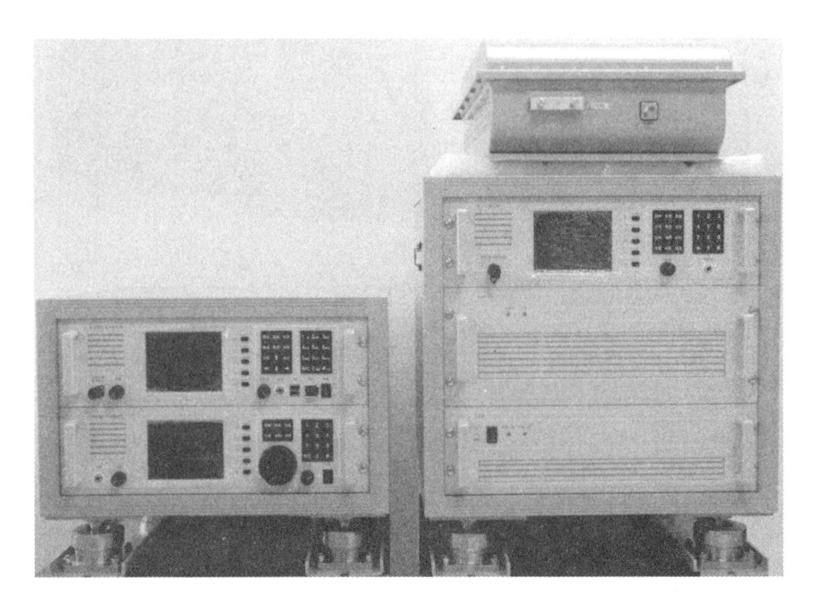

图 3-16　400 W 短波通信系统（全双工通信系统）外观

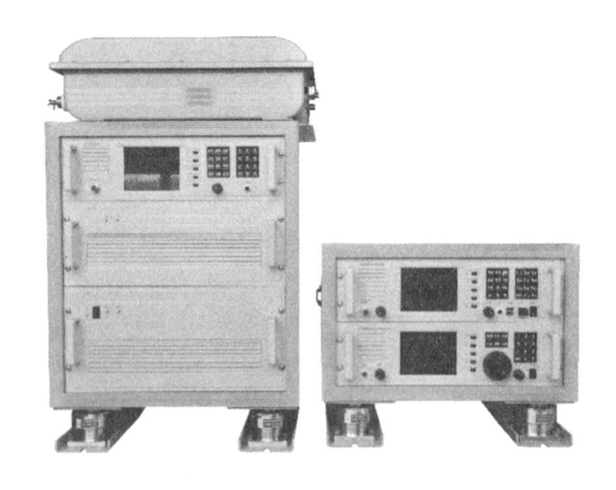

图 3-17　1000 W 短波通信系统（全双工通信系统）外观

国内该类型短波电台收、发信设备一般是分体的，系统一般具备单工、半双工和全双工通信能力。国外该类型短波电台由于大多是通过收、发一体的中小功率短波电台配接 400 W、500 W、1000 W 等中大功率放大器派生而来，因此其通信方式一般为半双工方式。

3. 大功率短波电台

常见的大功率短波电台有 5 kW 短波电台、20 kW 短波电台，此外还有 10 kW 短波电台、15 kW 短波电台和 200 kW 短波电台等。此类电台可在全世界大部分地区进行短波通信。部分大功率短波电台如图 3-18 所示。该类型短波电台一般收、发信设备是分体的，系统一般具备单工、半双工和全双工通信能力。

图 3-18 大功率短波电台外观

三、以安装和使用方式分类

根据安装和使用方式，短波电台可分为固定站短波电台、机动式短波电台、便携式短波电台三大类型。

1. 固定站短波电台

固定站短波电台通过部署大功率短波电台、高仰角无盲区天线、定向天线等，实现与各站点的短波通信，主要部署于应急指挥中心。

2. 机动式短波电台

机动式短波电台通过在应急通信车等机动节点部署短波电台及天线，实现短波话音的救灾现场与指挥中心的通信，主要部署于救灾现场移动应急通信车、船舶、飞机等。

3. 便携式短波电台

便携式短波电台通过部署背负式短波设备，集成短波天线，实现救援现场的保底话音通信，主要部署于现场救援小队。

第四节 主流短波产品

短波通信虽有其自身缺点，比如通信带宽窄、话音低噪大、存在盲区等，但由于它具有特有的抗毁能力强等优点，近几十年来重新得到各国政府的重视，经过多年发展，短波通信技术不断创新进步，产品设计上朝着尺寸小型化、操作简单化、功能多样化、待机持久化、信息网络化方向发展，自适应选频、软件无线电、数字信号处理、无盲区天线、短波综合组网等新技术也逐步被应用。新一代产品多在原有的模拟话音基础上，增加了数字话音、定位、自主选频等多种功能，使产品更适应现代应用场景需求，展现与时代要求相符合的新价值。

在此以省市一级的通信组网应用为例，应用场所和人员包括省/市指挥中心、现场指挥部、救援人员，省/市指挥中心一般配置搭配为中小功率短波电台和固定短波天线，现场指挥部一般配置中小功率短波电台和可移动短波天线，救援人员一般配置小功率短波电台和可便携短波天线。根据应急通信的应用需求和特点，相应的产品介绍如下。

一、指挥中心短波电台

指挥中心一般要求电台可随时使用，安装位置固定，通信方向为全向，防雷防风，与各下属单位之间的直线距离在 1000 km 以内。针对这种情况，常见 125 W 电台（图 3-19）搭配三线宽带或框型短波天线可以满足要求。

图 3-19　125 W 短波智能选频电台外观

以海格通信的 125 W 短波智能选频电台为例，电台采用 20 W 电台和 125 W 电台兼容设计，即 20 W 电台主机接上 125 W 功率放大器即可作为 125 W 电台使用，降低了用户学习难度和维护复杂性。再选用匹配良好的全向固定短波天线安装于省/市指挥中心建筑物附近或楼顶等位置，即可组成短波系统。由于考虑了防水、防雷、防风措施，该系统平时不用时也无须拆卸。选用的天线水平辐射方向基本属于全向，所以对指挥中心来说，无须考虑自身天线方向与其他电台的方位关系，省去天线调方向的麻烦。同时电台集成定频功能、智能选频功能、自主用频功能、自动链路维护功能，降低了电台操作难度，可以快速建立通信链路，支援应急事务处理。

二、现场指挥部短波电台

现场指挥部（一般为移动应急指挥车）根据需要派驻救灾/保障现场，在现场搭建，负责与省/市指挥中心和救援人员进行通信，前面介绍的海格通信 125 W 短波智能选频电台也可以作为现场指挥部短波电台使用，考虑车辆颠簸对电台影响，配上减震架以及方便搭建和回收的可移动天线（如便携式双极短波天线、半环短波天线、车载式短波鞭天线等）即可适用于车载安装和使用。

三、救援人员短波电台

救援人员一般携带背负式短波电台，在救灾/保障现场展开保障、侦测、搜寻、营救，可互相之间或与现场指挥部通信。要求电台不能太大太重，能够独立供电，通信距离不需太远。

考虑以上因素，一般选用 20 W 及以内小功率的电台，配置电池，重量在几千克，通信距离在 10~20 km 以内（搭配 2.4 m 鞭天线，如使用便携双极短波天线通信距离也可以达 300 km 以上）。

除了上面介绍的海格通信 125 W 短波智能选频电台可以分拆成 20 W 背负式短波电台使用外，这里再介绍 2 款背负式短波电台。

1. 2110 系列短波电台

图 3-20 为澳大利亚柯顿公司的 2110 系列背负短波电台，其拥有先进的自适应技术、语音加密功能、GPS 定位功能以及优异的话音功能。电台有智能自动链路管理系统，缩短建链时间。内置精巧快速的天线调谐器，可以快速进行调谐，使电台尽快投入工作。

图 3-20　柯顿 2110 M 短波电台外观

2. 4050D 型短波电台

图 3-21 是澳大利亚宝丽通信公司的第五代短波电台 4050D，该电台配备较有特色的可拆卸的高清彩色触摸大屏操作终端，方便操作使用。电台采用新的消噪技术，使模拟话音干净悦耳。支持自动建链，无须用户过多干预即可完成信道的搜索和链路评估。支持供联合国、各国政府和非政府组织通用的位 ID（兼容 4 位）选呼系统（兼容同类电台），具

有点对点、点对群选址呼叫，以及衍生的短信息、经纬度传送、定位报警、电话拨号、友台遥测等功能。

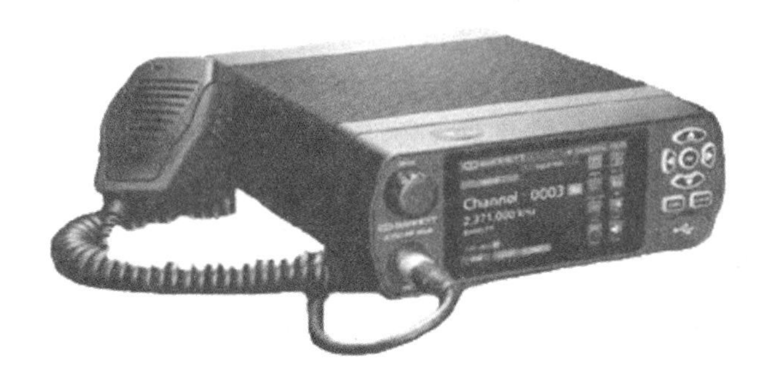

图 3-21　宝丽 4050D 短波电台外观

第四章　集群应急通信

第一节　集群通信概述

“集群”这一概念应用于无线电通信系统，把信道视为中继，追溯到它的产生，集群是从有线电话通信中的“中继”概念而来。

数字集群通信具有调度、组呼及快速呼叫等特点，因此在应急通信中具有重要作用。数字集群网络作为专用移动通信系统，可为一些要求通话建立速度快、通话成功率高的指挥调度部门（如公安、消防、应急等）提供有效的通信手段，具有较高的社会效益和经济效益。

随着经济的快速发展，社会对信息化的要求不断提高，各部门、行业用户之间特别是政府在突发事件应急中的协调调度需求已日趋强烈，原来为各部门间指挥协调而建设的模拟集群网已经不能满足需要，社会各界对数字集群通信网络建设已经达成共识。

在应急救援中，往往是众多单位、大规模救援队伍参与，需要一种能够迅速准确地传递事故信息，迅速地召集所需的应急力量和设备、物资等资源的统一指挥与协调的通信系统，而具有共享资源、共用信道、一呼百应、优先呼叫、高效能等优点的集群通信应运而生，其应急业务场景上比公众网络、有线网络天生具有优势。

目前，集群通信一般分为窄带集群通信和宽带集群通信两种技术体制。窄带集群可以提供语音集群调度、低速数据和短消息业务，主流的制式标准包括欧洲电信标准协会（ETSI）的 TETRA 标准、美国电信产业协会（TIA）的 P25 标准以及我国公安、应急行业的 PDT 标准。宽带集群通信主要传输视频图像信息，如国内基于 B-TrunC 协议的宽带集群，国外基于 3GPP 协议的宽带集群。

一、集群通信介绍

集群通信系统与公用移动通信系统不同，它是一种特殊移动无线电系统或专用移动无线电系统中的一种，主要为专业用户提供生产调度、指挥控制、音视频对讲等通信业务。系统具备针对性业务、快速通话建立、优良的保密性等优点，在公共安全、铁路交通、应急管理、水运、港口、厂区、能源、电力、林业、轨交、物业等行业得到广泛应用，特别是在公共安全行业与应急管理行业，几乎每个国家或地区都建立了自己的专用集群通信网络，为公共安全部门和应急管理部门提供通信及指挥调度业务。

目前主流的集群通信标准所规范的集群通信系统一般都由集中控制系统、调度台、基站、移动终端所组成，具有调度、群呼、优先呼叫、虚拟专用网、漫游等功能，各组成部分如图 4-1 所示。

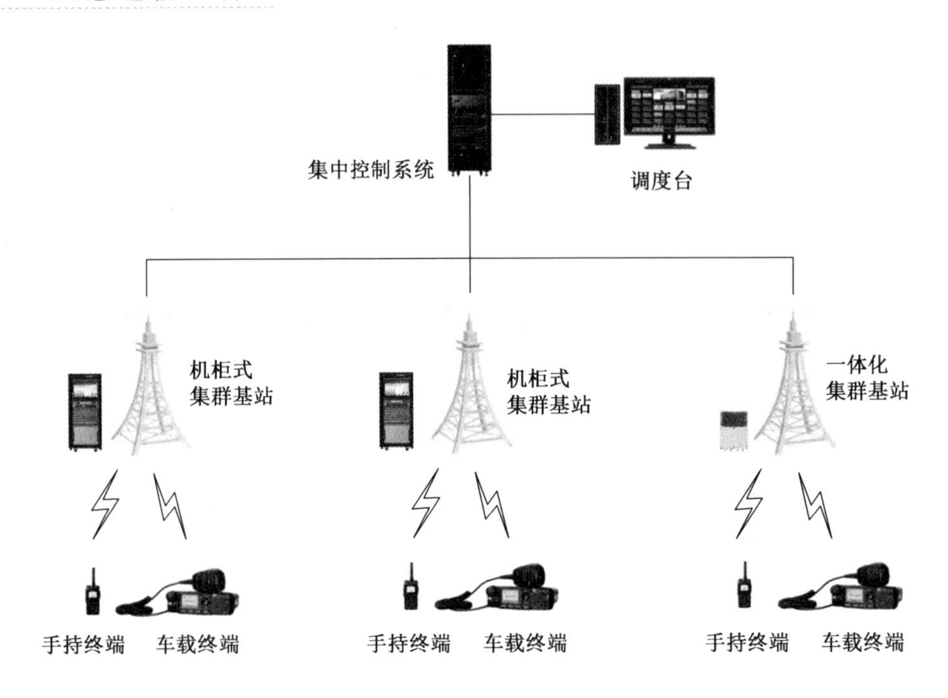

图 4-1　集群通信系统组成示意图

1. 集中控制系统

集中控制系统是集群通信系统的核心，主要用于用户鉴权、信令控制和交换。

2. 调度台

调度台对移动台进行指挥、调度和管理，包括有线和无线两种。

3. 基站

集群通信基站根据用户对集群通信的业务需求，包括多区和单区两种组网模式，二者的基本功能相同。

4. 移动终端

移动终端是用于在移动或者固定状态下进行通信的用户终端，包括车载台、便携台、手持机等。

二、集群通信发展趋势

窄带集群通信主要提供语音对讲业务，宽带集群通信主要集大数据传输以及语音、数据、视频等多媒体集群调度应用业务。毋庸置疑，宽带集群通信是下一代无线集群专网技术演进的方向。但窄带数字集群通信的高可靠性、语音高效、统一指挥调度的优势，以及窄带专网已经相对成熟，用户依赖专网组语音通信解决关键任务通信问题，窄带专网将长期存在，是公安、应急等政府行业的最基础最保底语音保障。

当前正处于窄带集群规模成熟应用，宽带集群试点建设阶段，但在数字化时代，仅仅有基于窄带的语音是远远不够的，还需要数据、视频、多媒体等宽带应用来帮助解决更多业务问题。纯粹的宽带集群模式存在投资大、频谱缺、成本高、专有制式产业链不够成熟等问题。据相关行业专家分析，在宽带集群专网形成规模之前，充分利用好 4G/5G/LTE

公众网络在网络覆盖，运行维护、资源共享、产业生态等现有资源优势，窄带集群与公众网络两者相互结合形成专网和公网互补的公专融合形态，将是未来 5～10 年更为贴近用户业务场景的发展方向，也是更适合关键通信行业用户走的一条道路。

第二节　窄带集群通信

一、窄带集群通信简介

顾名思义，窄带集群通信系统指基于窄带通信技术的集群通信系统，传输速率一般较低，主要实现语音对讲、语音调度、短信收发等业务。

最初的集群通信主要是靠几个步话机组成一个简单的无线调度网络，由简单的单一信道通话机制，逐渐演变到多信道通话、选呼通话的集群通信。现阶段主流的窄带集群通信系统的标准有欧洲国家政府与公共安全、公用事业广泛应用的 TETRA（Terrestrial Trunked Radio，陆上集群无线电）标准，工商业主要采用的 DMR（Digital Moblie Radio，数字集群通信）标准，北美地区政府与公共安全主要采用的 P25（Project 25）标准，以及中国公共安全行业与应急管理行业采用的 PDT（Police Digital Trunking，警用数字集群）标准。

（一）国外窄带集群通信系统简介

在专网系统发展的数十年历程中，国外已经有多个标准的窄带集群通信系统得到广泛应用。与模拟集群系统相比，数字集群系统具有频谱利用率高、信号抗信道衰落的能力强、保密性好、支持业务种类多（除数字语音信号外，还可以传输数据、图像信息等）、网络管理和控制更加灵活有效等优点，因此，数字集群技术得到了广泛应用，并取得了良好的社会效益和经济效益。

目前，国外主流的数字集群通信系统有以下几种：

1. TETRA

TETRA（Terrestrial Trunked Radio，陆上集群无线电）数字集群通信系统是基于数字时分多址（TDMA）技术的专业移动通信系统。该系统是 ETSI（欧洲通信标准协会）为了满足欧洲各国的专业部门对移动通信的需要而设计、制订统一标准的开放性系统，获得包含美国在内的欧洲以外国家及地区采用。

2. TETRAPOL

TETRAPOL 是一种能提供数字语音和数据传输的集群通信标准，最初由法国国防部为满足公共安全市场需求而开发。TETRAPOL 标准由两大组织（TETRAPOL 论坛和 TETRAPOL 用户俱乐部）提供技术支持（包括标准的改进和完善）。

3. P25

Project 25（简称 P25）由美国国际公共安全通信官员协会（APCO）、国家电信管理者协会（NASTD）和其他一些联邦机构于 1989 年共同提出。美国电信行业协会（TIA）TR-8 工作组负责管理所有涉及 P25 系统、服务（包括定义、互操作性、兼容性和一致性等）等方面的事务，并制定了 102 系列技术文档。

4. DMR

数字移动无线通信（DMR）标准于 2005 年正式发布，是由欧洲通信标准化协会为专业移动通信用户（PMR）制定的数字无线通信标准。DMR 协议涵盖民用（第 1 级）、常规（第 2 级）和集群（第 3 级）等运营模式，商业应用主要集中在第 2 级和第 3 级授权类别。

虽然 DMR、TETRA、P25 和 MPT1327 均是基于开放式的通信标准，但各自拥有不同的协议和目标市场，且在技术上不兼容。

（二）国内 PDT 窄带集群通信标准

1. PDT 窄带集群通信标准发展历程

我国自 20 世纪 80 年代末开始从国外引进模拟集群系统并不断实现产品国产化，其中以 MPT1327 为主，其大区制的技术体制和相对便宜的建网成本能较好地适应我国专业通信用户的使用需求，在我国获得了较快发展。20 世纪 90 年代中期，国外发达国家的专业移动通信网开始向数字化升级。进入 21 世纪，维护社会治安、重大安保任务等实际警务工作对专网通信提出了性能更安全、功能更强大的迫切需求，模拟系统自身的频谱利用率低、系统容量小、保密性差等先天不足凸显，我国的公安无线专网亟须由模拟集群系统向数字集群系统平滑演进。从 2006 年开始，北京、上海、济南、深圳等城市的公安机关先后引进欧洲的 TETRA 标准及其产品以替代模拟集群系统。在部署 TETRA 系统的过程中，各地公安机关遇到了诸如建设维护成本高、不同厂家系统无法互联、不兼容现有模拟系统、无法使用国产加密设备等实际问题。特别是“棱镜门”事件的发生，再次给我们敲响警钟：涉及国家公共安全的技术和系统不能简单地靠进口，没有自主知识产权就没有信息安全。

经过反复权衡和审慎决策，2008 年，公安部科技信息化局发起了研制适合我国国情、具有完全自主知识产权的新一代数字集群通信标准的号召，新研制标准被命名为 PDT（Police Digital Trunking，警用数字集群）标准。自此，业内专家和参研技术人员踏上了艰苦卓绝但意义重大的研发之路，我国专网通信领域开启全新局面。

为了整合优化优势技术力量、快速推进 PDT 发展，2008 年，公安部科技信息化局牵头组织海能达通信股份有限公司、公安部第一研究所等国内有良好技术基础的 10 多家集群通信领域的企业、科研机构成立了“PDT 产业创新战略联盟”。自此，PDT 标准的研制进入快车道。

现如今，我国已经建成了约 500 套 PDT 警用数字集群通信系统，中国各省市公安部门已经基本完成全国各省市 PDT 网络建设，进入全国联网及鉴权加密建设阶段。2019 年，应急管理部经过对应急专用通信制式的调研，参照 PDT 数字集群标准，发展符合具有应急管理特色的应急指挥窄带无线通信网 ePDT，未来基于 ePDT 网络架构的 PDT 集群通信系统将会在我国应急管理行业得到大规模建设及应用，进一步促进 PDT 标准及系统的发展演进。

2. PDT 窄带集群通信标准技术体制及先进性

PDT 数字集群通信标准定义了 PDT 数字集群通信系统采用 TDMA 时分多址方式、4FSK 调制方法、大区制覆盖、全数字语音编码和信道编码等技术机制，使得 PDT 数字集群通信系统具备灵活组网和数字加密能力，加上其开放的互联协议定义，可以实现与 MPT-1327 模拟集群通信系统的互联，以及不同厂家 PDT 数字集群通信系统之间的互联。同时，PDT 数字集群通信系统还具有语音清晰、抗干扰能力强、频谱效率高、省电以及语音数据业务功能丰富等特点，具体见表4-1。

表4-1　PDT数字集群通信标准

序号	项目	技术说明
1	时隙数/信道带宽	TDMA 2/12.5 kHz
2	调制方法	4FSK恒包络调制
3	调制速率	9.6 kbps@12.5 kHz
4	声码器	NVOC
5	安全加密	自主知识产权的鉴权、端到端加密、空口加密
6	数据业务	短数据及GPS定位
7	多种系统互联	PDT与PDT、PDT与MPT、PDT与其他系统基于IP的对等网的互联，pSIP互联协议
8	核心网架构	全IP网络架构
9	频率管理	动态频率资源分配管理，多基站同频同播应用
10	多厂家互联	解决长期制约用户的实际问题
11	用户容量	24 bits地址，支持1600万个用户
12	对讲机功率	4 W

PDT标准分为集群标准和常规标准两部分，向下兼容DMR标准协议，其中有5项标准，13项子标准，具体见表4-2。

表4-2　PDT标准

序号	标准	子标准
1	空口标准	集群标准
		常规标准
2	系统互联标准	PDT系统之间互联标准
		PDT与MPT1327系统互联标准
		PDT与常规系统互联标准
		PDT与Tetra系统互联标准
3	安全加密标准	警用安全标准
		商用安全标准
4	移动终端标准	移动终端空口补充规定
		移动终端拨号规则
		移动终端接口标准
5	兼容测试标准	系统互联测试标准
		移动终端测试标准

基于PDT标准的规范，PDT数字集群通信系统具有如下技术先进性：

（1）卓越的音频特性，抗干扰能力强。PDT终端采用先进的数字语音压缩技术，可更好地抑制噪声，尤其是在覆盖范围的边缘，拥有比模拟技术更优质的语音质量。

（2）较高的频谱利用率，用户容量大。在 PDT 标准中，采用了时分多址（Time Division Multiple Access，TDMA）方式，沿袭了 12.5 kHz 带宽并将其分为 2 个交替的时隙。不同时隙的信道独立运行且具有相同带宽，这意味着 PDT 集群系统与模拟集群相比，系统容量提升了一倍。

（3）通信私密性和安全可靠的加密技术。PDT 融入了多项加密方面的自主核心技术专利，支持鉴权、空口加密、端到端语音/数据加密等功能，以满足专业用户的需求。

（4）采用大区制，建网成本低。PDT 采用了大区制的技术体制，以较少数量的基站即可满足一个城市的集群信号覆盖，节省了大量的基础设施投入，建网后的运行维护成本和维护工作量大大降低。同时较少的基站数量使网络的复杂度降低，网络安全运行的可靠性大大提高。

（5）实现与模拟 MPT 系统平滑过渡。PDT 基站和移动终端设备可支持模拟和数字两种制式，同一网内模拟终端和数字终端可以同时使用并互联互通；移动终端保持原有的编号规则、操作方式、使用习惯不变，不影响用户日常勤务工作和应急通信保障工作，真正地实现了与模拟 MPT 系统平滑过渡。

（6）具备完善的系统互联方案。PDT 标准规范了 PDT 集群通信系统之间的系统互联标准。构建了全新的 IP 交换核心的网络架构，PDT 系统交换控制中心（MSO）之间的互联，通过在局域网内增加出口路由器，将局域网接口转换为广域接口，从而实现两个交换网络之间的互通。

（三）不同窄带集群标准比对

目前国际上主流的数字集群通信标准有 TETRA、P25、DMR，其与 PDT 标准的特点、优劣势和应用领域、区域比较见表 4-3。

表 4-3 不同窄带集群标准对比

标准名称	标准简介	标准优劣势	主要应用领域	主要应用区域
TETRA	欧洲通信标准协会制订的开放性数字集群标准。TDMA 制式、四时隙、小区制、25 kHz 频宽，数据传输速率为 28.8 kps	优势： ①数据传输速率高； ②支持更高的用户密度； ③推广时间早，产品成熟稳定，已在世界范围内 80 多个国家和地区得到广泛应用； ④支持全双工通话及复杂调度管理功能 劣势： ①系统建网、维护成本高，终端价格高； ②高等级加密协议不开放给欧洲以外国家； ③技术与专利门槛高，难以国产化，目前主要依赖进口； ④没有确定统一的系统互联互通标准	政府与公共安全、公用事业	除北美外 80 多个国家和地区，以欧洲为主

表 4-3（续）

标准名称	标准简介	标准优劣势	主要应用领域	主要应用区域
P25	美国国际公共安全通信官员协会（APCO）、国家电信管理者协会（NASTD）和联邦政府用户与电信工业协会（TIA）合作制定的数字集群标准。在 phaseII 阶段，TDMA 制式、双时隙，大区制、12.5 kHz 频宽，数据传输速率：上行 9.6 kbps，下行 12.5 kbps	优势： ①产品可以兼容模拟； ②大区制，覆盖范围大； ③推广时间早，产品成熟稳定，已在北美广泛大量应用； ④针对北美公共安全用户需求设计 劣势： ①系统、终端价格非常高； ②技术门槛高，主要专利技术集中掌握在少数北美厂商手中； ③不能支持较高速率的数据业务	政府与公共安全	北美为主，其他区域有少量应用，主要在中东和澳大利亚
DMR	欧洲通信标准协会制订的开放性数字标准。TDMA 制式、双时隙，大区制、12.5 kHz 频宽，数据传输速率为 9.6 kbps	优势： ①产品可以兼容模拟常规； ②终端价格较低； ③技术门槛较低 劣势： ①集群功能没有另外两种标准完善，一般用于常规通信； ②通信安全业务能力弱； ③不能支持较高速率的数据业务及全双工通信	公用事业、工商业	近年来开始在发达国家及地区应用
PDT	PDT 联盟制定的具有中国自主知识产权的专业无线通信数字集群标准。TDMA 制式、双时隙、大区制、12.5 kHz 频宽，数据传输速率为 9.6 kbps	优势： ①建网及维护成本低，系统可扩展； ②采用国产密码算法，安全性更高； ③完善的系统间互联规范； ④支持实现从 MPT1327 模拟系统向数字系统的平滑升级，保护现有投资； ⑤集群业务完善 劣势： ①不能支持较高速率的数据业务	政府与公共安全、公用事业、高端工商业	主要目标市场为中国，并计划在部分发展中国家推广

二、应急指挥窄带集群通信网

基于中国国情考虑，2019 年，应急管理部在公安警用数字集群通信 PDT 基础上改进，向工业和信息化信部申请 370 M 的频段（其中的 39 对）建设应急指挥窄带集群通信网。采用 PDT 集群同播技术制式，并且基于应急管理业务的相关特点提出了不同于公共安全行业 PDT 网络的架构模式，从而形成了应急专用数字集群（emergency Professional Digital Trunking，ePDT）。

ePDT 数字集群系统与 PDT 系统空口标准相互兼容，通用移动终端。ePDT 系统在 PDT 基础上，采用集群同播技术，通过划分同播区域组网的方式，实现频率的高效利用，更切合中国应急管理的通信指挥调度需求特点，如图 4-2 所示。

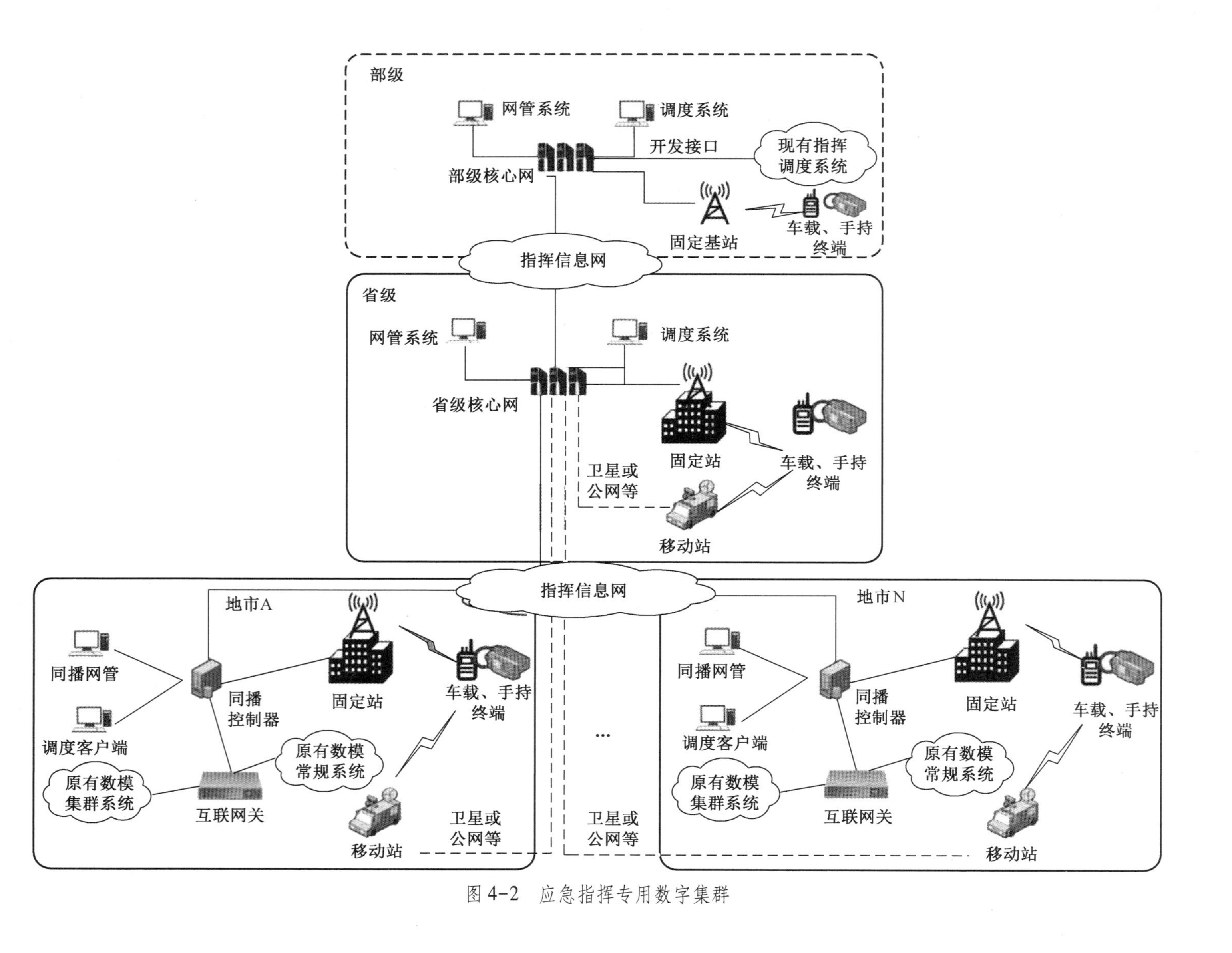

图4-2 应急指挥专用数字集群

(一) 系统总体架构

1. 应急无线网组成

应急无线网主要包括核心网、传输链路、基站、终端、基础设施五大部分，具体组成如图 4-3 所示。

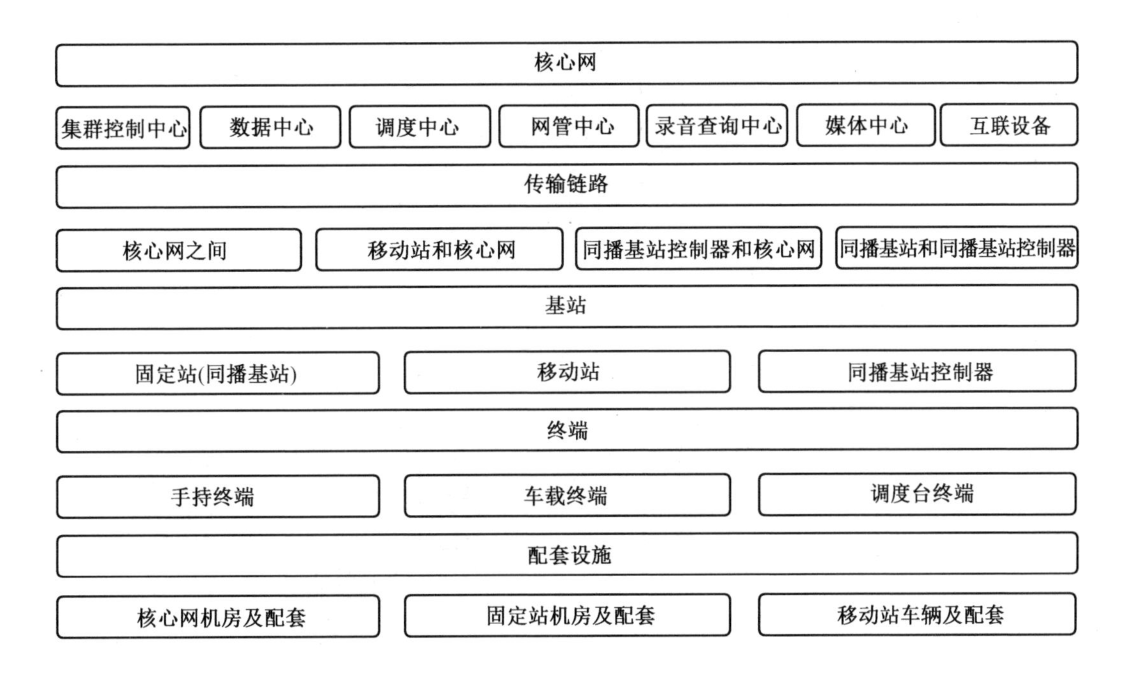

图 4-3 应急 ePDT 无线通信网架构

2. 核心网

核心网由多个控制服务器和业务服务器组成，实现不同 PDT 基站之间的语音、数据的交换和传输，以及 PDT 网络与其他相关网络之间的语音、数据的交换、传输；承载整个网络的管理、调度、查询、定位、录音、鉴权、端到端加密、维护、二次开发等应用。

3. 传输链路

传输网为主要系统单元之间的通信传输提供通道。

4. 基站

无线网主要由固定基站和移动基站等基站设备组成。

5. 终端

终端主要包括手持终端、车载终端、调度台终端等。

6. 基础设施

基础设施包含核心网机房及配套、固定站机房及配套、移动站车辆及配套。

(二) 全国一张网组网架构

应急专用数字集群系统采用部、省两级架构组网，在应急管理部建设部级核心网，各省、自治区、直辖市建设省级核心网，部级核心网和省级核心网之间、各省级核心网之间通过应急指挥信息网互通互联。应急无线网具备全国联网能力，以及部、省多级网络管理能力。终端设备能在全国范围内跨区漫游使用。

各地、市固定基站先接入本属地的集群同播控制器，再由集群同播控制器接入本省的核心网。各地、市移动基站直接接入本省的核心网。终端设备能在固定基站和移动基站之间自动漫游切换，同时支持终端和终端之间的直接通信，支持终端和转信台、自组网设备之间的中转通信，如图 4-4 所示。

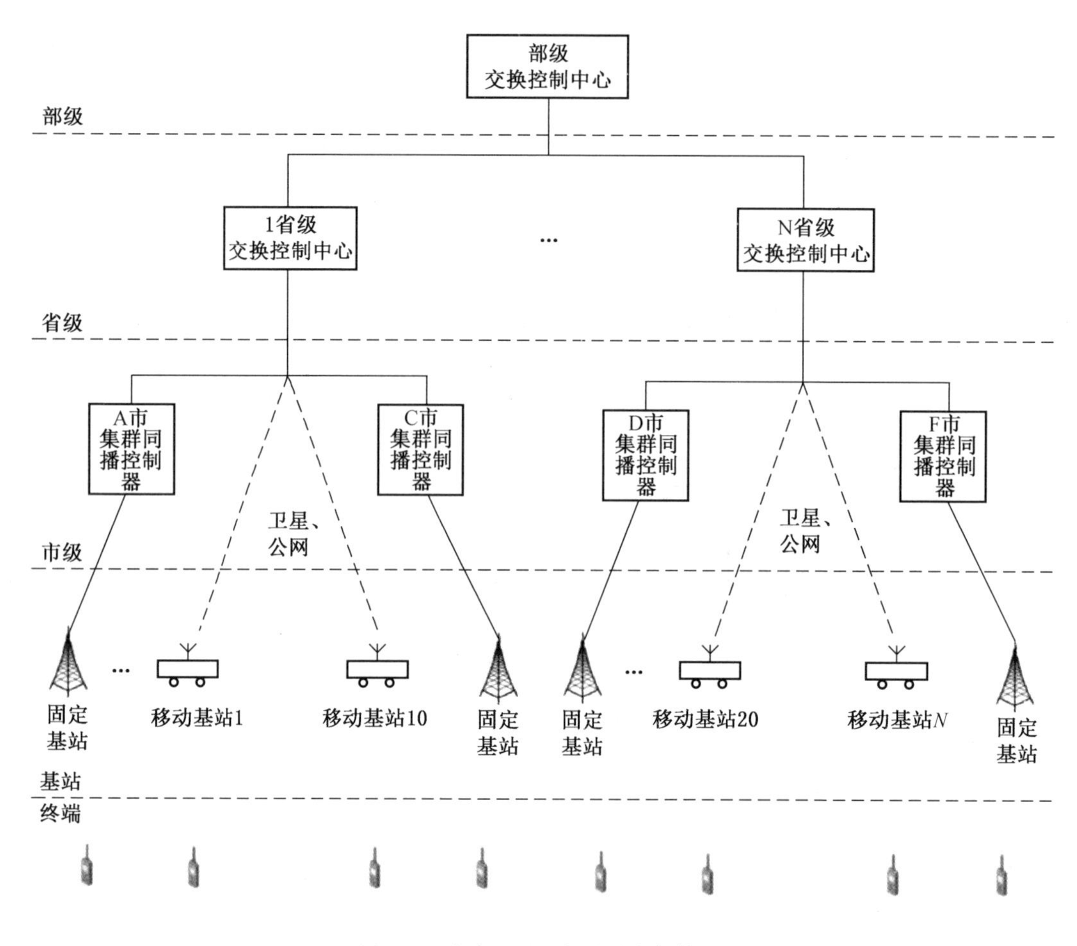

图 4-4　应急 ePDT 全国网络架构图

（三）固定基站与移动基站

ePDT 网络的建设遵循《应急窄带无线通信网建设指南》的“固移结合，移动为主”的基本原则。

对于无线信号覆盖需求比较固定和频繁的地区，建议采取固定站的方式进行覆盖。系统建设时应根据业务需要，确定固定站信号覆盖区域，并合理规划出固定站的数量和位置。基站的性能参数需满足 PDT 相关技术标准和规范。基站频率严格按照应急管理部下发的频率规范方案进行配置使用。

移动基站一般应用于应急事态下无线信号的临时覆盖和通信容量的扩容，系统建设时应根据本地业务特点，确定移动站数量和载波数量配置，并考虑移动站的联网和设备供电方式等问题。

1. 集群同频同播基站

值得一提的是，ePDT 网络的固定基站建设将全面采用集群同频同播机制，这也是与公安 PDT 网络主要的不同点之一，PDT 集群同频同播系统由同播基站控制器和同播基站组成，总体逻辑架构如图 4-5 所示。

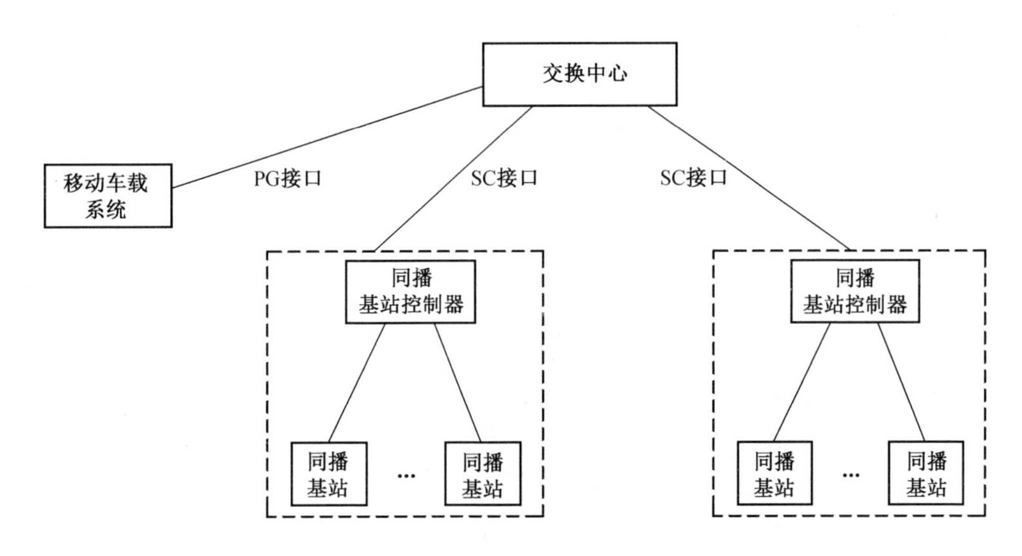

图 4-5 集群同频同播逻辑架构图

通过交换控制中心的集群同频同播服务对接入的 370 M 集群同频同播基站进行控制管理，管辖下的基站配置频率一致，组成一个统一的组群，能达到如下使用效果：①各个集群同频同播基站载频频点相同，充分利用有限的频率资源扩大无线覆盖范围，且重叠覆盖区不存在同频干扰；②集群同频同播基站覆盖区域内的用户可以实现无缝地越区通话，无线终端在高速赶赴灾区跨越基站时，可以做到话音清晰流畅、不掉字。

集群同频同播服务是在集群中使用同频同播技术，该技术是多个发射机利用同一对载频发射信号，目的是更进一步扩大无线通信系统的覆盖范围，更重要的是节约了宝贵的频率资源。在 PDT 集群系统中引入同频同播技术，大大提高了频率使用效率，降低了频点使用数量，对于话务量不大而又缺少频率资源的场景非常适用。但是为了获得良好的通话效果，还需要解决重叠覆盖区域内下行信号的同频干扰问题，以及重叠覆盖区域内上行信号的快速判断问题。在 PDT 系统中，同频数字信号相位误差小于 1/4 码元时间即可获得良好的通话效果，因此采用相位延时自动调整技术解决相位同步问题，采用卫星或主从时钟授时技术解决信道机发射同频问题，利用动态判选技术快速优选上行信号并转发。

根据上述原理和技术，在 PDT 集群技术的基础上，利用同频同播技术使得每个基站使用相同的频率组，通话效果良好，在集群同频同播基站中，对讲机讲话获得话权的时间与单基站模式基本相同，并且有效节省了网络建设所需的频率资源，这也是 ePDT 网络固定基站建设采用集群同频同播机制建网的主要原因。

2. 移动基站

移动基站是地理位置随应急救援现场而变动的集群通信系统。应急指挥窄带无线通信网移动站由标准 PDT 基站与简易交换中心组成，符合 PDT 系统和基站的各项技术规范。移动站主要承担应急救援区域作业面的语音通话、短消息、定位信息等业务，能够实现各作业面之间、本作业面与本市应急指挥部门、本省应急指挥部门、应急管理部指挥中心之间的互联互通。

移动基站具有体积小、重量轻、功耗低，便于携带、搬运、架设，现场操作简单快捷等特点。形态可分为车载式、可搬移式、便携式等。在这些形态中，可搬移式和便携式移动基站与简易交换中心是一体化设备。

移动基站以 VSAT 卫星为主要链路，公网或其他通信链路为辅助链路，与同播网固定基站互联互通。其功能主要有语音单呼、语音组呼、动态重组、终端卫星定位、移动基站卫星定位、通话限时、呼叫限制、短消息、本地通话、现场调度和网管、按组改频、动态 IP 分配等功能，如图 4-6 所示。

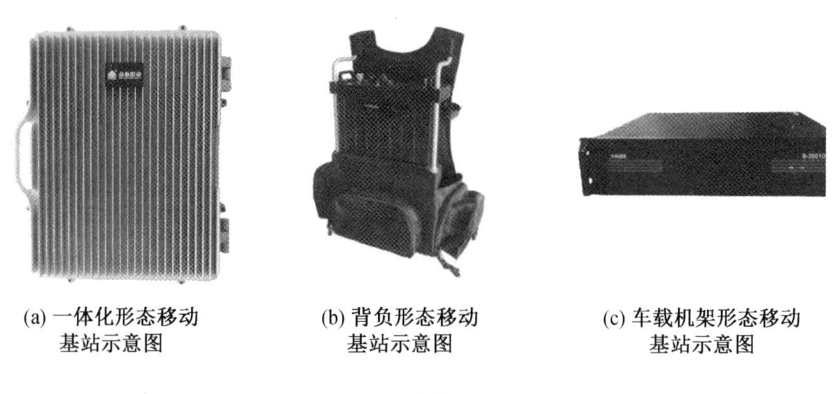

(a) 一体化形态移动基站示意图　(b) 背负形态移动基站示意图　(c) 车载机架形态移动基站示意图

图 4-6　移动基站示意图

卫星或其他链路中断，移动基站无法与交换控制中心互联时，移动基站进入故障弱化模式。移动基站仍能以集群模式工作，支持本基站基本业务（单呼、组呼等）。

三、窄带自组网通信

在应急通信体系下，狭义的窄带自组网通信是指利用窄带授权频谱资源，多节点组成的临时性多跳系统，它不依赖于预设的基础设施，可自由增减节点调整通信范围，主要提供传统对讲机组呼、单呼等语音功能和定位、短信等低速数据业务，具有可临时组网、快速展开、无控制中心、抗毁性强等特点。应急通信体系下的窄带自组网通信可以理解为可以无线自组网的对讲机或者可以无线自组网的对讲机中继台，主要应用在狭长地带的远距离通信场景，如图 4-7 所示。

应急通信产品应着重考虑应急事件本身的突发性、急迫性、多变性及不确定性等诸多因素，在产品结构设计、外观设计、应用操作设计等诸多方面均需适应应急现场复杂恶劣环境下的通信指挥需要。窄带自组网产品由于其较高的射频效率，更能够适应应急现场的灵活多变性，做到快速部署、快速架设、快速联通、快速应用、快速收装、快速转移，以开机即用、组网即通的高速响应，为突发事件的紧急处理争取时间，最大限度地节约沟通成本，提高响应速度。

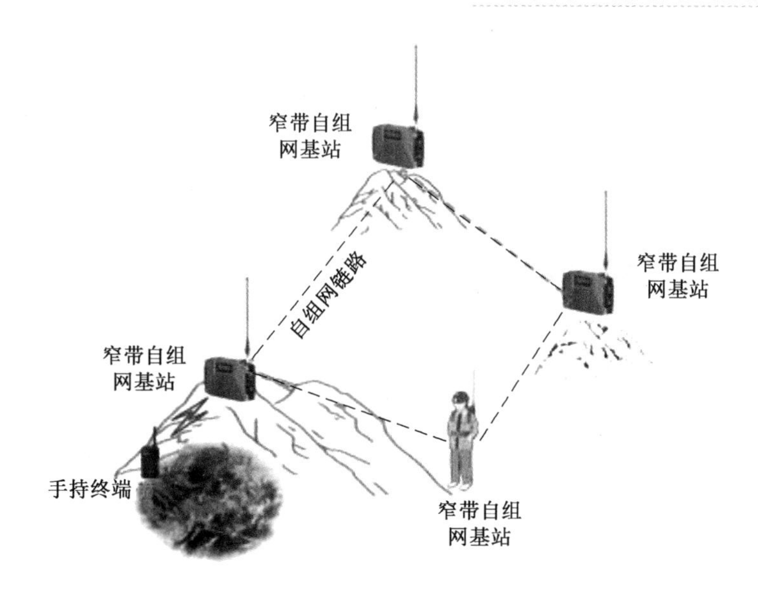

图 4-7 窄带自组网通信组网示意图

窄带自组网是由一组自组织、多跳、无中心、具有信息收发能力的设备组成的一张分布式的网络，支持链状组网、星形组网、树状组网以及网状组网等多种组网方式，具有高度的灵活性，满足各种应急场景下的通信需求，如图 4-8 所示。

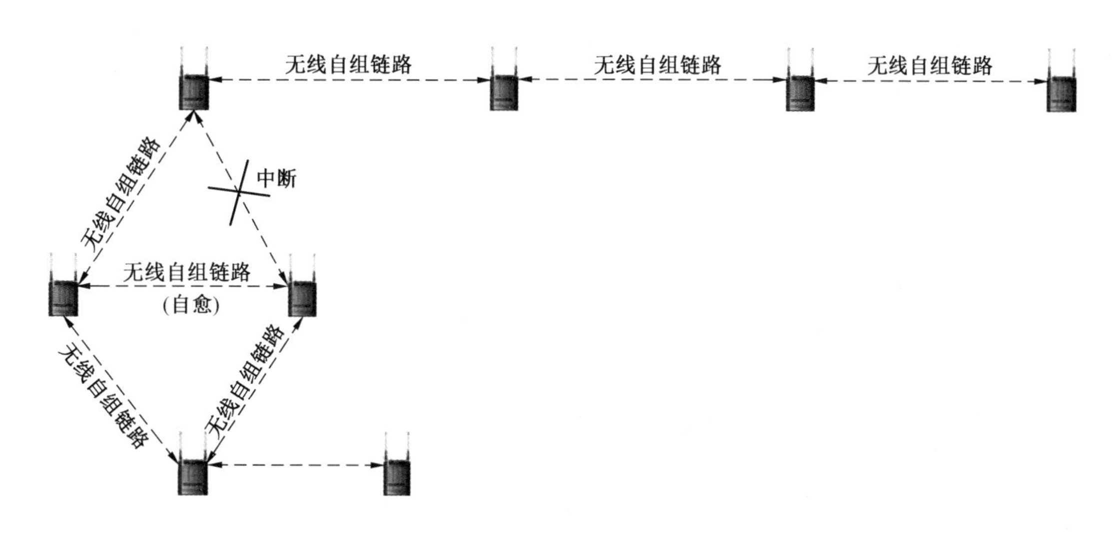

图 4-8 窄带自组网通信组网示意图

（一）窄带自组网通信特点

传统的对讲机通信距离因受中继站的覆盖范围或对讲机的直通距离限制，很难根据应急现场需求临时扩大覆盖范围。对于应急救援要求的空、天、地、洞一体化通信网，窄带自组网通信是其重要的组成部分。

由于应急事件处理具有时间、地点上的不确定性，应急抢险环境的不可预测性和复杂性，因此传统的普通通信手段很难满足应急抢险现场的无线通信调度需求，而窄带无线自组网系统可在不依赖基础通信条件下，借助自身特有的自组网属性适应各种复杂环境下的无线通信调度需求。与普通固定网络相比，它具有以下特点：

1. 无中心

自组网没有固定的控制中心，所有节点的地位平等，即是一个对等式网络。节点可以随时加入和离开网络。任何节点的故障不会影响整个网络的运行，具有很强的抗毁性，并且可以方便地利用地面或者空中平台携带自组网设备扩大通信覆盖范围。

2. 自组织

网络的布设或展开无须依赖任何预设的网络设施，也无须对节点进行配置，各个节点开机后就可以快速、自动地组成一个独立的网络，对于大范围室内环境、隧道、矿井等受限空间，可借助自组网多跳的特点扩大通信范围。

3. 动态拓扑

网络节点可以随处移动，也可以随时开机和关机，这些都会使网络的拓扑结构随时发生变化。

4. 多跳路由

通过无线多跳自组的形式，在复杂多变的灾害现场可迅速为应急救援搭建安全可靠、易拆易建、即用即通的专网通信网络，帮助指挥官时时掌控应急现场，及时决策，提高救援效率，保障人民的生命及财产安全。

目前自组网的信道容量基本都是 1～2 路，无法做到和集群通信的多路通信，在指挥调度上远不如集群系统丰富的调度功能。

窄带自组网通信系统相比较宽带自组网设备主要定位为解决应急现场的语音通信调度问题，为应急现场提供快速、灵活的语音通信调度网络。相比较宽带自组网系统，窄带无线通信系统发射具有功率大（自组网中转设备功率一般高于 15 W，手持终端最大 4 W）、接收灵敏度高（自组网中转台灵敏度可达-125 dB）的特点，可以实现更远距离的无线自组网通信，两台中转台之间单跳距离可达到 5～8 km（中等起伏非视距环境下），同等数量的窄带自组网设备覆盖区域远大于宽带自组网设备的覆盖区域。

（二）窄带自组网通信主要指标

1. 中继跳数

中继跳数主要是指多个自组网路由节点之间的中转跳数。中继跳数主要满足通信的覆盖需求，理论上越大越好，不过在实际使用中，由于窄带通信属于大区制，单跳的覆盖能力要比宽带自组网设备的远，所以正常使用一般在 6 跳以内基本能够满足用户的实战需求。最大跳数主要受限通话延迟，一般延迟时间大于 1 s 基本认为是不可接受的，所以要满足 6 跳的指标要求，必须通话时延控制在 1 s 内。

2. 建立时延和通话时延

建立时延是指主叫终端按下对讲按键到被叫终端收到呼叫信号响应的时延，通话时延是指主叫终端讲话到被叫终端听到语音的时延。

建立时延和通话时延主要满足用户即压即讲的常规通信的使用体验。一般正常使用情况下，500 ms 的延迟时间是一个良好体验的最大时间。

3. 频率使用效率

任何一个通信网都需要开销资源，针对频率资源，就是说为满足覆盖指定区域的网络所消耗的频率数和在此条件下能够实现通话路数的比值，即为频率效率。该值越低表示所需的频率越少，即频率使用效率越高。比如一个 2 载波的 PDT 集群网络，要覆盖 6 个区域，所需频率数为 12 对 12.5 kHz 频率，共实现了最多 3 路全域呼叫，则比值为 8。同样，一个使用了 4 个单频点（12.5 kHz 和 25 kHz 信道带宽）的 6 跳自组网系统，实现 1 路通话，则比值分别为 4（12.5 kHz）和 8（25 kHz）。考虑到后者使用的频率已解决了系统互联问题，而前者还未计算系统互联的资源，所以后者的频率使用效率要远高于前者。

4. 频率干扰指数

该值的单位为 dB，理论上该值越大越好。PDT 体制的总体技术规范已定义了同信道干扰指标，要求是小于 12 dB，不过这个指标的测试条件为信号质量在灵敏度范围内对同频干扰的忍受度，也就是说在施加了 12 dB 的同频干扰的条件下，声音接收能力仅为勉强可懂的效果，若要达到比较好的听觉效果，再考虑路由节点的拓扑位置的任意性，干扰指数大于 20 dB 是比较合理的。

（三）窄带自组网通信分类

窄带自组网通信可以从多个角度分类，在应急通信里，通常从终端的制式和链路的实现形式来分。

从终端的制式可以大体分为 3 类：

（1）支持标准制式的对讲机（如 PDT、DMR 和 TETRA 等制式）。其特点是：①可以支持用户现有的标准对讲机，降低对讲机采购费用；②如果需多部门合作，还可以把其他部门的对讲机方便地加入到现有的自组网中，具有较强的兼容性。这类体制的自组网系统能够最大程度地保护用户已有投资。该方案需要专门开发一个中继设备作为路由节点，路由节点的职责就是接收普通终端发起的标准业务呼叫，并按特定的协议规则进行中转，而作为其他接收的普通终端则可按原有的标准进行业务接收。这样原有终端可不做任何修改就能够在路由节点下参与自组网通信，如图 4-9 所示。

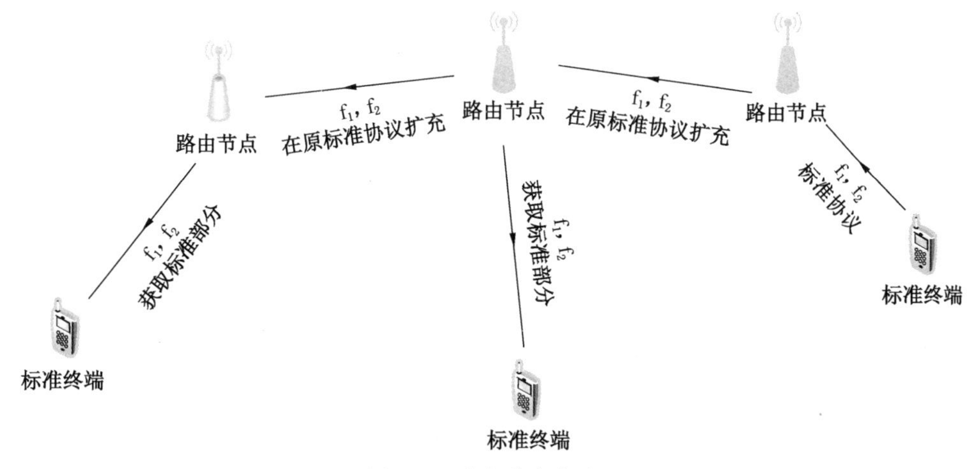

图 4-9 路由节点中继图

不过该体制也存在以下几个较为严重的缺点：①标准终端和路由节点为尽可能兼容原有标准，只能采用扫描的方式接收多个中继频率，而扫描频率就意味着非常大的中继延迟。为此该方案通过减少扫描的频率数降低中继频率数，虽然减少了频率资源的开销，但就意味增加了同频干扰的概率。②原标准其实并不支持为满足多跳业务而设计的路由能力，同样由于标准终端和路由节点为尽可能兼容原有标准，所以也就无法在原有协议框架上增加路由协议。所以这类体制只能采用广播泛洪的技术实现最基本的路由。而这样的路由规则在有线网络环境下会造成网络风暴，而在无线环境下，即会造成频率冲突或干扰。③由于路由节点间的协议和终端到路由节点间的协议不完全一致，普通终端必须是标准终端，所以节点的角色只能固定，也就无法实现基于 Adhoc 的自组网功能，如图 4-10 所示。

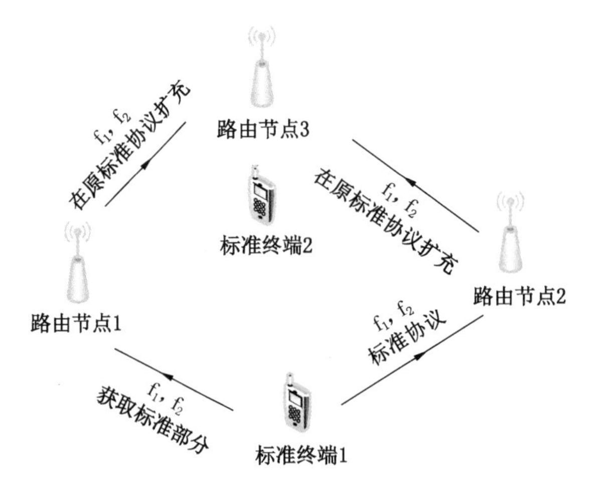

图 4-10　扩充标准协议中继

（2）技术体制仍旧采用 PDT、DMR 等标准规范，仅在报文中在原有保留字段进行协议完善，支持基于 Adhoc 自组网功能，也就是说仅修改终端软件即可升级解决上述体制的问题。该方案主要有以下特点：①终端和路由节点间，路由节点间采用相同的自组网协议，节点完全平等，角色自动可切换；②采用更多的中继频率，解决同频干扰问题，一般频率选择 4 个，即可满足同频干扰抑制 20 dB 以上；③具有预先路由协议，满足指定节点的路由中继，避免泛洪路由带来的路由冲突问题，如图 4-11 所示。

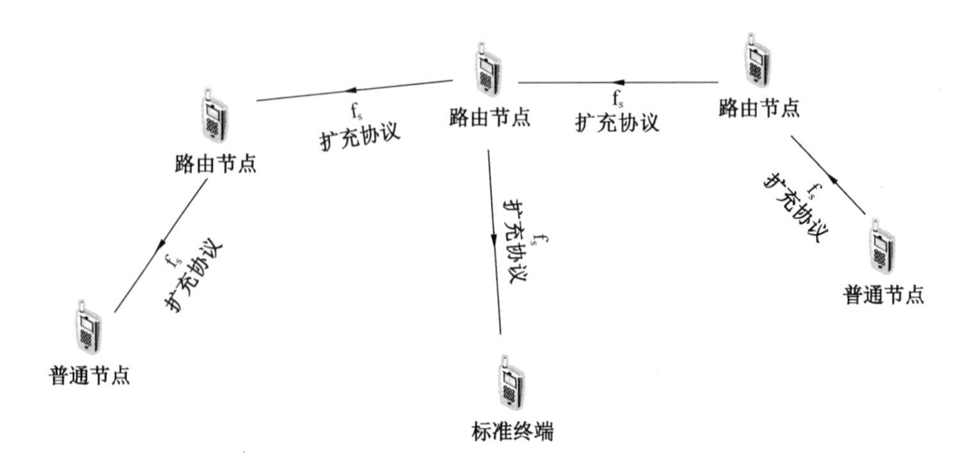

图 4-11　扩充路由协议中继图

总之，适度增加自组网参与设备的协议修改，即通过一定的软件升级，设备的自组网性能会更强，自组网功能会更加完善，紧急情况下对讲机也可以参与中继，网络会更加灵活。即可满足用户更好的自组网通信体验。

（3）采用完全非标准体制的规范，比如为满足更快的中继接入，自组网协议采用25 kHz信道带宽，4时隙的无线链路，并在此LMAC空口格式上承载更多协议内容的数据，满足更丰富的应用。

不过该体制也存在以下缺点：①更改标准规范的底层协议，导致兼容性更差，一般市面上的数字终端均不支持25 kHz带宽信道的格式，需要更换硬件设备；②25 kHz信道带宽如TETRA体制，相比12.5 kHz信道带宽的PDT/DMR体制的接收灵敏度下降约6 dB，导致通信距离明显下降；③频率资源的使用效率也会同倍增加。

从链路的实现形式可以分为两类：

（1）独立式自组网链路。在该类型中，自组网节点设备传输中继数据和与对讲机通信的覆盖数据分别采用独立的收、发信机，中继和覆盖采用不同的频点甚至不同的频段；中继通常会采用针对自组网通信设计的通信协议，自组网性能较好，覆盖一般会采用标准制式的对讲机，兼容性也很好，不过由于系统比较复杂，不利于设备的集成化和小型化，还会额外占用其他频率资源。同时两套无线系统无法回避自身频率干扰的问题。

（2）覆盖和链路一体式。在该类型中，自组网节点的中继信号即是覆盖信号，不需要额外发射覆盖信号，有利于设备集成化和小型化，但是不能根据实际需要调整链路信号的发射功率，以适应自组网对不同信号强度的要求，因为一旦降低发射功率会导致覆盖范围缩小，因此自组网性能有所牺牲。不过这个缺点可以通过采用Adhoc技术予以解决，即设备的发射功率优先兼顾到终端，当节点间无法中继时，通过中间的终端自动承担路由节点，以达到增加覆盖的目的。同时该方案可完全避免系统自身的内部干扰。

（四）窄带自组网未来发展

窄带自组网本身由于体制的特点，具有通信距离远、通话接续快的优点是宽带自组网所不具备的，更能满足应急条件下的随时通信需求。未来窄带自组网的发展方向仍旧是更快的语音接入、更大的通信范围、更强的网络拓扑适应能力以及在此条件下更好的通话体验。其中更强的网络拓扑适应能力在应急通信场景下尤为重要，主要体现在以下几个方面：

（1）如何解决现场自组网和后方指挥中心的无缝通信。自组网应充分使用各种网络条件满足前后的通信，包括4G/5G、卫星、北斗、就地集群固网直连等诸多手段。

（2）如何完整实现Adhoc自组网通信。充分利用各种现有终端，解决通信盲点覆盖、路由节点电池用完等问题。

（3）室内定位传输。解决当前消防救援场景中的迫切需求。

（4）固定节点无线组网，实现多路语音业务。

（5）如何实现节点频谱资源带宽的最优分配问题。节点占用的频域资源是影响自组网拓扑探测精度的重要因素。在频谱资源有限（窄带自组网）的条件下，如果对探测信号的频谱资源进行更为合理的控制和设计，自组网系统仍然具备有效资源进一步优化的空间。

四、窄带集群应用场景介绍

（一）窄带数字集群应用场景分析

PDT 窄带数字集群系统由于其技术特点，主要用于对人员的语音指挥调度和短信指令下发、位置信息的定位上传等，解决指挥调度指令的下达和信息的高效上传、应急团队人员之间的协同通信问题。

PDT 窄带数字集群通信系统具有发射功率高（基站最大 50 W、手持终端最大 4 W、车载终端最大 25 W）、接收灵敏度高（基站灵敏度可达-125 dB）的特点，单站通信距离远大于宽带通信系统。窄带数字集群系统节点少，网络结构简单，网络故障点少，使得窄带数字集群系统的稳定性和可靠性大幅度提高，在面临应急突发事件时，窄带数字集群系统具有更强的生存性，在网络受损后系统恢复用时短，在“5・12”汶川大地震抢险救援、雅安地震抢险救援中得到了充分的实战检验，是应急管理通信指挥调度不可或缺的通信手段。

（二）联网指挥调度

全国 370 M 数字集群系统架构图如图 4-12 所示，可以实现跨市、跨省的移动漫游通信，以及跨市的应急指挥调度和跨市的应急抢险支援。

（三）应急现场指挥调度

基于应急通信的场景特点，370 M 固定集群同播基站无法实现全区域的无缝覆盖，在应急事件发生区域没有无线通信系统覆盖时，需要通过移动基站实现对应急现场的补盲覆盖，以实现对应急现场指挥网络的快速搭建，如图 4-13 所示。

应急通信车搭载车载集群基站前突进入应急事发现场，通过车载集群基站实现对应急通信车周边的无线信号覆盖，集群基站还可通过通信车上的卫星链路/4G 公网链路实现和省应急管理厅、市应急管理局的联网通信，实现后方指挥中心和应急现场指挥部之间的联网指挥调度。对于应急通信车无法前往的区域，还可以通过人力携带便携基站的方式，通过便携基站实现进一步的前突部署，实现现场指挥部对一线应急现场人员的指挥调度。

（四）单站集群通信

在面对自然灾害时，地面有线光纤链路容易受到损坏，导致通信基站联网中断，从而导致通信失联。PDT 窄带数字集群基站具备单站集群通信功能，在联网链路出现故障指挥时，单站亦可正常运行，为基站覆盖范围内的通信终端提供集群通信中转服务，如图 4-14 所示。

PDT 窄带数字集群基站发射功率高、单站覆盖范围大、通信容量大，当面对洪水、地震、泥石流等严重自然灾害时，在光纤链路损毁、道路梗阻的困境下，PDT 窄带集群基站单站借助较远的覆盖半径，可为受灾区域和外界的通信联通，保证受灾区域不和外部失联，以便组织人员应急抢险。同时由于 PDT 窄带数字集群基站单站覆盖范围大，在面临自然灾害损毁通信基础设施时，恢复一个 PDT 基站，即可保证周边较大面积内的通信覆盖，通信重建时间大大缩减。集群通信在“5・12”汶川大地震的救援中发挥了重要的作用。

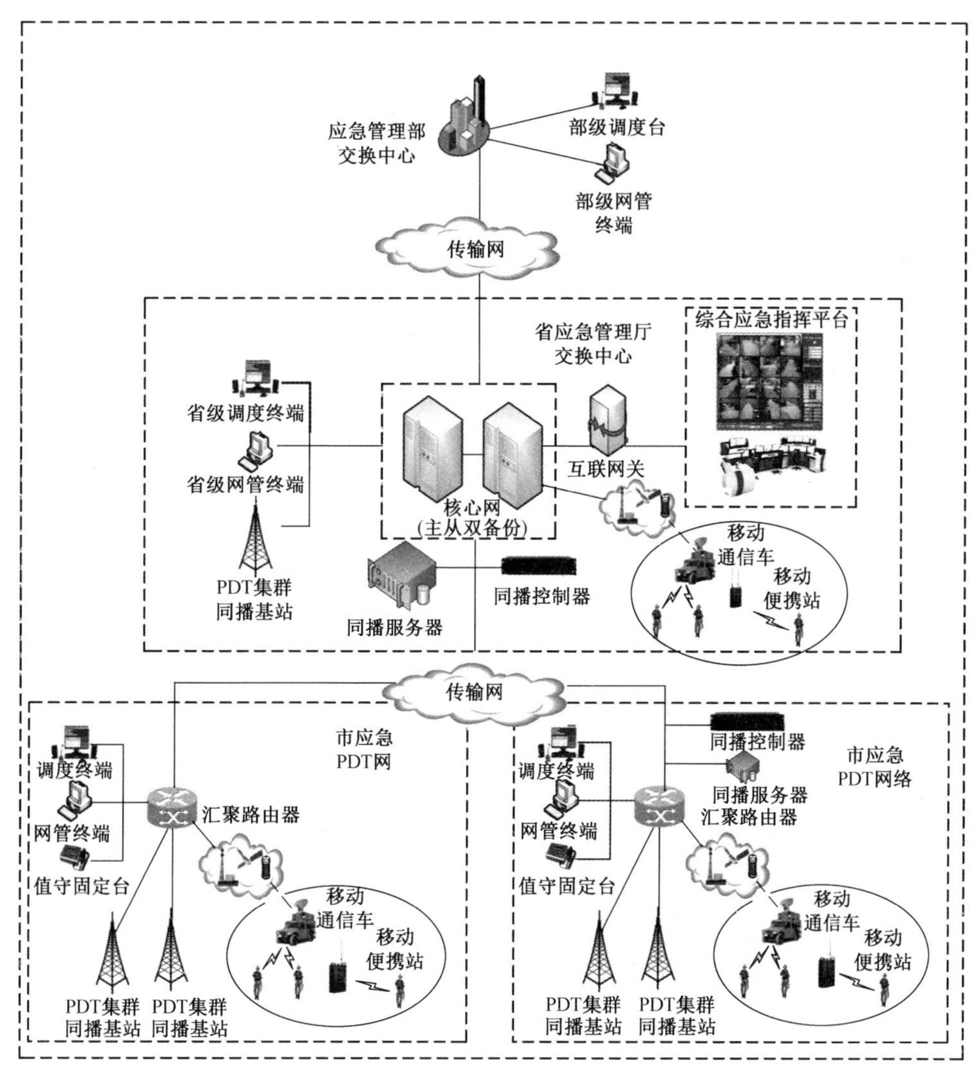

图 4-12 370 M 数字集群系统架构图

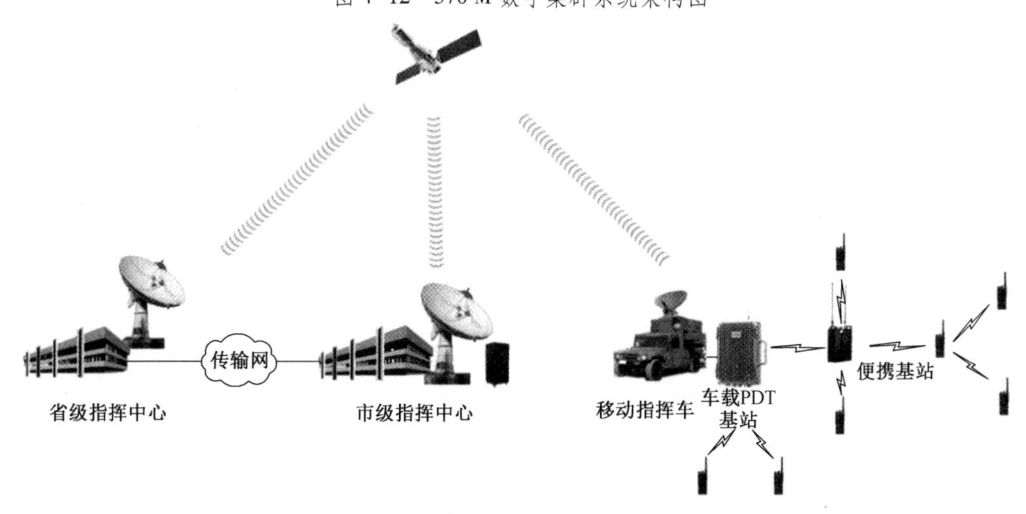

图 4-13 应急现场指挥网络搭建示意图

(五) 直通对讲

PDT 集群终端在没有固定基站、车载移动基站的环境下，还可以实现直通对讲，即多台移动终端（车载台或手持台）之间实现直接对讲通话，在不依赖任何基站设备的条件下提供一定区域范围内的呼叫通信，在应急抢险救援中，可为救援小队提供协同通信服务，如图 4-15 所示。

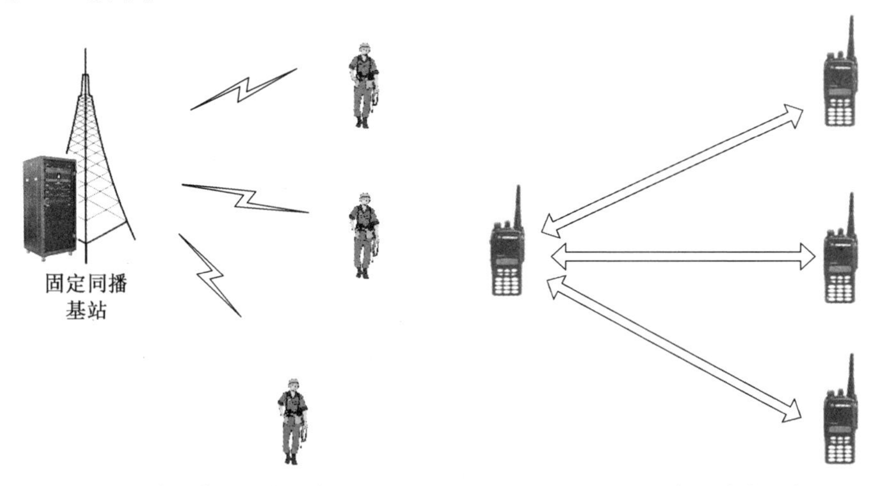

图 4-14　单站集群通信示意图　　　　图 4-15　PDT 直通对讲示意图

PDT 终端具有发射功率高（手台 4 W、车台 25 W）的特点，两台手持终端通过直通对讲可以实现 1~3 km（取决于通信条件）范围内的对讲通信，为应急抢险提供最可靠、最方便的通信服务。

五、窄带集群在应急指挥通信实际中的应用

(一) 应急使命·2021 四川雅安抗震救灾演习应用案例

1. 基本情况

演习模拟四川突发 7.5 级地震，灾区房屋倒塌损毁严重，造成大量人员被压被困，当地电力、通信、道路、桥梁部分中断，周边成都、攀枝花、乐山、阿坝、甘孜、凉山等地不同程度受灾。

经党中央、国务院批准，国务院抗震救灾指挥部、应急管理部启动一级应急响应，派出先期工作组赶赴灾区指导抗震救灾工作，迅速调派中国救援队、国家地震灾害紧急救援队，重庆、云南、贵州、陕西、甘肃等省（市）国家综合性消防救援队伍和应急管理部自然灾害工程救援成都基地应急力量投入抢险救援行动。

2. 通信保障

本次救援行动主要集中在 7 个救援点，分别是雅安雨城区、成都、攀枝花市东区、乐山市马边县、甘孜泸定县、阿坝小金县、凉山冕宁县。在每个救援点，应急通信车搭载的 PDT 移动基站为现场的临时指挥和调度提供了关键的语音通信覆盖，移动基站配置 2~4 载频不等，并通过卫星通信网与应急管理部的 PDT 核心网互联。通过卫星链路，应急管理部与省应急管理厅能够实时了解一线救援现场状况，对 7 个救援点进行统筹调度，实现

了7个救援点的本地区覆盖以及跨地区通信，如图4-16所示。

图4-16 救援点示意图

（二）江西抗洪抢险实战应用案例

1. 基本情况

2020年7月，江西省持续强降雨遭受洪涝灾害。7月16日晚，根据江西省防办、江西省应急管理厅的请求，广东省三防办、省应急管理厅从广州、深圳、珠海、佛山等市和省三防物资储备中心、广东省第二人民医院、海格通信集团等单位先后抽调91人、11台抢险排水车、11台保障车，组建广东省支援江西抗洪抢险队，连夜千里驰援江西省九江市永修县三角联圩排涝一线，遂行抗洪抢险任务。在为期50余天的抗洪抢险中，广东省支援江西抗洪抢险队作为第一批挺进灾区的抗洪抢险应急队伍之一，全体队员团结拼搏，克服重重困难，圆满完成任务，受到了江西省各级党委政府和当地人民群众的高度赞扬。

2. 通信保障

移动应急指挥通信车作为通信保障要素，在抗洪抢险任务中发挥了重要作用。该车部署了370 M数字集群通信系统，系统设备包括370 M车载基站、370 M背负基站、系统调度终端和370 M手持终端等设备。

370 M数字集群通信系统设备具有灵活部署、覆盖范围广、续航时间长、人员位置可视化等特点，在抗洪抢险期间确保了指令的快速、及时传达，发挥了重要作用。

系统通过两套370 M基站设备对抗洪抢险区域进行了全域无线覆盖；通过系统调度终端能够掌握携带370 M手持终端队员的实时分布情况及遇险情况；基站设备通过Ku卫星链路实现抗洪抢险一线与后方指挥中心的联网，从而达到从省厅到一线抢险队员扁平化调度、垂直化指挥的目的，如图4-17、图4-18所示。

（三）茂名石化乙烯厂起火事故救援应用案例

1. 基本情况

2021年3月15日，茂名市高新区中国石油化工股份有限公司茂名分公司化工分部顺

图 4-17　抗洪抢险队出发集结照片

图 4-18　救援设备搭建现场照片

丁橡胶装置发生爆燃并造成火灾。事故发生后，省应急管理厅高度重视，紧急派出两个工作组到达现场指挥救援。

2. 通信保障

移动应急指挥通信车作为通信保障要素，在事故救援任务中发挥了重要作用。该车部署了海格通信生产的 370 M 数字集群通信系统，系统设备包括 370 M 车载基站和 370 M 手持终端等设备，现场组网拓扑如图 4-19 所示。

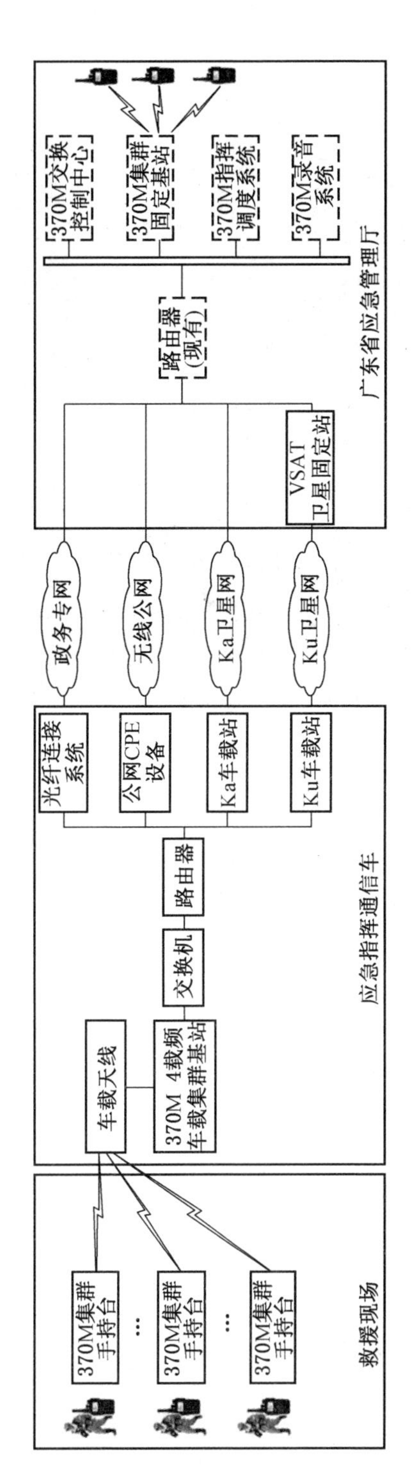

广东省应急管理厅
370M交换控制中心
370M集群固定基站
370M指挥调度系统
370M录音系统
路由器(现有)
VSAT卫星固定站
政务专网
无线公网
Ka卫星网
Ku卫星网
应急指挥通信车
光纤连接系统
公网CPE设备
Ka车载站
Ku车载站
路由器
交换机
370M 4载频车载集群基站
车载天线
救援现场
370M集群手持台
370M集群手持台
370M集群手持台

图 4-19 组网拓扑图

通过370 M车载基站对事故区域进行了全域无线覆盖；车载基站设备通过Ku卫星链路实现事故救援一线与省厅指挥中心的联网，从而达到从省厅到一线救援队员扁平化调度、垂直化指挥的目的，现场应急救援如图4-20所示。

图4-20　应急救援图

六、主流集群产品

（一）B-5000型PDT一体化多载波数字基站

B-5000一体化多载波基站是海格通信基于PDT标准自主研发生产的一体化室外基站。整机设计符合IP66外壳防护等级，适用于室内、室外、车载等无机房条件下建设基站，提供PDT信号覆盖及联网通信，满足应急、公安、武警、消防等多个行业对应急指挥通信的需求。

B-5000一体化多载波基站可通过IP链路、光纤链路、卫星链路、公网4G/5G链路与交换控制中心联网，并可配置无线链路模块接入其他基站，进行基站信号的延伸，如图4-21所示。

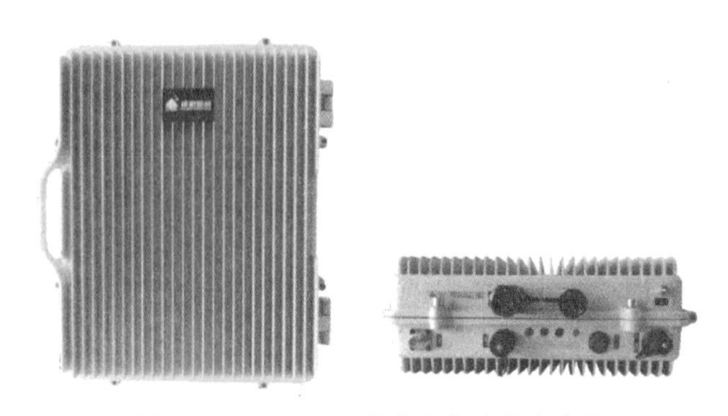

图4-21　B-5000一体化多载波基站外观

（二）B-3000 型 PDT 背负式基站

B-3000 背负式基站是海格通信基于 PDT 标准自主研发生产的背负式基站产品。B-3000 基站体形小巧，通信容量大，续航力强，高防护等级可适应各种野外环境，支持有线链路、无线链路、4G/5G 链路组网。

B-3000 基站内部集成控制模块、电源模块、信道模块、射频组件、天馈组件和蓄电池等，提供 2 载频的 PDT 集群基站功能，如图 4-22 所示。

图 4-22 B-3000 背负式基站外观

（三）PDT/DMR 一体化数字基站

DS-6250 是由海能达基于 PDT/DMR 标准研发的一款具有高可靠性的一体化数字基站，采用全新的基站硬件架构设计，用来填补目前 PDT/DMR 大集群基站组网中室外部署、盲点覆盖、车载、便携以及临时组网等方面存在的不足。其优良的防尘防水有利于基站在严酷环境下快速部署，为应急使用场景提供便利。

该基站采用高度集成结构设计，内部集成基站控制器、供电单元、信道机等硬件设备，并抛弃了原有的风扇散热方式，采用先进的散热材料，不仅减小了机器自身的体积，同时还提升了防尘、防水性能。采用多载波技术和 SDR 技术，可远程利用软件实现基站扩容，并支持分集接收功能，有效增加了基站的覆盖范围，同时在等效覆盖情况下，其功耗优化也领先行业，广泛用于全球公安与应急市场，如图 4-23 所示。

图 4-23 DS-6250 型 PDT/DMR 一体化数字基站

（四）窄带自组网产品

近几年我国对应急工作非常重视，使我国应急通信技术走在了世界前列，目前国外没有出现同类产品。国内链路覆盖一体式的产品有：兼容 PDT/DMR 制式的海能达 E-pack 系列产品和私有协议的维德 AK832 单频自组网系列产品；独立自组网链路的主要有维德的 AK836 双频自组网系列产品；具备兼容 PDT/DMR 制式和私有协议可选并具备链路覆盖一体化和独立自组网链路两种模式的海格通信 TR-850、AP-300 等系列产品，如图 4-24 所示。

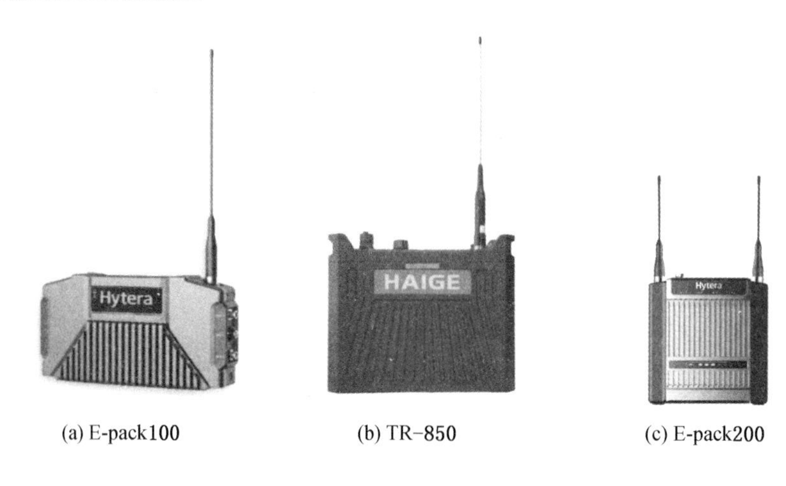

(a) E-pack100　　(b) TR-850　　(c) E-pack200

图 4-24　窄带自组网

第三节　宽带集群通信

一、宽带集群通信简介

全球无线专网集群技术历经模拟集群、数字集群，正向宽带集群演进。模拟集群主要提供语音对讲业务。数字集群可以提供语音集群调度、低速数据和短消息业务，主流的制式标准包括欧洲电信标准协会（ETSI）的 TETRA 标准、美国电信产业协会（TIA）的 P25 标准以及我国公安行业的 PDT 标准。宽带集群是集支持宽带数据传输以及语音、数据、视频等多媒体集群调度应用业务于一体的专网无线技术，是无线专网宽带技术演进的方向。

LTE（Long Term Evolution，长期演进）技术作为全球 4G 标准，具有高速率、高频谱效率、低时延等优点，且产业实力雄厚，成为全球无线专网宽带技术的共同选择。基于 LTE 技术的宽带集群技术演进也成为全球无线专网发展的共识。我国率先开展了基于 LTE 技术的宽带集群通信的标准化工作，B-TrunC（Broadband Trunking Communication，宽带集群通信）技术标准是中国宽带集群通信领域首次被 ITU（国际电信联盟）采纳并成为国际标准。目前宽带集群通信标准和产品已经在政务、公安、应急、交通、能源等行业广泛部署和应用。

宽带集群在业务、功能和性能上具有以下典型技术特征。

1. 业务特征

1）语音业务

宽带集群 B-TrunC 系统在语音业务方面要做到“一呼百应”，具有快速指挥调度能力，实现单呼、组呼、全呼、广播呼叫、紧急呼叫、优先级呼叫、调度台核查呼叫。此外，宽带集群 B-TrunC 系统还需要实现与 PSTN、蜂窝移动通信网络，以及其他数字集群通信系统（如 TETRA、PDT 等）的互联呼叫。

2）数据业务

宽带集群 B-TrunC 系统不仅要承载尽力而为（Best Effort）类数据业务，还要承载实时控制类数据业务，以实现数据调度功能。例如，在指挥调度过程中，用户可以通过手持终端接收、发送和查询业务相关数据。由于实时控制类数据业务对时延和可靠性要求很高，因此在进行系统设计时需要提供强有力的 QoS 保证。

3）视频业务

行业人员利用集群通信系统进行指挥调度的过程中，不仅要“听得到”，还要“看得到”，宽带集群 B-TrunC 系统要承载各种交互型视频业务，包括现场图像上传、视频通话、视频回传、视频监控等。因此，在进行宽带集群 B-TrunC 系统的设计时要充分考虑视频编解码、视频传输与无线资源管理三者之间的协调。

2. 功能特征

1）多业务融合

新时期无线技术与应用互相促进，集群通信的需求从语音发展到数据，从数据发展到视频，甚至要求实现超越标清的高清视频。因此，宽带集群 B-TrunC 系统需要提供语音调度、数据调度、视频调度等多种业务协同的融合调度功能。通过数据业务和视频业务弥补语音业务在准确性、可记录性方面的缺陷，从而实现全数字化、可视化、高度自动化、可记录及可追溯、事件驱动的指挥调度和协同作业能力。

2）指挥调度

宽带集群 B-TrunC 系统需要配有专门、统一的指挥调度中心，根据事件现场人员反馈的情况，通过有线或无线调度台实现区域呼叫、通话限时、动态重组、滞后进入、遥毙/复活、呼叫能力限制、繁忙排队、监控、环境侦听、强拆、强插、录音/录像等多种操作。此外，指挥调度中心还可以为调度台设置管理级别，实现分级调度管理。

3）多行业共网管理

宽带集群 B-TrunC 系统满足城市无线政务公安、应急管理、消防、医疗、城管、交通、环保等多行业部门共用网络的要求，各行业部门通过 VPN 或独立的核心网进行独立的用户签约和业务管理，共享无线接入网和频谱资源。多行业共网不仅可以提高无线基础设施和频谱资源的利用效率，还可以实现高效的协同工作，满足跨地域、跨部门的大规模现代指挥调度的需求。

3. 性能特征

1）快速接入能力

宽带集群 B-TrunC 系统具有快速接入能力，要求组呼建立时间小于 300 ms，话权抢占时间小于 200 ms，以实现快速的指挥调度。

2）更高的安全性和保密性

宽带集群 B-TrunC 系统是针对行业应用而设计的专用指挥调度通信系统，对网络和信息传输的安全性和保密性要求较高，尤其是政府、公安、军队、公共安全等国家安全部门或强力机构使用的集群网络，一定要防止遭受恶意攻击以及信息被截获或篡改等。因此，宽带集群 B-TrunC 系统应能够提供包括鉴权、空口加密以及端到端加密在内的一整套完备的安全机制，来解决其所面临的诸多安全威胁。

3）更高的可靠性

宽带集群 B-TrunC 系统在网络可靠性方面有着更高的要求，要求具有强故障弱化、单站集群和抗毁能力，以提供应对各种自然灾害或突发事件的应急指挥通信能力。宽带数字集群终端还应该具有脱网直通的能力，使得在网络无法覆盖时，能够支持群组用户的脱网直通能力。

（一）宽带集群通信标准

宽带集群 B-TrunC 技术标准不断发展演进，现有 3 个发布版本，如图 4-25 所示。

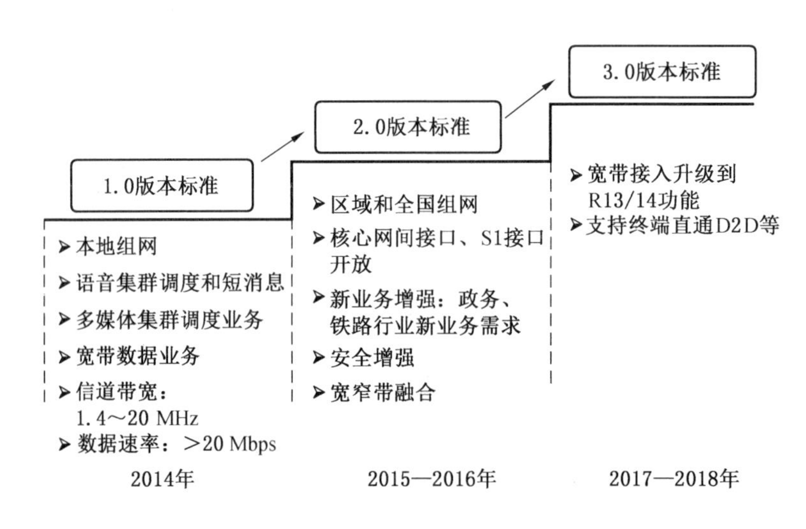

图 4-25 宽带集群 B-TrunC 标准演进

1. B-TrunC Rel. 1 版本

B-TrunC Rel. 1 作为第一个标准版本，定位本地组网，支持宽带数据业务，同时增强语音集群调度、短消息、多媒体集群调度业务，开放了终端（包括无线终端、调度台）与系统的接口，规范了终端与系统跨设备商的互联互通接口和功能性能要求。

B-TrunC Rel. 1 标准草案在宽带集群产业联盟讨论，经过产品研发、多设备商产品的互联互通测试认证的检验和反馈，标准已经完成大阶段的勘误，基本完善成熟。联盟不断将完善成熟的标准草案提交中国通信标准化协会（CCSA），推动行业标准和国家标准的制定。2014—2015 年，工业和信息化部正式发布了 B-TrunC Rel. 1 系列标准。

2. B-TrunC Rel. 2 版本

B-TrunC Rel. 2 版本在兼容 B-TrunC Rel. 1 的基础上，支持区域和全国性大规模组网的切换和漫游，开放了核心网间、核心网到基站之间的接口协议。此外，B-TrunC Rel. 2 还支持政务/轨道交通/铁路等行业宽带集群调度的新业务功能，进一步增强安全机制，并通过开放的核心网接口支持与窄带数字集群通信、PSTN、公众蜂窝移动通信网的互通。该版本标准于 2018 年正式发布，并成为公安宽带系统空口标准。

3. B-TrunC Rel. 3 版本

B-TrunC Rel. 3 目前已经正式启动，将在 B-TrunC Rel. 2 的基础上进一步提升物联网服务能力，升级宽带系统和窄带系统的深度融合，加强公网和专网集群业务融合，增强系统的统一调度功能。由于 B-TrunC 宽带数据传输部分兼容 3GPP 标准，因此，B-TrunC 宽带数据传输能够采用 3GPP 的先进技术标准，伴随 LTE 的演进提供更适用于无线专网的更先进的宽带数据传输功能。

目前，我国宽带集群产业联盟正在研究制定面向5G的宽带集群第三阶段标准，向更加多样化的场景、更高的业务性能要求和全方位的安全保障方向演进，充分考虑公网和专网的融合发展，以及宽带和窄带的协同应用，为应急、公共安全等行业用户提供全面服务，更好地实现行业宽带化、数字化和信息化高质量发展目标。

（二）宽带集群工作频段

宽带集群B-TrunC技术支持LTE TDD和FDD的多带宽和工作频段。根据2015年工业和信息化部发布的专网宽带数字集群频率规划，目前宽带集群系统主要工作在1.4 GHz和1.8 GHz频段，见表4-4。

表4-4 宽带集群B-TrunC主要工作频段

工作频段/MHz	频段号	频点号	信道带宽/MHz	双工方式
1447~1467	45	46590~46789	10、20	TDD
1785~1805	59	54200~54399	1.4、3、5、10	TDD

需要特别说明的是，在符合无线电管理相关要求下，宽带集群B-TrunC技术适用于其他频段（如700 MHz等）的TDD或FDD频段，且系统带宽灵活可变。

二、宽带集群系统架构

宽带集群B-TrunC系统本地组网架构扁平简单，由基于LTE宽带集群终端、LTE数据终端、LTE宽带集群基站、LTE宽带集群核心网和调度台组成，如图4-26所示。其中，LTE宽带集群终端支持宽带数据和集群，LTE数据终端仅支持宽带数据。

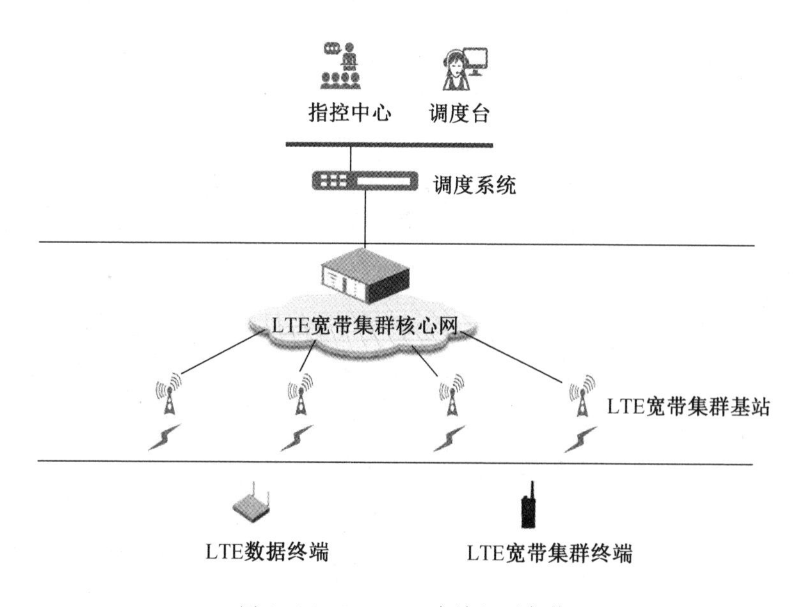

图4-26 B-TrunC本地组网架构

1. LTE 宽带集群终端

LTE 宽带集群终端应能通过 Uu-T 接口连接到 LTE 宽带集群基站，实现 LTE 分组域基本业务和集群业务。LTE 宽带集群终端除了支持基于 IP 的分组数据传输业务之外，还应支持宽带集群业务和功能，主要包括集群业务功能、集群业务所需要的逻辑信道和传输信道、集群相关的系统信息和寻呼信息、集群业务的移动性。

2. LTE 数据终端

LTE 数据终端支持基于 IP 的分组数据传输业务，不支持集群业务和功能。LTE 数据终端应能通过 Uu 接口（无线通信的开放接口）连接到 LTE 宽带集群基站，实现 LTE 分组域基本数据业务。

3. LTE 宽带集群基站

LTE 宽带集群基站应能通过 Uu-T 接口支持 LTE 数据终端和 LTE 宽带集群终端接入，除支持 LTE 基本功能外，还支持集群功能，主要包括集群业务相关的 RRC 信令、集群系统消息在空中接口的调度和发送、集群寻呼消息的调度与发送、集群业务相关信道的映射控制、集群业务无线承载建立和控制、集群业务用户面数据转发、集群业务相关的点对点方式传输的空口无线接入信令的加密/完整性保护/数据加密、故障弱化功能。

4. LTE 宽带集群核心网

LTE 宽带集群核心网是提供宽带集群业务的网络，核心网主要提供用户连接、对用户的管理以及对业务完成承载，作为承载网络提供到外部网络的接口。用户连接的建立包括移动性管理、呼叫管理、交换/路由、录音通知等功能。用户管理包括用户的描述、Qos、用户通信记录、安全性，由鉴权中心提供相应的安全性措施包含了对移动业务的安全性管理和对外部网络访问的安全性处理。

5. 调度台

调度台是集群系统中的特有终端，为调度员或特殊权限的操作人员提供集群业务的调度功能、管理功能。调度台的主要功能包括：①调度功能，包括单呼、组呼、强插/强拆、动态重组等；②管理功能，包括信息获取、遥晕/遥毙/复活等，其他功能包括界面显示、拨号等。

（一）宽带集群业务功能

宽带集群 B-TrunC 系统支持宽带数据传输业务和集群业务，宽带集群终端能够支持宽带数据传输和集群业务的并发。集群业务包括集群语音、集群多媒体、集群数据和集群补充业务 4 种类型。

1. 集群语音业务

终端或调度台支持全双工语音单呼、语音组呼和半双工语音单呼等功能。

（1）全双工语音单呼是指两个终端之间建立的全双工语音呼叫，包括终端与终端之间、终端与调度台之间的单呼。

（2）语音组呼是指终端或调度台发起的针对一个组的半双工语音呼叫。在一个小区内，该组成员共享一个下行信道，可以听到话语权拥有方的语音，上行信道由一个获得话语权的组成员占用。语音组呼支持组呼建立和释放、话权管理、通话限时、滞后进入、讲话方识别的功能。

（3）半双工语音单呼是指两个终端之间建立的半双工语音呼叫，包括终端与终端之间、终端与调度台之间的单呼。

2. 集群多媒体业务

终端或调度台支持可视单呼、同源视频组呼、视频推送给组等功能。

（1）可视单呼是指两个终端之间建立的双向视频通话，包括终端与终端之间、终端与调度台之间。建立了视频通话的双方不仅可听到对方的语音，还可看到对方的实时视频。

（2）同源视频组呼是指终端或调度台针对一个组发起的、包括语音和视频两种媒体流的组呼业务，语音和视频都来自话权方。在一个小区内，该组成员共享下行信道，上行信道由当前话权方占用。同源视频组呼支持组呼建立和释放、话权管理、通话限时、滞后进入、讲话方识别的功能。

（3）视频推送给组是指由调度台针对一个组发起的、仅包括视频流的组呼业务，视频来自调度台。在一个小区内，该组成员共享下行信道，组成员只能接收。在视频推送过程中，调度台可变更视频流参数。视频转发给组是指由调度台针对一个组发起的、仅包括视频的组呼业务，视频来自其他终端或视频源，转发的视频流不经过调度台，从核心网直接转发给组内用户。在一个小区内，该组成员共享下行信道，组成员只能接收。

3. 集群数据业务

终端或调度台支持实时短数据、组播短消息、状态数据以及定位信息等功能。

（1）实时短数据是指一个终端或调度台向另一个终端或调度台发送短数据，要求接收方收到短数据后立即回复确认消息，延时在百毫秒量级。

（2）组播短消息是指终端或调度台向某个组内的所有用户发送的点对多点短消息，在信息传送时无须接收端确认。全播短消息调度台向系统内的所有用户发送的点对多点短消息，在信息传送时无须接收端确认。

（3）状态数据是指终端之间或终端与调度台之间传递行业用户自定义的状态信息的过程。状态数据可采用点到点或点到多点方式传输。

（4）定位信息是指终端之间或终端与调度台之间传递定位信息的过程。定位可采用点到点或点到多点方式传输。

4. 集群补充业务

集群补充业务功能主要包括紧急呼叫、组播呼叫、动态重组、遥毙/遥晕/复活、强插/强拆、全播呼叫、预占优先呼叫、调度台监听、环境监听和环境监视等功能。

（1）紧急呼叫是指用户按紧急呼叫键发起紧急呼叫业务，用户无须拨号，由终端自动拨出紧急呼叫号码。终端通过预配置或在集群注册过程中获得紧急呼叫号码，并将该号码与紧急呼叫键关联。紧急呼叫号码可以是单呼号或者组号，终端通过紧急呼叫号码与存储的用户组列表匹配判断是否为组呼。调度台发起的呼叫可以配置为紧急呼叫。

（2）组播呼叫是指调度台向某个组（包括成员为系统内所有用户的组）内的所有用户发起的单向语音呼叫或视频呼叫，其他用户只能接听，不能讲话。

（3）动态重组是指调度台在系统中新建和删除群组，以及对某个组增加和删除成员、修改组属性。动态重组应通过空中接口对终端进行操作，接收到指令的终端应立即回复确认。网络侧收到终端的回复后，应将结果上报给调度台。

（4）遥毙/遥晕/复活是指调度台通过空中接口对指定终端进行的激活/去激活操作。

终端被遥晕后，应向网络回复确认消息。除了附着、注册、鉴权、复活/遥毙等服务外，不可以申请或者接受任何网络的业务。终端被遥晕后，只接受具备权限的调度台对其执行的复活操作，复活成功后终端恢复到正常工作状态，并向网络回复确认消息。终端被遥毙后，失去所有操作功能，不能通过空中接口产生的信息复活。若本次遥毙/遥晕/复活指令未送达（如终端关机或不在服务区内），应在终端注册时继续完成遥毙/遥晕/复活过程。

（5）强插是指具有权限的调度台能插入到一个正在进行的组呼中，并获得当前组呼的话权。调度台能从插入的组呼中退出，该组呼继续保持。强拆是指具有权限的调度台强行释放某个组呼或单呼，释放信道。

（6）全播呼叫是指调度台发起的单向语音呼叫，系统全体用户参与，用户只能接听，不能讲话。

（7）预占优先呼叫是指有权限的用户发起呼叫时，可选择本次呼叫为预占优先呼叫，该呼叫拥有高优先级，可通过强拆低级别呼叫的方式抢占资源。

（8）调度台监听是指调度台对正在进行的单呼或组呼进行监听，或者对指定用户/组的监听，当该用户/组参与呼叫时，核心网自动将呼叫内容发给调度台。调度台在监听过程中不获得话权。监听的发起、进行中和结束时，被监听的终端不进行任何显示或提示。

（9）环境监听是指由调度台发起的一种单向的语音单呼，调度台通过空中接口开启指定终端的麦克风和发射机，从而将该终端周围的声响发送到调度台进行监听。在环境侦听发起、进行中、结束时，终端没有任何显示或提示。环境侦听功能不影响终端的操作和业务。

（10）环境监视是指由调度台发起的一种单向的可视单呼，调度台通过空中接口开启指定终端的麦克风、摄像头和发射机，从而将该终端周围的声响和图像发送到调度台进行监视。在环境监视发起、进行中、结束时，终端没有任何显示或提示。环境监视功能不影响终端的操作和业务。

（二）集群业务性能

宽带集群 B-TrunC 系统业务性能达到专业级的指标要求，语音组呼的呼叫建立时间不超过 300 ms，话权申请时间不超过 200 ms，全双工集群单呼建立时间不超过 500 ms，半双工集群单呼建立时间不超过 500 ms，组呼容量：7.5 组语音/小区/ MHz，频谱效率：上行 2.5bps/Hz，下行 5bps/Hz。单基站上行视频带宽 50 Mbps，视频业务并发 20 路，支持 4K，1080P 格式视频回传。

（三）宽带自组网通信

在自然灾害发生时，受灾区域很可能由于受各种客观因素的影响而导致常规通信中断，不能直接与外界取得联系。无线自组网通信技术的应用可以很好地解决这一问题，其自身具有不依赖基础设施、高速展开、组织愈合以及抗毁性强等基本特征，即便处于复杂混乱的灾害环境中，也能够在第一时间恢复受灾地区的应急通信系统，为后续救援工作的开展奠定坚实基础。

宽带自组网通信系统具有不依赖固定基础设施、组网快速、无中心分布式、自主移动、抗毁性、多跳中继等特点，能够为保障在一定救灾区域内的信息可靠传输。相对窄带自组网，宽带自组网信道带宽更高，具备更高的通信速率，在原有窄带自组网的话音、数据业务的基础上，可满足高清视频等大带宽的数据传输需求。宽带自组网的特点如下：

1. 灵活组网能力

无中心分布式组网，网络规划简单方便，参数分发快捷高效，通电即可组网，不需要搭建复杂的设备，具有脱网直通能力，能够自组织、自重构。

2. 快速入网能力

支持快速入网，支持网络拓扑动态变化，节点可随需入网、退网。

3. 移动通信能力

具备与高速移动中的终端，如无人机等设备进行通信的能力。

4. 区域覆盖能力

支持通过自组网多跳通信，单个节点可作为通信中继，能完成发现以及维持到其他节点路由的功能。通过自组网多跳，覆盖更大范围，实现情报上报、指挥协同的应急通信需求。

5. 抗扰抗毁能力

具备抗跟踪、抗宽带干扰、抗阻塞干扰的能力，对抗各类干扰，同时保障业务有效传输，具备抗毁重组、自组织、自恢复、自愈合等能力。

6. 高速数据传输和时延保障能力

满足高传输速率、低时延方面等应急通信能力要求，支持话音、数据、短信、图像、视频等综合业务传输，支持高时延要求（例如毫秒级）的实时信息传输，支持高速率传输业务。

在应急现场通信保障时，可以通过宽带集群进行现场网络区域覆盖，在距离前方指挥部较远、距离指挥中心较远、多个基站之间协作、集群基站拉远等场景下，集群基站之间通过搭配 Mesh 自组网方式进行桥接，达到远距离传输的目的，如图 4-27 所示。

（四）应用场景操作要点介绍

1. 高层、地下室、隧道等建筑物火灾救援

高层、地下室、隧道等建筑物火灾救援场景，可以梳理成地上建筑和地下建筑两种基本场景。城市救援的痛点是救援一线信号盲区的无线覆盖，实际救援应结合具体情况快速部署应急通信方案，不限于某一种手段。

（1）一线方案：用宽带集群基站（以下简称“小站”）对现场进行无线覆盖，基于此开展数据采集、音视频互通以及指挥救援等业务。

（2）回传方案：公网为主，卫星为辅。

（3）覆盖延伸：基站侧通过宽带集群基站挂高方式增强现场覆盖，端侧采用大功率 CPE（地面）或 Mesh 自组网（地下）进行拓展。

实战中救援现场覆盖延伸方案根据实际情况进行灵活选择，可采用网线直连方式、CPE 回传、Mesh 链路等方案，整体系统部署如图 4-28 所示。

救援一线小站两种使用模式，详细方案说明如下：

（1）小站-挂高模式：如图中的 A 方式所示，将信号从室外打到室内，救援队人员通过手持的专网终端完成语音、数据、图像等业务的回传。对室内覆盖盲区采用图中的 B 方式，在高层放置大功率 CPE 中继延伸覆盖，专网终端通过 Wi-Fi 接入大功率 CPE 进而实现语音、数据、图像等业务的回传。

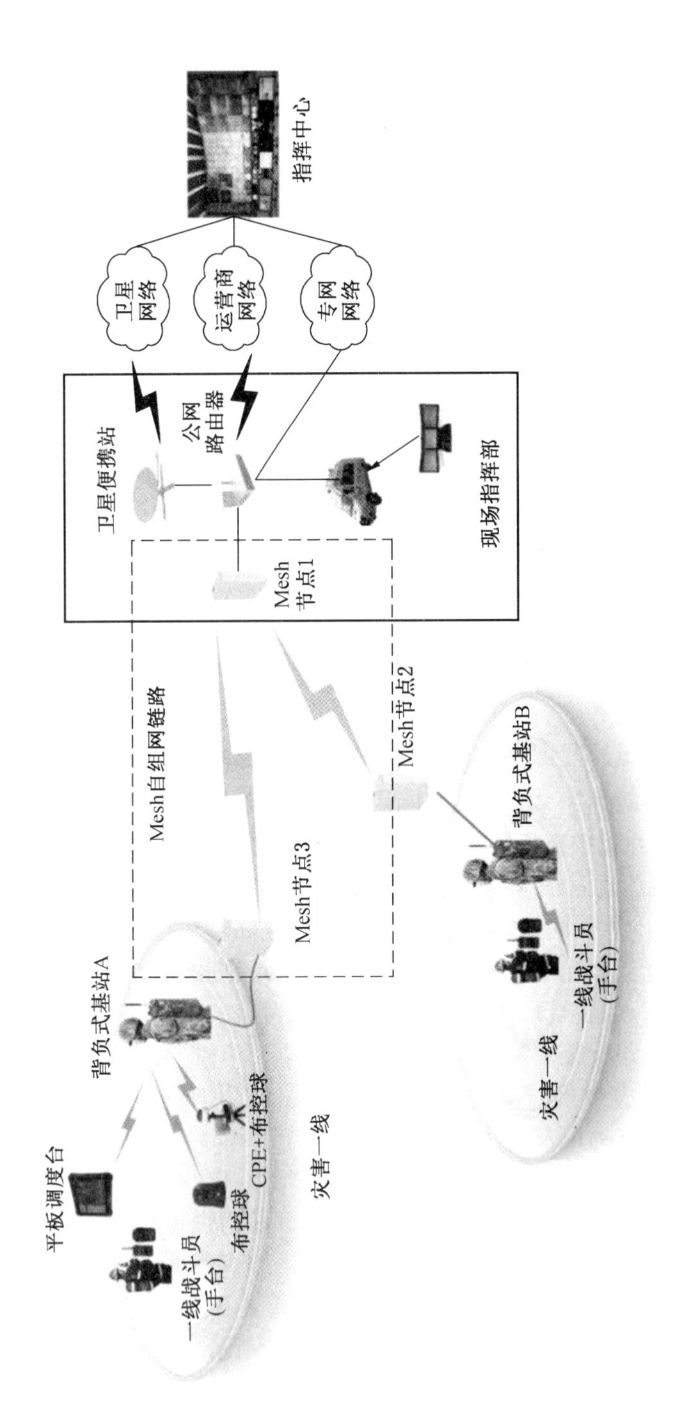

图 4-27　Mesh 自组网在应急现场通信的组网示意图

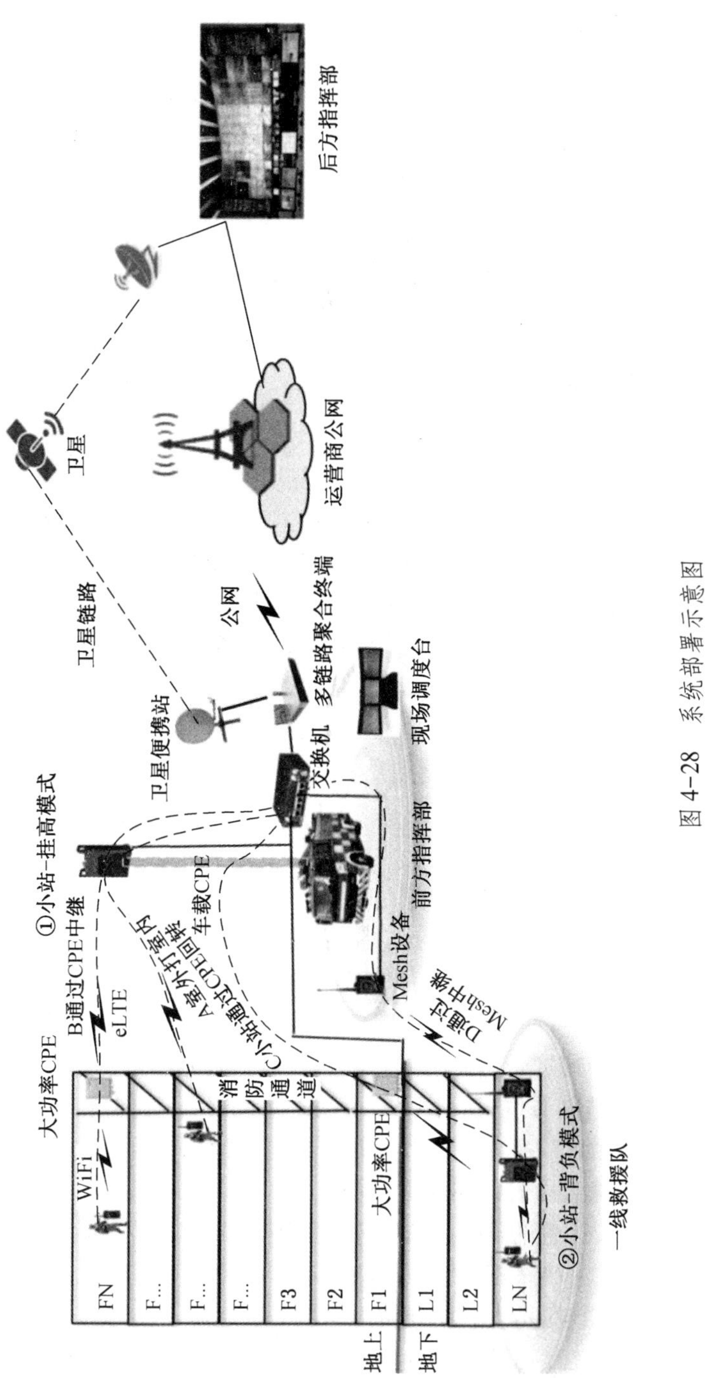

图 4-28　系统部署示意图

（2）小站-背负模式：对地下建筑通过小站背负式实现覆盖，小站采用图中的 C 方式通过大功率 CPE 回传，CPE 通过该网线连接到现场指挥部，或通过图中的 D 方式，采用 MESH 链路完成语音、数据、图像等业务的回传。

特别说明，在地下室或者隧道场景，大功率 CPE 放置到救援建筑外部，小站放置到相应的救援楼层，大功率 CPE 通过较长的网线（不超过 60 m）连接现场指挥部，大功率 CPE 通过消防通道（减少信号屏蔽和干扰）和小站进行空口互联，视频即可回传到指挥中心。

2. 台风、洪涝、地震等自然灾害救援

面向“三无”场景（无网、无路、无电），如台风、洪涝、地震等自然灾害场景，灾害救援的痛点是前、后方指挥部之间的信息回传，实际救援如卫星、公网都中断，应找到最近接入点，通过其他回传手段接力回传。整体系统部署如图 4-29 所示。

（1）一线方案：以宽带集群基站构筑现场无线宽带覆盖，基于此无线网络开展数据采集、音视频互通、指挥救援等业务。

（2）回传方案：以卫星回传为主，如公网恢复切换到公网。

（3）覆盖延伸：基站侧通过高点站、小站浮空平台、小站车载挂高等方式增强信号覆盖范围，终端侧采用大功率 CPE（地面）或 Mesh 自组网（地下）进行拓展延伸。

救援一线专网覆盖方式有 3 种，救援队通过专网终端完成语音、数据、图像业务。

（1）小站-挂高模式：通过车载小站挂高对灾害现场进行覆盖。

（2）小站-浮空模式：通过系留无人机搭载小站升空增强现场覆盖范围，浮空平台通过网线或 CPE 反向回传和前方指挥部连接。

（3）高点站：如灾害现场附近有高点站，利用高点站对在线现场进行覆盖，高点站通过 CPE 反向回传和前指连接。

3. 森林火灾救援

森林消防救援场景，森林消防的痛点是一线救援队的覆盖以及前、后、指挥部之间的回传，通过小站对救援一线进行机动覆盖。整体系统部署如图 4-30 所示。

（1）一线方案：以小站构筑现场无线宽带覆盖，基于此开展数据、音视频、指挥等救援业务。

（2）回传方案：以卫星回传为主，如现场有公网信号则采用公网。

（3）覆盖延伸：基站侧通过背负小站、小站浮空平台、小站车载挂高等方式增强信号覆盖范围，终端侧采用大功率 CPE 或 Mesh 自组网进行拓展延伸。

森林消防救援一线覆盖方式有 3 种。

（1）小站-挂高模式：通过车载小站挂高对灾害现场进行覆盖。

（2）小站-背负模式：小站随一线救援队机动，配便携卫星和大功率 CPE。回传方式有：如图 4-30 中的 A 方式所示，利用便携卫星设备直接回传；或采用图 4-30 中的 B 方式所示，通过 CPE（前指挂高 CPE）先回传至前方指挥部（挂高站或浮空站），再利用前方指挥部卫星设备回传。

（3）小站-浮空模式：通过系留无人机搭载小站升空增强现场覆盖范围，浮空平台通过网线或大功率 CPE（挂高）反向回传至前方指挥部。

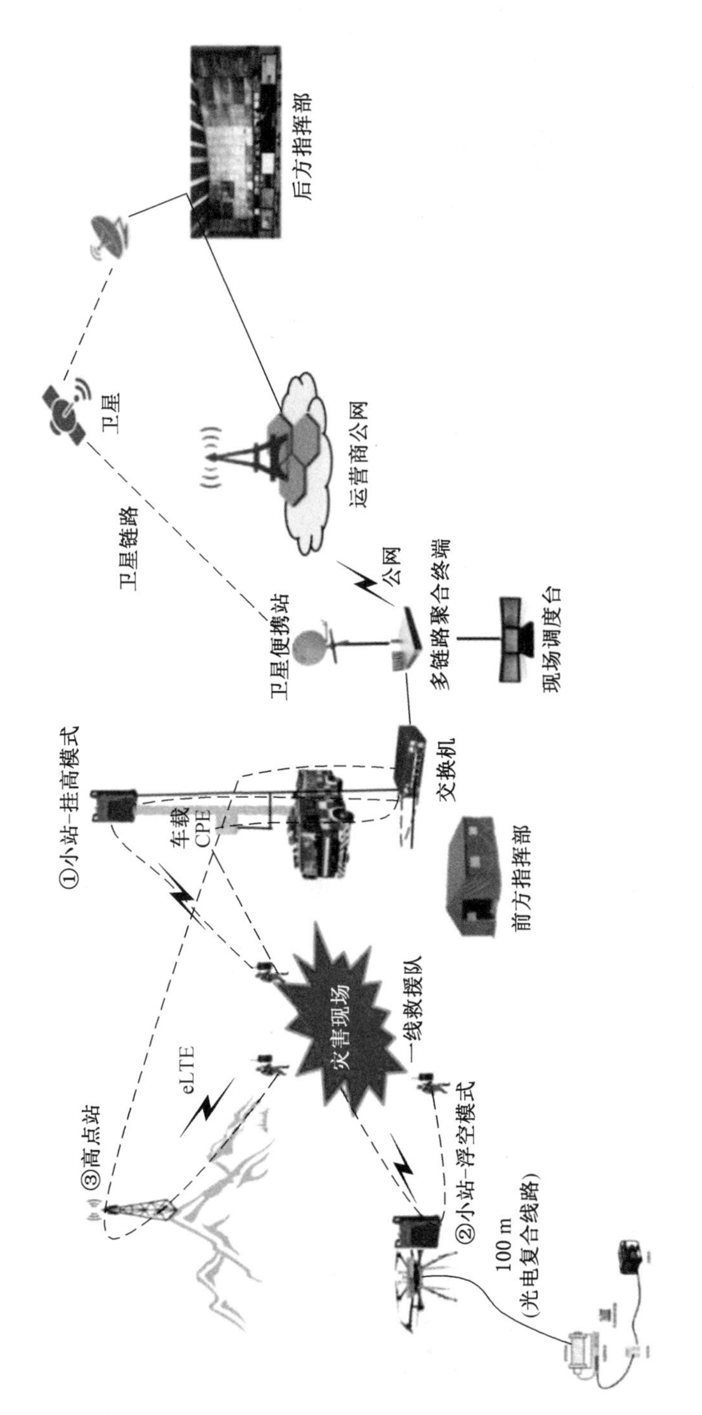

图 4-29 系统部署示意图

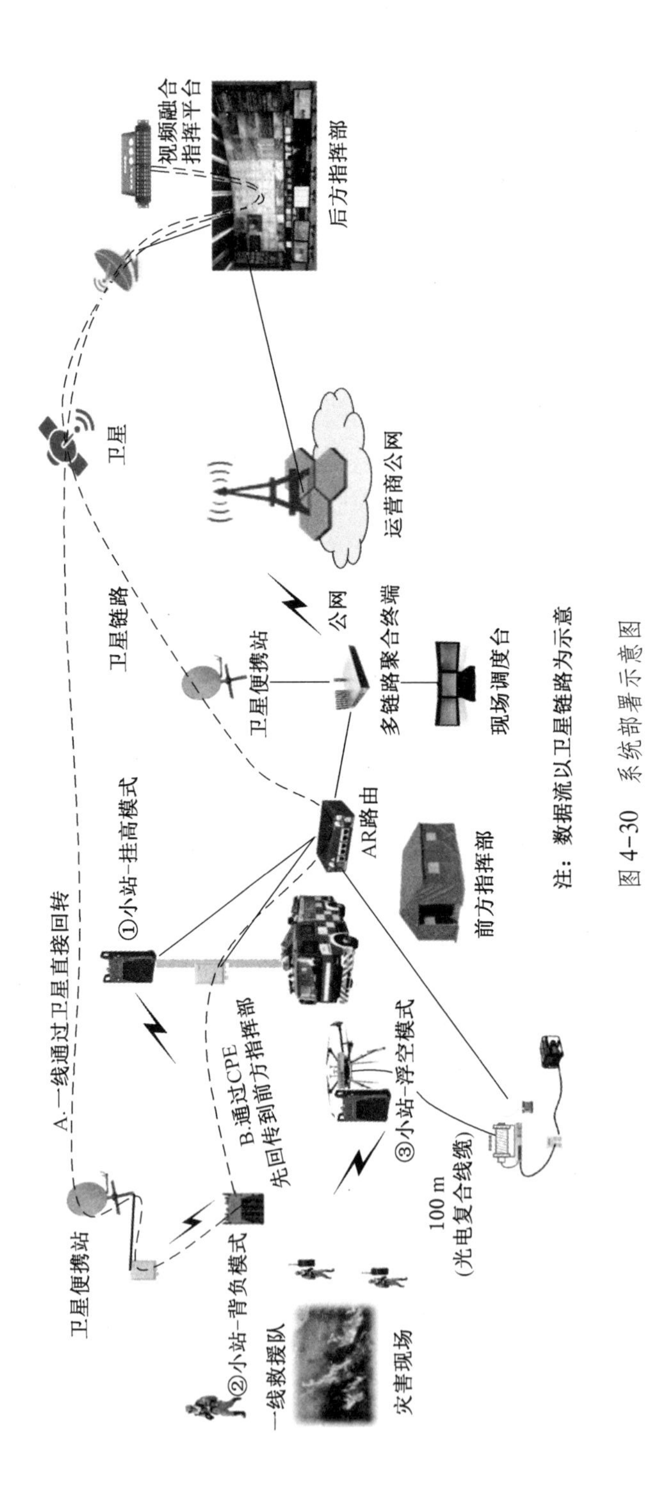

注：数据流以卫星链路为示意

图 4-30　系统部署示意图

三、宽带集群在应急指挥通信实际中的应用

（一）泰国足球队积水岩洞救援

2018年，泰国少年足球队被困地下积水岩洞中，手机没有信号。之后，泰国政府派出了皇家军队士兵1046名，还有包括中国在内的7个国家超过1000名的救援人员参与了此次行动。

此次救援成功所依赖的通信设备——中国华为eLTE Rapid快速部署系统，此系统在救人过程中发挥了重要作用。

eLTE Rapid是一套宽带集群通信设备，仅用十多分钟即可搭建现场无线环境，快速恢复通信，并提供现场指挥和调度功能。救援泰国足球队时，当地和洞穴内几乎没有信号，通过eLTE Rapid设备发射信号，救援队的手机就能通信，还可以上传图片和视频，不仅能高效沟通，还能高效救援，救援现场画面如图4-31所示。

图4-31　泰国少年足球队救援现场宽带集群系统

（二）内蒙古自治区70周年大庆

2017年8月8日，内蒙古自治区成立70周年庆祝活动在内蒙古少数民族群众文化体

育运动中心隆重举行。作为中国共产党领导成立的第一个省级民族自治区，其不仅开创了内蒙古发展的新纪元，也为国内各少数民族实行民族区域自治提供了成功范例、树立了良好榜样。此次活动受到了中央政府、自治区政府的高度重视，是自治区成立以来规模最大、覆盖区域最广、影响力最大的一次盛会，如图 4-32 所示。

图 4-32　内蒙古自治区成立 70 周年庆祝大会现场

此次活动融合了公安宽窄带数字集群系统的华为 eLTE 无线宽带专网，其作为安保的重要通信工具，全方位、多场景保障了此次活动的圆满举办。111 套基站、1000+部宽带集群终端、5000+部窄带终端，实现了呼和浩特市全市重点部位、热点地区的宽带数据应用覆盖，成为国内第一套大规模商用的宽窄带融合专网。

eLTE 宽窄带融合专网通过 LTE 系统与 PDT 核心交换系统深度融合，混合编组，宽窄终端网络体验零差异。在保证低时延语音通信的同时，还实现了短消息、GIS 的互联互通。LTE 与 PDT 采用统一编号规则。6000+宽窄带终端跨 7 个警种、14 个业务部门，助力呼和浩特公安一体化语音指挥调度、重点部位和热点地区的图像、宽带数据应用，业务统计如图 4-33 所示。

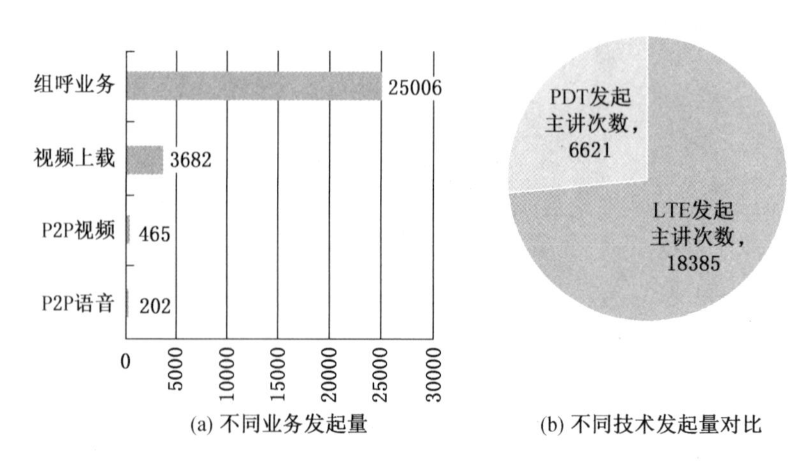

图 4-33　宽窄融合专网终端使用规模

此次活动安保系数高、人流量大，各个安保环节必须精益求精。据 8 月 8 日的呼和浩特市 LTE 网络分析日报统计，全网上行数据总吞吐量达 1332.06 Gb，全网下行数据总吞吐量达 629.97 Gb。

现场干警通过 EP820、EP681 多媒体集群终端实时语音、高清视频通话调度，将现场音视频实时回传到现场安保指挥部，指挥部可快速掌握重点位置现场情况，便于有效部署、配合行动，如图 4-34 所示。

图 4-34 代表团车队安保

作为移动指挥中心，通信车可协同不同部门、不同单位的各种不同的音视频资源，现场指挥，并在紧急情况下快速救援，确保应急效率，如图 4-35 所示。

除了在大型安保活动中发挥作用，eLTE 宽窄融合专网还可满足呼和浩特公安的其他业务需求。

（1）日常警务。是指公安机关的日常治安巡逻管控、接处警、交通管理、警务工作。视频通信、分组语音通信、定位、短信、可视化指挥调度等丰富功能，支持指挥员实时掌握一线警力位置，基于位置的视频调度。

（2）专项集中打击犯罪。eLTE 宽带集群系统独有的大容量移动无线视频、GIS 定位功能、丰富的终端形式、多系统融合的能力以及便捷可视化的调度能力为有效开展集中打

图 4-35　移动指挥中心调度台

击犯罪专项行动提供重要支撑。

（3）可视化、扁平化指挥调度。一张地图上展现所有民警（包括 LTE 宽带集群终端、PDT 窄带集群终端）、警车等警力资源，可以直接指挥到全部单兵、路面民警和机动警力，全面实现一键式可视化指挥调度。

四、宽带集群产品介绍

宽带集群设备已经广泛应用于政府、应急、消防、军队等行业，该设备主要面向断电、断网、断路的“三断”场景，可以采用背负模式和车载模式。

图 4-36　MiniRapid 背负式基站外观

（一）MiniRapid 背负式基站

系统集成了基站、核心网、调度系统等功能，具有一体化、小型化的特点，适用于需要快速部署的应急通信场景，满足现场通信和指挥调度需求，如图 4-36 所示。系统支持单人背负、车载部署，为任务现场提供语音调度、数据传输、视频指挥等宽带集群通信业务。

系统免开通、免配置，一键启动，3 min 内可将整套系统搭建部署完成。系统将核心网、BBU、RRU、调度系统等设备的能力统一集成到 SOC 芯片中。整个系统具有重量轻、体积小的特点，可以放置在普通单人背包或旅行箱中，实现灵活运输和机动部署。最大注册用户数 500 个，最大注册群组数 40 个，最大并发语音数 40 路，最大并发视频数 20 路。防护等级 IP67，支持野外部署。在恶劣天气下，仍可以正常工作。单块电池供电时长

4 h。

（二）集群手持终端

多媒体集群手持大屏终端支持私密呼叫、组呼、短/彩信、宽带数据接入、视频调度业务及多业务并发，如图 4-37 所示。应急人员手持终端主要在高温、高湿、高压等恶劣环境下使用，通常具备如下基本特性：

（1）支持 GPS（Global Positioning System）、北斗、GLONASS（Global Navigation Satellite System）联合定位。

（2）IP68 高防护等级，可在水下 1.2 m 浸泡 40 min。

（3）手套和手湿情况下，触摸屏仍然可以正常使用。

（4）高清晰话音质量。采用双 MIC 降噪，能在强背景噪声下正常工作。

（5）采用前置大功率扬声器设计，能在高噪声环境下收听清晰的语音指令。

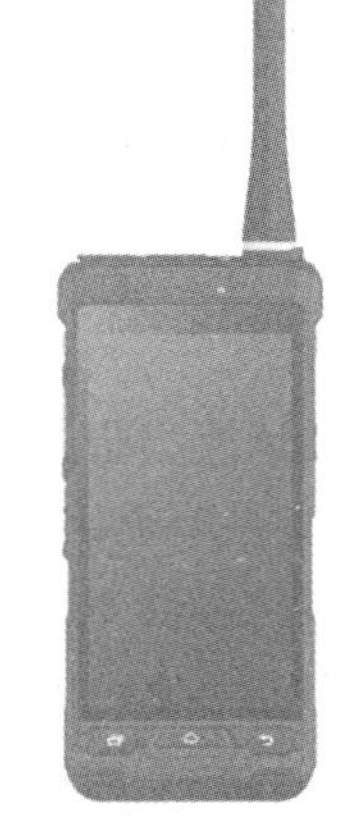

图 4-37 集群手持终端外观

（三）车载台终端

宽带集群车载台能同时支持私密呼叫、组呼、DMO、短信彩信、宽带数据接入、安装智能 APP、与多种车载摄像头对接及多业务并发功能，如图 4-38 所示。

图 4-38 车载台终端外观

宽带集群车载台终端可灵活地应用到各种应用场景，如大型车（摆渡车、集卡车）、中型车（依维柯）、小型车（越野车、轿车等），实现语音集群调度、多媒体视频调度及数据调度功能。使用 5 寸（1 寸 = 3.33 cm）触摸屏，配合智能操作系统 Android，可以安装多种宽带智能应用，丰富公共安全、交通、港口作业的使用，随时查看多媒体信息，上传视频，完成信息交互，提升工作效率。

宽带集群车载台终端可安装在中控台、中控台台面上、主副驾座位中间位置，客户可以实际情况选择安装位置。

宽带集群车载台终端可通过多功能扩展口外接 FE 摄像头实现更出色的视频监控，可将摄像头安装在车顶或车内。

（四）CPE 数传终端

基于 LTE 技术的宽带无线路由器，可实现应急行业 IP 摄像头等具备 RJ45 标准接口的设备快速部署以及 MiniRapid 无线拉远回传，如图 4-39 所示。

图 4-39 CPE 数传终端外观

（五）宽带自组网产品

国内宽带自组网通信产品厂家较多，多集中在广东、北京等地，业内熟知的公司有中兴、华为、深圳海能达、海格通信等。

产品采用软件无线电（SDR）架构，平台集成度高、处理能力强，通过加载不同的软件版本支持多种工作模式，可集成 PDT、民用公网制式等多种通信模式；根据业务流量的大小，智能分配网络上、下行资源，做到空口资源充分利用，提高系统容量，并根据现场频谱环境，自动选择质量较好的频谱；组网便捷，可支持多站互联，宽窄互联，采用自适应编码技术、HARQ 重传、功率控制等技术保证数据在恶劣环境下的稳定、精确传输；产品根据不同的地形、地貌，使用场景，具有不同的设备形态，车载、单兵背负、机载、手持终端满足各种应急通信的需求。

第五章　卫星应急通信

第一节　卫星应急通信概述

卫星应急通信在保障国家和人民生命财产安全、保障社会稳定等方面具有重大的意义。由于通信线路的损坏，使得原通信链路无法建立，这种情况下通常采用卫星通信作为应急通信的主用线路。卫星通信灵活多样，机动性好，但系统建设和运营成本较高，现有的系统平时可用于一般的民用通信租赁，为商业用户提供高速率的话音、图像和数据传输，以降低运营成本。在遇突发事件时，可根据实际情况配备满足实际需要的应急通信网，迅速转变为应急战备状态，保证各种通信指挥系统的正常运转。

在应急管理中，畅通的通信手段与方式是通报灾情、疏散群众、请求支援、应急指挥的关键。但在灾害发生时，经常出现断电、断网等极端情况，地面交通和常规通信手段可能全部被破坏，导致救援延误，损失扩大。或在公共安全、重大集会等应急事件后，当地的通信设施遭到破坏或出现拥堵，不能及时与外界取得联系，严重影响了救灾、指挥调试工作的开展。为满足突发事件现场的通信畅通，需要以卫星信道为依托，构建一个移动通信应急卫星通信网络，此时移动卫星通信成为唯一的应急通信手段，各部门和电信运营商需要全力以赴，建立现场移动卫星通信网络，为应急通信指挥提供可靠保障。

随着新时代应急管理工作改革发展和我国火箭科技水平的提高，卫星技术在应急管理领域的应用越来越广，特别是在各种地质灾害频发以后，国家加大了卫星系统建设的投入，在不同功能、不同频段、不同用途加快了卫星系统的建设步伐，目前主要的卫星技术有卫星通信、卫星导航和卫星遥感技术等特殊领域卫星技术。

一、卫星通信历史和现状

在现代应急通信场景中，安全高效的通信能够为获取处置主动权提供重要的保障，而卫星通信是最重要的通信手段之一。国外运用通信卫星的历史较长，目前在通信卫星领域在轨卫星数量最多、技术性能最优、实战应用最丰富。国外的通信卫星体系主要包括宽带、窄带和防护三大系统。20 世纪 90 年代以来，为了满足新形势下对通信卫星容量和性能的更高要求，这三大系统分别经历了一次升级换代。但是，通信需求的增长远远超过国外自有通信卫星系统的建设速度，因而国外通过大量租用商业卫星来应对这一状况。尤其是高低轨、高通量卫星的快速兴起与广泛应用，为其他国家提供了更多的可选手段。

目前，卫星通信技术发展迅速，特别是低轨卫星通信技术，以第三代合作伙伴计划（3GPP）、国际电信联盟（ITU）为首的全球各大标准化组织均开展了一系列标准化工作，推动了卫星通信与 5G 移动地面通信的融合。然而，卫星具有的广覆盖、高动态等特征，使得与 5G 融合的卫星通信网络的移动性管理变得更为复杂，传统的切换技术已无法满足星地融合网络的服务质量需求，未来需要不断探索与5G融合的卫星通信移动性管理、核心网网元功能扩展、低峰均比多载波波形技术问题。

二、卫星通信特点

卫星通信的通信距离远，覆盖面积大，不受地理条件限制，以广播方式工作，便于实现多址连接，通信容量大，能传送的业务类型多，信道稳定，通信质量好，机动性好，具备全天候的特点，且提供了地面网络所不具备的备份性、不需要布设通信基站，组网方便，传输稳定可靠，不依赖地面通信条件，可提供灵活、实时、全球覆盖能力以及应急处置机动性等。在没有光纤、没有无线通信条件下，或发生突发事件，地面通信网络遭受破坏时，卫星通信仍可以实现通信服务。配合无人机、视频监控、会议终端等设备，卫星通信还可以提供语音、图像、视频等服务，将灾害现场情况实时传送回后方指挥中心，为应急救援决策指挥提供第一手资料，可大大提高应急指挥系统的快速反应能力、协同能力、机动能力和生存能力，在未来快速应急保障中占有极重要的地位。

三、卫星通信发展趋势

（1）卫星通信将从“能用”到“好用”的发展，卫星通信“全球覆盖”的独特优势，深耕广播通信、对地观测、遥感、导航、航海、航天、应急救援等垂直领域，未来也将采用“通信手段+业务平台”相结合的模式，巩固行业市场。

（2）卫星通信将一改“带宽受限、价格昂贵”的劣势，发展大容量、高速率的高通量卫星和低轨宽带星座，降低应用成本，拓宽互联网应用市场，未来还将通过全球卫星通信架构提供安全的基于云的人工智能（AI）和机器学习应用，可以为应急通信管理提供更多元化的网络技术。安全、集成的云网络解决方案可减少应急处理人员的认知负担，实现应急通信场景上更准确、更明智的决策。

（3）卫星通信与地面通信手段相融合，在覆盖、可靠性及灵活性方面对地面移动通信进行补充，协同打造连通空、天、地、海多维空间的和谐网络，在设备小型化、资费大众化、套餐自由化、使用技术亲民化方面等到大幅度提升。

第二节　卫星应急通信技术

一、卫星通信波段

ITU 定义频段中用于卫星通信的有：

1. UHF

UHF（Ultra High Frequency）或分米波频段，频率范围为300 MHz~3 GHz。该频段对应于IEEE的UHF（300 MHz~1 GHz）、L（1~2 GHz），以及S（2~4 GHz）频段。UHF频段无线电波已接近于视线传播，易被山体和建筑物等阻挡，室内的传输衰耗较大。

2. SHF

SHF（Super High Frequency）或厘米波频段，频率范围为3~30 GHz。该频段对应于IEEE的S（2~4 GHz）、C（4~8 GHz）、Ku（12~18 GHz）、K（18~27 GHz）以及Ka

(26.5~40 GHz) 频段。分米波，波长为 0.1~1 dm，其传播特性已接近于光波。

3. EHF

EHF (Extremly High Frequency) 或毫米波频段，频率范围为 30~300 GHz。该频段对应于 IEEE 的 Ka (26.5~40 GHz)、V (40~75 GHz) 等频段。发达国家已开始计划，当 Ka 频段资源也趋于紧张时，高容量卫星固定业务 (HDFSS) 的关口站将使用 50/40 GHz 的 Q/V 频段。

4. L 频段

L 频段 (Long Band)，频率范围为 1~2 GHz。该频段主要用于卫星定位、卫星通信以及地面移动通信。

5. S 频段

S 频段 (Short Band)，频率范围为 2~4 GHz。该频段主要用于气象雷达、船用雷达以及卫星通信。

根据 ITU 的划分，卫星移动业务可使用：

(1) 带宽为 30 MHz 的 1980~2100/2170~2200 MHz 上、下行频段。

(2) 带宽为 16.5 MHz 的 2483.5~2800 MHz 下行频段，其优先地位均低于地面固定和移动业务。

(3) 卫星固定业务和移动业务可使用带宽为 20 MHz 的 2670~2690/2500~2520 MHz 上、下行频段，其优先地位交错低于地面固定和移动业务。

根据 ITU 的划分，卫星广播业务可使用：

(1) 卫星固定业务和广播业务可使用带宽为 15 MHz 的 2520~2535 MHz 下行频段 (其优先地位交错低于地面固定和移动业务)。

(2) 卫星广播业务可使用带宽为 120 MHz 的 2535~2655 MHz 下行频段 (其优先地位低于地面固定和移动业务)。

(3) 卫星固定业务和广播业务可使用带宽为 15 MHz 的 2655~2670 MHz 下行频段 (其优先地位交错低于地面固定和移动业务)。Inmarsat 和 Eutelsat 将 1.98~2.01/2.17~2.20 GHz 频段用于卫星移动业务。美国 NASA 将 S 频段用于航天飞机和国际太空站与地面的卫星中继业务，FCC 将 2.31~2.36 GHz 频段分配用于卫星声音广播。

印尼等国家将 2.5~2.7 GHz 频段用于 DTH 业务。2.6 GHz 频段也被很多国家分配用于声音和电视节目的卫星移动广播业务。地面无线网络工作于 2.4 GHz 频段，WiMAX 工作于 3.5 GHz 频段。S 频段的可用带宽较窄，地面终端天线的指向性较差，因此，S 频段卫星通信的轨位和带宽资源有限。根据 ITU 先占先用的协调惯例，新入行者几无可能使用相关频率资源。

6. C 频段

C 频段 (Compromise Band)，频率范围为 4~8 GHz。该频段最早分配给雷达业务，而非卫星通信。商用通信卫星是从 C 频段起步的。早在 1960 年代，就有 Intelsat 卫星采用 C 频段全球波束和半球波束，提供国际电话和电视转播等越洋通信业务。当时的 Intelsat A 标准地球站的天线口径为 15~30.5 m。在亚太地区，固定卫星业务多使用 5850~6425/3625~4200 MHz 频段，带宽为 575 MHz，简称为 6/4 GHz 频段。固定卫星业务也可使用 6425~6725/3400~3700 MHz，带宽为 300 MHz 的扩展 C 频段。随着地面通信业务量的增长，C 频段通信卫星多使用尽可能覆盖可见陆地的波束赋形，EIRP 可达 45 dBW。C 频段卫星通信的双向小站通常使用 2.4~3 m 天线。C 频段的传播条件比较稳定，几乎不受降雨衰耗影响。常规 C 频段也被地面微波中继业务所使用，卫星地球站选址不当时，易受地面微波干扰。随着地面通信业务的发展，原用于卫星通信的 C 频段频率资源有逐渐被地面通信业务侵占的趋势。

7. X 频段

X 频段（X Band），频率范围为 8~12 GHz。X 频段主要用于雷达、地面通信、卫星通信，以及空间通信。雷达多工作于 7.0~11.2 GHz 频段。卫星通信多使用 7.9~8.4/7.25~7.75 GHz 频段，简称为 8/7 GHz 频段。该频段通常被政府和军方占用。有些国家将 10.15~11.7 GHz 频段用于地面通信。

8. Ku 频段

Ku 频段（K-under Band），频率范围为 12~18 GHz。Ku 频段主要用于卫星通信，NASA 的跟踪和数据中继卫星也用该频段与航天飞机和国际空间站作空间通信。卫星通信分为固定卫星业务（FSS）和广播卫星业务（BSS）。在亚太地区，固定卫星业务多使用 14.0~14.25/12.25~12.75 GHz 频段，简称为 14/12 GHz 频段，固定卫星业务也可使用上行为 13.75~14 GHz、下行为 10.7~10.95 和 11.45~11.7 GHz 的扩展 Ku 频段，广播卫星业务通常使用带宽为 500 MHz 的 11.7~12.2 GHz 下行频段。Ku 频段通信卫星多使用区域波束，EIRP（等效全向发射功率）在 55 dBW 上下。也有高吞吐量通信卫星（HTS）使用 Ku 频段复合点波束，其 EIRP 可达 60 dBW。Ku 频段卫星通信的双向小站通常使用 1.8~3 m 天线，便携式终端的天线可为 1 m 上下，电视广播的单收天线可小到 0.5 m。与 C 频段相比，Ku 频段的天线增益较高，可使用较小口径的地面天线；但因其波长较短，易受降雨衰耗影响。

9. Ka 频段

Ka 频段（K-abov Band），频率范围为 18~27 GHz 称为 K 频段，26.5~40 GHz 称为 Ka（K above）频段。因为相关频段最容易受降雨衰耗影响，且因频率过高而不容易使用，在早期被划分用于雷达业务和实验通信。卫星通信可使用 27.5~31/17.7~21.2 GHz 频段，简称为 30/20 GHz 频段。高吞吐量通信卫星（HTS）多将 27.7~29.5/17.7~19.7 GHz 频段分配给关口站，将 29.5~30.0/19.7~20.2 GHz 频段分配给用户点波束。早期 Ka 频段通信卫星多使用区域波束和可移动点波束，EIRP 为 50~60 dBW。HTS 卫星多使用多色频率复用的密集点波束，其 EIRP 可达 60 dBW 或更高。HTS 卫星的用户终端可使用 0.75 m 天线，其收/发速率可达 50/5 Mbps。Ka 频段的波长接近于雨滴直径，降雨损耗最为严重，南方多雨地区很难避免短时间的通信中断。

面对众多的频段，在同一卫星系统中，有可能同时拥有多种频段，旨在最大限度地利用好卫星频率资源。

二、通信卫星转发器技术

我们通常所说的卫星通信，起作用的是卫星转发器。卫星转发器是通信卫星中最重要的组成部分，它起到通信中继站的作用，其性能能够直接影响到卫星通信系统的工作质量。卫星转发器的要求是附加噪声和失真小，有足够的工作频带和输出功率来为各地面站有效而可靠地转发无线电信号。根据对信号的处理与否，卫星转发器又被分为透明转发器和处理转发器。透明转发器接收到地面站或者通信终端发来的信号后，除进行必要的低噪声放大、变频、功率放大外，不做任何处理，只是单纯的完成星上转发任务，此类转发器所有的信息对于用户和地面站是透明的，应用数据容易遭受泄露，用户端可根据需求进行数据加密处理。处理转发器在进行数据转发的同时，会进行数据再生，可以实现信号的变换、噪声的滤除等操作，为了支持尽量多个有效载荷，通常都设置多个转发器，最大限度地利用卫星的资源。

卫星通信系统使用的频分多址、时分多址、码分多址等技术详见第七章。

三、静/动中通技术

由于卫星通信信号波束的覆盖具有指向性，所以在通信的时候多半需要对星，特别是对于频段越高，波长越小的，其传输的信号接近直线的情况下，对星的要求越高，对于同步轨道卫星，或者相对地球运动较小的卫星通信场景，其移动性不高，实时性要求不高的这类场景，使用静中通。

“静中通”根据卫星轨道参数，以及相对于地球位置，可以事先对卫星天线对星的方位角、俯仰角、横滚角进行计算，得到确定的值之后，根据当前的值进行人为对星，或者借助一键对星电路和机械结构的辅助进行对星，如图 5－1 所示。

图 5-1 车载式“静中通”卫星通信系统天线外观

在使用的过程中，设备需要小范围地移动，为了保持信号的稳定和持续，需要使天线持续的跟踪卫星，又出现了“动中通”技术。

“动中通”卫星通信系统是基于卫星通信技术发展的一种新兴技术，能够实现移动式卫星地面通信构建。“动中通”卫星通信系统主要由天线自动跟踪系统和常规卫星通信系统两大部分组成，其中天线自动跟踪系统是关键技术，实现运动当中天线自动跟踪卫星。

因此，“动中通”卫星通信系统技术的发展在很大程度上解决了“静中通”的弊端，能够保证卫星与卫星地面站之间形成持续性的、不间断的信号传输，进而保障地面卫星站与移动式卫星的实时通信。因此，“动中通”卫星通信系统技术能够更好地为抢险救灾、军事行动等的实施提供通信保障，充分体现了其应用价值。

通过“动中通”系统，车辆、轮船、飞机等移动的载体在运动过程中可实时跟踪卫星等平台，不间断地传递语音、数据、图像等多媒体信息，可满足各种军民用、应急通信和移动条件下的多媒体通信的需要如图 5-2、图 5-3 所示。

四、相控阵技术

随着通信带宽的加大，对“动中通”的跟踪稳定性和快速性要求越来越高。传统的“动中通”采用电机控制天线面的方式，使用机械方法旋转天线时惯性大、速度慢。随着

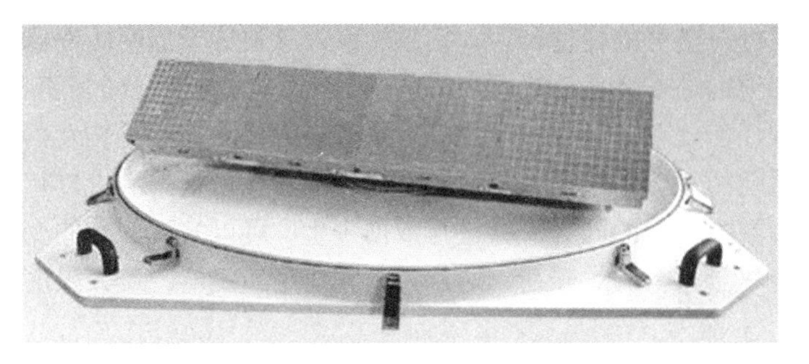

图 5-2　车载式“动中通”卫星通信系统天线内部

图 5-3　车载式“动中通”卫星通信系统天线外观

技术的发展，相控阵的天线逐渐地被研发出来。相控阵天线（图 5-4）克服了机械天线的反应速度慢、跟踪慢的缺点，波束的扫描速度快。在保障高速移动且连续对星的场景中得到较好的应用。

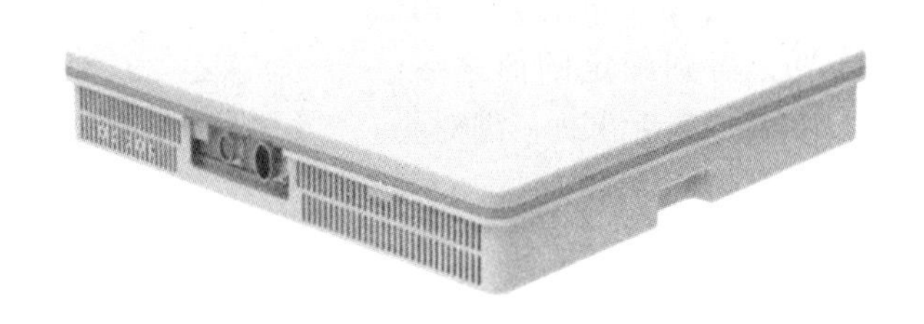

图 5-4　相控阵天线外观

由于相控阵把空间分为多个区域，从不同区域接收到的信号状态不一样，所以导致设计的多个发射/接收组件相对传统的天线复杂得多，这也导致整个电路和结构的复杂性成倍地提高，这也导致了成本大幅度增加，在一些成本敏感的场合，一般不会考虑使用。

第三节　卫星应急通信系统

一、卫星通信系统组成

卫星通信系统由空间段、地面段和卫星移动通信终端组成，如图 5-5 所示。

运控系统由标校站、应用管理中心、决策支持中心、测控站等组成，提供卫星在轨检测、运行控制、业务管理、运行维护等功能。

通信卫星由静止轨道卫星和运动轨道卫星组成，利用多个波束覆盖部分地区或者全球地区，可采用点波束模式将卫星发射功率集中在一些航运密集、通信业务繁忙的地区，以便为这一地区提供更多的通信线路，并可进一步减小移动站的体积。

应用系统由手持终端、宽带便携终端、车载终端、机载站、弹载终端、舰载站等组成，能够为多个用户和场景提供全天候的应急通信保障服务。

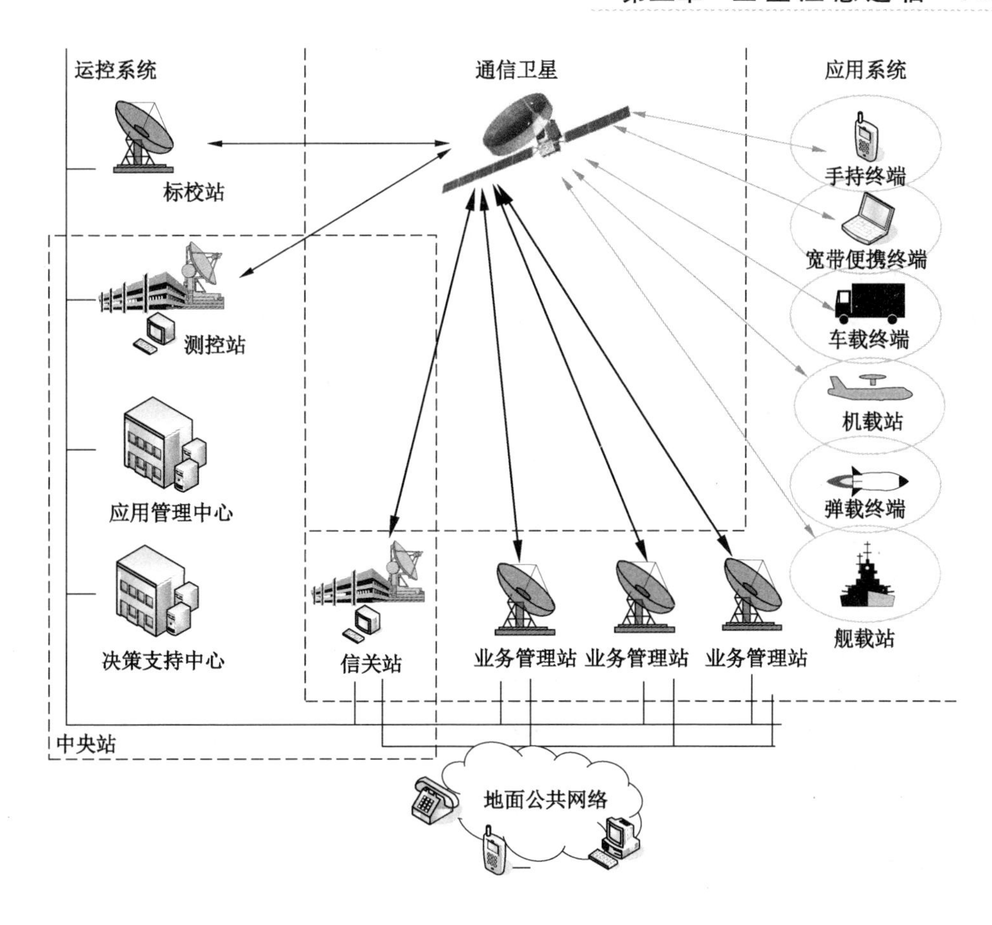

图 5-5 卫星通信原理图

二、通信卫星的分类

我们通常说的卫星称之为卫星转发站，是用作无线电通信中继站的人造地球卫星，也是卫星通信系统的空间部分。通信卫星转发无线电信号，实现卫星与卫星、卫星与地球站、卫星与终端之间的通信。

（1）通信卫星按照其特有的功能，分为不同的种类，不同的种类之间，按轨道的不同又分为地球静止轨道通信卫星、大椭圆轨道通信卫星、中轨道通信卫星和低轨道通信卫星。

（2）按服务区域不同，分为国际通信卫星、区域通信卫星和国内通信卫星。

（3）按用途的不同，分为军用通信卫星、民/商业用通信卫星。

（4）按通信业务种类的不同，分为固定通信卫星、移动通信卫星、电视广播卫星、海事通信卫星、跟踪和数据中继卫星。

（5）按用途多少的不同，分为专用通信卫星和多用途通信卫星。一颗地球静止轨道通信卫星大约能够覆盖 40% 的地球表面，能使覆盖区内的地面、海上、空中的通信站同时相互通信。在赤道上空等间隔分布的 3 颗地球静止轨道通信卫星可以实现除两极部分地区外的全球通信。

（6）按照不同的频段，目前常用的通信卫星有 VHF、UHF、S、Ka、Ku 频段卫星，不同的卫星需要不同的卫星终端和天线形态与之对应。

三、运控系统

运控系统在卫星发射过程中对卫星进行跟踪并控制卫星准确地进入轨道上的定点位置，在卫星正常运行过程中，用来接收卫星发来的信标和各种数据，经过分析处理，再向卫星发出指令去控制卫星的轨道、位置和姿态，对卫星的轨道、位置和姿态进行监视、校正和位置保持，保证通信卫星各部分工作正常进行。

卫星通信系统可以传输电话、短信、电报、传真、数据和电视等信息，应用管理系统可以对其进行分类，完成下行广播信道数据的分发，上行用户的管理，入网鉴权，用户在线监测，信息的中转、缓存等，完成和其他地面系统的数据交互，如地面全网通网络之间的鉴权、数据交互等。

四、卫星通信终端

VSAT 英文全称为 Very Small Aperture Terminal，直译为“甚小孔径终端”，意译应是“甚小天线地球站”，其他名称有甚小卫星通信地球站、微型地球站或小型地球站等，是 20 世纪 80 年代中期开发的一种卫星通信系统。VSAT 由于源于传统卫星通信系统，所以也称为卫星小数据站或个人地球站，这里的“小”指的是 VSAT 系统中小站设备的天线口径小，通常为 0.3~1.4 m，设备结构紧凑、固体化、智能化、价格便宜、安装方便、对使用环境要求不高，且不受地面网络的限制，组网灵活等。

卫星移动通信终端、船载固定卫星通信终端、背负式卫星便捷站、宽带卫星设备等都属于 VSAT 终端的范畴，产品外观如图 5-6~图 5-9 所示。

(a)“天通伴侣”

(b) 单模天通手持终端

(c) 多模天通手持终端

图 5-6　卫星移动通信终端外观

近年来，国内出现了针对小型化、便携化的“天通一号”系列卫星移动通信终端产品，产品的天线越来越趋于小型化、低功耗化，这样，卫星通信就进入了手持式移动通信时代，这样的终端设备更容易应用到应急通信中。

近年来主流的卫星移动通信系统的“天通一号”系列产品有多种形态，包括可随时通话的卫星通信手机、可将普通手机转换为卫星手机的卫星移动终端(“天通伴侣”)、可快速传输数据的“功能王”卫星车船载终端以及卫星手机“最佳搭档”全向车载天线。

图 5-7 船载固定卫星通信终端外观

图 5-8 背负式卫星便捷站外观

图 5-9 宽带卫星设备外观

第四节 典型卫星通信系统介绍

一、海事卫星通信系统

海事卫星通信系统由空间段、地面段和卫星移动通信终端组成。

（1）空间段由多颗卫星组成，每颗卫星位于静止轨道上，含有点波束模式和全球覆盖模式。点波束模式将卫星发射功率集中在一些航运密集、通信业务繁忙的地区，以便为这一地区提供更多的通信线路，并可进一步减小移动站的体积。全球覆盖模式除了给航运密集的地区提供足够的能量、保证其正常通信外，也兼顾航运稀疏、过往船舶较少的地区，使得航行于世界任何地区的船舶都能利用卫星进行通信。

（2）地面段由布满全球的地球站、网络协调站和网络操作中心组组成，地球站使用大尺寸天线和本洋区的卫星同时处理多个移动站的通信业务。

（3）终端有多种形态，可以为不同的用户提供不同服务。这些终端设备一般包括数字通信设备和数字终端设备两部分。数字通信设备在数字终端设备和传输线路之间提供信号变换和编码功能，并负责建立、保持和释放线路的连接；数字终端设备具有一定的数据处理能力和数据收发能力，是用户的交互界面。

二、“天通一号”卫星移动通信系统

“天通一号”卫星移动通信系统，是中国自主研制建设的 S 频段卫星移动通信系统，也是中国空间信息基础设施的重要组成部分。系统由空间段、地面段和用户终端组成。空间段计划由多颗地球同步轨道移动通信卫星组成，具有广域覆盖、全天候通信等特点，实现了卫星、芯片、终端、信关站的国内研发和生产，保障了用户的通信安全，摆脱了长期对国外卫星移动通信服务的依赖，填补了国内自主卫星移动通信系统的空白。我国采用的每颗地球同步轨道卫星，可以覆盖大约三分之一的地球面积，3 颗就可以覆盖完整的地球面积。

2008 年汶川地震后，为了拥有自主的移动通信卫星系统，孙家栋、沈荣骏院士联名上书中央，呼吁加快我国自主的卫星移动通信系统建设。

2011 年，我国首个卫星移动通信系统——“天通一号”卫星移动通信系统工程正式启动，为此，我国突破了大口径可展开网状天线、多波束形成等关键技术。

2016 年 8 月 6 日 00 时 22 分，中国在西昌卫星发射中心用“长征三号”乙运载火箭成功将“天通一号”01 星发射升空，这是中国卫星移动通信系统首发星。

2020 年年初，中国电信首次面向商用市场放出“天通一号”专用“1740”号段。

2020 年 11 月 12 日 23 时 59 分、2021 年 1 月 20 日 00 时 25 分，02、03 卫星相继发射，自此，3 颗星在 01 星覆盖我国领土、领海范围内的基础上，形成对太平洋中东部、印度洋海域及“一带一路”区域的常态化覆盖，满足政府、军队、行业、公众等方面用户的使用需求。

“天通一号”是我国首个完全自主的卫星移动通信系统，也被称为“中国版的海事卫星”，相比国外同类系统，其在资费价格、资源控制与保密性上均具有自主可控的优势，可以利用较低频段的通信服务，真正实现移动通信，其服务范围将广泛涵盖灾难救援、个人通信、海洋运输、远洋渔业、航空客运、两极科考、国际维和等各方面，填补了我国民商用自主卫星移动通信服务的空白，意义非常重大。

三、高通量卫星通信系统

高通量通信卫星（High Throughput Satellite，HTS），也称高吞吐量通信卫星，是相对于使用相同频率资源的传统通信卫星而言的，主要技术特征包括多点波束、频率复用、高波束增益等。

HTS 可提供比常规通信卫星高出数倍甚至数十倍的容量，传统通信卫星容量不到 10 Gbit/s（吉比特每秒），HTS 容量可达几十吉比特每秒到上百吉比特每秒。按轨道划分，HTS 卫星分为地球同步静止轨道（GEO）和非静止轨道两种类型，当前在轨应用的 HTS 卫星以 GEO 居多。

典型的高通量卫星设计采用 Ka 频段，原因：①可以获得更宽的工作频带，增加通信容量；②可以实现较窄的波束，从而获得更高的 EIRP 值，减小地面终端天线尺寸；③相对于已经十分拥挤的 C、Ku 频段，Ka 频段的干扰较小。

四、低轨道卫星系统

低轨道卫星通信系统一般是指由多颗卫星构成的可以进行实时信息处理的大型卫星系统。相对于传统的卫星通信系统，低轨道卫星通信系统的轨道高度低，使得传输时延短，路径损耗小。多颗卫星组成的通信系统可以实现真正的全球覆盖，频率服用更加有效。蜂窝通信、多址、频率服用等技术也为低轨道卫星提供了技术保障。随着技术的发展，低轨道卫星发展迅速。

（一）国外低轨道卫星系统

1. 铱星系统

在 Iridium 系统中，完全采用类 GSM 网络的体系结构，实际上它好比是把地面蜂窝移动通信系统“倒过来”挂在天上，系统的基础结构和基本处理均在星上，每颗卫星相当于一座基站，而它的小区是每颗卫星的 48 个波束照射在地面上形成的，小区直径大约为 600 km，全球共 2150 个小区。卫星蜂窝网的移动交换中心则由信关站来承担。在 Iridium 系统中实现的基本功能也与 GSM 相同，这包括处理呼叫的路由分配和交换、移动管理、无线电资源管理、保密与安全、网络管理等。但是 Iridium 与 GSM 网也有许多不同点，主要表现在：①卫星在不停地运动着，轨高 700 km 左右的卫星飞行速度大约为 25000 km/h；②地面终端也在随地球转动，因而，低轨道卫星通信系统的网络拓扑是时变的，用户与卫星间不存在固定关系，在越区切换方面是小区跨越用户，而不是用户跨越小区。正因为如此，Iridium 系统与 GSM 之间在移动管理与切换处理方面是有所不同的。在 Iridium 系统中，移动管理需要 Iridium 终端必须以足够的精度确定自己的位置，并向网络报告登记，以便能根据终端的位置及卫星的轨道参数自适应地选择最佳路径，这就是所谓的智能化的网络功能，当然需要强有力的信令系统确保网络的管理和控制，在 Iridium 系统中，为维持一次通信所需的切换过程比较复杂，它包括由这一波束变换到另一波束的波束切换和由这一颗卫星转到下一颗卫星的卫星切换。

Iridium 系统采用分组交换技术，用户单元将输入的信息处理成 60 ms 的数据组，并在指定的时间内将这种数据组发送至卫星。在卫星上加入包含终到卫星的地址码，然后按照当时各卫星的路由算法在卫星间进行传送，前后的信息组可通过不同的路由进行传送。最终到卫星再将这些信息组分拣出来，发往相应的小区或信关站。用户终端获得服务必须能够完成捕获、接入、位置登记、呼叫建立和呼叫维持等过程。

Iridium 系统的每座信关站包括一个信关站交换中心（GSC）和一个地面终端控制器（ETC）。GSC 接有一个归属位置登记器（HLR）和一个访问位置登记器（VLR）。HLR 记录了每个在本信关站开户入网的 Iridium 用户信息，其中包括用户最后一次登记的位置和用户的业务情况。VLR 保存了当前在其服务区内的用户的相关信息。用户根据自身状态自主向为其服务的信关站进行位置更新。ETC 通过一个称为“A 接口”的地面链路与 GSC 相连，实现 PSTN 网电路交换和卫星网分组交换之间的转换。

呼叫建立过程是基于 GSM 的呼叫控制（CC）、移动管理（MM）和无线资源（RR）进行了一些修改。由主叫和被叫的当前服务信关站负责建立链路，链路建立后两座服务信关站完全撤出话音通信，两个用户终端直接通过卫星相互通话。通话结束后，主叫方、被叫方、通话起止时间都被控制信关站记录下来，并发送到中央结账中心。

2. Oneweb 系统

OneWeb 已于 2014 年完成了频率轨位的申请（继承了 20 世纪 90 年代 Sky-bridge 星座的频率轨位资源），同时与全球最大的高轨道卫星通信公司 Intelsat 达成联盟，形成了与高轨道卫星频率公用的范例。OneWeb 已打通从卫星制造与发射、通信体制与芯片终端研发、频率协调与高低轨合作、运营模式与销售网络、资金筹措等全链条，是全球第一个进入实际建设阶段的低轨道宽带卫星系统。

（1）OneWeb 系统主要参数如下：

系统容量	7.5 Tbps
轨道面数量	18 轨
每轨道卫星数量	40~49 颗（星座总数：720~882）
轨道高度	1200 km
卫星重量	150 kg
卫星寿命	5 年
用户链路频率	Ku 频段
馈电链路	Ka 频段；每颗卫星两条独立馈电链路

（2）OneWeb 系统覆盖我国领土方案拟定设计如下：

OneWeb 系统不具备星间链路，所有通信和信息均需通过信关站进入地面通信网，故要控制信息安全就需要控制信关站。

OneWeb 系统每颗星有两条馈电链路，以保证卫星在轨道运行中与地面两座信关站的接力通信，故应保证通信波束进入我国范围时，与之通信的信关站也在我国境内。

OneWeb 系统的卫星馈电覆盖直径约为 5000 km，在中国北京、广州、乌鲁木齐建立 3 座信关站可覆盖领土全境，渤海、黄海、东海、南海海域以及俄罗斯、哈萨克斯坦、印度、西亚、南亚、东南亚、日本部分地区和朝鲜半岛。

在我国周边如首尔、新德里、缅甸北部地区、马尼拉建立 4 座信关站可覆盖领土全境，渤海、黄海、东海、南海海域。

OneWeb 计划在全球建立 50 座信关站，其地面系统由休斯公司负责地面系统研制生产，整体架构如图 5-10 所示。

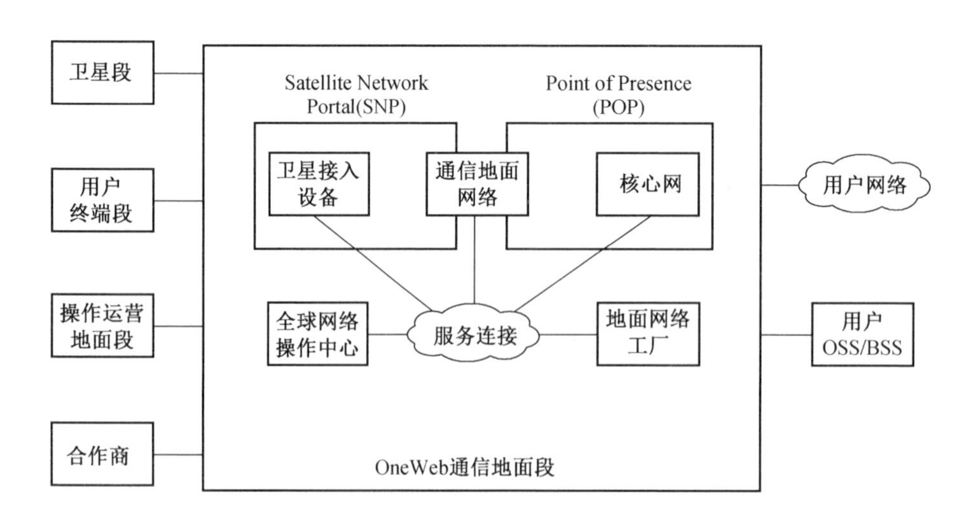

图 5-10　OneWeb 地面系统架构

OneWeb 空口波形采用修改 LTE 使得 PAPR 与其他卫星链路协议（比如 DVB-S2）相近的方式。

3. Starlink 系统

Starlink 低轨道卫星星座由 SpaceX 公司提出。2018 年 3 月 29 日，欧盟委员会授权太空探索控股有限责任公司（即 SpaceX）的全资子公司利用 Ku 波段和 Ka 波段频谱构建，部署和操作一个由 4425 个非地球静止轨道（NGSO）卫星组成的星座，如图 5-11 所示。

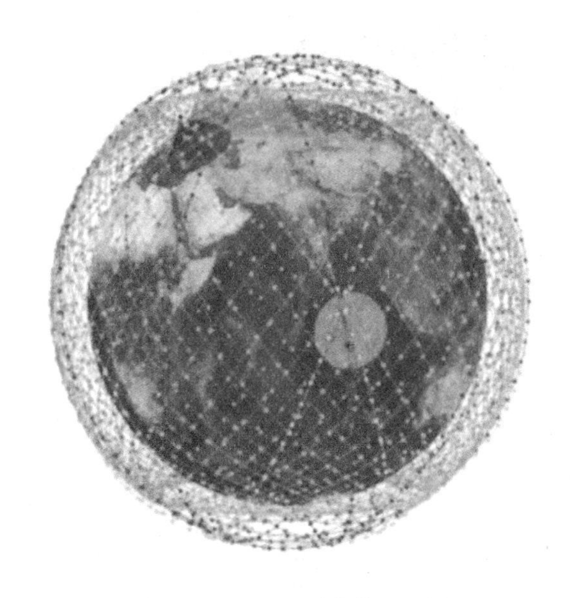

图 5-11 SpaceX 系统的星座图

SpaceX 的 Ku+Ka 波段星座中，首先部署的核心星座由 1600 颗卫星组成，这些卫星均匀分布在 11 个轨道平面上，距离为 1150 km，倾角为 53°。其他 2825 颗卫星将在二级部署中进行。

每颗卫星都将携带一个包含相控阵的高级数字有效载荷，这将允许每个波束单独转向和成形。用户终端的最小仰角为 40°，而每颗卫星的总吞吐量预计为 17~23 Gbps，具体取决于用户终端的特性。此外，卫星还将具有光学卫星间链路，以确保持续通信，提供海上服务，并减轻干扰。

地面部分将由 3 种不同类型的元素组成，即跟踪、遥测和命令（TT&C）站、网关天线和用户终端。一方面，TT&C 站的数量稀少，分布在世界各地，其天线的直径为 5 m。另一方面，网关和用户终端都将基于相位阵列技术。SpaceX 计划拥有大量的网关天线，分布在世界各地，临近互联网接入点。

SpaceX 的系统将使用 Ku 波段进行用户通信，网关通信将在 Ka 波段进行。

与 OneWeb 不同，SpaceX 的系统架构允许星上处理，路由和重新调制，从而有效地解耦用户和网关链路。这允许它们：①在上行链路和下行链路信道中使用不同的频谱效率，最大化其卫星的总容量；②为用户波束动态地分配资源，通过选择所使用的频带来减轻干扰。

4. Telesat 系统

Telesat 公司采用不少于 117 颗卫星组成 Ka 波段低轨卫星通信系统，如图 5-12 所示。

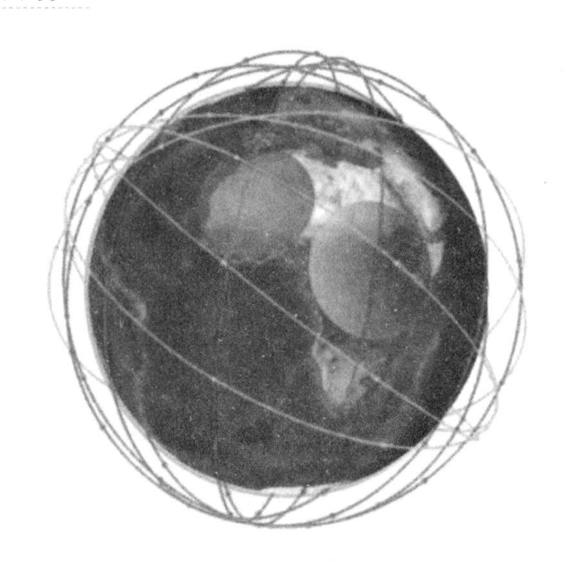

图 5-12　Telesat 系统的星座模式

Telesat 系统的特征之一是采用了高容量的卫星设计，使用星间链路和数字处理器。就每颗卫星的平均交换带宽而言，Telesat 系统提供的容量是 SpaceX 星座的 4 倍，是 OneWeb 的 10 倍。由 42 个地面站组成的地面段足以处理 Telesat 所有卫星的通信容量，而 OneWeb 和 SpaceX 至少分别需要 71 个和 123 个。在卫星效率（每颗卫星的平均数据速率与其最大数据速率）方面，Telesat 系统的性能明显优于 SpaceX 和 OneWeb（效率分别为 25% 和 22%，而 Telesat 的效率达到了 59%）。

Telesat 的 Ka 波段星座卫星分布在两组轨道面上：①第一组轨道面为极轨道，由 6 个轨道面组成，轨道倾角为 99.5°，高度为 1000 km，每个平面至少有 12 颗卫星；②第二组轨道面为倾斜轨道，由不少于 5 个轨道面组成，轨道倾角为 37.4°，高度为 1200 km，每个平面至少有 10 颗卫星，用户的最小仰角为 20°。

就功能上而言，第一组极轨道提供了全球覆盖，第二组倾斜轨道更关注全球大部分人口集中区域覆盖。

同一轨道组内的同一平面内或相邻平面内，以及在两个轨道组间的相邻卫星，都将通过激光卫星间链路（Inter-Satellite Link，ISL）进行通信。由于使用星间链路，用户将能够从世界上任何地方连接到系统，即使用户和关口站不在同一卫星的视线内。

每颗卫星将作为 IP 网络的节点，并将携带具有直接辐射阵列（Direct Radiating Array，DRA）的高级数字通信有效载荷。有效载荷将包括具有解调、路由和重新调制功能的星上处理模块，从而解耦上、下行链路，这代表了当前弯管架构的重要创新。DRA 将能够在上行链路方向上形成至少 16 个波束，并且在下行链路方向上形成至少 16 个波束，并且将具有波束成形（beam-forming）和波束调形（beam-shaping）功能，其功率、带宽、大小和视轴动态地分配给每个波束，以最大限度地提高性能并最大限度地减少对 GSO 和 NGSO 卫星的干扰。

此外，每颗卫星将具有 2 个可调向的关口站天线，以及用于信令的宽视场接收器波束。该系统设计有多个分布在世界各地的关口站，每个关口站配备多个 3.5 m 天线。渥太华的控制中心将监测、协调和控制资源分配过程，以及无线电信道的规划、安排和维护。

Telesat 的星座在 Ka 频段（17.8~20.2 GHz）的较低频谱中使用 1.8 GHz 的带宽用于下行链路，而在 Ka 频段（27.5~30.0 GHz）频谱中使用带宽为 2.1 GHz 用于上行链路。Telesat 可为飞机、船舶以及远程企业和政府用户提供高速宽带访问链路。

2018 年 5 月 9 日，专业 VSAT 服务提供商 SatADSL、卫星运营商 Rascom 和电信全球 Telesat 宣布了一项新的合作伙伴关系，以联合他们的业务，以便提供具有适应性带宽解决方案的全球 IP 卫星通信。该网络可用于各种服务级别和配置，以最经济高效的方式提供急需的带宽。

根据协议，Global Telesat 将通过其位于西班牙阿利坎特的最先进的电信设施管理服务。Global Telesat 可以将其 iDirect Evolution 集线器连接到 SatADSL 的创新型基于云的服务交付平台（C-SDP），以提供具有成本效益的端到端解决方案，以支持日常运营业务要求。

（二）国内低轨道卫星系统

由于我国卫星低轨道互联网还在初建阶段，还只是处于试验星阶段，2020 年 4 月，新基建范围首次官宣划定，卫星互联网被纳入新基建范畴。新型基础设施建设是以新发展理念为引领，以技术创新为驱动，以信息网为基础，基于新一代信息技术演化生成的基础设施，其中包括以 5G、物联网、工业互联网、卫星互联网为代表的通信网络基础设施。

近年来，国防科工局、工信部等部门也密集出台相关支持性政策文件，为卫星互联网行业发展提供政策支撑，在短、中、长期时间内，积极部署卫星通信产业的发展，促进“天地通一体化”发展，同时鼓励和引导民间资本进入卫星通信领域。我国低轨道卫星互联星座呈现百花齐放的态势，目前，从事商业航天的初创型公司近 20 家。我国卫星互联网国家队——中国卫星网络通信集团公司已经成立，相信在不久的将来，我们的低轨道互联网将迎来更好的发展。

第五节 卫星通信在应急场景中的应用案例

多年前，卫星通信更多的是在军用领域，我国在卫星应急领域更多的是依赖国外的诸如舒拉亚卫星电话、海事卫星电话，但是自从汶川地震以后，人们才意识到应急通信不能完全依赖国外的卫星，我们必须拥有自己的移动应急通信系统卫星，终端设备也不能只停留在傻大笨粗的层面，必须小型化、轻型化。经过多年的努力，我国发射了多颗通信卫星，其中就有被外界称之为“中国版的海事卫星”——“天通一号”01、02、03 卫星。

【案例一】四川省木里藏族自治县的面积为 $1.3\times10^4\ km^2$，相当于上海市与广州市的面积之和，但全县人口仅有 13 万人，自然环境十分恶劣，“通信靠吼，交通靠走”是当地状况的形象写照。为落实国家精准扶贫战略，助力“三区三州”脱贫攻坚，2018 年 7 月 17 日，“中国电信天通业务品鉴会”在四川省凉山彝族自治州举行，并向凉山州木里藏族自治县捐赠了天通卫星移动终端，用于当地的信息扶贫和应急抢险救灾。

应急管理部门、当地部队组织了“中国电信西南区应急通信双盲演练”。从西昌市到凉山州木里藏族自治县行程约 240 km，近 6 h 车程，大部分地区无手机信号覆盖，随队演练的工作人员离开应急指挥保障车只能通过卫星电话与外界进行联络。在应急演练行进过程中，由于天气阴雨不断，导致路况出现塌方，应急演练部队只能在寒冷的户外临时搭帐篷露宿。在进行工作部署、救援呼叫以及应急指挥方面，卫星电话都发挥了重要作用，为前线提供了语音、短信，以及位置更新服务。

无论是定点指挥呼叫，还是搭配高增益车载天线在车辆行进过程中互联互通，天通卫星电话都表现出了优异的稳定性和可靠性。尤其是在昼夜温差比较大、细雨绵绵的环境下，以及在面对高低温交替、淋雨以及电磁干扰等各种恶劣环境下的适应性方面，其都经受住了实战的考验和锤炼，为地处凉山州最西北部的木里藏族自治县提供了应急通信的有力保障。有了天通卫星电话，当地在应对抢险救灾、应急通信以及精准扶贫方面更加得心应手。

【案例二】2018 年 6 月 2—13 日，亚洲顶尖的汽车越野国际赛事——中国环塔（国际）拉力赛在新疆塔克拉玛干沙漠举行，赛事全程约 5000 km，长达 12 天，途中充满险境，迷路、故障、陷车、沙尘暴、高温、缺水等恶劣情景高发，不仅考验赛车手的技术水平和坚强意志，也对团队的通信保障、后勤保障、车辆维修等综合管理有着极高的要求。本次参赛的 106 辆赛车，最终能在规定时间内完成比赛的只有半数左右，在沙漠荒野，常规手机“不在服务区”，无法通信。要确保赛事成功举行，需要直升机航拍救援、近千人的大后勤保障、救援布控等，这些均有赖于卫星通信和定位导航技术的支持。

天通卫星手机通过连接中国自主研发的“天通一号”卫星通信系统，具有卫星通信与全网通两种通信模式，提供随时随需的通信服务，具有较强的户外使用防护等级，可防尘、防沙、耐高温，在沙漠高温恶劣的环境下可确保正常使用，也是国内首个核心器件全面国产化的卫星通信终端，对于话音通信具有较好的保密效果。同时，天通卫星手机还内置了北斗接收模块，支持基于北斗/GPS 的位置管理与控制。另外搭载与卫星手机配套的车载全向天线，在车辆行驶过程中无须对星，车手在车内就可随时随需接听和拨打卫星电话或地面网电话，圆满保障了车队整个赛程的应急通信畅通。

第六章　全球卫星导航系统

卫星导航系统具有全天候、高精度的定位导航能力，可为应急救援、灾害勘察、灾难评估、应急方案制定等提供服务。我国的北斗卫星导航系统还具有独特的短报文通信能力，可为救援人员提供各种恶劣情况下的应急通信定位服务。北斗卫星导航系统覆盖范围广，可全天候、全天时提供定位、通信保障服务，北斗系统特有的短报文与位置报告功能可实现灾害预警速报、救灾指挥调度和快速应急通信，可以极大地提高灾害应急救援反应速度和决策能力。

第一节　卫星导航概述

卫星导航系统也叫全球导航卫星系统（Global Navigation Satellite System，GNSS），是能在地球表面或近地空间的任何地点为用户提供全天候的三维坐标和速度以及时间信息的星基无线导航定位系统，包括一个或多个卫星星座及其支持特定工作所需的增强系统。卫星导航系统目前广泛应用于海洋救援、地震灾害等重大灾害的应急保障。卫星导航系统由导航卫星、地面台站和用户定位设备 3 个部分组成。目前，世界上共有四大卫星导航系统，分别是美国 GPS 卫星导航系统、俄罗斯 GLONASS 卫星导航系统、中国北斗卫星导航系统、欧洲伽利略卫星导航系统，如图 6-1 所示。

图 6-1　全球四大卫星导航系统图

一、卫星导航系统特点

卫星导航系统综合了传统导航系统的优点，可在各种天气条件下，在全球范围内实现近地空间的连续立体覆盖，提供高精度三维定位、定时和测速服务，已经成为导航领域最重要的导航方式。

卫星导航系统可为车辆、船舶、飞机等指明方向，具有如下多项优点：

（1）服务范围广：导航范围遍及世界各个角落；可全天候导航，在任何恶劣的气象条件下，昼夜均可利用卫星导航系统为船舶指明航向。

（2）导航精度高：远高于传统的磁罗盘、罗兰 C 等，误差只有几十米，利用差分增强技术，更可达到厘米级。

（3）自动化程度高：无须使用任何地图即可直接读出经纬度。

（4）设备体积小：很适合在个人、车辆、舰船上安装使用。

二、卫星导航发展趋势

全球卫星导航系统已经日趋成熟，今后的发展将呈现出如下趋势：

（1）多系统兼容定位产品成为主流：未来全球卫星导航系统产品的兼容性将增强，多模联合定位已经成为国际趋势，互操作能够带来导航、定位和授时性能的明显提高。

（2）导航与位置服务走向纵深发展：以北斗导航系统、移动通信、互联网和卫星通信系统为基础的融合系统，将综合广域实时精密定位和室内定位等技术，可以实现室内外协同实时精密定位，在大众位置服务、交通出行服务、物联网、智慧城市、精准农业、应急救援等领域的应用将持续推进。

（3）“3S+C”将引发新的应用模式：互联互通、信息共享、智能处理、协同工作等将成为重要的发展方向。综合卫星导航系统（GNSS）、遥感（RS）、地理信息系统（GIS）和通信技术，实现“3S+C”技术融合发展，共同提供更加丰富的服务业务能力，是重要的发展方向。

第二节　北斗卫星导航系统

北斗卫星导航系统（BeiDou Navigation Satellite System，BDS）是我国自主建设、独立运行的全球卫星导航系统，是面向国家安全和经济社会发展需要的重要时空基础设施，可以为全球用户提供全天候、全天时、高精度的定位、导航、授时和短报文通信服务。

北斗卫星导航系统（简称北斗系统）按照“三步走”战略建设发展，如图 6-2 所示。“北斗一号”系统于 1994 年启动建设，2000 年投入使用，采用有源定位体制，为中国用户提供定位、授时、广域差分和短报文通信服务。“北斗二号”系统于 2004 年启动建设，2012 年投入使用，在兼容“北斗一号”系统技术体制的基础上，增加无源定位体制，为亚太地区用户提供定位、测速、授时和短报文通信服务。“北斗三号”系统于 2009 年启动建设，在“北斗二号”系统的基础上，进一步提升性能、扩展功能，完成 30 颗卫星组网发射，2020 年全面建成“北斗三号”系统，为全球用户提供集导航定位和通信数传于一体的高品质服务。2020 年 6 月 23 日，在西昌卫星发射中心用“长征三号”乙运载火箭成功发射北斗系统第 55 颗导航卫星——“北斗三号”最后一颗全球组网卫星，至此，“北斗三号”全球卫星导航系统星座部署比原计划提前半年全面完成。

一、系统组成

北斗卫星导航系统由空间星座、地面控制和用户终端三大部分组成。

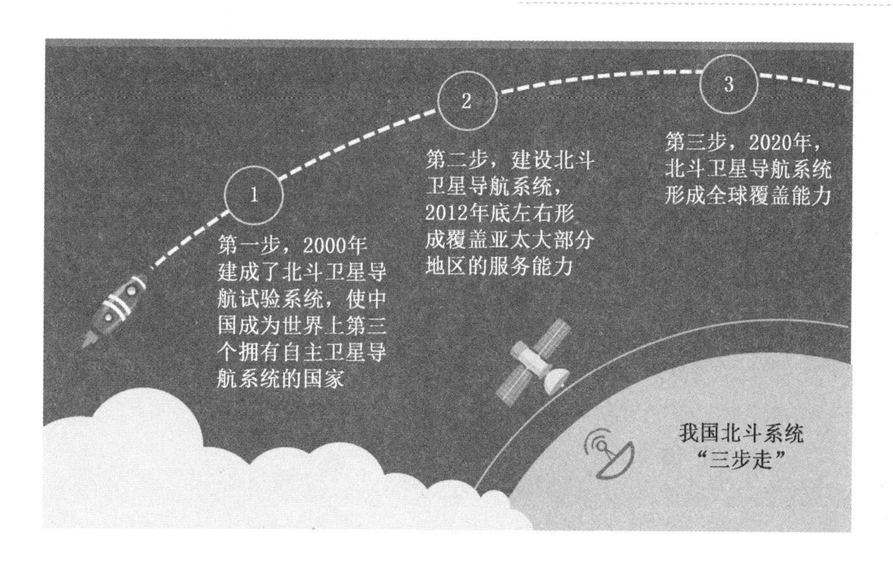

图6-2　北斗系统“三步走”路线图

1. 空间星座部分

空间星座部分由地球静止轨道（GEO）卫星、中圆地球轨道（MEO）卫星和倾斜地球同步轨道（IGSO）卫星组成。GEO卫星轨道高度为36000 km，定点于东半球赤道上空遥望中国；MEO卫星轨道高度为21500 km，轨道倾角为55°，均匀分布在3个轨道面上；IGSO卫星轨道高度为36000 km，均匀分布在3个倾斜同步轨道面上，轨道倾角为55°。

2. 地面控制部分

地面控制部分由主控站、时间同步/注入站和监测站组成。主控站的主要任务包括收集各时间同步/注入站、监测站的观测数据，进行数据处理，生成卫星导航电文，向卫星注入导航电文参数，监测卫星有效载荷，完成任务规划与调度，实现系统运行控制与管理等；时间同步/注入站主要负责在主控站的统一调度下，完成卫星导航电文参数注入、与主控站的数据交换、时间同步测量等任务；监测站是对导航卫星进行连续跟踪监测，接收导航信号，发送给主控站，为导航电文生成提供观测数据。

3. 用户终端部分

用户终端部分是指各类北斗用户终端，包括与其他卫星导航系统兼容的终端，以满足不同领域和行业的应用需求。

二、系统演进

（一）系统演进进程

我国高度重视北斗系统的建设发展，自20世纪80年代开始探索适合我国国情的卫星导航系统发展道路，形成了“三步走”发展战略。

（二）“北斗一号”导航系统

“北斗一号”系统工程于1994年启动建设，该系统也被称作北斗卫星导航试验系统，是北斗卫星导航系统较早投入使用的第一代试验用系统。“北斗一号”系统使用的是有源

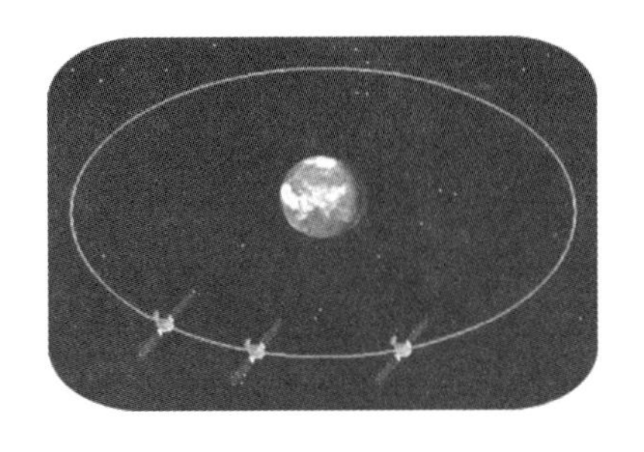

图 6-3 “北斗一号”3 颗卫星示意图

定位，由 3 颗离地约 36000 km 的北斗卫星导航试验系统地球同步卫星组成（其中两颗为工作卫星，分别定点在东经 80°、140°上空，一颗为在轨备份卫星，定点在东经 110.5°，如图 6-3 所示）。

1. 系统组成

“北斗一号”卫星定位系统由空间卫星、地面中心站、用户终端和标校站四部分组成，如图 6-4 所示。

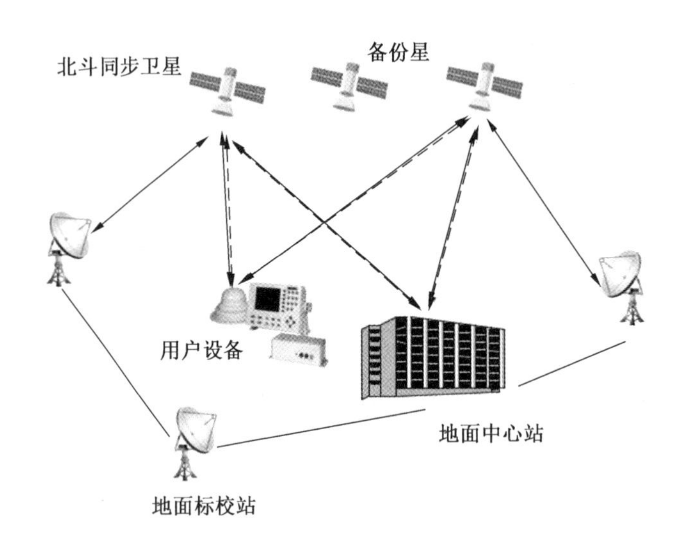

图 6-4 “北斗一号”系统组成示意图

1）空间卫星部分

“北斗一号”卫星导航系统由 2~3 颗地球同步卫星组成，执行地面中心站与用户终端之间的双向无线电信号中继任务。每颗卫星的主要载荷是变频转发器，以及覆盖定位通信区域点的全球波束或区域波束天线。一般情况下，“北斗一号”卫星导航系统要保证系统正常工作至少需要两颗卫星，两颗卫星弧距要大于 30°，在 60°左右最好，第三颗卫星为备份星，一是为事故卫星做备份，二是太阳位于黄赤交点附近热噪声过大时，作替代精度过分降低的工作卫星。

2）地面中心站部分

地面中心站主要由无线电信号的发射和接收，整个工作系统的监控和管理，数据存储、交换、传输和处理，时频和电源等各功能部件组成。地面中心站连续地产生和发射无线电测距信号，接收并快速捕获用户终端转发来的响应信号，完成全部用户定位数据的处理工作和通信数据的交换工作，把计算机得到的用户位置和经过交换的通信内容通过空间卫星分别发送给有关用户。所以，一切计算和处理集中在地面中心站。

3）用户终端部分

用户终端能够接收地面中心站经卫星转发的测距信号，并向两颗卫星发射应答信号，此信号经卫星转发到中心站进行数据处理。根据执行的任务不同，用户终端分为定位通信终端、卫星测轨终端、差分定位标准站终端、气压测高标准站终端、校时终端、集团用户管理站终端等。

4）标校站部分

标校站为附近的终端用户提供更高精度的定位结果，协助中心站获取精确的卫星位置观测量。

2. 服务能力

"北斗一号"由3颗GEO卫星组成，服务覆盖中国及第一岛链海域和岛礁，具体为北纬5°~55°、东经70°~140°。

3. 系统主要功能

（1）定位：快速确定用户所在点的地理位置，向用户及主管部门提供导航信息。在标校站覆盖区定位精度可达到20 m，无标校站覆盖区定位精度优于100 m。

（2）通信：用户与用户、用户与中心控制系统之间均可实现最多120个汉字的双向简短数字报文通信，并可通过信关站与互联网、移动通信系统互通。

（3）授时：中心控制系统定时播发授时信息，为定时用户提供时延修正值。授时精度可达100 ns（单向授时）和20 ns（双向授时）。

用户设备是系统的应用终端，根据功能分为普通型、指挥型和定时型；根据运载方式分为手持式、车载式、机载式等；根据定位响应时间分为一类、二类、三类。

4. 系统特点

（1）开机快速定位功能：用户开机几秒钟就可以进行定位，而GPS等其他卫星导航系统冷启动首次定位时间需要几分钟。

（2）定位的同时实现位置报告功能：用户与用户、用户管理部门，以及地面中心之间均可实行双向报文通信，传递位置及其他信息，这是其他卫星导航系统所不具备的。

（3）高精度授时功能：通过双向定时，可提供20 ns的授时服务，这也是其他卫星导航系统所不具备的。

（4）集团指挥功能：指挥型用户机的信息兼收功能，可实现对集团用户的树状管理。

（5）简短数字报文通信功能：可在同一链路实现定位和通信。

（三）"北斗二号"导航系统

2012年年底，建成"北斗二号"系统，共14颗（5+5+4）工作卫星的"北斗二号"卫星导航系统在兼容"北斗一号"系统技术体制的基础上，增加无源定位体制，为亚太地区用户提供定位、测速、授时和短报文通信服务，如图6-5所示。

1. 系统组成

"北斗二号"卫星导航系统由空间段、地面段、用户段三部分组成。

（1）空间段：由5颗静止同步轨道卫星、5颗倾斜同步轨道卫星和4颗中圆轨道卫星组成。

（2）地面段：包括主控站、时间同步/注入站和监测站等若干地面站，以及星间链路运行管理设施。

（3）用户段：包括北斗兼容其他卫星导航系统的芯片、模块、天线等基础产品，以及终端产品、应用系统与应用服务等。

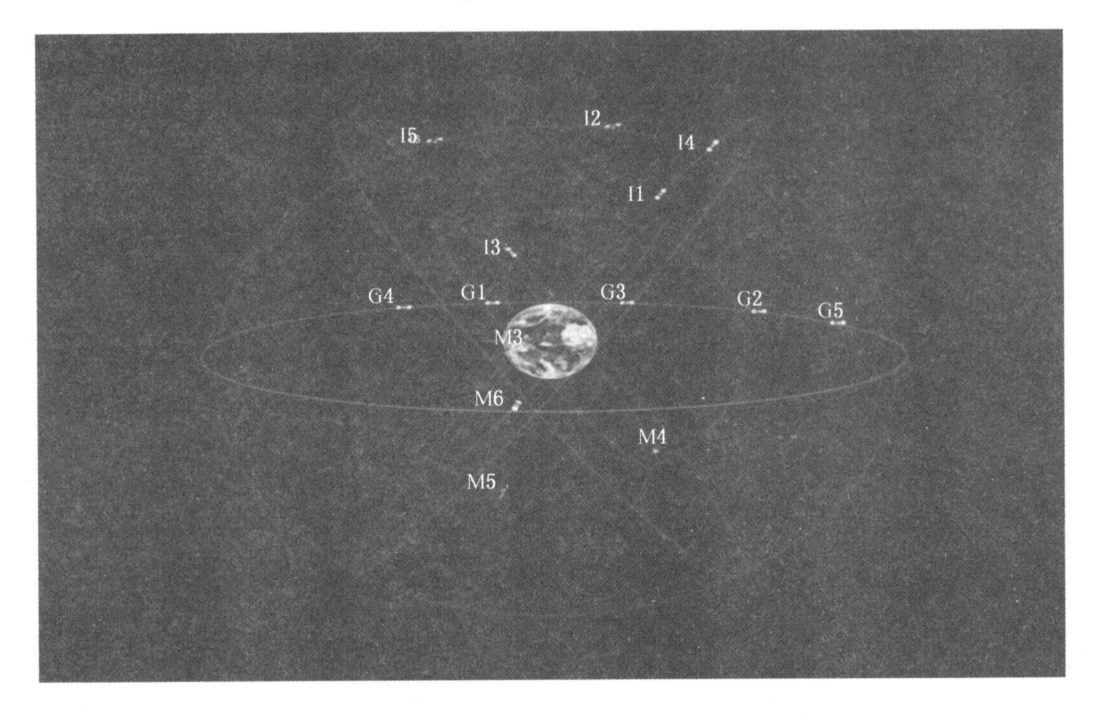

图 6-5 “北斗二号”卫星示意图（5 颗 GEO+5 颗 IGSO+4 颗 MEO）

“北斗二号”卫星导航系统提供两种服务方式，即开放服务和授权服务。开放服务是在服务区免费提供定位、测速和授时服务，定位精度为 10 m 级，授时精度为 50 ns，测速精度为 0.2 m/s；授权服务是向授权用户提供更安全的定位、测速、授时和通信服务以及系统完好性信息。

2. 信号体制

“北斗二号”卫星导航系统具有以下两种信号体制：

（1）卫星无线电测定业务（Radios Determination Satellite Service，RDSS）：用户至卫星的距离测量和位置计算由地面主控站通过用户机的应答来完成，在完成定位的同时，既能报告位置，也能进行通信。卫星无线电测定业务有一个接收载波（S 频段 2491.75 MHz）和一个发射信号频点（L 频段 1615.68 MHz）。

（2）卫星无线电导航业务（Radio Navigation Satellite Service，RNSS）：由用户接收卫星无线电导航信号，自主完成至少 4 颗卫星的距离测量，进行用户位置、速度及航行参数计算。

3. 服务能力

“北斗二号”卫星导航系统将克服“北斗一号”系统存在的缺点，提供海、陆、空全方位的全球导航定位服务，同时具备通信功能。

“北斗二号”系统的服务区域为东经 55°~180°，南纬 55°~北纬 55°之间的大部分区域；重点区域为东经 70°~145°，北纬 5°~55°的大部分区域。信号覆盖：西至波斯湾霍尔木兹海峡，东至美国中途岛西部，北至俄罗斯腾达，南至澳大利亚、新西兰南部海域。

4. 系统功能

（1）快速定位：为服务区域内的用户提供全天候、实时定位服务，定位精度与 GPS

民用定位精度相当，并提供 20 m 精度的有源定位服务。

（2）提供精度为 100 ns 的单向授时服务、20 ns 的双向授时服务。

（3）提供 120 个汉字/次的短报文通信服务，用户容量达 200 万。

（四）“北斗三号”导航系统

2009 年，“北斗三号”系统工程正式开始建设。

2010 年 1 月 17 日 00 时 12 分，我国成功将第三颗北斗导航卫星送入预定轨道。

2017 年 11 月，“北斗三号”系统首组双星发射。2017 年 11 月到 2020 年 6 月，我国成功发射 30 颗“北斗三号”组网星和两颗“北斗二号”备份星，成功率达 100%，以月均超过 1 颗星的速度创造世界卫星导航系统组网发射新纪录。

2020 年 6 月 30 日，北斗“收官之星”成功定点，30 颗“北斗三号”卫星已全部转入长期管理模式，标志着我国北斗卫星导航系统向全球组网完成又迈出重要一步。7 月 29 日，北斗卫星导航系统第 55 颗卫星（“北斗三号”系统地球静止轨道卫星）已完成在轨测试、入网评估等工作，正式入网，使用测距码编号 61 提供定位、导航、授时服务。

2020 年 7 月 31 日 10 时 30 分，“北斗三号”全球卫星导航系统（图 6-6）建成暨开通仪式在人民大会堂举行，中共中央总书记、国家主席、中央军委主席习近平宣布“北斗三号”全球卫星导航系统正式开通，北斗系统正式向全球提供服务。

图 6-6 “北斗三号”卫星示意图（24 颗 MEO+3 颗 GEO+3 颗 IGSO）

1. 系统组成

“北斗三号”卫星导航系统由空间段、地面段、用户段三部分组成。

（1）空间段：由 30 颗卫星组成。3 颗 GEO 静止同步轨道卫星，轨道高度为 36000 km，分别定点于东经 80°、110. 5°和 140°；3 颗 IGSO 倾斜同步轨道卫星，轨道倾角为 55°，轨道高度为 36000 km；24 颗 MEO 中圆轨道卫星，轨道倾角为 55°，轨道高度为 21500 km。

（2）地面段：包括主控站、时间同步/注入站和监测站等若干地面站，以及星间链路运行管理设施。

（3）用户段：包括北斗兼容其他卫星导航系统的芯片、模块、天线等基础产品，以及终端产品、应用系统与应用服务等。

2. 信号体制

“北斗三号”系统信号主要包含 RNSS、RDSS 和全球短报文等几类信号。

1）RNSS

“北斗三号”区域 RDSS 业务是在保留“北斗二号”B1I、B3I、B3Q 信号的基础上，新增加了 B1C、B1A、B2、B3A 4 个全球新信号。

信号频点和带宽：

（1）B1：1575.42 MHz，36.828 MHz。

（2）B2：1191.795 MHz，71.61 MHz，其中 B2a 为下边带、B2b 为上边带。

（3）B3：1268.52 MHz，40.92 MHz。

2）RDSS

“北斗三号”区域 RDSS 业务是在保留“北斗二号”RDSS 出入站信号的基础上，增加了新体制 RDSS 出入站信号，为用户提供应急搜救、定位报告、报文通信、双向定时等服务。“北斗三号”区域 RDSS 共由 3 颗 GEO 卫星组成，每颗卫星提供 7 个波束，可覆盖中国及其周边地区。

“北斗三号”区域 RDSS 入站信号增加了 Lf1、Lf2 和 Lf3 子带信号：Lf1、Lf2 为民用，Lf3 为授权信号，加上原有的 Lf0 军民两用（过渡期），一共 4 个子带；出站信号增加了新体制信号 S2A（授权信号）、S2C_P（民用导频信号）、S2_C（民用信号），加上原有的旧体制 S1I、S1Q 信号，一共 5 路信号。

3）全球短报文

短报文通信是北斗系统最特色的服务之一，单次通信最大长度达到 1000 个汉字，能在移动通信、互联网等无法覆盖的地区以不换卡、不换号、不增加外设的方式，实现相应的报文通信。

3. 服务能力

“北斗三号”系统具备导航定位和通信数传两大功能，能够提供 7 种服务，具体包括：面向全球范围提供定位、导航、授时（RNSS），全球短报文通信（GSMC）和国际搜救（SAR）3 种服务；在我国及周边地区提供星基增强（SBAS）、地基增强（GAS）、精密单点定位（PPP）和区域短报文通信（RSMC）4 种服务。其中，RNSS 服务已于 2018 年 12 月向全球开通，2019 年 12 月 GSMC、SAR 和 GAS 已具备服务能力，2020 年具备 SBAS、PPP 和 RSMC 服务能力，具体服务参数见表 6-1。

表 6-1 北斗应用服务参数

服务类型		信号/频段	播发手段
全球范围	定位导航授时（RNSS）	B1I、B3I	3GEO+3IGSO+24MEO
		B1C、B2a、B2b	3IGSO+24MEO
	全球短报文通信（GSMC）	上行：L 下行：GSMC-B2b	上行：14MEO 下行：3IGSO+24MEO
	国际搜救（SAR）	上行：UHF 下行：SAR-B2b	上行：6MEO 下行：3IGSO+24MEO

表 6-1（续）

服务类型		信号/频段	播发手段
我国及周边地区	星基增强（SBAS）	BDSBAS-B1C、BDSBAS-B2a	3GEO
	地基增强（GAS）	2G、3G、4G、5G	移动通信网络 互联网络
	精密单点定位（PPP）	PPP-B2b	3GEO
	区域短报文通信（RSMC）	上行：L 下行：S	3GEO

注：我国及周边地区即东经 75°～135°，北纬 10°～55°。

三、技术指标

北斗导航系统相对于其他卫星导航系统，具有如下优势：

1. 安全性能高

在北斗导航以前，我们经常使用的是美国的 GPS 卫星导航系统。使用 GPS 不仅每年都要向美国支付高昂的专利费，而且定位导航的安全系数也不高。在前几年，媒体就曾经曝出美国军方利用 GPS 监视各国军队获取情报，所以我国使用自己的北斗卫星系统后就不用受制于人，安全系数将大大提高。

2. 定位精度高

我国的“北斗三号”卫星导航系统由 30 颗卫星组成（包括 3 颗静止轨道卫星、24 颗中圆轨道卫星、3 颗倾斜同步轨道卫星），卫星数目的提高，带来的将是定位精度和服务范围的提高。北斗卫星导航系统由于是中国自主研发运营的，势必会在国内领先。

3. 信号频点丰富

我国的北斗导航系统采用的是最新的三频信号，而美国的 GPS 卫星导航系统采用的二频信号。三频信号能更好地消除高阶电离层延迟的影响，增强数据预处理能力，提高模糊度的固定效率，从而提高定位的可靠性。

4. 无源定位与短报文通信

有源定位需要用户的接收机自己发射信号来与卫星通信，无源定位则不需要，北斗定位二代采用的是无源定位。当用户的上空卫星数量很少时，仍然可以定位。目前，北斗卫星导航系统已经具备短报文通信服务，这项功能在全球定位系统当中是一次技术的突破。美国的 GPS 只能单向通信，而我国的北斗已经实现了双向性的通信功能，这一功能在处理重大事件中实用性相当高。

北斗系统自提供服务以来，已在交通运输、农林渔业、水文监测、气象测报、通信授时、电力调度、救灾减灾、公共安全等领域得到广泛应用，服务国家重要基础设施，产生了显著的经济效益和社会效益。基于北斗系统的导航服务已被电子商务、移动智能终端制造、位置服务等厂商采用，广泛进入中国大众消费、共享经济和民生领域，应用的新模式、新业态、新经济也不断涌现，深刻改变着人们的生产生活方式。中国将持续推进北斗应用与产业化发展，服务国家现代化建设和百姓日常生活，为全球科技、经济和社会发展作出贡献。

第三节　北斗短报文通信

一、基本原理

北斗系统是我国具有完全自主知识产权的卫星定位系统，经过“北斗一号”“北斗二号”，目前系统建设已发展到“北斗三号”。短报文业务一直是北斗系统的最大特色，从“北斗一号”开始到“北斗三号”，北斗就采用 RDSS 体制为我国及周边地区提供位置、短报文通信等服务。

北斗短报文的发送基本可以分为如下 3 个阶段：

（1）短报文发送方首先将包含接收方 ID 号和通信内容的通信申请信号加密后通过卫星转发入站。

（2）地面中心站接收到通信申请信号后，经脱密和再加密后加入持续广播的出站广播电文中，经卫星广播给用户。

（3）接收方用户机接收出站信号，解调解密出站电文，完成一次通信。

短报文通信的传输时延约 0.5 s，通信的最高频度也是每秒 1 次，基本原理如图 6-7 所示。

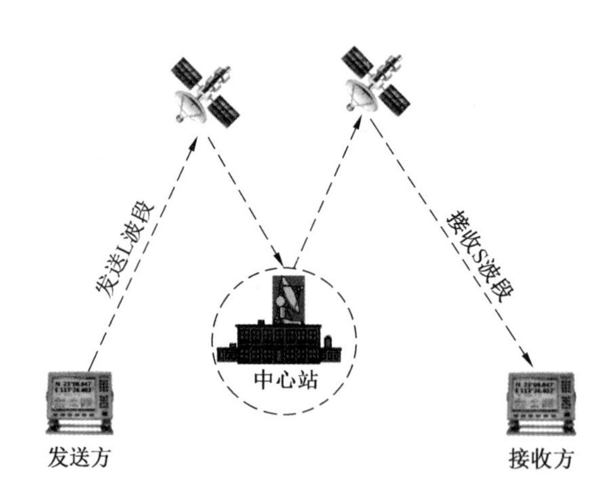

图 6-7　短报文通信原理示意图

二、覆盖区域

“北斗三号”提供区域短报文和全球短报文功能，覆盖区域为北纬 55°至南纬 55°、东经 55°至 180°。

三、系统容量

相比“北斗二号”系统，通过提高卫星播发信号的功率和改进信号体制等措施，在保证原有用户使用感受平稳过渡的情况下，“北斗三号”系统信号服务容量提升10倍，达到每小时1000万次以上，用户容量可达1800万；区域短报文通信单条信息长度由120个汉字提升为1000个汉字；用户发射功率降至1/10。全球短报文用户容量可达54万，全球短报文通信单条信息长度最大为40个汉字。

四、组网能力

根据“北斗三号”RDSS所提供的业务功能及管理方式，可以提供不同的组网服务方式。在使用“北斗三号”RDSS时可以综合使用以下几种服务能力：

1. 点对点组网

该种组网方式是利用任意北斗RDSS用户之间可以相互发送消息构成的，它与北斗RDSS用户所属的指挥关系无关。

下级北斗用户将自己的状态信息通过信息上报的方式发送至其直接上级北斗用户，上级用户收到侦查信息后逐级将信息上报，最终由指挥中心完成所有北斗用户信息的收集。同时，下级用户也可以根据命令将侦查信息越级上报，实现灵活的信息交互。指挥中心的指挥命令可以层层向各级传达，也可以越级直接下发至任意一个下属用户，从而完成指挥命令的下发，如图6-8所示。

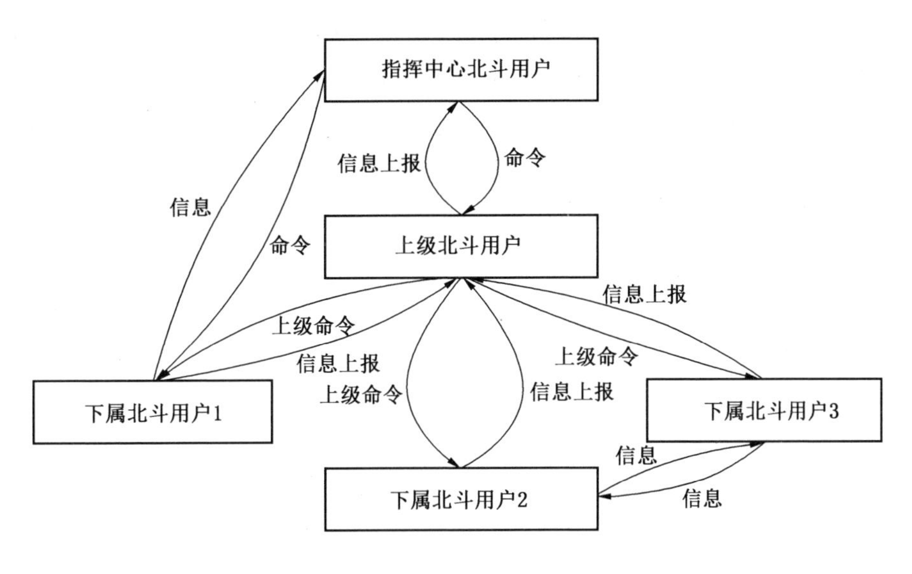

图6-8　点对点组网

2. 通播组网

通播组网功能是利用“北斗三号”RDSS用户指挥关系中的通播关系发送通播信息，构建组内信息共享的功能。“北斗二号”RDSS的通播功能是一个下属用户只有一个通播地址，只能接收直接上级的信息。而“北斗三号”RDSS则对该功能做了升级，每个用户可以有多个接收通播地址，可以接收不同上级的信息。

根据“北斗三号”RDSS的通播功能，指挥机的命令信息可以通过通播消息发送给下属用户，从而实现同一个通播号内信息的下发共享，如图6-9所示。

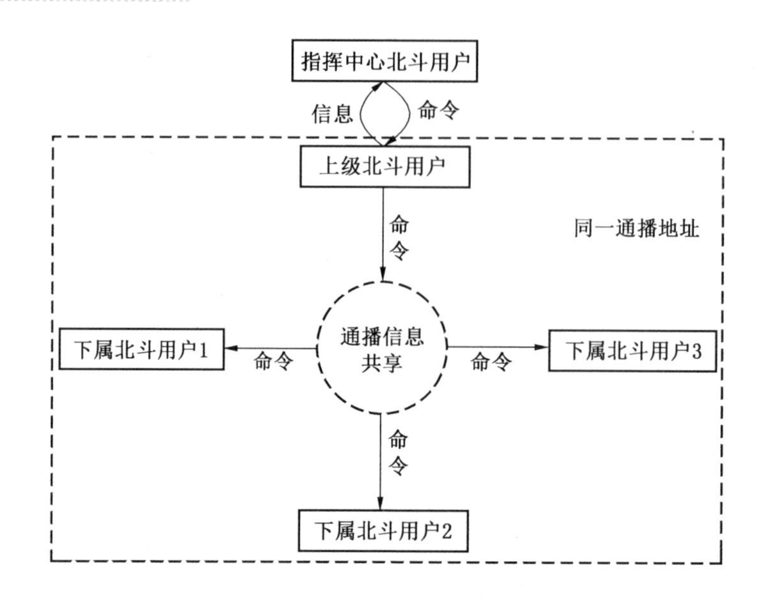

图 6-9 通播组网

3. 动态编组——北斗版的微信

“北斗三号”RDSS 动态编组功能通过在线建组、在线添加成员、线下增加组员、删除组员、组员退出、编组撤销、编组成员查询等操作实现。

动态组网突破了北斗 RDSS 指挥关系的限制，分属不同指挥关系的北斗用户可以因为执行某一项任务临时加入到同一个分组中；在执行任务时实现组内信息上报、下发和共享；在完成任务后可以退出或解散编组，实时释放系统资源；用户可同时加入多个不同的编组中。

第四节 北斗卫星导航在应急领域的应用及案例

北斗系统集导航、定位、授时、短报文等多种功能于一体，在自然灾害救灾预警发布、灾情管理服务、灾害应急响应、救灾物资调配、灾情核查评估等业务工作中发挥着重要作用。

1. 北斗终端可以避免地面通信网络中断情况

重特大自然灾害发生后，容易造成灾区地面通信网络中断，灾情难以第一时间上报给上级民政减灾救灾部门。向基层城乡社区报灾人员配发具有短报文功能的北斗终端，可以通过北斗短报文，第一时间将灾后情况快速上报，为救灾决策提供支持。

2. 北斗终端可以消除灾情报送网络的盲区或盲点

由于基层灾情报送网络的覆盖面有限，在地形复杂的偏远山区、牧区及边疆省份部分地区还存在通信盲区，手机及地面宽带网络还不能有效覆盖，推广应用北斗终端，有助于消除全国民政灾情报送网络的盲区或盲点。

3. 北斗终端可以实现救灾物资调运进度的有效监控

在重特大自然灾害发生后，救灾物资调运过程监控如果仅依靠传统电话联络，将无法实时监控救灾物资运输调度的位置与状态，如果为救灾物资调运车辆配备北斗终端，就可以实现救灾物资调运进度的有效监控。

4. 北斗系统与移动手持终端 APP 结合可提升灾害信息服务水平

灾害发生之后需要安全、可靠、稳定的集成化信息服务平台，以支持灾害现场应急救援信息保障。将北斗系统与移动手持终端 APP 应用结合，可以实现面向灾区应急救援人员及灾区社会群众进行救灾预警信息、灾情信息的定向快速发布，提升灾害信息服务的水平。

目前，国家减灾中心已建成了北斗综合减灾救灾应用系统，该系统按照“部—省—现场”3 级应用平台设计部署，横向面向全国 32 个省级分布式应用分节点、纵向贯穿“部—省—地（市）—县(区)—乡(镇)—城乡社区”6 级灾情直报与监控业务应用，实现全国范围救灾资源的“一张图”位置监控。北斗综合减灾救灾应用系统已在天津、辽宁、上海、江苏、山东、湖北、陕西、甘肃、青海、宁夏 10 个省（自治区、直辖市）开展规模化建设应用，按照“1+32”分布式体系架构建设成立了北斗综合减灾运营服务中心、部署建成 10 个省级北斗综合减灾应用分节点平台完成装备部署 4.5 万台北斗减灾信息专用终端，其中带北斗 RDSS 短报文功能的终端 2 万台。

根据国家减灾中心的公示信息显示，目前在全国约有 70 万名灾情信息采集员，其中约有三分之二的人员配备带北斗 RDSS 短报文功能的终端。

2018 年装发北斗办发文指出，希望有关部门结合贯彻落实《中共中央、国务院关于推进防灾减灾救灾体制机制改革的意见》及《国家综合防灾减灾规划（2016—2020 年）》，将推进北斗在减灾救灾领域的应用纳入国家有关卫星导航系统应用发展的规划，支持全国民政减灾救灾行业北斗应用推广工作。同年，国家减灾中心在全国性减灾救灾业务会议及培训班上专题介绍北斗项目成果，同时会议明确指出国家减灾中心将进一步加强北斗项目成果的宣传推广力度，努力推进北斗系统在各省的业务化应用工作。

在构建北斗综合减灾救灾应用系统方面，可集成北斗短报文与手机短信、微信的互联互通等功能，采取“部、省”两级部署，面向“部、省、市、县、乡镇、社区”6 级灾害管理部门提供灾情直报与监控业务应用，具备全省“一张图”救灾资源位置监控能力。

目前，全国多地已经部署基于北斗系统的高精度地质灾害监测预警系统，江苏等省基层灾害管理人员利用北斗终端及时上报灾情及救灾情况，北斗为防汛救灾工作贡献了重要力量。2020 年汛期，湖南省石门县发生了近 70 年规模最大的一次山体滑坡，然而位于该县的雷家山地灾隐患点因安装了北斗卫星高精度地灾监测预警系统，在山体滑坡中无人员伤亡。

2021 年 5 月 20 日，我国卫星导航定位应用管理中心与应急通信、海事、水利、民航、石油天然气、交通建设 6 个行业领域北斗应用主管部门在北京召开会议，共同启动“北斗三号”短报文行业试点应用工作。

自“北斗一号”短报文开通以来，在渔业、交通运输、农业、应急救援、气象水文等国家重点行业得到有效运用，发挥出很好的作用。与“北斗二号”相比，“北斗三号”短报文覆盖范围由区域扩展至全球，区域单条短报文容量提升近 10 倍。“北斗三号”短报文应用将贯彻国家经济社会发展关键、命脉行业领域和区域分理服务模式，继续执行入网注册及短报文基本通信均免费的应用政策。

一、陆地应急救援应用

1. 应用建设

陆地应急救援应用基于北斗卫星导航的通信及位置服务，建设以大数据服务云平台为基础的减灾应急数据中心，既可以实时接入遥感卫星采集数据、无人机数据，又可以将灾害发生地区的受灾情况及时统计上报、汇总，为科学指挥决策调度和开展救灾救援工作提供数据及技术支撑。当各地灾情信息汇集到数据中心后，数据中心可实时发送到各级灾害应急指挥中心及其他业务部门，如图 6-10 所示。

通过收集卫星数据、航空遥感数据、灾害现场采集数据、统计上报数据及其他业务数据，陆地救援应用系统进行数据的统一组织、标志、存储、管理、处理及可视化，有效支持国家、地方和灾害现场的业务协同，为政府涉灾部门和社会公众提供防灾减灾信息服务，提高应对突发性灾害事件的能力。

2. 应用案例

1）汶川大地震北斗应急通信指挥应用

2008 年 5 月 12 日 14 时 28 分，汶川发生了里氏 8.0 级地震，由于震中受灾极其严重，通信、电力、交通被破坏殆尽，抗震救灾指挥部完全无法与震中取得联系。国家紧急调动了刚建设不久的北斗系统，将北斗系统震中地区的数据链接到了抗震救灾指挥部。

13 日 12 时，指挥部接收到来自北斗系统的定位信号，根据信号显示，经短报文确认，一支武警救援部队正向汶川地区快速前进。随后，这支部队将震区的受灾情况以及所需物资、坐标等信息利用短报文发送到了抗震救灾指挥部。14 日，临时组建的北斗导航分队携带上千部“北斗一号”终端机进入灾区，终于实现了震中各点位与指挥部的直线联系,这为整个抗震救灾行动提供了关键的通信保障。同时,北斗系统也与堰塞湖水文监测设备相连接,将水文监测数据实时发送到指挥部,这为后期堰塞湖处置提供了关键的数据。

2）基于北斗的国家综合减灾救灾应用

针对重大自然灾害灾区地面互联网中断或没有任何地面移动通信网络情况下，灾情信息无法第一时间及时上报问题，依据我国现行的灾害行政管理体制，国家减灾中心协同地方示范省级灾害管理部门建设部署了北斗综合减灾救灾应用系统。该系统综合集成北斗短报文与手机短信、微信的互联互通等功能，对各级救灾人员与车辆的当前位置、运行状态、应急活动情况等信息进行全国“一张图”有效动态远程监控，解决了灾后第一时间灾情快速上报及对现场应急救援活动的远程全天候监控。北斗综合减灾救灾应用系统按照“部—省—现场”3 级应用平台设计部署，横向面向全国 32 个省级分布式应用分节点、纵向贯穿“部—省—地（市）—县(区)—乡(镇)—城乡社区”6 级灾情直报与监控业务应用，实现全国范围救灾资源的“一张图”位置监控。

北斗综合减灾救灾应用系统已在天津、辽宁、上海、江苏、山东、湖北、陕西、甘肃、青海、宁夏 10 个省（自治区、直辖市）开展规模化建设应用，按照“1+32”分布式体系架构建设成立了北斗综合减灾运营服务中心、部署建成 10 个省级北斗综合减灾应用分节点平台、装备部署 4.5 万台北斗减灾信息专用终端，初步建立了利用北斗减灾业务系统开展灾情直报、现场核查、现场应急救援、人员应急搜救、灾害信息发布服务等业务应用的全国推广技术体系，系统总体运行稳定、规模化应用效果显著。

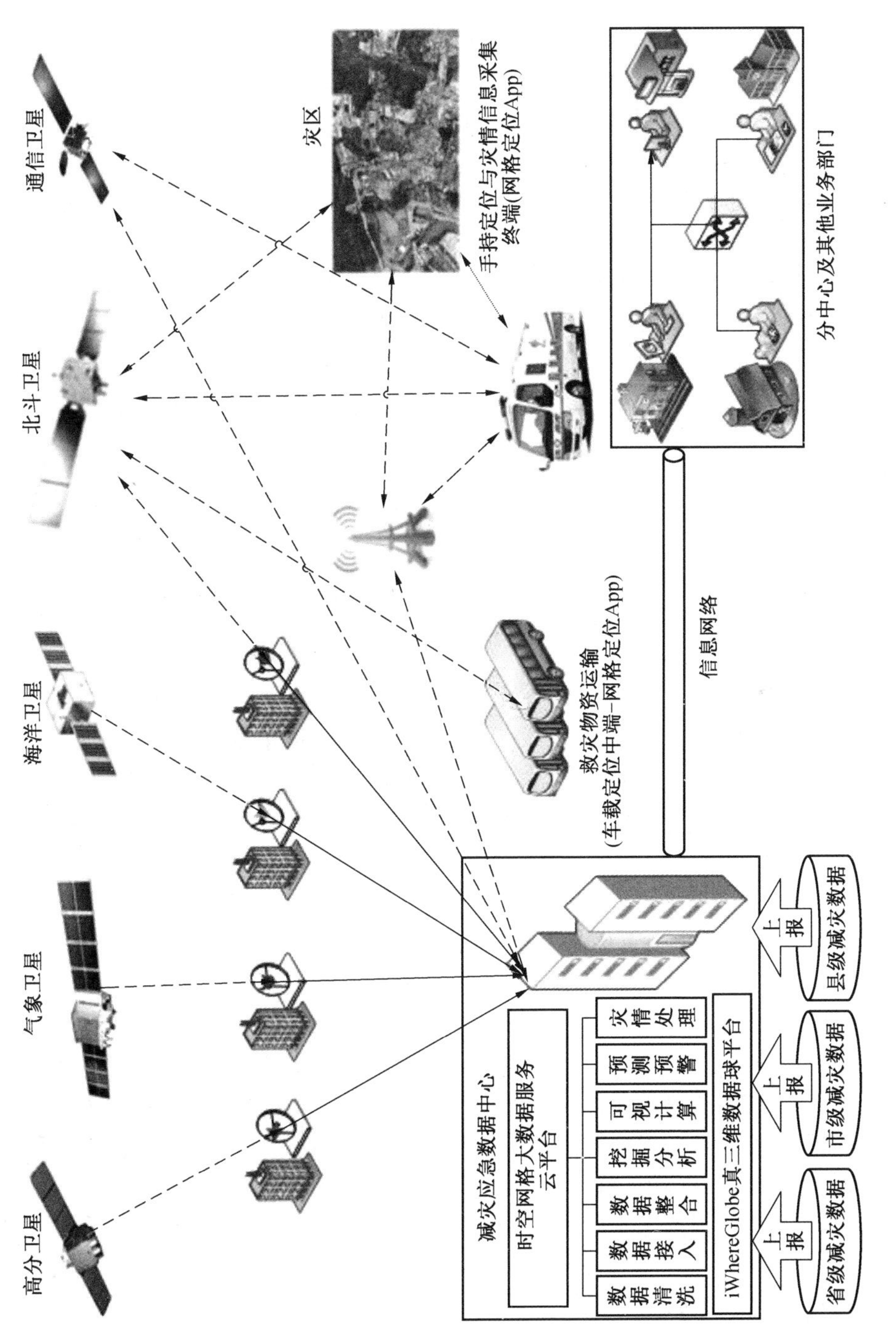

图6-10　陆地应急救援应用体系图

二、海上应急救援应用

1. 应用建设

2014 年 11 月 23 日，国际海事组织（IMO）海上安全委员会审议通过了对北斗卫星导航系统认可的航行安全通函，这标志着北斗卫星导航系统正式成为全球无线电导航系统的组成部分，取得面向海事应用的国际合法地位。2017 年 11 月 5 日，我国第三代导航卫星以“一箭双星”的发射方式顺利升空，这标志着我国正式开始建设北斗全球卫星系统。2018 年 8 月 19 日，西昌卫星发射中心成功发射第 37、38 颗北斗卫星，这两颗卫星首次装载了国际搜救设备，为全球用户提供遇险报警及定位服务。2018 年 12 月 27 日，北斗卫星导航系统基本建设完成，北斗系统服务范围由区域扩展为全球。

北斗卫星导航系统由空间段、地面段和用户段三部分组成。主要特点有：①空间段采取 3 种轨道卫星组成的混合星座，抗遮挡能力强；②使用三频信号，能更好地消除高阶电离层延迟影响，增加数据预处理能力，提高可靠性和抗干扰能力；③创新融合了导航和通信的功能，可以在远洋通信、应急救援、交通运输等领域发挥重大作用，如图 6-11 所示。

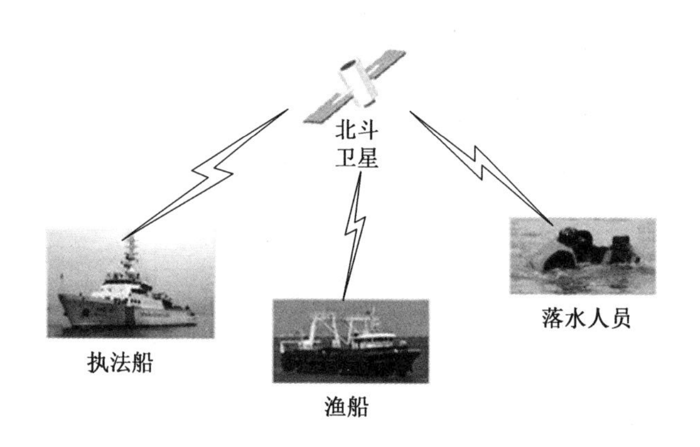

图 6-11　北斗卫星应用场景图

北斗卫星导航系统在海上的船舶航行和应急安全管理中应用如下：

1）船舶导航定位

北斗卫星导航系统船载终端设备（以下简称“船载北斗终端”）可以实时显示船舶位置、速度、航向等动态信息，规划船舶航线，检测船舶是否偏航（偏离一定角度后会发出提醒）。目前，船载北斗终端一般与电子海图信息相叠合显示，清楚直观，便于工作人员查看。船上人员还可以根据电子海图显示的船舶位置、速度，计算船舶到达目的地的时间，实现安全、高效航行。

2）船舶监管与应急救援

传统的海上船舶监控手段主要有船舶自动识别系统（AIS）和移动通信网络监控。由于存在监管盲区及通信资费昂贵等弊端，武汉市港航局使用了一种基于北斗卫星导航技术的船舶航线监管系统。该系统能够实现船舶的实时定位、测速、精密授时，船舶之间及船舶与监控中心短报文双向通信，还具有防碰撞预警、航迹偏差告警等一系列功能。北斗卫星导航系统与电子海图技术相结合，利用短报文通信技术进行船舶状态上报、遇险求救及公共信息发布。港口监管部门可以利用北斗卫星导航系统将港口各泊位吨位及靠泊船舶信息通过调度系统显示，合理安排港口船舶调度工作。

3）海上应急救援应用

我国海上救援工作主要由遇险者通过拨打海上通信无线电话、海岸电台、应急无线电示位标等方式报警，海上搜救机构对遇险信息进行核实和分析，继而展开救援工作。但是这样存在遇险信息不确定、救援指挥工作难以协调等缺点。现阶段有两种救援方案：①在救生衣中携带 AIS 定位系统，北斗卫星通过信号搜索找到遇险人员，向附近船舶发布救援信息；②将北斗卫星导航系统、海上智能检测系统、地面控制中心、海图定位系统四者相结合，待遇险信息确认后，传送急救信息，定位遇险人员，并开展岸上救援指挥工作。

4）渔船应急管理

截至 2017 年年底，我国渤海、黄海、东海、南海等海域的 5 万多艘渔船配备了北斗终端设备，遇到台风等自然灾害，渔政部门可通过北斗卫星导航系统向渔民发送回港预警信息，保障渔民的生命财产安全。在渔船数据挖掘中，利用北斗终端对渔船进行作业航次提取、类型识别、捕捞追溯、状态判断、捕捞努力量计算、渔区内渔船捕捞强度监控、捕获量估算等信息的挖掘，为更精细化的渔船管理提供数据参考。

2. 应用案例

1）北斗海上遇险报警管理和搜救指挥应用

针对我国多数海上作业船舶和遇险个体缺乏遇险报警与定位技术手段，导致出现遇险搜救效率低、救助力量协同能力不足等问题，交通运输部于 2015 年启动北斗海上遇险报警管理和搜救指挥系统建设。该系统利用北斗定位、导航、短报文通信等功能，结合卫星通信及移动通信等通信手段，综合集成报警核查、险情持续跟踪、搜救计划制订与模拟、搜救力量管理与智能调派等全生命周期管理能力，实现部、省、市 3 级接警管理与督办。

目前，交通运输部已在中国海上搜救中心、各省级海上搜救中心、救助局、打捞局等相关业务部门开展应用部署，在参与搜救的海事、救助船舶上安装了北斗短报文智能船载终端，面向涉海用户推广了 40 余万套北斗报警设备。该系统的使用显著提高了海上遇险对象搜寻效率，减少了海上遇险伤亡人数，保障了海上作业的人身和财产安全。

随着北斗全球系统的建设以及各类技术的不断发展，本系统服务区域将从中国海域扩展到全球，支持更多报警信息接入，带动海上用户普及使用基于北斗的海上遇险报警设备，推动北斗在海事搜救领域的广泛应用。

2）海洋渔业应急监测应用

海南省海洋渔业应急监测应用已在海口、三亚、东方、儋州、琼海、万宁、文昌等海南省 13 个市县建成了 15 个海洋渔业安全生产监控平台，已有 6000 余艘渔船安装了北斗卫星导航通信设备。在全国范围内，“海洋渔业安全生产北斗卫星导航通信系统”已拥有入网用户近 3 万个，手机用户近 10 万个；安装监控平台 1300 余套，是国内北斗规模化民用在海洋渔业应急监测的应用案例。在海洋渔业安全生产、海上救助、维护国家海洋权益等方面发挥了重要作用，减少了渔民的生命财产损失，提高了海洋渔业经济收入；为海南省渔业安全生产、应急救援服务、远洋作业等提供了技术保障，实现了对外海作业渔船的联网指挥、动态监控、防风和应急救援管理。

另外，在2007年3月14日7时10分，港澳流动渔船台沙2588号在东沙群岛附近海域因发动机故障触礁搁浅，船舱进水，船体大幅倾斜，加上海上风力较大，随时有船毁人亡的危险。渔民随即通过船上的北斗终端请求紧急救援。指挥中心收到报警信息后，立即通过“南沙渔船船位监测系统”紧急指挥距其最近的台沙2854号渔船火速前往救援。8时25分，遇险船员成功转移到救援渔船上；10时，2588号渔船发生侧翻，2854号已根据中心指令救回全体遇险船员返航。

三、航空应急救援应用

1. 应用建设

航空应急救援是指“使用航空器等航空装备、利用机场等服务保障开展的应急救援行为”，而航空应急救援体系则强调“覆盖应急救援全过程，涵盖应急救援活动、各类航空资源、各项制度及相关体制机制等”。

接收所有运输航空飞机的飞行监视信息，并进行统一综合处理，实现基于北斗位置报文的飞行监视、空地短报文通信管理、业务管理、应急救援、仿真验证、系统运行监控及其相关辅助功能，属我国民航局为满足运行管理需要，实现飞行监视、业务管理及应急救援等。北斗系统的特色短报文通信技术为通航和无人机安全监管等领域，解决低空飞行目标“看不见、联不上、管不住”的技术难题，实现航空领域的应急救援应用。

2. 应用案例

1）北斗机载导航及短报文追踪系统应用

“北斗机载导航及短报文追踪系统”项目，主要是根据国产大飞机C919研制任务，满足对飞机位置的追踪和状态监控需求，通过加装北斗导航及短报文追踪系统实现对飞机状态定时下传至地面监控中心，从而实现对飞机的追踪与监控。试飞工作根据部署的北斗RDSS短报文终端出色地完成了此次试飞任务，首次在国产商用飞机上实现利用北斗短报文功能的通信和监视。

2）北斗卫星导航在民航飞机的应用

如今，已经有越来越多的飞机用了北斗卫星导航系统。2019年年底，在我国民航局的组织安排下，中国民航大学与国航联合开展北斗运输航空应用示范项目，首架装有北斗设备的CA1897航班于当年12月25日从北京飞往新疆喀什，实现了基于北斗的运输飞机全程定位和追踪。2020年年底，一共有20架国航飞机用上北斗系统，其机型有波音737和空客321，各10架。除了这20架国航应用示范项目的波音、空客飞机，国产飞机也正在或者即将使用北斗系统。2017年10月14日，我国自主设计制造的ARJ21-700飞机降落在山东东营机场，这次试飞是北斗卫星导航系统第一次实现了在国产民用客机上的测试应用，也是国产民用客机第一次使用国产导航系统。按照计划，我国商飞制造的国产大飞机C919将装载北斗卫星导航系统。目前已立项推进国产商用客机北斗导航系统改装和应用。国产大型水陆两栖飞机AG600也将安装北斗导航系统。此外，在通航领域，全国目前共有300架通航飞机安装和使用了北斗终端，实现了通用航空飞行动态信息实时监视，为通航飞行任务审批、安全监管和应急救援等工作提供了技术支撑。

四、水利水域应急救援应用

1. 应用建设

水利水域应急救援应用利用高分遥感技术，以人机交互方式，结合计算机自动判别技术，对重要江河、湖泊、水库流域进行动态变化监测，利用北斗短报文服务进行监测数据传输，并具有对重要水体水域的范围查询、旱涝预警和进行应急处理等功能。

通过水利水域应急救援应用可判识重要区域的水体范围，对水体范围的动态变化进行监测；对泛滥水体范围进行持续监测，提取泛滥水体面积信息；对监测范围的重大洪涝灾害进行监测分析，生成重要江河、湖泊、水库流域范围内在指定时间段的水体面积统计产品。

结合河长制建设规划，利用北斗高精度位置服务及短报文技术，结合高分遥感数据资源，建设集监测与监管于一体的信息化体系，集成高分基础地理数据、专题地理数据和地理空间框架数据，对重要湿地生态和水域的监测、查询、预警和应急处理能力。利用北斗高精度技术，建设水利水域应急监测系统，完成重点水库安全监测示范。利用现有资源和平台，开展水文监测网点的补点和完善工作。为各级河长指挥决策提供辅助支持手段，可视化地展现一手资料和数据及动态变化、告警信息等情况。通过提供北斗高精度监测终端和北斗水文湿地数传终端。

2. 应用案例

1）北斗水电站大坝形变监测应用

我国目前已建成的水库大坝约 8 万座，北斗水电站大坝形变监测系统利用北斗多频高精度载波相位差分处理技术，可以不间断提供水电站边坡毫米级精度监测数据，实现动态监测数据的自动获取、分析、解算与存储；在极大程度减轻外业强度的同时，能够迅速采集高精度三维点位监测数据，及时监测发现大坝的安全隐患情况。

北斗水电站形变监测系统已在世界第三、我国第二大水电站溪洛渡水电站，以及长河坝水电站等多个水电站开展了成功应用。其中上述两个典型水电站监测点数量就超过 150 个，相关监测信息可以为各类水电站的项目设计、现场施工、运营监控、长期维护等阶段工作提供决策数据支撑，为安全生产运营、智慧工地及信息化建设提供技术保障。目前，北斗大坝形变监测系统的应用场景已成功扩展至包括桥梁、滑坡、高层建筑物在内的多个领域，应用前景广阔，如图 6-12 所示。

(a) 水电站监控图像

(b) 北斗基站

图 6-12　北斗水电站形变监测应用

2）水电站应急监测应用

通过在水电站安装北斗短报文监测终端设备，实现统一高精度时间基准下的运行监控，为实时掌握电站的运行状况、故障诊断、智能预警等提供了科学决策手段，为水电站的安全应急监测提供数据分析支撑。

第五节　北斗应急常见设备

北斗卫星导航的应急场景产品设备主要体现在监测预警、预防防护、处置救援、应急监管服务这 4 个应急救援重点方向，基于北斗系统服务特性，划分了如下几类应急产品类型：

（1）监测预警类应急产品，提高各类突发事件监测预警的及时性和准确性。

（2）预防防护类应急产品，提高个体和重要设施保护的安全性和可靠性。

（3）处置救援类应急产品，提高突发事件处置的高效性和专业性。

（4）应急监管服务产品，提高突发事件防范处置的监管分析服务水平。

而基于产品使用方式，可划分为车载型、手持型、其他类型等产品，典型产品介绍如下：

一、车载应急产品

1. 车载应急救援精准定位设备

车载应急救援精准定位设备是专门为应急救援车辆实现车载数据传输而研制的北斗设备，采用天线主机一体化设计，集成了 RDSS 通信模块、RNSS 定位模块、4G 通信模块等单元，配有车载吸盘，安装使用极为方便，如图 6-13 所示。

图 6-13　车载应急救援精准定位设备外观

车载终端为适应野外、沙漠等恶劣环境，设计上充分考虑了防水、防腐蚀等要求。可用于应急救援车辆、公安、特种车辆等数据采集及传输，在救援系统中得到广泛应用。

2. “北斗三号”指挥机设备

“北斗三号”指挥机设备是一款支持“北斗三号”区域或全球范围通信、定位、授时的指挥型通信定位终端，通过配置可支持串口、网口等有线方式的数据传输，提供指挥管理服务（建组、删组及组成员管理）、短报文通信服务（支持语音和图像传输）、兼收下属位置/通信服务、点对点通信、群组/组播通信等多功能服务；支持的最大下属用户数量为 500 个。为应急救援提供北斗短报文的通信服务。该产品采用主机、天线分体式结构设计，如图 6-14 所示。

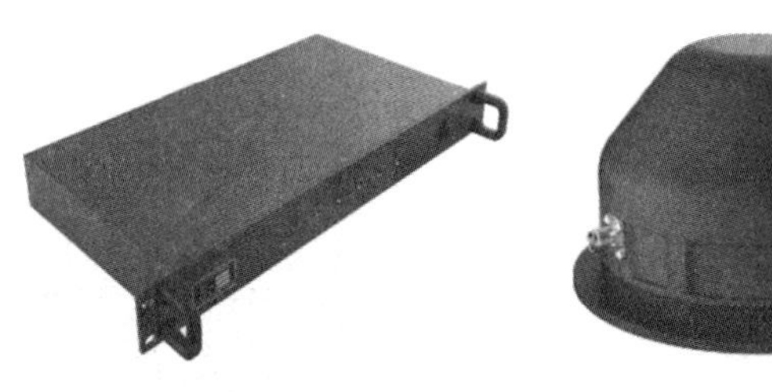

(a)“北斗三号”指挥机设备主机　　(b)“北斗三号”指挥机天线

图 6-14 “北斗三号”指挥机设备外观

二、手持型应急产品

1. 应急救援型北斗手持信息终端

应急救援型北斗手持信息终端是针对综合防灾减灾与应急指挥应用，能够应用于受重大自然灾害或其他原因造成的现场地面通信网络完全中断的地区，其装备对象包括各级各类信息采集员、巡护员及专门开展灾后现场应急救援和现场灾情评估的各级灾害管理人员、灾情上报信息采集员、灾害评估专家及灾后救援人员等，如图 6-15 所示。

北斗手持信息终端是集北斗 RDSS、北斗 RNSS、GIS 和 4G，搭载安卓（Android）操作平台于一体的手持式智能移动终端，单兵综合集成度高，具备北斗卫星导航系统和全球卫星定位系统的单系统及双系统的组合定位功能；具有北斗短报文的收发功能并能够实现灾区内的应急通信保障；能够依托北斗卫星导航系统实现灾情特情位置的上报；支持北斗导航、北斗授时、移动语音通信和数据通信、电子罗盘定向等功能。此外，该终端设备还可以广泛应用于国家安全、国防动员、边海防管控、人防信息工程等领域。

2. 北斗天通卫星电话终端

国产“天通一号”系统已接入地面固话网、移动通信网及 Internet，实现了“天地一体”互联互通，满足了卫星终端间、卫星终端和地面终端间的通信，为客户提供“天地一体”的通信服务，有效保障了用户在地面网络无法企及的地方或地面网络中断时，仍然可以进行话音和数据通信，实现信号无盲区，包括在海洋、山区、高原、森林、戈壁、沙漠等特殊地形时，都可实现通信信号无缝覆盖。国产“天通一号”、北斗卫星终端将更广泛地应用于西藏的交通运输、农牧业、水文监测、气象测报、通信系统、电力调度、救灾减灾、公共安全、智慧城市建设和社会治理等方面，如图 6-16 所示。

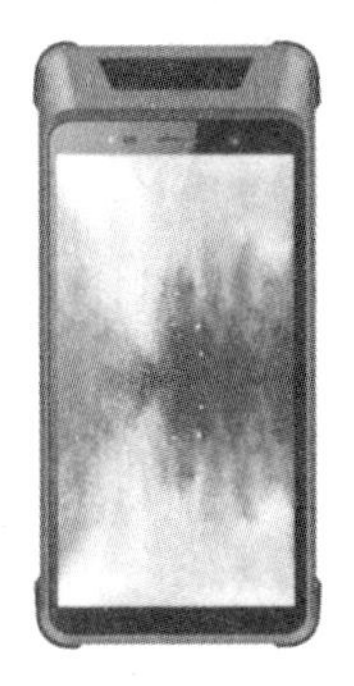

图 6-15　应急救援型北斗手持信息终端外观

图 6-16　北斗天通卫星电话终端外观

三、其他应急应用产品

1. 安全帽

智慧安全帽将定位终端与安全帽进行一体化设计，实现对工人位置及安全情况的监测，以及在应急突发状况下的人员定位和监测，具有运动检测、固定定位间隔进行定位、低电量提醒等特点，如图 6-17 所示。

图 6-17　智慧安全帽

2. 北斗机载双模型定位通信终端

北斗机载双模型定位通信终端具有北斗 RDSS/RNSS 定位、导航、授时、短报文通信、位置报告功能。产品设计符合航空标准，可应用于运输机、轰炸机、直升机或无人机等多种机型，如图 6-18 所示。

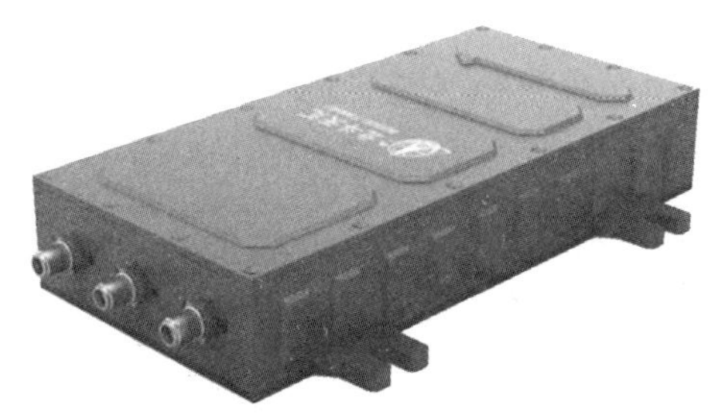

(a) 北斗通信终端主机

(b) 北斗通信显控设备

图 6-18　北斗机载双模型定位通信终端外观

3. “北斗三号”短报文船载终端

“北斗三号”短报文船载终端是一款支持“北斗三号”区域通信、定位的一体式通信定位终端。该终端通过北斗/GPS 双模定位，并可将位置信息、状态信息通过短报文进行信息上报。终端通过太阳能板实现自动充放电，无须外部供电，安装简单，维护方便。同时具备物理防拆卸和电子防拆卸功能，满足海上船舶应急监管行业要求，适用于高盐雾、高腐蚀近海等环境，如图 6-19 所示。

图 6-19　“北斗三号”短报文船载终端外观

第七章　移动应急通信

第一节　移动通信的诞生及演进

当前移动通信已成为生活中必不可少的部分，全球移动通信已历经从 1G 到 5G 的发展过程，基本上保持了十年一代的演进节奏，如图 7-1 所示。

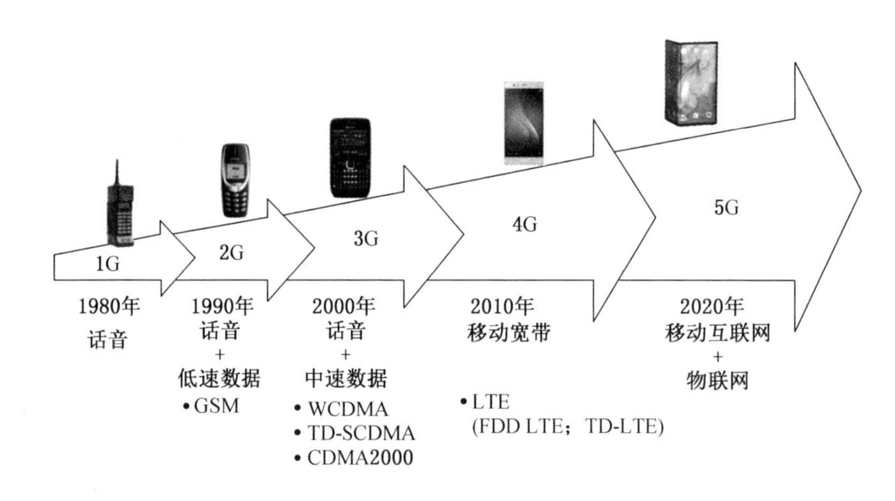

图 7-1　移动通信发展过程

每一次代际跃迁，每一次技术进步，都极大地促进了产业升级和经济社会发展。从 1G 到 2G 实现了模拟通信到数字通信的过渡，移动通信走进了千家万户。2G 到 3G、4G 实现了语音业务到数据业务的转变，传输速率成百倍提升，促进了移动互联网应用的普及和繁荣。2020 年 5G 时代已经到来，在大幅提升网络性能的同时，服务对象从人与人通信拓展到人与物、物与物通信，将与经济社会各行业深度融合，在支撑经济高质量发展中发挥重要作用。

一、移动通信的诞生到 4G

1G，即第一代移动通信，是以模拟技术为基础的蜂窝无线电话系统。所谓模拟通信，简单来说就是通过声/电转换器将声音先转换成电波，再调制到更高的载频上进行发送，在接收端再将电波还原成声音，模拟通信解决了最基本的通信移动性问题，可以支持语音通信业务，但由于频率资源有限，一个基站仅能支持几个用户同时通话。手机和基站连接后，如果手机上的基站显示是红灯，表示基站资源已被占用，手机无法打电话，只有显示绿灯才可使用。

为了解决网络频率资源受限的问题，20 世纪 60 年代，美国贝尔实验室提出了在移动通信发展史中具有里程碑意义的概念——蜂窝小区和频率复用理论。所谓蜂窝，就是将网络划分为若干个相邻的小区，整体形状酷似蜂窝，每个小区内使用一组频率，相邻小区采用不同频率以减小干扰。由于信号强度会随着距离增加而衰减，相隔一段距离后相同频率又可以重复使用，称为频率复用。蜂窝网络解决了公共移动通信系统大容量需求与有限频率资源之间的矛盾。随着用户数的增加，可以通过小区分裂、频率复用、小区扇形化等技术提高频谱利用率和系统容量。1978 年底，贝尔实验室研制成功了全球第一个移动蜂窝电话系统——高级移动电话系统（Advanced Mobile Phone System，AMPS），美国电话电报公司（AT&T）使用该技术在芝加哥开通了第一个模拟蜂窝商用试验网络，这是全球第一个真正意义上的、可随时随地通信的移动通信网络。然而由于存在多种制式，不同系统之间互不兼容，标准不统一，1G 实际上是一种区域性的移动通信系统，无法支持国际漫游。

1G 在商业上取得了巨大的成功，但随着大规模商用的开展，频谱利用率低、保密性差、设备成本高、体积大等弊端愈加突出。为了解决模拟通信系统存在的根本性技术缺陷，数字移动通信技术应运而生，第二代移动通信（2G）采用时分复用/频分复用方式，运用数字化语音编码和数字调制技术，实现了从模拟通信到数字通信的飞跃，开启了数字蜂窝通信的新时代。2G 虽然仍定位于话音业务，但话音质量显著提升，并且可以支持 100 Kbit/s 量级的低速数据业务，手机不仅可以通话，还可以发短信、上网，且通信传输的保密性显著增强。

第三代移动通信（3G）是开始支持高速数据传输的蜂窝移动通信技术。20 世纪 90 年代末 2G 规模商用的同时，开启了 3G 的发展阶段。3G 依然采用数字通信技术，通过更大的系统带宽、更先进的技术，使其传输速率可达 8 Mbit/s 以上，超过 2G 的 100 倍。数据传输速率的大幅提升使 3G 不仅能支持话音业务，还可以支持高质量的多媒体业务，如高清晰度图像、移动视频等，业务更加多样化。2007 年，苹果公司发布了 iPhone 智能手机，智能手机的浪潮席卷全球，手机功能的大幅提升加快了移动通信系统演进的步伐，人们可以在手机上直接浏览网页、收发邮件、进行视频通话、收看电视直播，人类正式步入移动多媒体时代。

2000 年确定了 3G 国际标准之后，ITU 启动了第四代移动通信（4G）的相关工作。2003 年，ITU 定义了 4G 的关键性能指标，包括 1 Gbit/s 的峰值传输速率、20 ms 的无线传输时延等，4G 可以更好地支持语音业务和宽带数据业务。

包含频分双工和时分双工方式的 LTE/LTE-Advanced（LTE 演进）技术成为事实上唯一的 4G 国际标准。LTE/LTE-Advanced 作为新一代宽带无线移动通信技术，以 OFDM 和 MIMO 技术为基础，并在移动通信空中接口技术中全面采用优化的分组数据传输。LTE 大量采用了移动通信领域最先进的技术和设计理念，包括简化的扁平网络架构、OFDM 多址技术、多天线 MIMO 技术、快速的自适应分组调度和灵活可变的系统带宽等，实现了高效的无线资源利用，其性能大大高于传统的 3G 移动通信系统。

二、5G：从人人互联到万物互联

当前移动网络已融入社会生活的方方面面，深刻地改变了人们的沟通、交流乃至整个生活方式。4G 网络造就了非常辉煌的互联网经济，解决了人与人通信的问题，开启了消费互联网时代。移动支付、共享平台、电子商务等改变人们生活的案例数不胜数，现在人们出门可以不带钱包，只需一部手机就可以完成出行、购物、支付等各种事务，这在4G之前是很难想象的，所以人们说4G改变了生活。

第五代移动通信（5G）的发展及应用，尤其是与交通、制造、医疗、家居、物流等垂直行业相融合，将开辟一个产业互联网新天地。5G将发挥“催化剂”和“倍增器”的作用，比如5G与制造业相结合，将有效提高全要素生产效率，显著降低企业运营成本，优化制造资源配置，全面推动产业从自动化向数字化、网络化、智能化转型。高速率、低时延、大连接等显著特性使5G具备成为新型网络基础设施的技术基础，与传统基础设施深度融合，将给整个社会带来更大范围、更深层次的影响，整个社会将步入一个更加智能的万物互联新时代。

4G之前的各代移动通信一直关注的是速率问题，为用户提供更高的传输速率是网络演进和优化的目标。随着5G应用场景拓展到物联网领域，关注的性能指标更加多样化，要求速度更快、容量更大、响应时间更短，5G可提供高达10 Gbit/s的数据速率、低至1 ms的时延、每平方千米百万级别的接入连接数。高速率、低时延和大连接成为5G最突出的三大特征。

2015年，ITU定义了5G的三大应用场景，即增强型移动宽带（enhanced Mobile Broadband，eMBB）、超高可靠及低时延通信（ultra-Reliable and Low Latency Communications，uRLLC）和海量机器类通信（massive Machine Type Communication，mMTC），如图7-2所示。

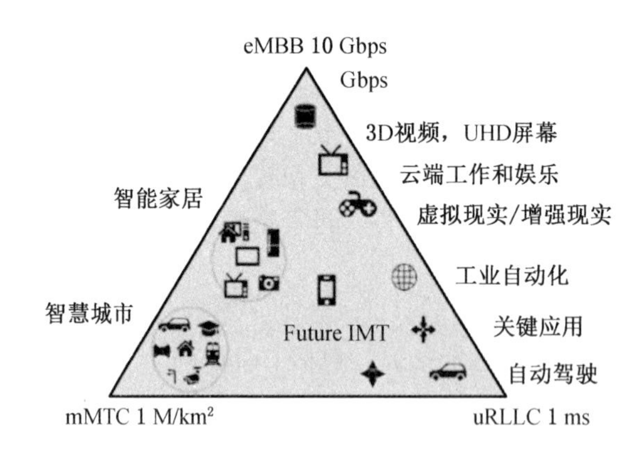

图7-2 5G三大应用场景

1. 高速率

更高的速率永远是移动通信网络演进不懈追求的目标，也是5G区别于4G的一个基本特点。每一代移动通信相比前一代，都有10倍以上的数据传输速率的提升。2G的数据传输速率仅为9.6 Kbit/s，3G时代提升到2 Mbits以上，4G最高速率可达100 Mbit/s，下载高清电影需要几分钟时间，而5G的下载速率可超过1 Gbit/s，也就是说一部1 GB大小的超高清电影最快8 s即可下载完成。数据传输速率的提高还将大幅度提升用户体验，在更大带宽、更高速率的支持下，4K甚至8K高清视频、3D视频、VR/AR、人视频等更高级的显示方式将走进日常生活并获得广泛应用。例如新冠疫情期间，无法到校上课的学生需要通过网络进行课程学习，受4G网速约束，尤其是在线用户数较多的情况下，会存在一定的卡顿现象，直播上课的效果难以保障，而5G更高的速率不仅可以使学生获得更好的直播体验，甚至已经有学校在探索通过VR/AR技术，实现边远山区的孩子和城里的孩子在虚拟课堂同上一堂课。

2. 低时延

5G之前的历代移动通信网络都是面向人与人通信的，对信息传输时延的需求并不高，一般140 ms的听觉、视觉时延不会影响交流效果。然而，对于无人驾驶、远程医疗手术、工业自动化控制等场景来说，这种时延是无法接受的。5G无线传输时延可达毫秒级，可满足部分时延敏感业务的需求。想象一下高速前进中的无人驾驶汽车，一旦需要制动，就要瞬间把信息传送到车上制动系统，否则后果不堪设想；再如成百上千架无人机机群高空飞行，每架飞机之间的距离和动作都要极为精确，哪怕一个信息传输时延都可能发生重大灾难性事故；远程手术中的手术刀，操作指令不及时送达，差之毫厘，都将威胁生命安全。当前的4G网络无线时延在10 ms以上，显然无法满足上述场景的需求，5G通过大量技术配合，可以使无线传输时延降低到1~10 ms，支撑更多超高可靠低时延场景实现，让在电视直播中主持人连线外地现场记者时不再有延迟，更加顺畅，让医生可以获得与现场手术相近的感觉。

3. 大连接

5G的愿景目标是实现万物互联。除传统的手机终端连接到5G网络外，来自各行各业的形态各异的物联网终端也将接入网络，联网设备数量将出现爆发式增长，5G网络具备每平方千米百万级别的用户连接能力，以保证核心城市或工厂区域的联网终端可以同时接入网络。借助5G网络，海量物联网终端可进行实时联结，形成真正的万物互联，人们的工作生活将更加便利，城市管理将更加高效。比如在城市基础设施加装传感器模块，可以实时感知人、车、物的各类信息，甚至每个家庭的水、电、煤气等日常消费，城市管理和规划部门就可以据此分析需要升级哪些城市功能，可以为城市管理提供精确的决策参考。同时，城市的应急响应能力也将大幅提升，比如某地如果发生火灾，无须个人报警，传感器将第一时间感知并通知消防部门，消防部门将据此调配最近距离的消防车，并为其找到用时最短的路线。

三、5.5G：万物互联到使能万物智联

2020年11月，5G行业龙头设备商提出5.5G愿景，以牵引5G产业发展和演进，增强5G生命力，为社会发展和行业升级创造新价值，如图7-3所示。

5.5G是产业愿景，也是对5G场景的增强和扩展。扩展应对的是日益增长的新应用诉求，5G定义的三大场景已经无法支撑更多样性的物联场景需求。比如工业物联的应用，既需要海量连接，又需要上行大带宽，我们提出在eMBB和mMTC之间增加一个场景，命名为UCBC，聚焦上行能力的构建；还有一类应用，既需要超宽带，也需要低时延和高可靠，我们提出在eMBB和URLLC之间增加一个场景，命名为RTBC，聚焦宽带实时交互的能力构建；最后一类场景是泛能力集，比如车联网中的车路协同，既需要通信能力，又需要感知能力，我们提出新增HCS场景，聚焦通信和感知融合的能力构建。

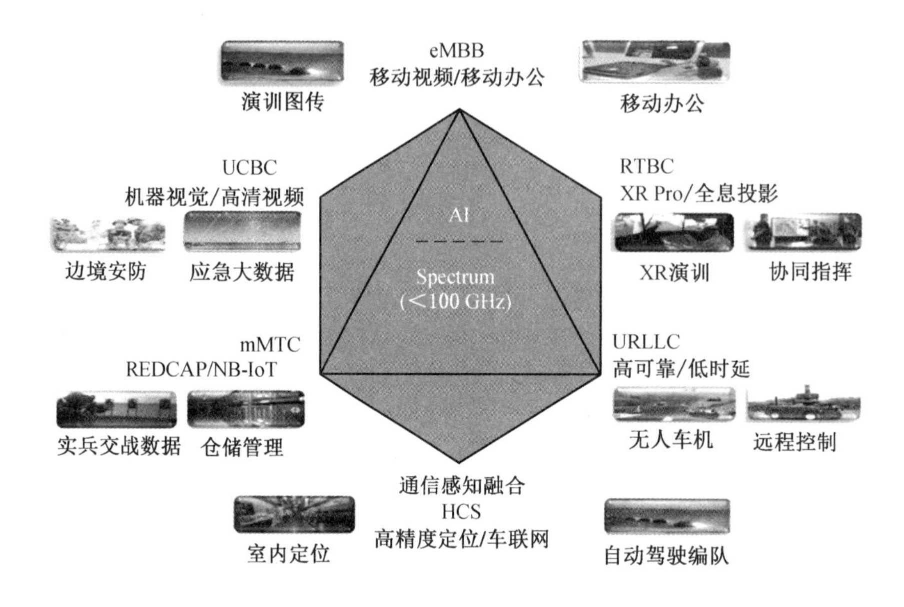

图 7-3　5.5G 价值场景展望

5.5G 愿景的核心内容：增强“三老”场景，扩展“三新”场景，从 5G 场景三角形变成 5.5G 场景六边形，从支撑万物互联到使能万物智联。

5.5G 为社会发展和行业升级创造新价值：

（1）UCBC 上行超宽带，加速千行百业智能化升级。UCBC 场景支持上行超宽带体验，在 5G 能力基线，实现上行带宽能力 10 倍提升，满足企业生产制造等场景下，机器视觉、海量宽带物联等上传需求，加速千行百业智能化升级。同时，UCBC 也能大幅提升手机在室内深度覆盖的用户体验，通过多频上行聚合以及上行超大天线阵列技术，可大幅提升上行容量和深度覆盖的用户体验。

（2）RTBC 宽带实时交互，打造“身临其境”的沉浸式体验。RTBC 场景支持大带宽和低交互时延，能力目标是在给定时延下的带宽提升 10 倍，打造人与虚拟世界交互时的沉浸式体验，比如 XR Pro 和全息应用等。通过广义载波快速扩大管道能力，和 E2E 跨层的 XR 体验保证机制，可以有效提供大带宽实时交互的能力。

（3）HCS 融合感知通信，助力自动驾驶发展。HCS 主要使能的是车联网和无人机两大场景，支撑自动驾驶是关键需求。这两大场景对无线蜂窝网络都提出既要提供通信能力，又要提供感知能力。通过将蜂窝网络 MassiveMIMO 的波束扫描技术应用于感知领域，使得 HCS 场景下既能够提供通信，又能够提供感知；如果延展到室内场景，还可提供定位服务。

（4）重构 Sub100G 频谱使用模式，最大化频谱价值。频谱是无线产业最重要的资源。要达成产业愿景，5.5G 需要在 Sub100 GHz 内使用更多的频谱。不同类型频谱的特点不同，譬如 FDD 对称频谱具备低时延特征，TDD 频谱有大带宽特征，而毫米波则可以实现超大带宽和低时延。如何综合发挥各个频段的优势，是未来关键的方向。我们期望能实现全频段上、下行解耦，全频段按需灵活聚合，重构 Sub100 GHz 频谱使用模式，最大化频谱价值。

+AI，让 5G 连接更智能。5G 时代运营商的频段数量、终端类型、业务类型、客户类型都会远远高于之前的任何一个制式。化繁为简，5.5G 需要在多方面与 AI 深度融合，推动无线网络自动驾驶水平向 L4/L5 迈进。

四、畅想 6G

全球多区域国家和组织已陆续启动 6G 研究计划，并开始逐步加大投入和支持力度。美国政府高度重视 6G 技术发展，在资金投入和政策方法上大力支持 6G 技术研发，在太赫兹和卫星互联网技术方面遥遥领先。2019 年 3 月，美国联邦通信委员会（FCC）宣布开放用于太赫兹试验频谱（95 GHz~3 THz）；2020 年 10 月，美国电信行业协会发起并成立 6G 联盟；截至到 2021 年 1 月底，美国太空探索技术公司（SpaceX）的“星链”（Starlink）卫星已达到 1000 多颗，卫星互联网服务的试用速度已突破 160 Mbps，超过美国 95% 的宽带连接。

欧洲 6G 研究初期以各大学和研究机构为主体，积极组织全球各区域研究机构共同参与 6G 技术的研究探讨。2019 年 3 月，芬兰奥卢大学 6G 旗舰组织邀请 70 位来自各国的通信专家，召开了全球首届 6G 峰会，共同探讨下一代通信技术驱动因素、研究挑战和未来愿景，并发布了全球首份 6G 白皮书；2020 年 3 月召开第 2 届 6G 峰会，发布了 12 个 6G 相关议题，其中多个议题已发布相关白皮书；2020 年 12 月，诺基亚宣布将牵头开展“Hexa-X”项目，目标是引领下一代无线网络发展。

日本通过官民合作制定 2030 年“Beyond 5G”综合战略，投入千亿日元用于 6G 技术研发。日本在太赫兹等各项电子通信材料领域领先优势明显；2020 年 12 月，日本内务和通信部与日本信息通信研究所（NICT）合作开设“Beyond 5G 新经营战略中心”，协同产、学、官各方力量，致力于知识产权的获取和标准化工作。

韩国以大型企业为主导开展 6G 研究。2019 年 1 月，LG 与韩国高级科学技术学院 KAIST 合作建立 6G 研究中心；2019 年 6 月，三星成立高级通信研究中心，开始对 6G 网络进行研究；2020 年 7 月，三星发布 6G 愿景白皮书。

从全球来看，2019 年是各国纷纷正式启动 6G 研究的一年，2020 年是全球纷纷加大政策支持和资金投入力度用于加快推动 6G 研究的一年。6G 研究尚处于起步阶段，整体技术路线目前尚不明确。目前业界对于未来 6G 的底层候选技术、网络特征和目标愿景都处于热烈的自由探讨中，未来 3 年的 6G 研究也会聚焦在 6G 业务需求、应用愿景与底层无线技术等方向。此外，高应用潜力和高价值关键使能技术的核心专利预先布局、研发生态构建也是目前 6G 研究的工作重点。

可以预见，未来 5~10 年，6G 技术话语权的竞争势将激烈。从 6G 愿景角度来看，5G 将实现从移动互联到万物互联的拓展，6G 将在大幅提升移动通信网络容量和效率的同时，进一步拓展和深化物联网应用的范围和领域，并与人工智能、大数据等 ICT 新技术相结合，服务于智能化社会和生活，实现万物智联，“万物互联始于 5G，蓬勃发展于后 5G”。未来 10~20 年，以 6G 为代表的新一代移动通信可能具备以下特征：

（1）更强性能。与以往新一代移动通信类似，空口性能指标实现十到百倍的提升，6G 的峰值传输速率可达 100 Gbit/s~1 Tbit/s，无线传输时延低至 0. 1 ms；连接数密度支持 1000 万/km^2，定位精度室外可达 50 cm，室内 1 cm，网络容量将达到 1000 倍以上。

（2）更加智能。引入人工智能、大数据等技术，使网络中的节点都具备智慧能力，网络建设、运行具有高度智能，网络实现全面的自组织和自优化，面向个人、行业等用户提供高度个性化场景连接的智慧服务，满足精细化要求。

（3）更加绿色。在网络性能提升的同时，要降低成本和能耗，提升每比特系统能效十倍甚至百倍，实现能耗的有效控制，打造低碳绿色的社会环境，支撑绿色发展理念，实现可持续发展。

（4）更广覆盖。网络覆盖将从陆地扩展到天空甚至海洋，将空间、陆地以及海洋紧密无缝连接，实现全球深度覆盖，形成多层覆盖、多网融合的空天地一体化通信网络，未来的移动网络覆盖将像阳光、空气一样无所不在。

（5）更加安全。通过物理信号设计、架构设计、协议设计以及区块链、量子通信等技术的应用，确保网络安全，提高通信可靠性和信息安全。

（6）开源开放。6G网络将实现去中心化和扁平化，核心网设备和终端产品将实现平台化、软件化、IP化、开源化，将构建更加开放、公平的产业生态环境。

相信6G将成为构筑智能社会的新型基础设施，在全面支撑传统基础设施智能化升级的同时，进一步缩小地域间数字鸿沟、拓展大服务覆盖面、提升社会治理精细化水平，为构筑智能社会提供有力保障。

第二节　移动通信系统架构

一、移动通信标准

移动通信领域的国际标准化组织主要包括ITU和3GPP，其ITU是主管信息通信技术事务的联合国机构，主要负责分配和管理全球无线电频谱，制定新一代移动通信愿景、需求及关键性能指等，但ITU并不直接制定具体的移动通信标准。3GPP成立于1999年，现由7个伙伴组织构成，包括欧洲标准化电信委员会（ETSI），中国通信标准化协会（CCSA）、日本的无线工业及商贸联合会（ARIB）和电信技术委员会（TTC）、印度电信标准发展协会（TSDSI）、韩国的电信技术协会（TTA）和北美地区的世界无线通信解决方案联盟（ATIS）等。3GPP最初成立的目标是为3G制定全球统一的技术标准，但随着移动通信技术的发展演进，其工作范围也随之扩大，不仅完成了4G标准制定，也是5G国际标准的制定者。3GPP完成5G技术规范后，需要通过ITU评估、认可，才能正式被认定为5G国际标准。

目前，3GPP有超过550家成员单位，覆盖运营商、设备商。

二、移动通信技术

在无线通信中，许多用户同时通话，以不同的无线信道分隔，防止相互干扰的技术方式称为多址方式。

1. 频分多址技术

频分（FDMA）就是把整个可分配的频谱划分成许多单个的无线电信道，每个信道可以传输一路话音或控制信息，如图7-4所示。

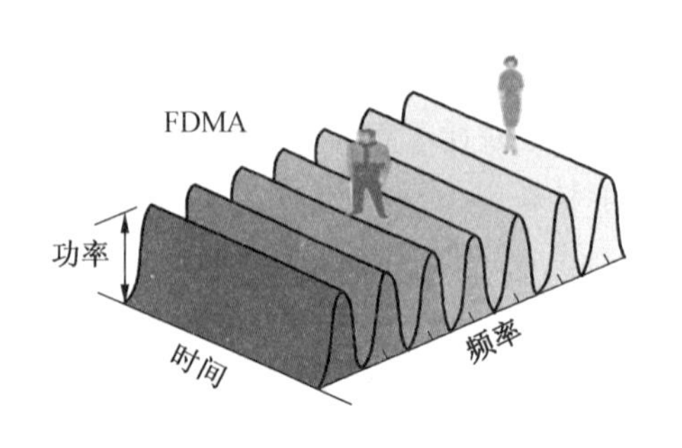

图7-4　频分多址技术示意图

FDMA 是通过不同的频率来区分不同的用户，实现起来比较简单。因为简单，所以使用最早（大哥大）、最广（所有制式都必须用）。

2. 时分多址技术

时分多址是指在一个宽带的无线载波上将某一信道按时间加以分割，各信号按一定顺序占用某一时间间隙（时隙），如图 7-5 所示。

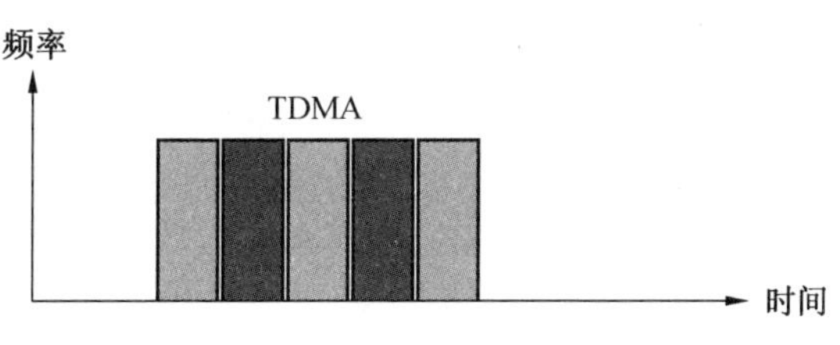

图 7-5　时分多址技术示意图

也就是说，时分多址（TDMA）通过不同的时间片（时隙）来区分不同的用户。通常 TDMA 和 FDMA 结合起来使用，实现起来也不复杂，而且提高了频谱利用率，如图 7-6 所示。

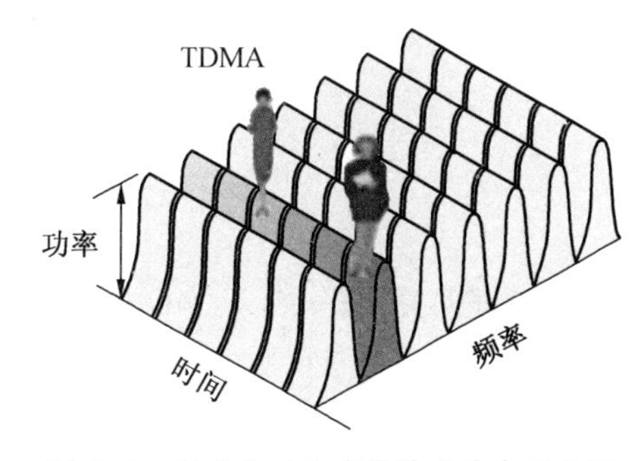

图 7-6　频分和时分多址技术结合示意图

从多址技术的角度看，目前只有 GSM 和 TD 采用了时分多址技术。

3. 码分多址技术

码分多址类似于用不同的语言交流信息的多址方式，只不过无线通信里对信息内容进行编码的不是语言，而是用相互正交的扩频码。各个用户分配在时隙和频率均相同的信道上，扩频码是对数据进行正交化编码的方式。

4. 空分复用技术

空分复用技术是利用空间位置不同来区别信号的多址方式。多个天线单位组成的天线阵，完全可以区别不同传播方向来的无线信号。不同方向来的数据并不需要频率、时隙、码道上的不同即可以把它们区分开来，当然同个方向的数据必须辅以其他手段加以区分。

三、移动通信网络架构

整个移动通信网络由终端、无线接入网、承载网、核心网组成。终端通过鉴权等方式空口接入无线接入网，无线接入网俗称基站，基站通过前传光纤连接到承载网，承载网为环形多层级光纤组网，末端将接核心网，核心网则如同大型交换机，主要负责收集、处理和转发数据等，主要包括移动管理单元（MME）、信令网关（S-GW）、数据网关（P-GW）等部分，如图 7-7 所示。

（1）移动管理单元（MME）：负责用户接入管理、移动性管理、会话管理等功能。

（2）信令网关（S-GW）：4G 核心网靠近用户设备 UE 一侧的网关，一个 SGW 可以服务多个 eNodeB，主要进行数据包的转发、计费。

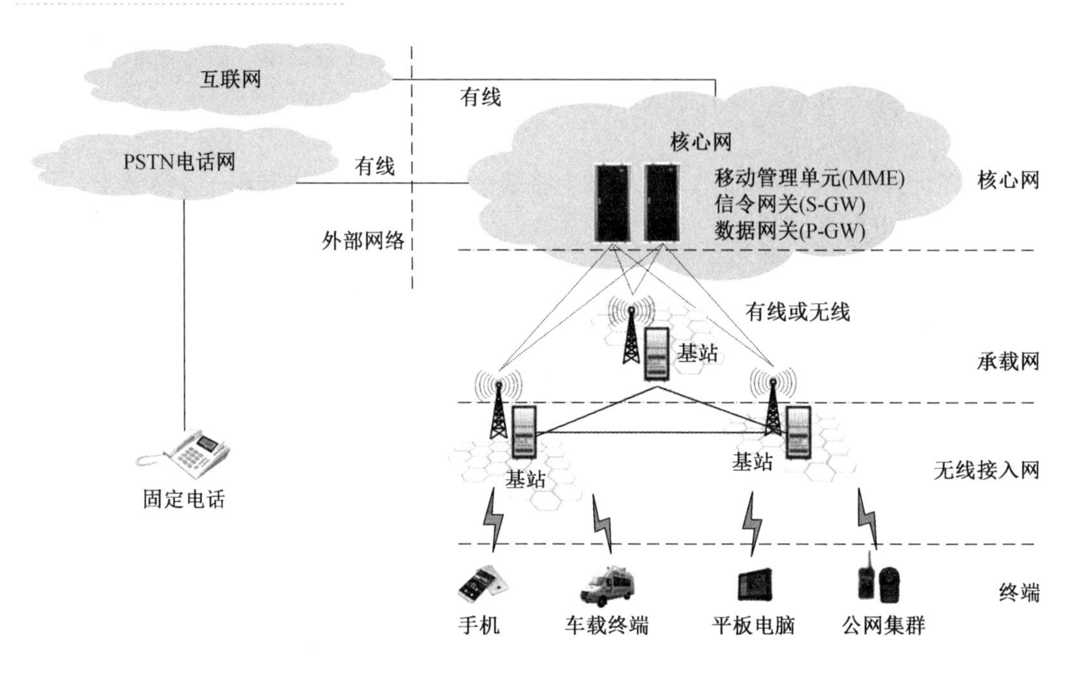

图 7-7　移动通信网络架构示意图

（3）数据网关（P-GW）：4G 核心网靠近对端运营商网络、Internet 等外部网络一侧的网关，一个 P-GW 可以服务多个 S-GW，主要进行数据包的转发、计费、终端 IP 地址分配、QoS 控制等功能。

核心网的后端则是相应的应用服务器、数据中心等内容服务提供商，并通过有线等方式与外部网络（如互联网、PSTN 电话网等）连接，实现移动和固定终端的互联互通。

（一）基站设备

整个 5G 无线端到端网络更加集约化，组成如图 7-8 所示。

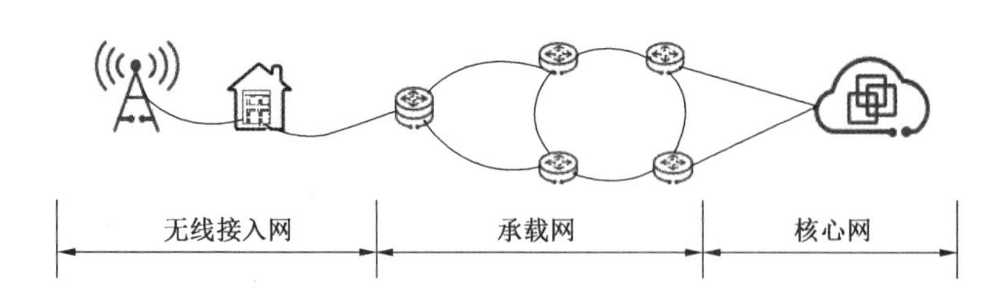

图 7-8　5G 无线端到端组成示意图

无线接入网俗称基站，作为与终端连接的主要设备形态。经过 2G/3G/4G/5G 的发展，形态和设备数量发生了重要变化。

随着通信技术的不断发展，基站设备的演进图如图 7-9 所示。

在 2G 时代，宏基站属于主流，宏基站的设备箱中包含 RFU，需要在塔上放置塔放设备。

在 3G/4G 时代，分布式基站诞生，其最大的特点是将宏基站拆分为 BBU 与 RRU：BBU

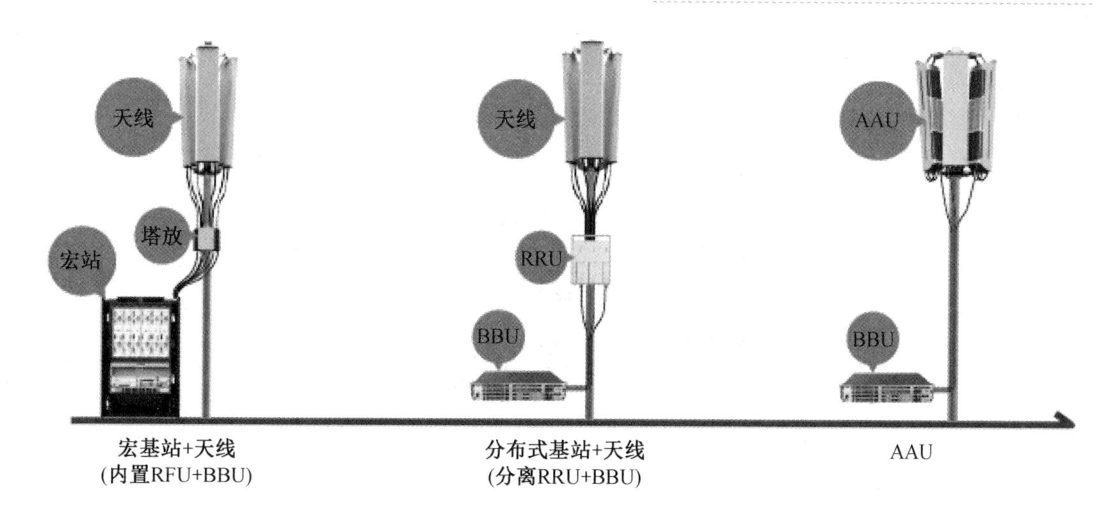

图 7-9 基站设备演进示意图

（基带处理单元）包含基带板和主控板，基带板负责基带信号处理，主控板负责数据协议打包等；RRU（射频拉远单元）滤波对应频段、放大无线电信号，完成射频（高频率）和基带信号（0/1）相互转化。BBU 与 RRU 之间通过光纤相连。

在 5G 时代，由于频段的提升，天线阵列可以非常小，因此天线和 RRU 可以实现合并。AAU（有源天线系统）作为 RFU、RRU 之后衍生诞生出的一种新型射频模块形态，其将原有的 RRU 单元功能及天线的功能集中合并，可大大简化站点资源和站点部署难度。

（二）无线回传网络

在整个移动通信网络里，基站的回传网络是非常重要的环节。回传网络即基站到承载网络的链路，一般通过有线连接或者通过微波无线连接。这里主要介绍微波。

利用微波进行通信具有容量大、质量好并可传至很远的距离等特点，因此是国家通信网的一种重要通信手段，也普遍适用于各种专用通信网。我国微波通信广泛应用 L、S、C、X 诸频段，K 频段的应用尚在开发之中。由于微波的频率极高，波长又很短，其在空中的传播特性与光波相近，也就是直线前进，遇到阻挡就被反射或被阻断，因此微波通信的主要方式是视距通信，超过视距以后需要中继转发，如图 7-10 所示。

图 7-10 5G 微波通信示意图

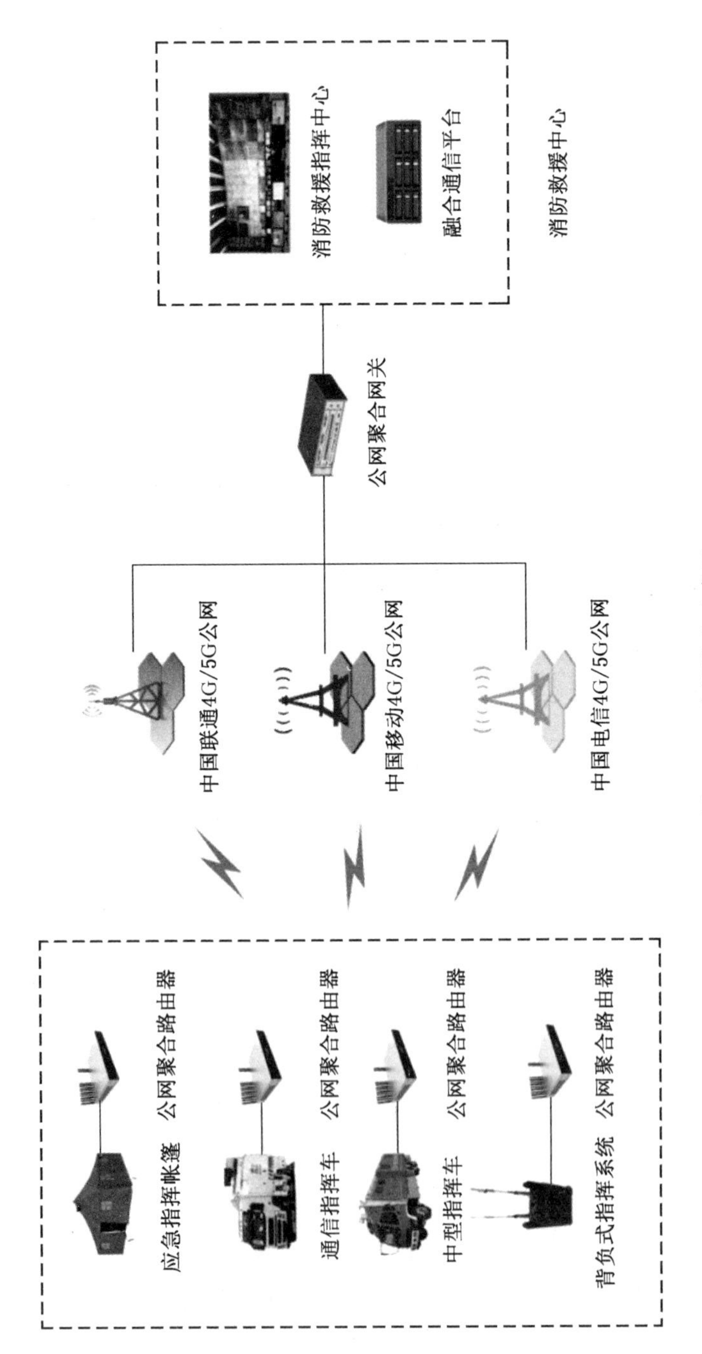

图 7-11 公网聚合示意图

（三）移动通信网络与应急通信网络的融合对接

1. 终端对接

运营商公网网络覆盖广，信号质量较好，当应急救援现场公网可用时，可以采用基于三大运营商的公网网络构建灾害一线、现场指挥部和指挥中心的回传链路。

基于运营商公网的回传链路采用公网聚合设备实现，公网聚合设备可以聚合三大运营商的无线链路，形成一条高带宽的公网聚合链路，提升回传链路的带宽和可靠性，如图7-11所示。

公网聚合路由器支持6/9条链路，最多3个运营商，支持3×3或3×2组，实现GPS位置报告。

（1）备份模式。所有回传链路分为3组，将数据复制3份，各组同时发送，任意一组数据优先到达为准。

（2）聚合模式。所有回传链路不分组，将数据拆分为N份，通过各条链路并行发送，所有数据到达后重组拼装。

（3）备份+聚合模式。先将所有回传链路分为3组，将数据复制3份，按照分组同时发送；每组将数据进行拆分，通过组内链路并行发送，组内所有数据到达后重组拼装；3组各自重组拼装数据，以优先到达组的数据为准。

公网聚合路由器支持5G/4G网络，在城区等具备5G覆盖的区域，可通过5G网络实现大带宽的数据传输；在郊区等不具备5G覆盖的区域，可降级到4G网络，通过多网聚合实现大带宽的数据传输。

2. 光纤连接

救援队伍可以根据现场指挥部和指挥中心通信的要求，以及灾害一线的实际情况，对于现场指挥部无其他回传链路的情况，选择使用应急光缆作为回传手段，快速实现现场指挥部与指挥中心的互联互通，如图7-12所示。

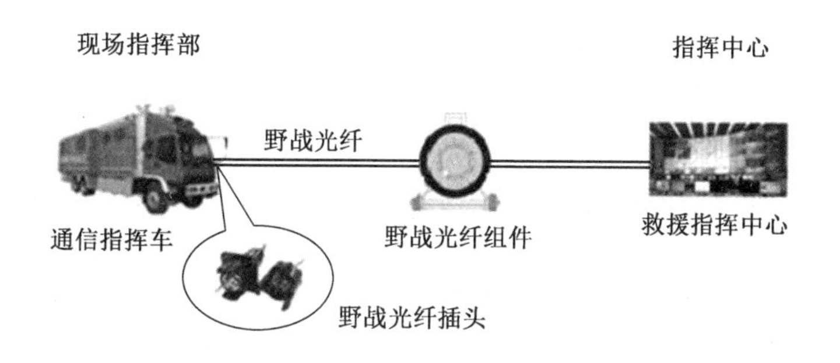

图7-12 野战光纤回传链路

应急光缆通信系统由野战光缆、多用途光缆收放设备、光电转换模块组成，其中野战光缆主要为野战和复杂环境下快速布线或反复收放使用；多用途光缆收放设备是应急光缆通信系统开设的配套设备，可安装在通信车、吉普车等载体上，主要用于应急光缆的快速布放和回收；光电转换模块设备简单轻便，可单兵携带，环境适应性好，可为执行抢险救灾、维稳处突等任务以及光缆台站开设和光缆线路抢通维护提供应急通信保障。

第三节 移动应急通信应用

一、国家对运营商移动通信网络的要求

根据工信部公布的《国家通信保障应急预案》，我国将通信预警划分为特别严重（Ⅰ级）、严重（Ⅱ级）、较严重（Ⅲ级）和一般（Ⅳ级）4个等级，依次标为红色、橙色、黄色和蓝色。其中，一级预警启动的条件包括：公众通信网省际骨干网络中断、全国重要通信枢纽楼遭到破坏等，造成2个以上省（区、市）通信大面积中断的；发生其他特别重大、重大突发事件，需要提供通信保障，但超出省级处置能力的。

（1）基础电信运营企业在通信网络规划和建设中，要贯彻落实网络安全各项工作要求，健全网络安全防护、监测预警和应急通信保障体系建设，不断提高网络的自愈和抗毁能力；强化对网络运行安全和网间互联互通安全的监测及风险隐患排查；完善应急处置机制，修订完善各级通信保障应急预案，定期组织演练，加强网络运行安全和应急通信保障的宣传教育工作，提高应对突发事件的能力。

（2）根据工信部公布的《国家通信保障应急预案》，突发事件应急处置和实施重要通信保障任务所发生的通信保障费用，由财政部门参照《财政应急保障预案》执行。因电信网络安全事故造成的通信保障和恢复等处置费用，由基础电信运营企业承担。对在通信保障应急工作中作出突出贡献的单位和个人按规定给予奖励；对在通信保障应急工作中玩忽职守造成损失的，依据国家有关法律法规及相关规定，追究当事人的责任；构成犯罪的，依法追究刑事责任。

（3）工信部公布的《国家通信保障应急预案》还要求，为保证通信保障应急车辆、物资迅速抵达抢修现场，有关部门通过组织协调必要的交通运输工具、给应急通信专用车辆配发特许通行证等方式，及时提供运输通行保障。事发地煤电油气运相关部门负责协调相关企业优先保证通信设施和现场应急通信装备的供电、供油需求，确保应急条件下通信枢纽及重要局所等关键通信节点的电力、能源供应。本地区难以协调的，由发展改革委会同煤电油气运保障工作部际协调机制有关成员单位组织协调。事发地人民政府负责协调当地有关行政主管部门，确保通信保障应急物资、器材、人员运送的及时到位，确保现场应急通信系统的电力、油料供应，在通信保障应急现场处置人员自备物资不足时，负责提供必要的后勤保障和社会支援力量协调等方面的工作。

（4）基础电信运营企业要按照工业和信息化部的统一部署，不断完善专业应急机动通信保障队伍和公用通信网运行维护应急梯队，加强应急通信装备的配备，以满足国家应急通信保障等工作的要求。基础电信运营企业应根据地域特点和通信保障工作的需要，有针对性地配备必要的通信保障应急装备（包括基本的防护装备），尤其要加强小型、便携等适应性强的应急通信装备配备，形成手段多样、能够独立组网的装备配置系列，并加强对应急装备的管理、维护和保养，健全采购、调用、补充、报废等管理制度。具有专用通信网的国务院有关部门应根据应急工作需要建立相应的通信保障机制。

二、靶向短信

靶向短信依托于大数据位置标签和运营商短信群发能力搭建大数据智慧短信平台，利用基站覆盖和大数据技术综合分析出指定区域的常住和漫游用户，建立实时动态的数据模型，锁定发布时效内在指定区域附近停留的用户，向其发布短信，响应时间不超过 3 min。通常的形式是通过短信平台创建短信任务，配置目标人群和短信内容。靶向短信业务流程如图 7-13 所示。

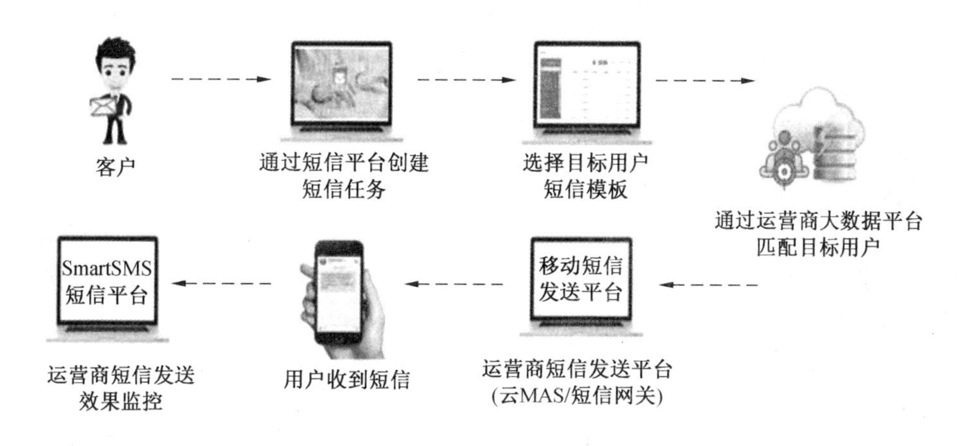

图 7-13 靶向短信业务流程图

靶向短信具有丰富的应用场景，可以应用于恶劣天气预警信息，还可以发送森林防火提示信息、交通道路提醒信息、拆迁通知等。

（1）气象预警信息（图 7-14）。在恶劣天气到来前，向区域市民、景区游客、预测重灾区发送安全提示、人群疏散等信息，减少因信息闭塞造成的人员财产损失。

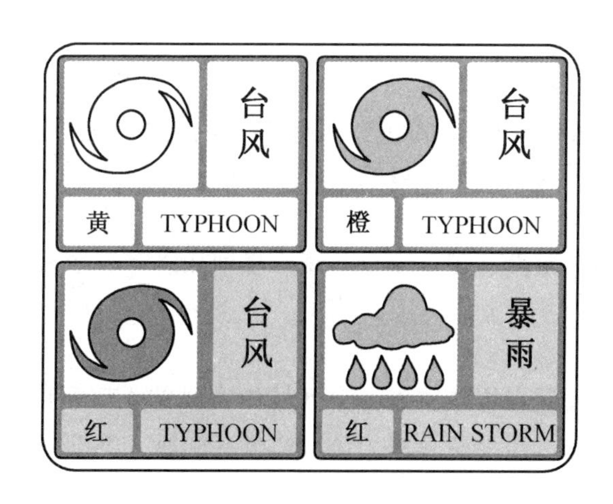

图 7-14 气象预警信息

（2）山林防火提示信息。对进入林区范围的访客、常住居民发送森林防火、登山提示等信息，实行多提示，多防范，减少人为山林火险、登山险情的发生。

（3）公共安全提醒信息。向发生过盗窃、治安问题的区域常住居民、游客等发送提醒短信，注意防范，减少此类治安事件再发生。

（4）交通道路提示信息。道路施工封闭、交通临时管制，对近期频繁经过车主、漫游进入本市的游客等相关人群发送提示信息，利于交通疏导，建立良好服务形象。

（5）景区服务提示信息。用于游客进入景区时发送景区欢迎短信，或者在景区人员超过一定阈值后发送景区预警短信，避免景区安全事故发生，提升景区服务质量。

（6）面对洪水、山火等灾害，靶向短信平台能提升政府部门的预警信息发布效率和科学防灾减灾避灾的能力。

三、人口热力图

人口热力图是指利用手机基站定位该区域的用户数量，通过用户的数量渲染地图颜色，实现展示该地区的人口密度的目的。从一个城市或地区热力图大概可以了解到一个城市或地区的建成区面积及每个城市各个区域的人口分布情况。一个地区的手机定位数量越多，热力就越大。

（一）技术原理说明

热力图中使用不同的颜色表示人流的密度，颜色越深表示人员越密集。通常使用红色代表最高密度，蓝色或紫色代表最低密度。但是单位区域内红色代表的人数受到多种因素的影响，常见的是：

1. 周边区域的相对人流密度

在绘制热力图时，为了表现出更明显的人流密度层次，系统会动态计算不同颜色标识的人数。因此，在人员稀疏的区域，红色表示的人数其实远远小于人流密集区域的红色人数。

2. 地图的比例尺

地图的缩放比例同样会影响热力图颜色的展示，一般地图显示的范围越大，单位地图区域聚合的人数也会越多，颜色会更深。

因此，如果热力图没有给出颜色对应的人口密度，则无法确定某区域颜色代表的人数。在图 7-15 所示的区域和缩放比例中，不同的颜色代表的是在 100 m^2 范围内的人口密度。当颜色达到最红时，说明这个区域的人口密度已经达到 66 人/100 m^2 以上。

（二）典型场景应用

城市热力图在出行、旅游、警务安全、城市规划和研究等多方面都有应用，其中比较常见的两种是：

1. 躲避拥挤地区

通过城市区域热力图，可以观察到一个区域内实时的人口密度，知道哪个区域人多，哪个区域人少。出行之前，可以根据热力图的数据来躲避人多的地方，如图 7-16 所示。

2. 警务监控

城市区域热力图对于应急管理部门监控大型活动区域的人流密度和流量变化也有重要作用。它可以帮助警方实时监测区域内的人流、车流，为精准指挥调度、合理调派警力，

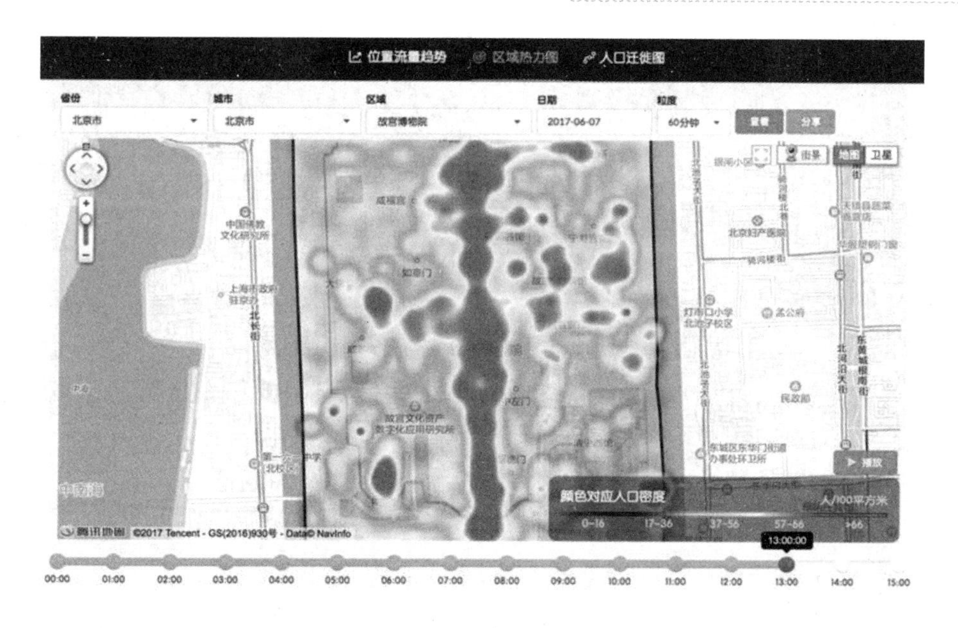

图 7-15　区域人口热力图

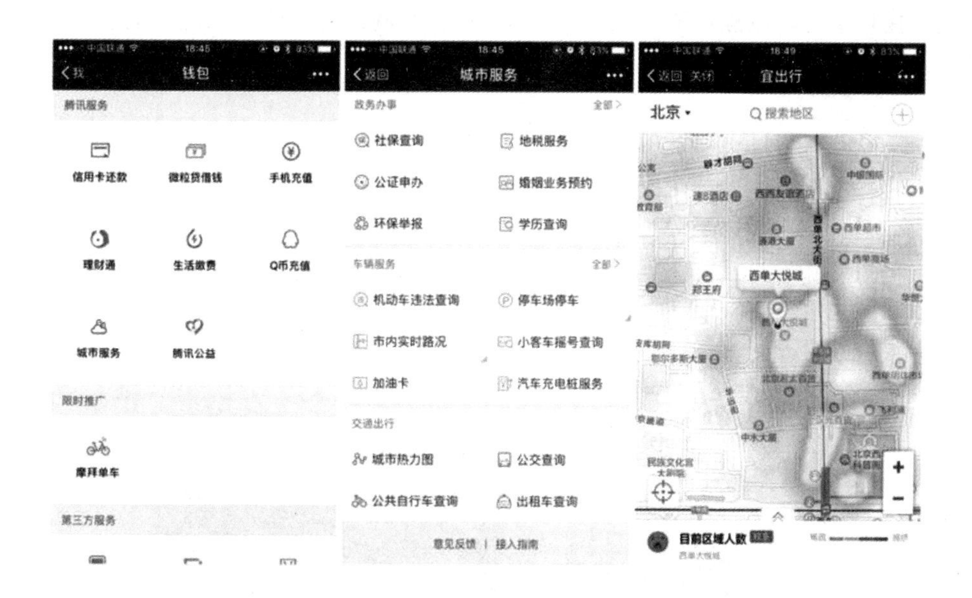

图 7-16　人口热力图指导出行

预警突发事件，科学高效地制定分流疏导策略提供有力的帮助和支持，如杭州“互联网+警务 LBS 大数据”监测区域人员流量系统（图 7-17）。

四、移动应急通信车

运营商应急无线通信主要依赖应急通信车。应急通信车载系统是一种与车辆底盘相集成的可移动的通信系统，主要用于各种应急场合的通信保障或作为临时站点。其产品构成包含通信设备和通信车平台两个部分。其中通信设备包含通信主设备、传输设备、系统电

图 7-17　杭州“互联网+警务 LBS 大数据”监测区域人员流量

源和蓄电池等，如图 7-18 所示。通信车平台包含车辆底盘、舱体（设备厢体）、支撑调平系统、桅杆系统、电源系统（油机、配电等）、空调系统、监控系统、消防、照明、设备减振、防雷接地等子系统。

(a) 应急通信车内部机柜

(b) 内部电器控制柜

图 7-18　应急通信车内部机柜及电源

按照车辆底盘承载能力，可以分为大、中、小型应急通信车。大型应急通信车车长一般在 8 m 以上，通信能力也是最强的，但它的通过性和机动性较差，所以一般被放置在指定地点，为重要会议、大型比赛和演出等重大活动提供通信保障，如中国移动的大型应急通信车（图 7-19）。

图 7-19　大型应急通信车

目前中国移动新投入应用的 5G 应急通信车，已经具备同时支持 GSM、LTE、NB-IOT 和 5G 的融合保障能力，可根据现场需求快速完成架设与开通工作，提供包含 5G 在内的全频段、全制式业务支撑。中型应急通信车尺寸在 8～5.5 m 之间，用于解决中小型活动的移动信号覆盖需求。

小型应急通信车车长一般小于 5.5 m，机动性强、通过性好，载频数量较少，主要用于应对突发情况下的紧急覆盖任务。

卫星通信车，是团队中的机动队员。车体型小，机动性强，对地形限制小，传输采用卫星线路，抵达现场 1 h 内即可完成开通并投入使用，主要用于应对不可预知突发事件的应急通信需求。

2021 年疫情期间，哈尔滨市部分小区调整为中风险地区。其中哈尔滨香坊区恒大时代广场一期因小区移动基站建设问题，导致小区信号弱、无法深度覆盖，核酸检测点信号覆盖出现“缺口”。中国移动哈尔滨分公司保障团队对香坊区恒大时代广场小区核酸检测点和住宅区进行了应急通信保障，支援疫情防控。应急通信保障车进驻后，优先保证小区南侧区域的信号覆盖。由于楼宇较为分散，中国移动又通过优化调整周边基站天线，配合应急通信车的方式，实现了全部楼宇的信号覆盖。目前，中国移动哈尔滨分公司已紧急调拨设备、资源，建设室外基站，保障恒大时代广场移动网络的深度覆盖。

五、无人机应急通信

（一）固定翼无人机通信保障

2021 年 7 月郑州特大暴雨事件中，由应急管理部紧急调派的翼龙-2H 应急救灾型无人机（图 7-20），搭载中国移动的基站设备，从贵州安顺出发，连续出动两次，分别赶赴河南省巩义市米河镇以及郑州市中牟县阜外华中心血管病医院，执行应急通信网络保障任务。

图 7-20　翼龙-2H 应急救灾型无人机

这次任务的具体执行情况是：7 月 21 日 14 时 22 分，翼龙-2H 应急救灾型从安顺机场起飞，历时 4.5 h 抵达巩义市，18 时 21 分进入米河镇通信中断区，为 50 km^2 范围提供长时、稳定、连续的信号覆盖。截至 20 时 00 分，空中基站累计接通用户 2572 个，产生流量 1089.89 M，单次最大接入用户 648 个。此次任务中，无人机在任务区内作业时间共计 8 h 8 min。无人机除了搭载通信设备，为受灾人员提供移动网络信号之外，还应用 CCD 航测相机、EO 光电设备和 SAR 合成孔径雷达，对受灾区域进行拍照和监测，实时将有关信息回传至指挥中心，有效支持了灾区的应急救援行动。

7 月 22 日 6 时 15 分，翼龙-2H 应急救灾型无人机返场降落，飞行近 16 h。这次出现的翼龙-2H 应急救灾型无人机之所以引起轰动，其中一个主要的原因就是它是首次将固定翼无人机应用于应急通信保障任务。相比旋翼无人机，这种固定翼无人机飞行高度高，飞行距离远，覆盖范围大，优势明显。不过，因为和地面之间没有有线连接，所以它只能通过无线回传的方式建立与核心网设备之间的联系。这种无线回传基本上只能通过卫星通信系统实现，如图 7-21 所示。所以，翼龙-2H 通信应急保障任务的难点除了飞行平台本身之外，就是空天链路的建立和调测。大家表面上看到的是无人机大放光彩，实际上背后真正发挥作用的是卫星。

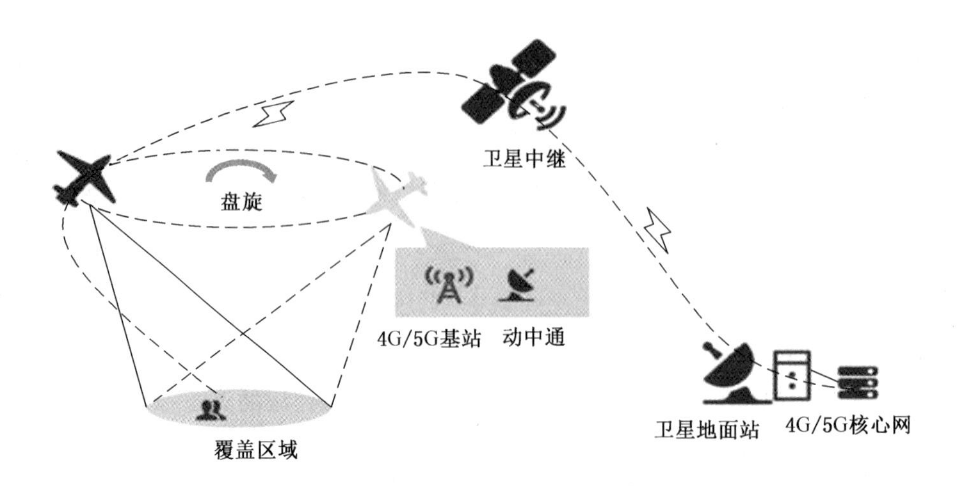

图 7-21　无人机通信保障示意图

（二）系留无人机应急保障

系留无人机应急通信系统具备超长滞空能力，由传统应急通信车集成多旋翼无人机和系留供电系统组成，由于采用地面电源提供电力（市电、油机等），在持续供电条件下，具有长时间通信保障能力。系留无人机应急通信系统相当于搭建一座临时的通信基站塔，无人机升空高度可根据应用场景灵活调整，高度范围通常在 50~200 m，可满足多种场景的应用需求。

系留无人机应急通信系统主要由无人机平台、地面系留平台、供电电源以及回传系统组成，如图 7-22 所示。无人机平台可以挂载多种任务载荷，包括通信基站设备、自组网设备、中继台、电台、光学变焦设备等。空中平台通过光电复合系留线缆与地面系统连接，一方面，空中平台及载荷利用系留线缆连接地面电源获得持续的电力供应；另一方面，系留线缆内置光纤提供了通信设备内部数据传输，为减轻多旋翼无人机载荷，通常仅将基站射频单元安装在无人机平台上，基带单元置于配套的应急车中，两者通过系留线缆连接。基站的传输链路可根据灾区条件和业务要求选择适合的卫星中继、微波中继、光纤直连等回传方式，与地面核心网连接实现应急保障能力。

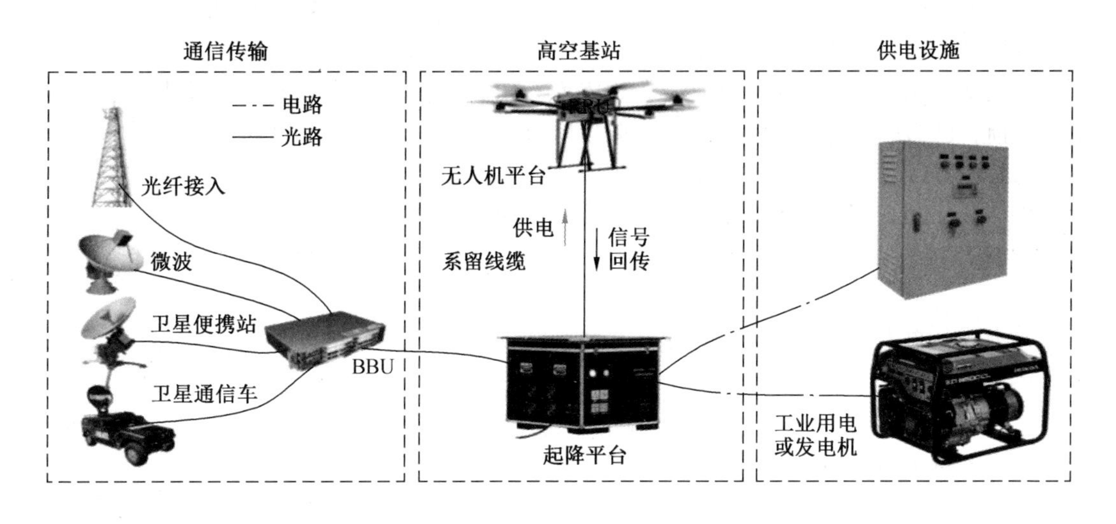

图 7-22 系留无人机应急通信示意图

与固定翼无人机方案主要面向极端环境不一样，系留无人机方案更为普适，主要适用于地震、洪水等自然灾害发生时的应急通信保障，在应急通信车无法到达或基站不能及时架设维修的场景下，可以作为临时基站，提供长时间通信覆盖，覆盖范围实测可达近百平方千米。中国移动在 2017 年四川九寨沟地震、湖南抗洪抢险、阿拉善达喀尔拉力赛，以及 2018 年广东“山竹”台风、山东寿光抗洪抢险等事件中应用了该系统。

六、天通卫星移动通信

2020 年 1 月 10 日，中国电信举办天通卫星业务发布会，正式面向社会各界提供天通卫星通信服务。天通卫星移动通信系统实现了我国领土、领海的全面覆盖，用户使用天通卫星手机或终端在卫星服务区内，可进行话音、短信、数据通信及位置服务。

天通卫星业务使用1740号段的手机号码作为业务号码，已经实现与国内、外通信运营商通信网络的互联互通，实现“在国内任何地点、任何时间与任何人的通信”。通过融合天通卫星移动通信业务和移动、固定以及光宽带网络，能够构建陆海空一体化的泛在信息网络基础设施，为政务应急、海上作业、航空通信等领域的客户提供便捷优质、自主安全的语音、数据通信服务。天通卫星的业务范围如图7-23所示。

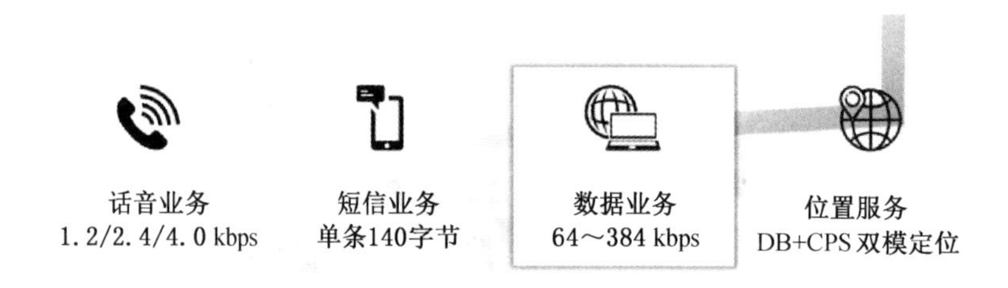

图7-23 天通卫星业务范围

天通卫星由中国电信独家运营，行业、企业、政府客户可以从中国电信政企客户渠道获得专属客户经理服务，中国电信自有营业厅、网上营业厅、掌上营业厅也都支持用户购买天通卫星终端、办理天通卫星业务。2018年3月，中国电信开展天通卫星业务试商用。截至目前，已为应急、水利、消防、林业、地质、武警、电力、海洋渔业等多个行业客户提供通信服务，对客户在工作、生产中的通信需求进行了保障。

据估计，2025年前，我国移动通信卫星系统的终端用户将超过300万个，服务范围涵盖灾难救援、个人通信、海洋运输、远洋渔业、航空客运、两极科考、国际维和等方面。

在浙江，舟山市已累计为452艘渔业捕捞船只安装了卫星天线，满足了渔民在海上享受网络通信的需求，也为安全监管、智慧医疗等行业提供了通信基础。

在广东，全省1574个市地乡统一配置天通卫星电话，台风“山竹”登陆期间，各地市防汛办通过天通卫星电话，有效保障了防汛工作指挥。

在四川木里藏族自治县雅若江镇立尔村森林大火中，应用卫星移动通信电话及数据终端实现信息实时互通，为指挥部提供指挥、调度依据。

在广西，2019年7月，桂林、柳州、百色等地遭遇严重洪涝灾害，中国电信天通卫星电话发挥全天候抗灾功能，成为抢险救灾通信保障中的制胜神器。

在玉树抗震救灾中，由中国电信运营的卫星通信发挥了重要作用，形成了卫星网络与移动通信网、固网、互联网相互补充和支撑的立体保障格局。国内部分专家呼吁，我国幅员辽阔，地质复杂，各种灾害及突发事件频发，从2008年年初的冻灾、5月的汶川地震到此次玉树地震可以看出，地面通信在自然灾害面前显得较为薄弱，建设卫星应急通信系统显得尤其重要和迫切。

地震发生后，中国电信在玉树州玉树市建设的48部“村村通”卫星电话迅速作出反应，第一时间向外界发出地震及灾情信息，让信息迅速传向全省乃至全国各地。48部卫星电话在地震当天共产生通话6773 min，平均每部电话通话141 min，话务量是平时的10倍。截至4月18日24时，48部卫星电话在震后5天内共产生通话22242 min，平均每部电话通话463 min，保障了灾区的通信畅通，对通报灾情、指挥救援发挥了重大作用。

地震发生时，受停电影响，部分地面通信一度中断，中国电信在第一时间内将首批25部卫星电话送到灾区救援队员手中，为省政府、应急办、省消防总队、省电力和省石油公司等救援关键单位及部门简化了开通流程，开通了卫星通信服务，对有效部署地震灾区抢救工作、沟通信息起到了至关重要的作用。同时，派卫星通信专业技术人员与救援队伍一起赴灾区提供卫星通信技术保障。

结合卫星通信、地面移动通信和地面有线通信的中国电信卫星应急通信车也发挥了重要作用。4月16日6时18分，中国电信在玉树州通过卫星中继开通了车载交换机，首先确保党政军抗震救灾指挥通信畅通。中国电信投入到玉树抢险救灾现场的青海、四川、甘肃等省分公司的6辆CDMA网应急卫星通信基站车通过卫星传输，在灾区多个抗震现场开通了应急卫星车载基站，为抗震救灾提供畅通的指挥通信电路。

七、基于5G移动应急通信展望

移动通信技术在应急管理的不同环节和不同层面有着多方面的应用，对减少灾害损失、提高应急管理的能力和水平有着十分重要的作用。

特别是随着5G网络建设的逐步加速，其给社会和生产所带来的改变将逐步明朗。5G设计的三大场景已经开始赋能垂直行业，带来低时延、高连接性及大带宽的网络特性。国内三大运营商高、中、低频点5G网络的规模部署，给提升未来应急管理能力带来了无限的想象空间。应急管理与5G技术、大数据等技术的有机结合，势必会有效提升应急管理工作事前的预测预警能力、事中的指挥调度处置决策能力、事后的复盘优化能力。

（一）基于5G提升监测预警能力

安全生产事故和自然灾害虽然有偶发的因素，但是更有其必然性。应急管理工作最重要的就是预防为主，可以通过对各种信息的监测和分析，提前预警和防范。

（1）加强数据采集，利用5G技术大连接的属性，在安全生产涉及的危化品生产装置和重大危险源、矿山、尾矿库、有毒危害气体等地方，在自然灾害涉及的江河湖泊、降雨、台风、山体滑坡，城市安全涉及的地面沉降、火灾隐患等地方安装传感设备，收集各类与灾害有关的信息，为风险研判提供数据支撑。

（2）加强实时视频监控，对于已经处于高危状态的自然灾害隐患，如洪水过后可能引发的地质灾害、台风过境时可能造成的灾害，通过5G加高清视频的方式，实时监控其状态，第一时间了解可能发生的灾情，为事故发生时的处置赢得时间。

（3）强化分析，利用5G特有的边缘计算能力，将计算能力下沉，在邻近灾害点或灾害隐患重点区域部署计算资源，降低数据回传所需的时延，及时分析极短时间内监控数据的变化。如在有毒可燃气体监控中，数据分析的间隔大幅缩小，可以第一时间发现可能存在的气体泄漏，可以通过工业控制及时联动关闭阀门或发出警报等操作，及时避免事故发生或降低事故灾害程度。

（二）基于5G消息提升信息发布能力

短信服务（Short Message Service，SMS）是移动电话所普遍具有的一项业务功能，主要用在移动电话、其他手持设备及计算机网络之间收发文字、图片及其他多媒体信息。由于短信服务具有使用方便、费用低廉、信息传播迅速及可以实现“一对多”的发送等多种优点，因此受到广大移动通信用户的青睐。同时随着5G消息的推出，更是将原来短消息服务进行全新升级。5G消息打破了传统短信对每条信息的长度限制，内容也将突破文字局限，实现文本、图片、音视频、表情、位置、联系人等信息的有效融合。

在应急管理中，短信服务功能较多地用在了预警信息的发布和应急信息的传播等方面。

发布预警信息的目的是尽早地将灾害的相关信息传递给可能受灾的人们，使他们及时作出应急响应，并采取科学的应急行动。移动通信的短信服务功能可谓预警信息发布的理想选择之一，因为短信服务可以以简洁明了的语言传递各种信息，并在短时间内将相关信息传递给特定的用户群，以达到预警发布的预期效果。通过5G消息进行发布，由于其是一个信息服务的入口，不需要下载APP、免账号登录，具有实名认证的特点，相关用户接收到预警信息后，还可以把得知的信息传递给身边的人，使得没有手机的公众同样能接收到预警的信息，这样就在一定程度上避免了预警信息发布所引起的死角问题，更加有利于预警信息的传播，如图7-24所示。

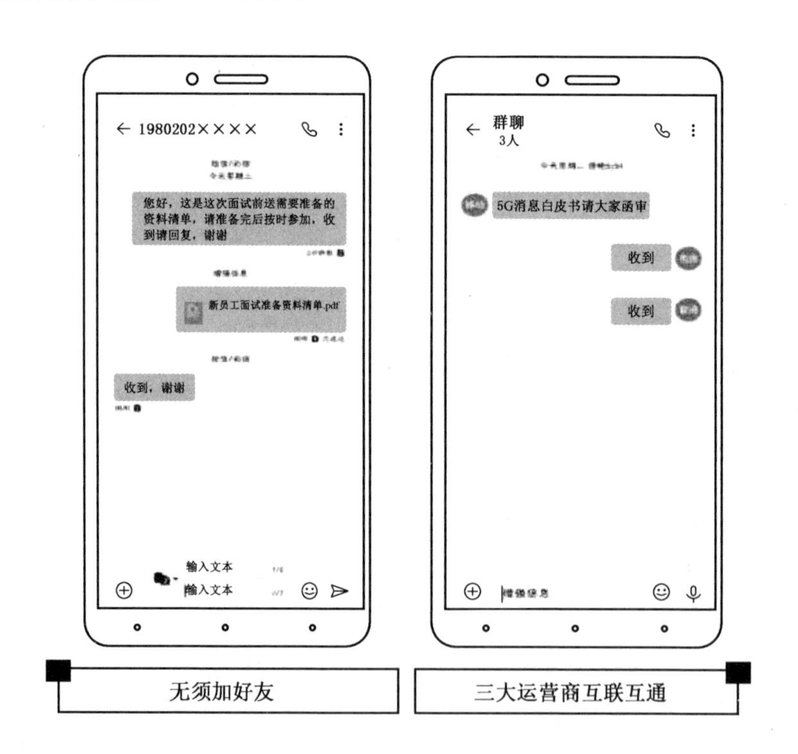

图7-24　5G消息的群聊功能示意图

在紧急状况下，即使移动通信网络没有遭受损毁，语音通信功能也常常由于突发性的呼叫而产生线路拥塞，但短信通信系统在不同的频段上工作，发生拥堵的概率要小得多。同时通过5G消息的群聊功能进行救援指令的快速传递。

（三）基于5G提升监管执法能力

目前在安全生产执法和监督上，传统手段受限于时间和场地，无法随时随地对执法对象进行全方位的监管。同时，安全监管人员执法全过程容易出现与执法对象的不同意见甚至争执的情况。针对上述业务场景中的问题，可以通过发挥5G技术特性，利用物联网探头、在线直播并录播的执法记录仪等设备，构建全天候全覆盖及互相监督的执法体系。①可以利用5G的高清视频传输功能，对执法对象的重点位置进行7×24 h的实时监控，供监管人员随时了解情况，进行执法。②强化执法监督，现场执法人员依托5G执法记录仪将安全生产监督全过程通过直播或视频录像向社会公众开放，接受监督，维护执法队伍公信力。③视频联合执法，在部分危险区域或不宜达到区域，执法人员还可以与其他部门、相关专家进行远程连线，通过高清实时图像技术实现远程协助，提高执法水平。

（四）基于5G提升救援实战能力

5G通信技术将通过丰富的外联传感器设备及大带宽低延时的可靠通信传输，从通信保障、数据回传、现场救援等多个方面提升救援能力与效率。

1. 在通信保障方面

利用5G技术可以在灾害现场—前方指挥部—后方指挥中心构建一个高带宽、低延时的通信网络，保障灾害一线救援人员、前方的指挥人员和后方的领导同志随时可连接，保障文字、语音、图像、视频等信息的实时传输。通过网络切片技术，还可以将此网络延伸到各有关单位和专家，提高应急指挥的信息共享速度，合力提升救援能力，切实增强队伍同各类灾害事故的战斗力和对国家、人民生命财产以及自身安全的保护能力。

2. 在数据回传方面

（1）强化现场整体图像视频回传。利用5G技术高速率传输能力和无人机的灵活性强的特点，灾害发生时，可以通过无人机载摄像头实时拍摄并将灾害现场高清画面和视频回传到后方指挥中心，并能持续拍摄和跟踪灾情和救援的发展态势，供指挥者实时不间断处理。借助AR、VR、边缘计算等技术，速成全景VR灾情实景呈现，对现场环境进行三维重建，并利用空间三维数据处理技术，构建精细化真实场景还原，测算现场数据，给应急指挥部提供强有力的数据支撑。

（2）强化救援现场环境监测数据回传。利用各类传感器、红外拍摄等采集现场数据，对各类数据数字化处理，分析研判，实现对现场环境参数的实时监测，包括有毒有害气体监测、灾害范围蔓延趋势监测、建筑物结构监测、疏散人员的感知等，提升现场指挥信息传递、灾情研判、态势分析等方面的能力。

3. 在现场救援方面

（1）强化救援人员单兵设备。通过智能穿戴设备，采集现场作战人员的血压、脉搏、心跳等生命体征信息，周围温度、湿度、烟雾等环境信息，移动速度、所在位置等运动信息，通过5G高速网络传输到现场指挥部，帮助指挥员了解现场救援人员的位置、作战状态，合理调配人员，及时下达撤退命令，最大限度避免人员伤亡。

（2）救援指挥更高效。5G时延可精确到毫秒级，可以实现双向远程指挥指令所需要的快速传输和带宽。

（3）扩展救援能力。通过5G实现人员与装备的高速可靠连接，进而掌握机器人、无人车、无人机、无人船等远程装备的实时操控权，通过后方下达指令操控救援机器人，可以在人员不可达地区开展搜索和救援工作，将救援能力进一步提升。

（五）基于5G提升辅助指挥决策能力

利用5G边缘计算特性和AI技术，即时将获取的数据进行分析，可以快速的进行人员识别、周边环境分析、灾情判断，并随时跟踪最新情况，构建现场 3D 全景建模和灾害事故模拟，让指挥人员随时了解最新情况和事态演变情况，协助进行辅助决策。

（六）基于 5G 提升社会动员能力

应急管理社会动员是指为了有效预防和成功应对突发事件，各级政府充分发挥主导作用，通过宣传教育、组织协调等方式，调动企业、社会力量的积极性，整合全社会的人力、物力与财力等资源，形成预防与应对突发事件合力的一个过程。5G 技术在社会动员方面可以从以下两个方面来开展：

（1）加强应急管理宣传。利用 5G 加高清视频，将灾害现场、灾害救援等内容拍摄成视频，通过电视、网络等各种方式向社会公众推送，提升公众对应急管理的认识和理解。

（2）开展应急管理体验。利用 5G 和 VR 技术，构建各类自然灾害和安全生产事故模拟现场，社会公众通过高速网络通过沉浸式体验参与应急管理风险研判、救援实战、指挥调度等全过程，真正体验灾害现场的巨大威力和安全生产事故的严重后果，进一步提升公众对自然灾害和安全生产事故的防范意识。

第八章　应急融合通信

第一节　应急融合通信概述

目前，各地各级有关部门已建设有各类通信终端，如监控终端（固定/车载视频监控、布控球、无人机）、视频会议终端、数字集群终端、语音设备（固话、手机、卫星电话）、移动终端设备等，以及与其配套的各类通信系统。纵向联动指挥调度体系建设不够充分，横向各部门之间协同调度缺乏有效的通信手段，无法对城市紧急事件、应急事故作出紧急响应，因此需要采用先进的应急通信系统辅助。为应对应急管理新挑战，应急管理迫切需要借助先进的信息化手段，创新应急管理新模式，及时发现并处理城市管理中的各种问题，随时应对紧急突发事件的应急通信保障，提升社会管理和公共服务功能，充分发挥应急指挥在城市安全发展中的“压舱石”作用。

应急融合通信是把通信技术和信息技术进行融合，通过融合通信系统实现应急救援过程中所涉及的视频会商、视频监控、单兵终端、智能终端、集群、电话等分散独立的音视频通信系统有机融合，构建一个集视频指挥、监控调度、视频会商、现场通信、态势展现等功能于一体的可视化视频融合指挥系统，实现指挥信息网、互联网、电话通信网、专用通信网等多网络视频资源统一管控和一站式调度，解决各级指挥中心与救援现场远程可视指挥调度需要，有力支撑现场指挥调度能力，提高指挥决策效率。

第二节　应急融合通信系统架构

应急融合通信系统是应急管理信息化的核心通信组件，作为基础通信平台，对上与应用系统对接，对下连接各类终端，实现多种通信手段的融合及多种通信终端的互联互通，有效支撑融合指挥业务。

在向下融合方面，融合通信系统提供丰富的开放接口，与视频会议系统、视频监控系统、窄带集群系统、公共电话系统、公网手机系统、应急现场背负式通信系统多个系统对接，用于各级政府的指挥调度，从而为客户对特殊、突发、应急和重要事件做出有序、快速而高效的反应提供强有力的通信保障。

在向上支撑方面，融合通信系统提供多种形式的接口 SDK，采用开放架构，提供标准完善的音频、视频、GIS、短彩信、会议等功能二开接口，支撑上层应用根据客户诉求开发满足具体使用需求的应用系统，简化上层业务系统开发。

应急融合通信系统架构体系包括应用层、使能层、融合服务层、接入层和终端层，其中使能层、融合服务层和接入层作为指挥中心的基础，向上支撑应用系统，向下衔接各类网络和终端，实现多种通信手段的融合，如图 8-1 所示。

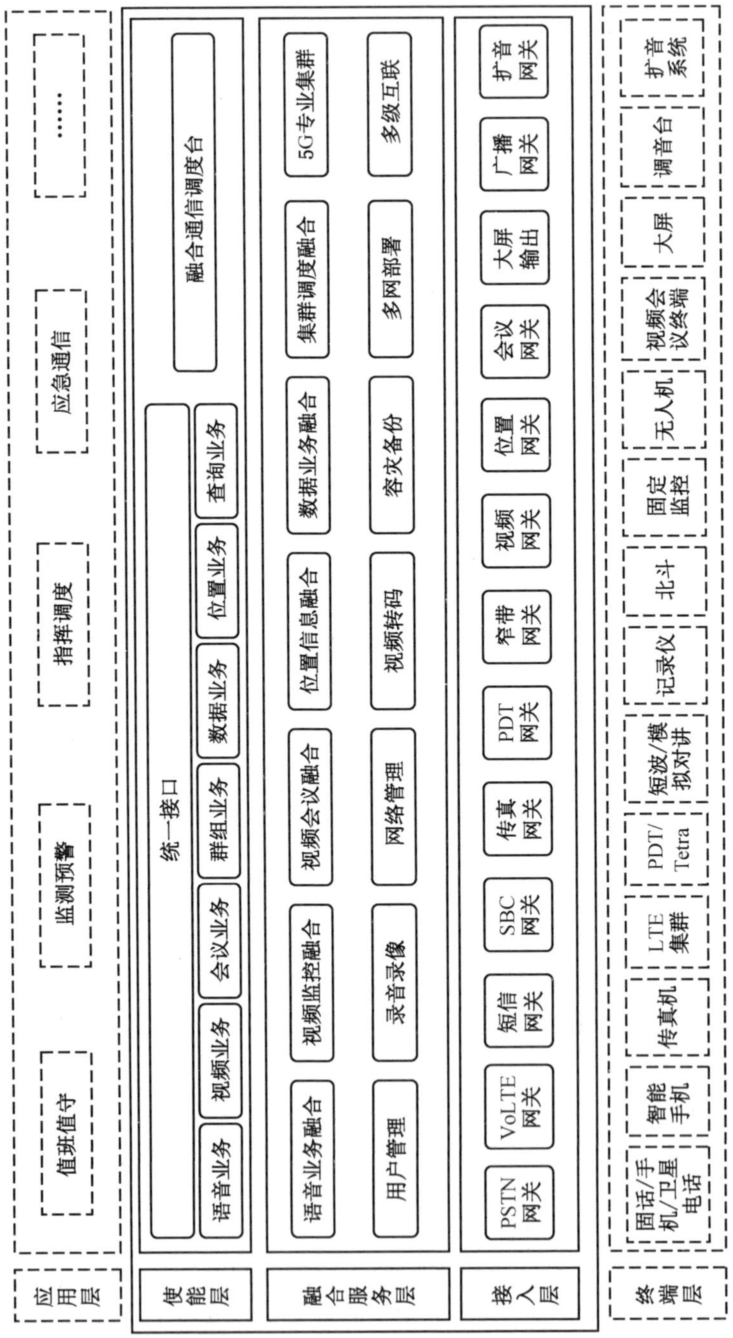

图 8-1　应急融合通信逻辑架构图

1. 应用层

应用层是上层应用利用融合通信平台开放的统一接口并结合业务开发的应用系统。

2. 使能层

针对各类上层应用，提供基于融合通信系统的统一接口能力，包括语音业务、视频业务、会议业务、群组业务、数据业务、位置业务及查询业务等等，以满足不同场景的业务需求。

3. 融合服务层

融合服务层是融合通信系统的核心，负责融合多类多源通信数据，实现同类型通信数据的统一管理与输出，包括语音业务融合、视频监控融合、视频会议融合、位置信息融合、数据业务融合、集群调度融合、5G 专业集群的融合能力，并提供用户管理、录音录像、网络管理、视频转码、容灾备份、多网部署、多级互联等相关功能。

4. 接入层

包括 PSTN 网关、VoLTE 网关、窄带网关、视频网关、SBC 网关等，接入会议终端、公众电话、视频监控系统、LTE 系统、TETRA 系统、PDT 系统、互联网终端。

接入层负责从基础设施层获取通信数据，采用各种网关如 PSTN 网关、VoLTE 网关、短信网关、SBC 网关、传真网关、PDT 网关、窄带网关、视频网关、宽带网关、位置网关、会议网关、广播网关与扩音网关等接入各种通信系统，以满足不同场景下与各类基础设施对接联动的业务需求。

5. 终端层

终端层包括不同业务场景使用的终端设备，包括视频监控（包含固定摄像头和车载摄像头）、LTE 宽带集群终端、窄带集群终端、无人机、固定电话、智能手机、应急现场单兵、布控球、卫星终端、会议终端等。

一、视频会议融合

应急融合通信系统应提供视频会议融合能力，遵循标准 H. 323、SIP 协议，用于综合指挥视频会商，支撑指挥调度平台统一调度，主要功能如下：

1. 视频资源管理

视频会议终端列表、本地视频终端信号、自定义信号源、视讯会场列表显示；支持列表的树状结构显示，支持列表从各个视频源系统定时同步，支持根据名称或编号搜索视频会议源；支持监控终端在线情况，监控类型至少包括离线/在线等情况。

2. 视频实时预览

平台支持指挥员实时预览现场视频，被预览的视频终端包括监控摄像头、宽带集群终端、执法记录仪、移动视频 APP、固定视频电话、视频会议终端。

3. 视频实时分发

平台支持视频分发能力，指挥员可以将现场的实时视频以点对点的方式发送给相关的事件处理员。

4. 视频回传

平台支持视频回传，现场救援人员可主动发起视频回传到指挥中心。

5. 多方视频调度

平台支持指挥员将现场监控摄像头、宽带集群终端、POC 集群终端、视频报警终端、视频会议系统、视频话机拉入到同一个视频会场，进行高效会商。应支持移动终端管理，系统能够根据应急指挥场景，在应急现场通过移动 APP 形式，灵活组织或加入应急指挥视频调度会议。

6. 视频广播

平台支持指挥员将现场视频以广播的方式发送给相关的与会人员。支持会议场景一键切换，能够根据应急指挥场景，灵活设置几种会议场景模式（如应急会商、多级对话、演讲、讨论等模式），能够实现管理员一键切换。

对于视频会议系统的融合对接，对于同一厂家往往通过 H. 323/SIP 级联对接方式完成会议系统的融合，同时支持主动拉会，级联会控、多画面布局调整等。

对于不同厂家的视频会议系统，目前最简单的方式是以背靠背技术实现支持基本音视频码流互通，能否支持会议系统级联需要看各厂家的对接情况。视频会议系统融合结构如图 8-2 所示。

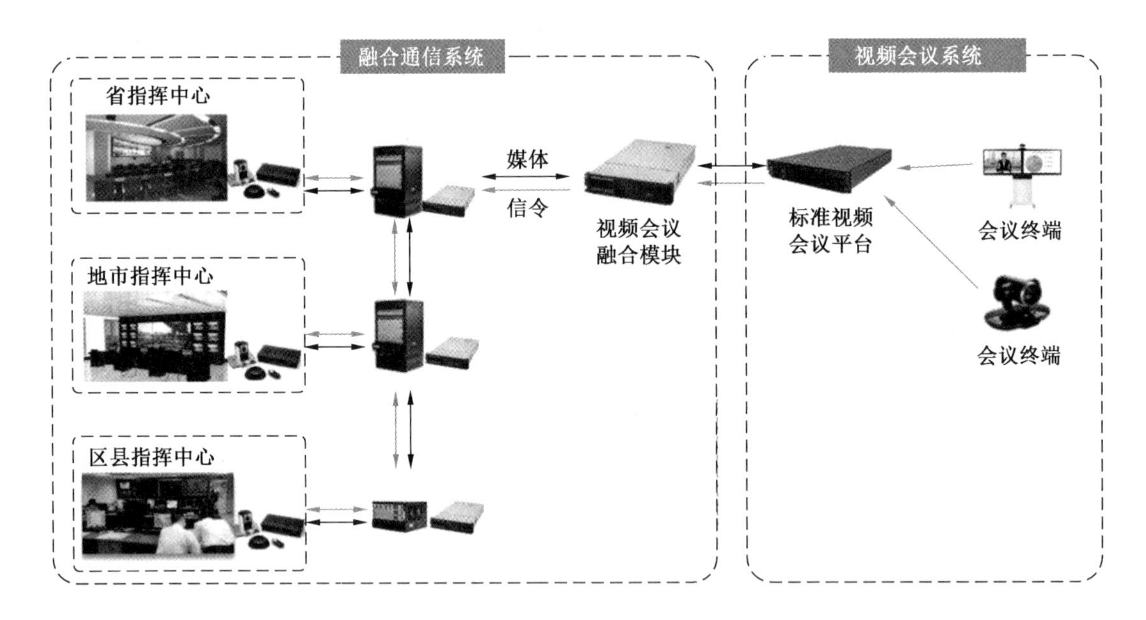

图 8-2　视频会议系统融合结构示意图

（一）驻地式会议系统融合

针对政府、公安等具备多层级专有网络的客户一般会建设保密性强、自主可控的驻地式会议系统，且经常需要进行多层级的融合对接，如果各层级采用同一厂家的会议系统，通常天然支持会议多级级联的融合对接。例如某省融合通信平台通过统一的可视化调度台将现有视频会议系统对接，各市视频会议系统的业务管理单元（SMC）/呼叫控制单元（SC）与省融合通信平台的 SMC/SC 对接，平台之间建立 SIP/H. 323 中继，由省可视化调度平台实现统一的呼叫控制，区与市的级联对接同理。完成系统对接后，对于同在指挥信息网的区和街道视频会议系统，省指挥中心可直接调度视频会议系统中的会议终端，如图

8-3 所示。

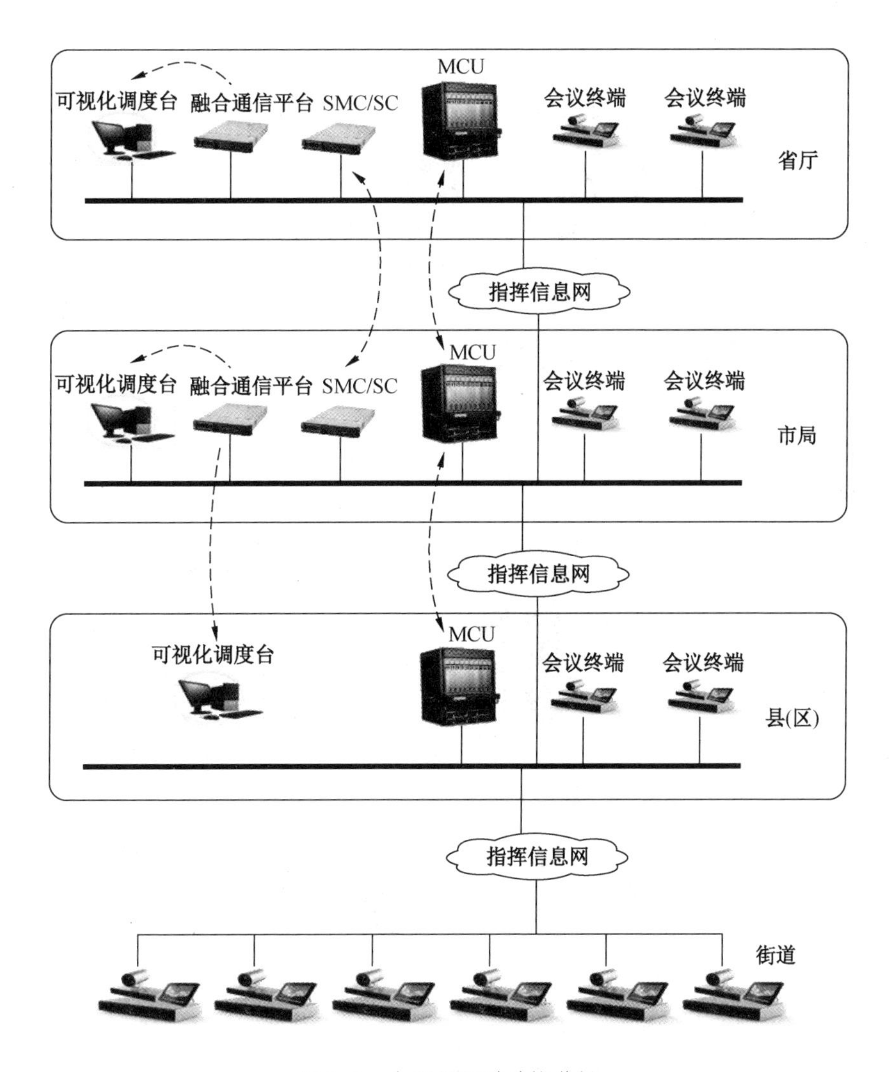

图 8-3　上下级级联对接举例

如果对于不同厂家会议系统的上下级级联，在支持 SIP/H. 323 中继的情况下同样可以完成会议系统的融合，但对于统一会控、抗丢包能力、会议系统稳定性等方面都需要在实际项目中对接验证。

（二）互联网视频会议系统融合

依靠互联网公有云或政务云强大的计算、存储能力，部分厂商已经开发了线上会议系统，线上会议系统以其方便接入、运维简单等特点已经在部分委办局投入使用，但其安全性、清晰度等方面仍有改进的空间。例如当前广东省内已经建设的融合通信平台如果与广东粤政易等云上会议系统对接，则需要优先考虑与融合网关的 SIP 协议互通，其次才是会控协议互通的步骤，其对接思路与异厂家驻地式会议系统类似，如图 8-4 所示。

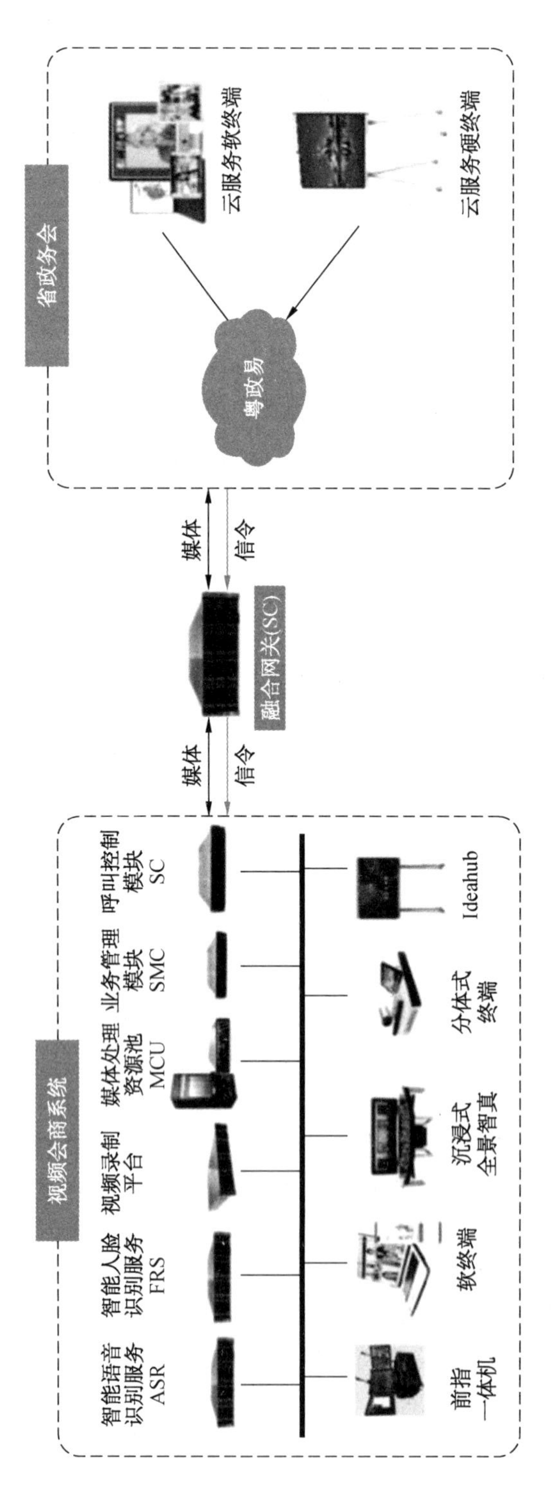

图 8-4 互联网视频会议融合示例

（三）VoLTE 融合

通过与运营商 VoLTE 对接，现场指定救援人员或受灾群众等移动手机 VoLTE 终端可以被呼入会商通信，在不安装 APP 的情况下灾害现场实时画面回传，实现统一的行政会商、统一指挥调度，进一步提升应急指挥能力。

各个厂家的具体实现略有差异，例如融合通信平台会商系统通过 SIP 协议与运营商 IMS 实现音视频互通，如图 8-5 所示。手机开通运营商 VoLTE 业务后（智能手机默认开通），会商系统便可以通过拨打手机号码使 VoLTE 手机直接入会，手机无须安装 APP，不存在保活问题，实现移动端即呼即通，高效入会。

二、语音业务融合

融合通信系统提供语音业务融合能力，实现各种音频系统（办公电话、调度电话、对讲系统、移动单兵、手机、家庭座机等）的统一接入，实现所有音频系统的集中管理与调度、各种音频系统之间的无缝互通，以及与其他视频系统、业务系统的交互，帮助指挥人员通过多种语音通信手段进行统一指挥调度，满足多部门协同工作的需要，如图 8-6 所示。

融合通信系统通过 E1/IMS、PSIP、B-TrunC 或者空口等方式，接入包括内网电话、公网电话、常规对讲、宽带集群、卫星通信的通信终端，提供语音点呼等集群调度功能，主要功能如下：

1. 点呼

平台支持指挥员与使用者的点对点呼叫，终端包括集群手持终端、车载台、手机、固定电话等。

2. 组呼

平台支持指挥员通过融合通信指挥调度系统与无线集群终端建立群组，进行半双工通信，指挥员需要支持群组内抢权、放权、组呼等。

3. 紧急呼叫

平台支持紧急呼叫，紧急来电须通知所有已订阅该紧急呼叫群组的指挥员，所有已订阅该紧急呼叫群组的指挥员都能接听来电。

（一）公共固定电话和移动电话融合

融合通信系统支持与 PSTN/PBX 对接，实现与调度台、手机或固定电话之间的互通。与 PSTN 网络的互联互通主要是通过 PSTN 网关实现，网关与调度机之间信令面使用 SIP 协议，用户面使用 RTP 协议，由网关转换成互联网系统的信令和语音信号，如图 8-7 所示。

具体业务部署过程：需要在应急指挥中心部署 PSTN 网关，连接企业 PBX 设备，通过企业 PBX 设备与运营商的 E1 接口，可与运营商的固定电话或手机互通；音视频调度服务器连接短信服务器，可以对外发送公网短信。通过 PSTN 网关能够与固定电话和公网手机以及卫星电话进行互联，为突发事件时提供基础通信保障。

（二）卫星通信系统融合

在融合通信平台对于通信卫星系统的对接主要体现在两个方面：

（1）对接通信卫星的音视频终端，如海事卫星通信系统的接入。海事卫星通信系统

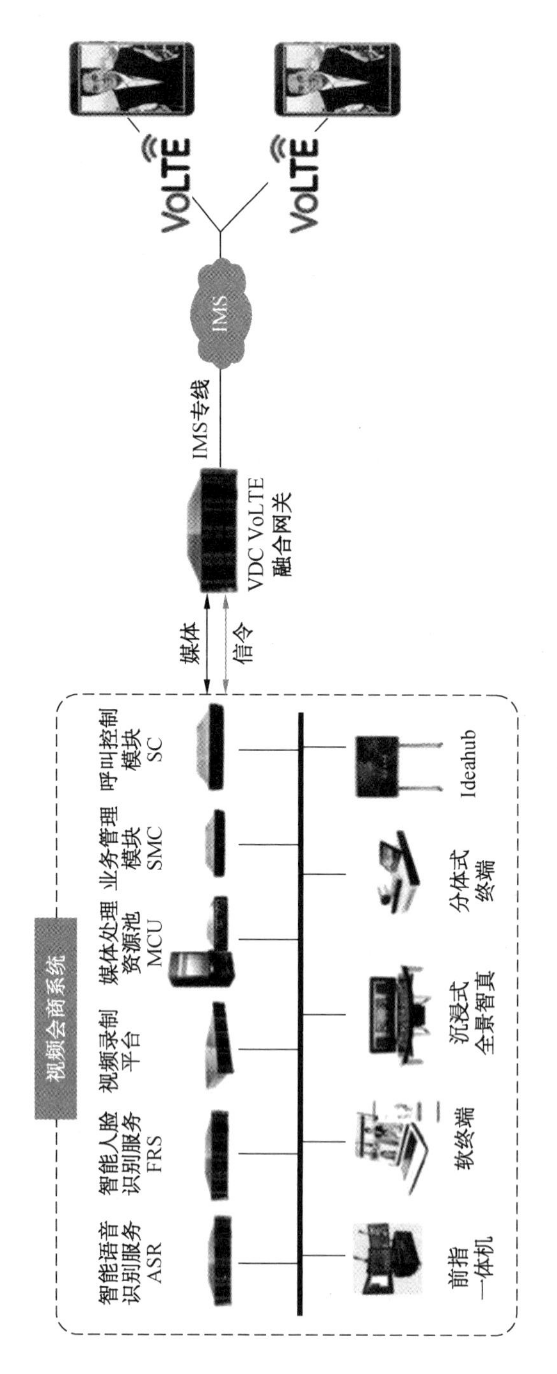

图 8-5 会商系统 VoLTE 融合示例

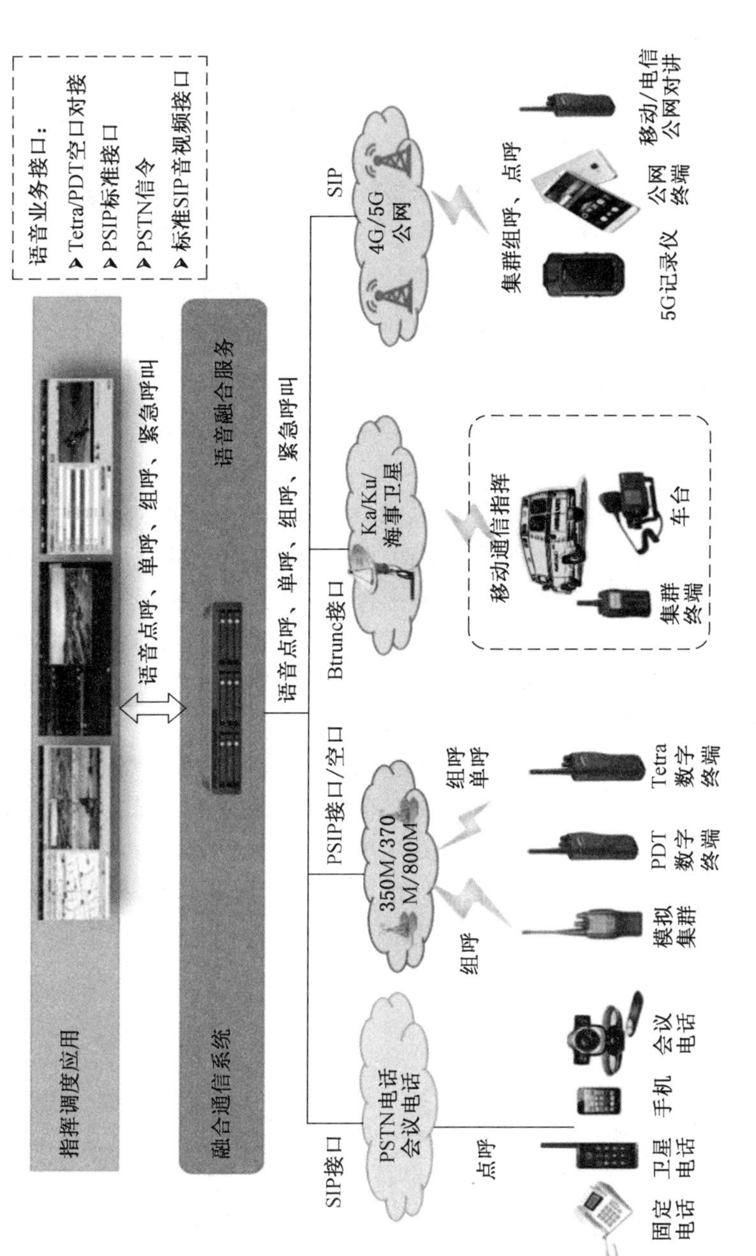

图 8-6 融合通信系统语音业务融合

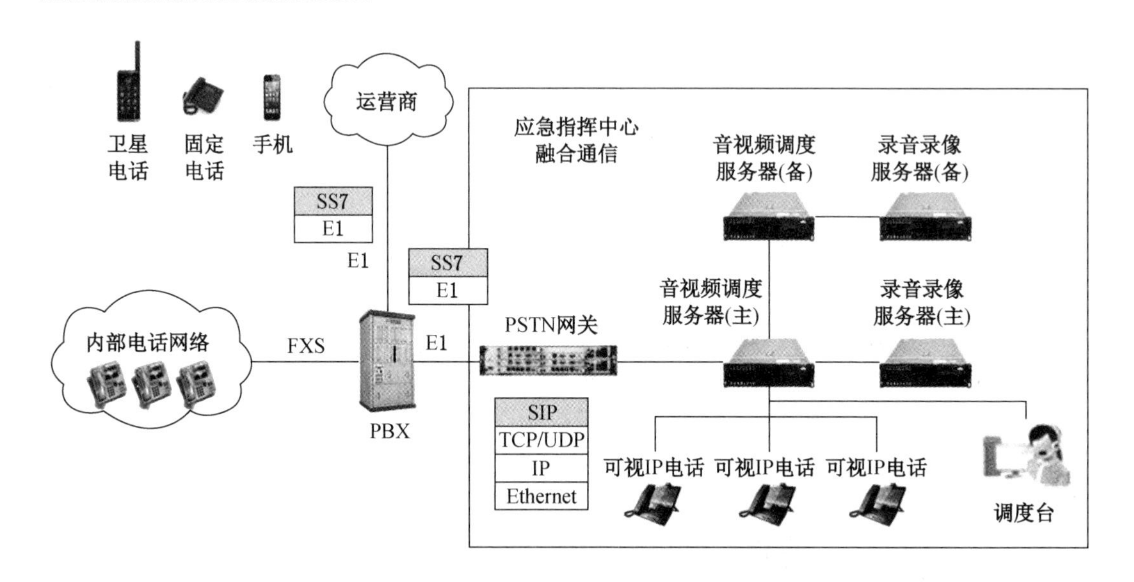

图 8-7　PSTN 网络互通

可以提供低速率语音和数据服务，也可提供高速率（共享可达 492 Kbps，流 IP 最高可达 256 Kbps）数据服务，并且可以和公共电话网联通；视频方面，对于海事卫星终端已经接入的监控终端，可对接海事业务中心已有视频平台，对于新增监控设备（布控球等），可通过《28281 协议》添加注册到视频监控网关，回传到指挥中心；对于现场端视频、图片、短信等，可考虑通过手机软终端连接 Wi-Fi，再连接到海事终端，进而与指挥中心调度系统互通，发回现场的图片和视频，如图 8-8 所示。

（2）利用卫星通信网作为中间隧道，为应急通信前端“三断”场景下的现场信息回传和指令下达提供必要的路径，典型建设场景：前指单兵通过背负式小站完成前指通信，小站通过有线连接卫星终端，音视频信号通过卫星网络传到卫星地面固定站，指挥中心可通过互联网或者专线实现与高通量卫星信关站的网络互联互通，确保战时地面有线网络故障时也能进行应急指挥通信，此种方式分别遵从互联网接入和运营商专线接入的安全接入方案，如图 8-9 所示。

三、视频监控融合

融合通信系统提供视频监控融合功能，统一调度各类视频监控资源，包括视频监控、3G/4G/5G 移动终端、宽带集群、无人机视频、单兵、布控球、执法记录仪等，提供视频呼叫、视频预览、视频录制等功能，实现可视化指挥调度。融合通信系统基于《公共安全视频监控联网系统信息传输、交换、控制技术要求》（GB/T 28181—2016，以下简称《28181 协议》）与视频监控联网平台融合互通，可实现视频资源的整合和调度。视频监控融合建议支持以下功能：

（1）支持点到点视频通话。手持终端之间进行视频通话业务，在通话进行的同时，通话双方均可以看到对方的摄像头画面。

（2）支持固定视频监控和移动视频监控。

（3）支持手持终端的视频回传功能。

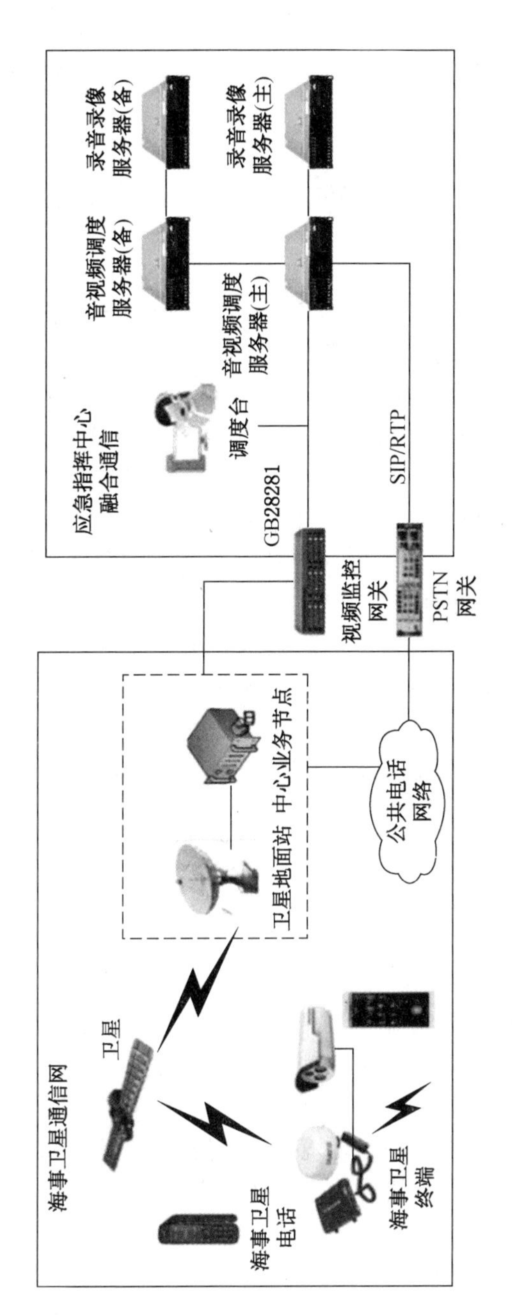

图 8-8 海事卫星通信网接入示意图

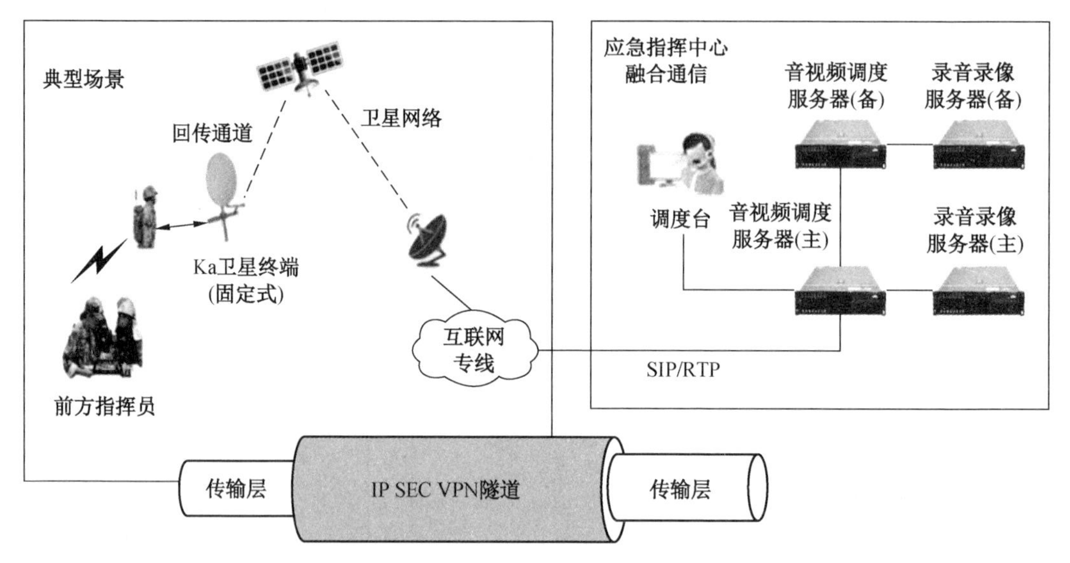

图 8-9 “三断”场景下，卫星通信网做传输隧道场景图示

（4）支持指挥平台将视频分发至指定的终端。

（5）支持视频业务同语音业务并发；视频上传、视频分发、视频监控可以和非视频呼叫业务（语音点呼/组呼）并发。

（6）支持将高分辨率的视频码流实时转换为低分辨率的视频码流，支持对视频进行实时转码功能；支持从 1080P、720P、D1 格式到 CIF 格式的视频转换，支持的视频编解码格式为 H. 265 并兼容 H. 264。

（7）支持移动视频自适应编码调整，调度机与手持终端之间根据网络传输质量进行自适应编码调整。

融合通信系统的视频业务融合模块具体对接情况如图 8-10 所示。

（一）视频监控平台融合

对于视频监控资源的接入，不同厂商的设备和方案略有差异，通常需要部署视频网关通过《28181 协议》，接入下级视频监控平台下的摄像头资源。

视频监控平台包括应急管理隶属部门视频资源接入和非隶属部门视频资源接入。前端视频监控系统主要通过各种类型的摄像机对有需求场景进行监控，负责对被监控区域现场视频、报警信息等信息进行采集、编码、上传。视频监控的类型有消防类监控、安检企业类监控、治安监控、城市制高点监控、环境保护监控、森林防火监控等。视频监控摄像机包括枪机、球机、红外热成像摄像机、远距离透雾摄像机等。

（二）移动布控球融合

灾害事故现场可以使用布控球，其通过自带电源、无线传输的监控云台，布控时间长，可以及时掌握事态发展，提供事发现场中距离的监控。高清快速聚焦，实现超远距离视距，看得远、看得清晰。移动布控球内置 SIM 卡及 GPS/北斗定位，通过内置 H. 265 算法将现场的图片实时传输到指挥中心，实现远程的高清监控，如图 8-11 所示。移动布控球内置智能识别算法，事件监测功能对布防区域内的车辆、人员实现识别捕获，对滞留等异常情况实现实时告警，以通知指挥中心。

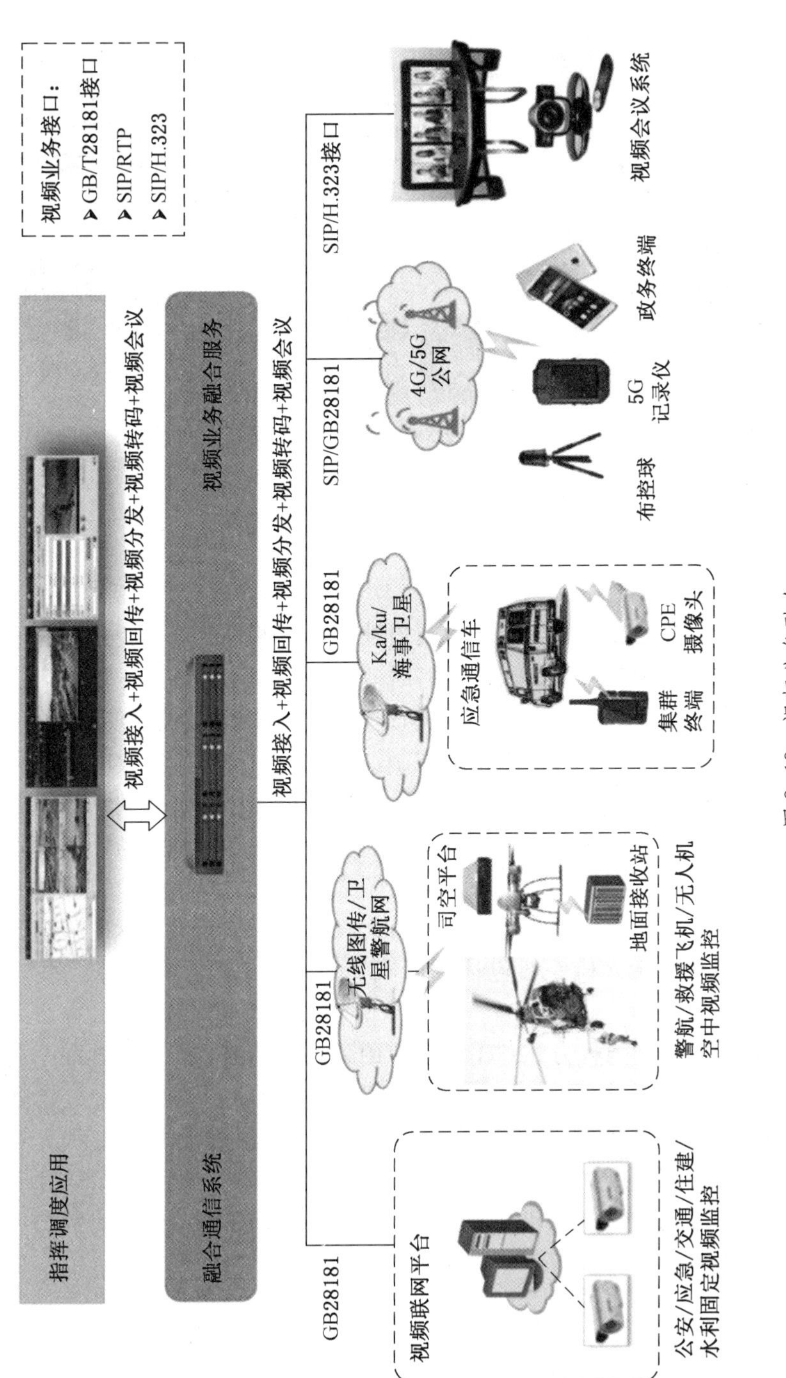
视频业务接口：
➤GB/T28181接口
➤SIP/RTP
➤SIP/H.323
指挥调度应用
视频接入+视频回传+视频分发+视频转码+视频会议
融合通信系统
视频业务融合服务
视频接入+视频回传+视频分发+视频转码+视频会议
GB28181
视频联网平台
公安/应急/交通/住建/水利固定视频监控
GB28181
无线图传/卫星警航网
司空平台
地面接收站
警航/救援飞机/无人机空中视频监控
GB28181
Ka/ku/海事卫星
应急通信车
集群终端
CPE摄像头
SIP/GB28181
4G/5G公网
布控球
5G记录仪
政务终端
SIP/H.323接口
视频会议系统

图8-10 视频业务融合

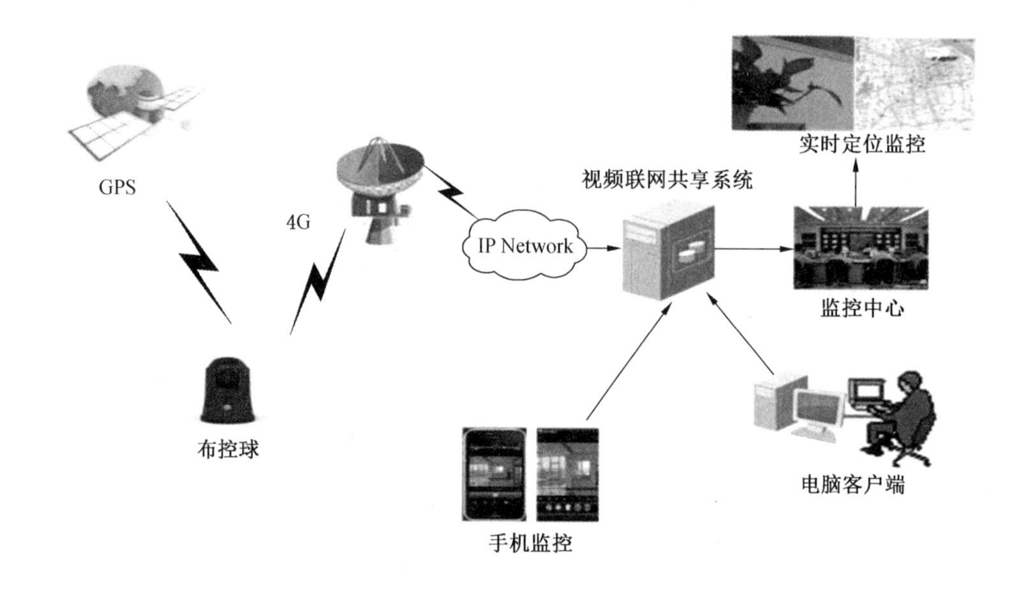

图 8-11　移动布控球融合

（三）无人机监控融合

在应急管理中，应急处突具有突发性、紧迫性、危险性等特点，应急部门需要第一时间了解突发事件现场的宏观态势。无人机具有时效性强、机动性好、方便灵活、巡查范围广等优点，现场平面化采集监控存在一定的监管盲区，突破了以往在动态监测、应急指挥等过程中经常受地形、环境、交通等因素的限制，结合空间地理位置实时获取区域的视频图像动态信息，直观的数据分析、全面立体的可视化管理、科学高效的联动，持续高空作业。主要运用在空中侦察、消防救援、抢险救灾、应急处突等领域，帮助指挥中心实时掌控现场整体情况、应对突发事件等，极大地减轻了人力、物力。中心可以通过客户端或电视墙进行实时观看，在车载应急指挥平台上通过无人机地面站自带显示屏或移动终端都可查看与操控无人机视频。无人机一般包括飞行器、云台、地面站三部分，系统架构如图 8-12 所示。

人机网络数据回传采用两种方式：①单独使用无人机时依靠无人机地面站自身携带的 4G/5G 模块，通过运营商无线网络将采集到的视频监控传输到中心平台；②将无人机地面站接入有线网络，将采集到的视频传输到中心平台。当通过无人机地面站使用 4G/5G 方式将实时视频数据回传至指挥中心时，建议采用运营商 VPN 专网，保障对现场视频图像数据传输的安全性和稳定性。在特殊情况下，无人机地面站可以通过有线的方式与卫星信号接收器进行网络连接，实现指挥中心远端访问的效果。

四、位置信息融合

融合通信系统的位置业务融合模块支持统一采集、存储各系统终端的定位数据，支持 GPS、北斗、公网 LBS 等多种终端定位手段。通过 PSIP、B-TrunC、《28181 协议》、SDK 等接口方式，可以获取无线集群系统的数字集群终端、视频监控以及公网终端的 GIS 位置信息，包括经度、维度、速度等信息，在地图上实时显示终端的当前位置和状态，进行位

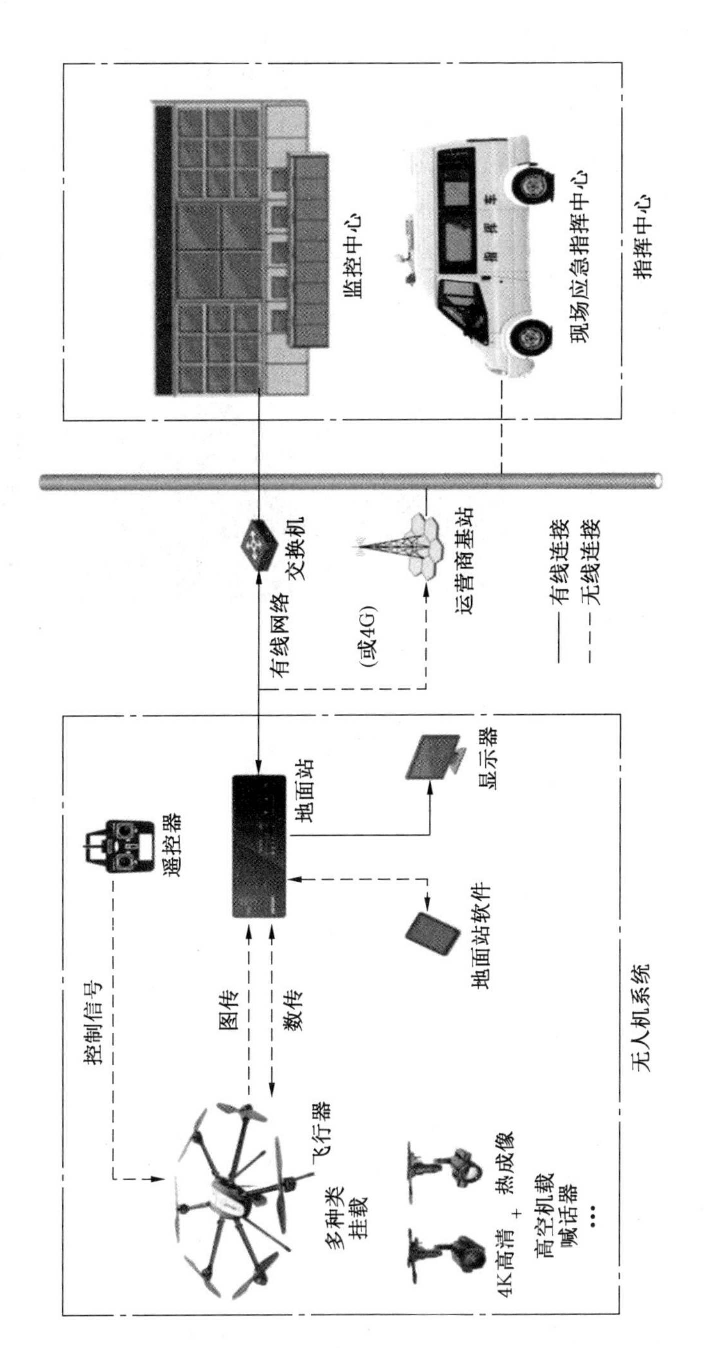

图 8-12 无人机系统融合

置跟踪，对指定终端进行历史移动轨迹回放。

融合通信系统依托标准 GIS 服务提供多媒体数据服务和位置服务，将这些终端的 GIS 系统上报给上层应急指挥“一张图”系统以及其他的业务系统，推动信息整合、信息共享，实现语音、视频、定位信息的有效协同，全面提升政府部门信息化应用水平。

支持在电子地图上显示终端状态：①手持终端开启位置信息上报、手持终端搜星失败、手持终端关闭位置信息上报、未注册或其他异常；②在电子地图上可以定位手持终端，显示手持终端的状态信息、位置、方向等相关信息；③电子地图可显示固定摄像机位置，并可通过电子地图对摄像机进行设置和观看监控画面；④手持终端上报位置更新的周期可配置；⑤基于电子地图的业务关联；⑥可在电子地图的事发位置进行圈选，实现手持终端触发点对点组呼、语音呼叫、视频点呼、视频回传、视频监控、群组多媒体，短信等相关功能，如图 8-13 所示。

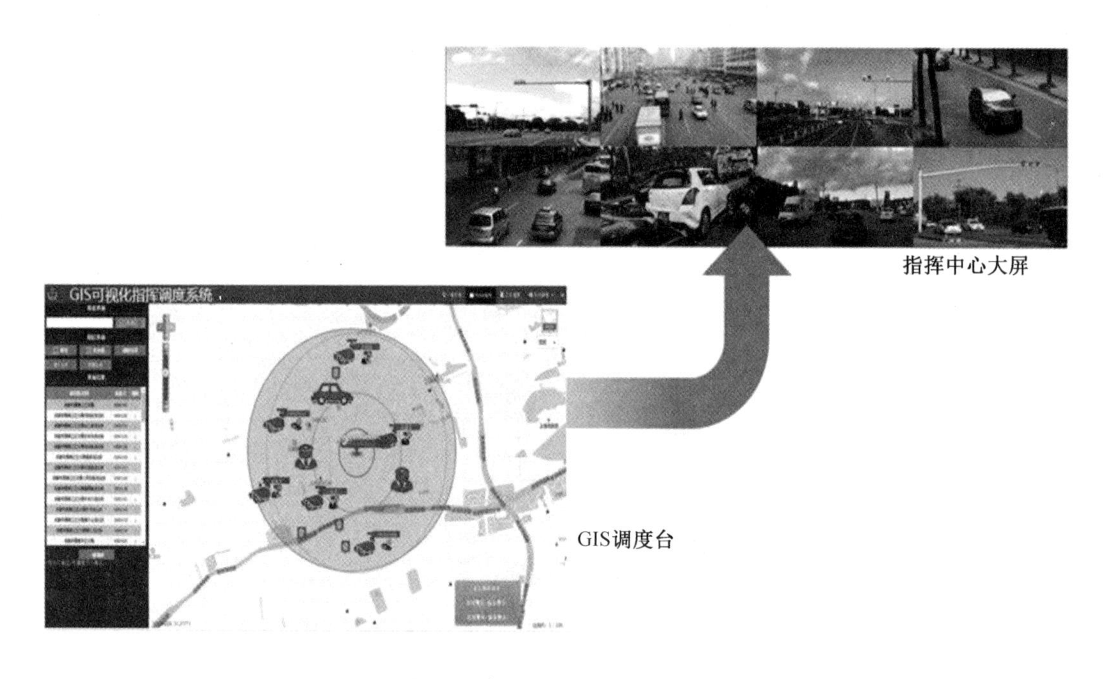

图 8-13　结合 GIS 地图的应用展示

与导航卫星系统的对接，不得不提我国的北斗导航定位系统（北斗导航定位系统详见第六章）。新建的融合通信系统可通过与北斗地面系统（本地服务商）的对接，实现对指定北斗终端定位信息的收集和汇聚，为上层应用系统统一指挥提供必要的定位信息。

五、集群调度融合

集群通信系统一般由终端设备、基站、调度台和中心控制站等组成，具有调度、群呼、优先呼、虚拟专用网、漫游等功能。

融合通信系统通过 PSIP、B-TrunC 或空口连接的方式，实现与各类集群系统的音视频互通。

（一）宽带集群融合

对于宽带集群的融合，不同厂商的支持程度，融合方式会有所不同。例如：华为的融合通信平台就是基于宽带集群为基础打造的统一调度平台，因此天然支持同厂商和主流异厂商的宽带集群融合对接。

（二）窄带集群融合

窄带集群通信系统指基于窄带通信技术的集群通信系统，现阶段国内主流的窄带集群通信标准有欧洲国家政府与公共安全、公用事业广泛应用的 TETRA（Trans European Trunked Radio，泛欧集群无线电）和公安部主管部门牵头，借鉴国际已经发布的标准协议的优点而推出的 PDT（Police Digital Trunking，警用数字集群通信系统）。

窄带集群通常可实现点呼、组呼、定位、短信等功能，对于窄带集群的融合，通常有协议对接和空口对接两种方式。

六、数据业务融合

融合通信系统提供多媒体数据业务融合能力，支持系统间短信和彩信功能的互通，实现通过短信和彩信进行通知及调度。融合通信模块调度台、公网终端、通过集群网关对接的窄带系统终端可支持的短彩信互通功能，提供即时消息功能，满足特殊情况下信息下达需求，如图 8-14 所示。

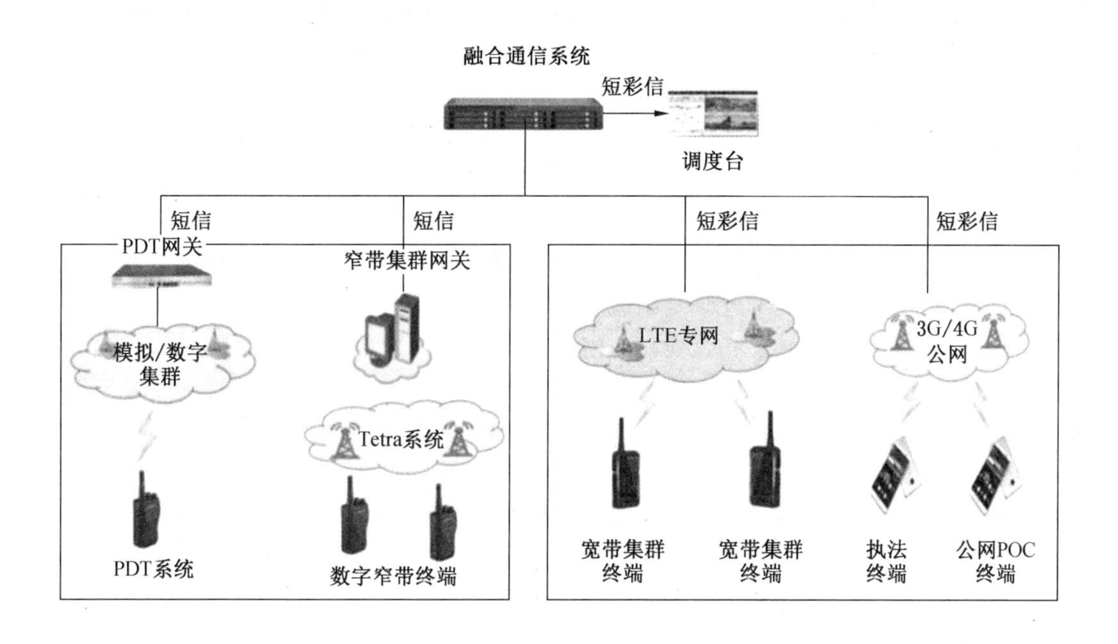

图 8-14　数据业务对接

（1）支持终端用户之间、调度台和终端用户之间、调度台之间的点对点短信、点对群组短信。

（2）支持图片、声音、文字等传输。

（3）支持预定义状态信息功能，调度台可以支持接收终端用户的状态反馈。

（4）支持终端用户之间、调度台和终端用户之间、调度台之间的点对点彩信、点对群组彩信，彩信支持图片、声音、文字。支持一键式照片上传。

（5）支持紧急 GIS 位置短信上报、接收及显示：接收群组中成员上报的紧急位置短信，进行紧急信息的显示，可以查看成员的 GPS/北斗位置信息。

第三节　应急通信融合手段

对于异构系统或网络的对接，可以从协议对接、空口接口对接，以及其他私有接口对接等几个方面赘述。

一、协议对接

随着应急通信场景的复杂化，为应对不同的应急场景，所建设使用的通信系统越来越多，各类通信系统及设备在不同的场景下发挥各自的优势，但这些通信系统及设备都独立建设，互相独立运行，缺乏完整的统筹规划，在通信建设中的设备与设备、设备与信息、信息与信息孤立，现有网关设备存在支持协议种类单一，计算、分析、筛选、通信等能力较低的问题。

针对当前应急通信信息化建设过程对高度集成化、智能化的趋势，结合融合通信网络架构及传输技术与装备的需要，各大厂商研发了多功能融合通信网关，具备多种接口、多种通信协议解析，集采集、传输、分析控制、数据接入等多种功能，能够实现不同通信系统的深度融合和联动控制。

协议对接是比较常见的方式之一，不同系统直接通过标准协议的对接完成异构系统或网络的打通，实现通信的融合。常见的协议如《28181 协议》、SIP 等。

（一）《28181 协议》

最早是由公安部提出，是用于视频监控系统对接的标准。该标准规定了监控联网系统中的信息传递、交换、控制的互联结构通信协议结构、通信协议结构以及协议接口等技术要求。自标准发布后，受到了各大视频监控厂商的积极响应，如华为、海康威视、浙江大华等，并通过公安部的认证。

《28181 协议》的网络结构有以下两种方式：

1. 级联

两个信令安全路由网关之间是上下级关系，下级信令安全路由网关主动向上级信令安全路由网关发起注册，经上级信令安全路由网关鉴权认证后才能进行系统间通信。所有消息的传入，不管是信令还是媒体流都是逐级发送的。

2. 互联

两个信令安全路由网关之间是平级关系，需要共享对方 SIP 监控域的监控资源时，由信令安全路由网关向目的信令安全路由网关发起，经目的信令安全路由网关鉴权认证后方可进行系统间通信。

对于异构监控平台的对接（如上两种方式都存在），需要我们在实际应用中关注。视频云平台上下级协议互联方式如图 8-15 所示。

（1）下级前端 IPC 都需符合《28181 协议》，符合《28181 协议》或 Onvif 协议（开放型网络视频接口协议）的设备应采用国标规定的接入方式进行接入。

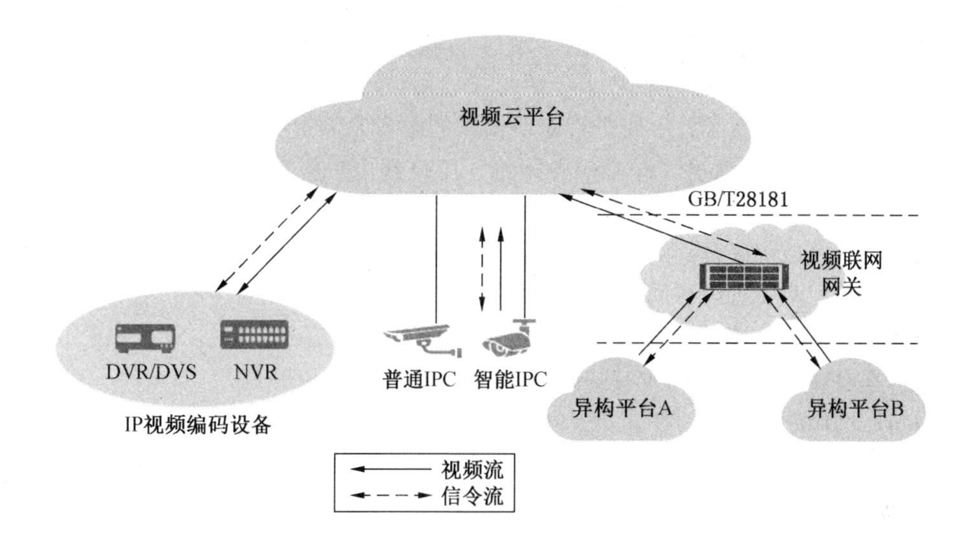

图 8-15　视频云平台上下级协议互联

（2）下级视频监控平台 NVR/DVR/DVS 和视频联网网关应符合《28181 协议》要求，可按照《28181 协议》进行上下级域的方式进行互联对接。国标对接应实现《28181 协议》协议中规定的注册、实时视音频点播、设备控制、设备信息查询、状态信息报送、历史视音频文件检索、历史视音频回放、订阅和通知等功能。

（二）SIP 协议

SIP 协议（Session Initiation Protocol），全称为会话初始协议，是一个应用层的信令控制协议，用于会话的创建、更改以及终止。这些会话可以是 Internet 多媒体会议、IP 电话或多媒体分发。SIP 协议是从 HTTP 协议以及 SMTP 演变而成，采用文本方式编码，与 RTP/RTCP、SDP、MGCP、DNS 等协议配合共同完成多媒体会话过程。在基于 SIP 的应用中，每个会话可以是不同类型的内容（如普通的文本数据、音视频数据、游戏数据等），应用具有巨大的灵活性。

在较多通信系统及 Interet 上，大多数通信系统及应用程序需要创建和管理会话。会话是用户和用户及用户与系统之间的数据交换。根据用户的使用情况，任何应用程序的应用在现实世界中都很复杂：用户可以在代理之间移动，可以有多个名称，可以传递文本、多媒体、视频、音频等。与许多通信协议一样，会话发起协议（SIP）是 VoIP 技术中最常用的协议之一。它是一种应用层协议，与其他应用层协议协同工作，通过 Internet 控制多媒体通信会话，实现 Internet 多媒体会议、IP 电话或多媒体分发。会话的参与者可以通过组播（multicast）、网状单播（unicast）或两者的混合体进行通信。会话发起协议（SIP）要求用户使用网络点来查找并允许创建会话的公共描述。SIP 是一种简单易用的工具，可用于创建、修改和完成会话。它在通信协议下独立运行，不依赖于正在创建的会话类型。通过对 SIP 协议的封装，实现对底层能力的调用。同时提供相应的业务能力功能，以 API 的形式提供给业务系统调用。

SIP 也可被称为应用程序组件，可用作其他 ETF 协议的一部分来构建完整的多媒体体系结构。例如，协议构建的多媒体架构将实时包括数据传输协议，并在实时传输时提供反馈，实时传输协议用于控制广播媒体的传输和控制协议，媒体网关用于控制到公共互联电话网络的网关。还有用于描述多媒体会话的描述协议。因此，SIP 应与其他协议协同工作，为最终用户提供全面服务。安全性对所提供的服务尤为重要。为了达到所需的安全级别，SIP 提供了一套安全服务，包括服务拒绝、用户到用户服务、完整性保护、加密和隐私服务。

网关可以认为是协议合同的载体，对于网关互联技术是指通过专用通信网关异构网络的互联互通，常见网关有语音网关、视频网关、窄带网关、宽带网关等。如窄带网关采用 pSIP 协议，用于多媒体集群指挥系统与窄带系统间互相通信，包括携带的 SDP 协议，基本语法规则基于标准 SIP 2.0 版本，并在此基础上进行改进和扩充。

（三）H.323 协议

H.323 和 SIP 一样，主要用于 IP 语音、视频通信领域，可以支持音频、视频和数据的点到点或点到多点的通信；解决了点对点及多点视讯会议中诸如呼叫与会话控制、多媒体与带宽管理等问题，目前广泛应用于基于 IP 的视讯会议系统中。H.323 协议集已经比较成熟，并在 VoIP、视讯会议领域得到广泛应用。与 SIP 协议相比，H.323 的集中式控制模式便于管理，像计费管理、带宽管理、呼叫管理等在集中控制下实现起来比较方便，其局限性是易造成瓶颈。而 SIP 的分布模式则不易造成瓶颈，但各项管理功能实现起来比较复杂。

H.323 要求端口在整个呼叫期间都要保持呼叫状态，其连接是基于 TCP 的，协议中的控制信令都由 TCP 传递，SIP 消息允许在 UDP 上传送，而 UDP 是面向无连接的，这意味着在大型骨干网上 SIP 服务器可以采用基于 UDP 的无状态工作模式，这样就可以显著减少存储器容量和计算量，提高可扩展性。简而言之，H.323 成熟可靠，要求多。SIP 起步晚，但胜在简单灵活。

（四）B-TrunC 协议

B-TrunC 协议（Broadband Trunking Communication，宽带集群通信）是由宽带集群（B-TrunC）产业联盟组织制定的基于 TD-LTE 的“LTE 数字传输+集群语音通信”专网宽带集群系统标准。2012 年 11 月在 CCSA（China Communication Standards Association，中国通信标准化协会）上正式立项并启动，并于 2014 年 11 月成为 ITU-R（国际电信联盟无线局）推荐的 PPDR（公共保护与救灾）宽带集群空中接口标准。这是中国宽带集群通信标准首次被 ITU 的 PPDR 建议书所采纳并成为国际标准。B-TrunC Release 1 技术标准于 2013—2014 年完成并陆续发布，2015 年成为 ITU 推荐的首个支持点对多点语音和多媒体集群调度的公共安全与减灾应用的 LTE 宽带集群标准。B-TrunC Release1 在保证兼容 LTE 数据业务的基础上，增强了语音集群基本业务和补充业务，以及多媒体集群调度等宽带集群业务功能，具有灵活带宽、高频谱效率、低时延、高可靠性的特征，能够满足专业用户对语音集群、宽带数据、应急指挥调度等需求。

例如，广州地铁的华为 LTE 专网和广州白云机场的中兴 LTE 专网使用的都是 Btrunc 协议，因此在系统对接方面，可以考虑用 Btrunc 协议完成 LTE 专网的音视频互通；各机场使用的专用通信网络包括 eLTE 网络（如深圳宝安机场、广州白云机场等），近几年新建的城市地铁线路大多数使用了 eLTE 网络，对于 eLTE 网络，融合通信可通过 Btrunc 协议进行系统级对接，实现语音集群对讲与视频点呼/回传等业务。

（五）PSIP 协议

PSIP 协议全称为 PDT Session Initiation Protocol，即 PDT 会话初始协议，一个基于文本的应用层控制协议，用于创建、修改和释放一个或者多个参与者的会话。其主要在国内使用，用于警用数字集群系统的互联互通，算作是对 SIP 协议的一种实现，相当于将 SIP 协议封装后便于使用的拓展协议。

PSIP 协议栈分为应用层、会话层、事务层、压缩层、传输层和网络层。其中传输层采用 UDP 协议，默认使用端口号为 5060。

例如，在应急指挥中心部署 PDT 窄带网关（采用主备方式），通过 pSIP 协议对接的方式，连接 370 M 数字集群通信网，如图 8-16 所示。

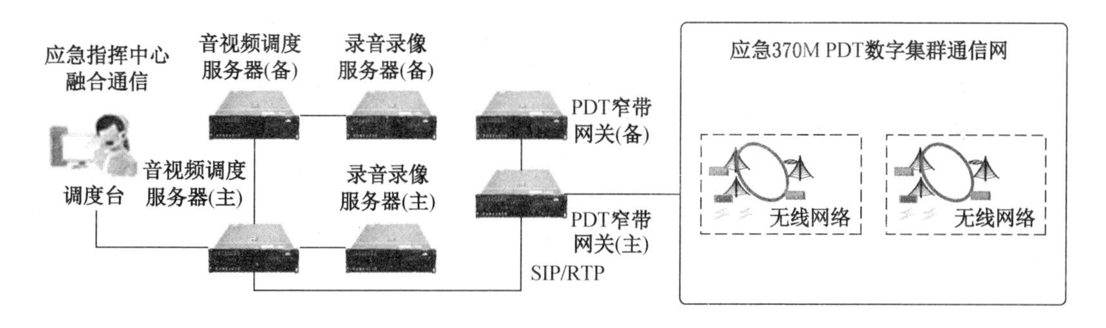

图 8-16　融合通信平台对接 370 M PDT 数字集群图示

二、空口接口对接

空口，即空中接口，通常也称无线接口，是终端与基站之前完全开放的接口，不同的制造商只要遵守接口规范，就能实现互相通信，如图 8-17 所示。

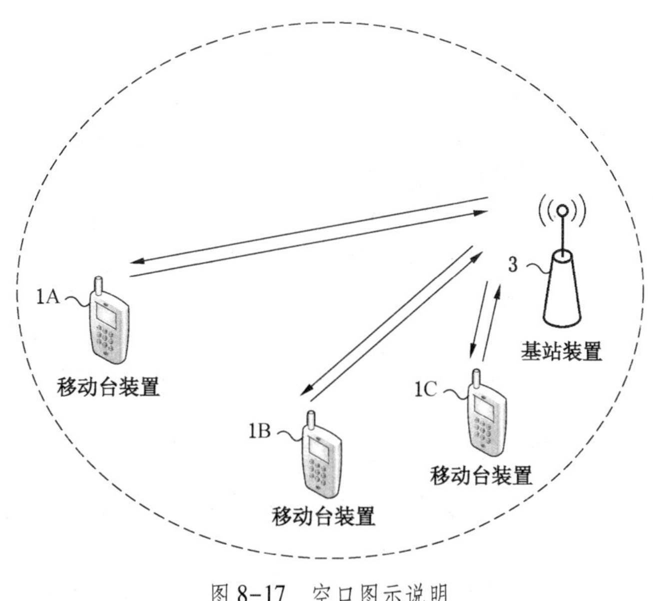

图 8-17　空口图示说明

空中接口协议栈主要分为三层两面，三层是指物理层、数据链路层、网络层，两面是指控制平面和用户平面。

（一）Tetra 空口

TETRA（Terrestrial Trunked Radio，陆上集群无线电）数字集群通信系统是基于数字时分多址（TDMA）技术的专业移动通信系统，对于信令方式的系统级对接互通比较复杂，空口对接方式较为常见。利用空口方式对 TETRA 系统的互通，不同厂家有不同的实现方式，利用 Tetra 网关进行互通，是较为普遍的一种对接方式，具体实现方式各厂家略有差异。华为融合通信统一窄带网关通过内置车载台的方式完成与 Tetra 系统之间的组呼业务，如图 8-18 所示。

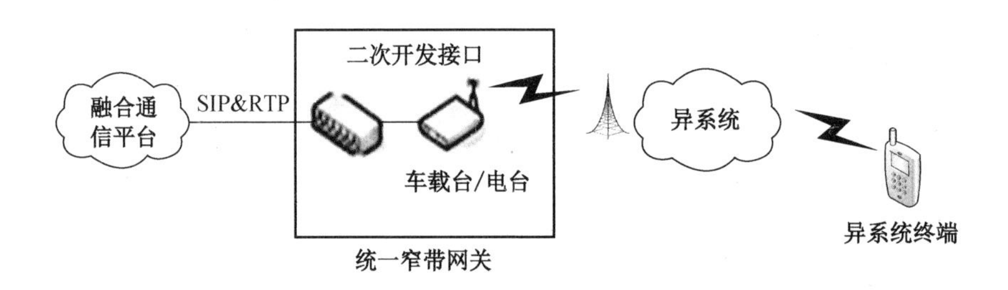

图 8-18 Tetra 网络互通

例如，广东公安多个地市使用 800 M Tetra 网络，此种网络可以通过窄带网关进行互通，可以完成对已有 Tetra 系统终端的互通，实现应急场景跨委办局的指挥调度。

（二）PDT 空口

PDT（Police Digital Trunking）警用数字集群通信系统标准是由公安部主管部门牵头，由国内行业系统供应商参与制定，借鉴国际已经发布的标准协议的优点，结合我国公安无线指挥调度通信需求推出的一种数字专业无线通信技术标准，将成为我国公安行业今后数字集群通信系统的建设方向。各地市有 350 M PDT 网络，此种网络可以通过 PDT 网关进行空口对接互通；部署如在应急指挥中心新建设一个 350 M 基站，部署统一窄带网关（方式如 Tetra 空口图示），通过窄带网关控制车台，以空口连接的方式接入 350 M 通信网。

基于车台的 AT 指令，通过网关对车台进行控制，基于指令可实现对窄带终端的组呼、点呼等功能。此种方式部署快，容量较小。

如图 8-19 所示，上方为统一窄带网关实现的空口互联，下方为 PDT 窄带网关实现的系统互联，两种方式均可实现与 PDT 数字集群网络的互通。

除了上述 PDT、Tetra 等数字集群系统外，融合通信平台同样需要支持早期的模拟窄带无线接入方式，其对接方式可参考 PDT 空号对接方式。对于模拟窄带手台考虑其信道衰落和保密性等原因当前使用的组织逐步变少，在蓝天救援队等组织还有使用。

三、私有接口 SDK 对接

SDK，全称 Software Development Kit，指的是软件开发工具包，一般都是一些软件工程师为特定的软件包、软件框架、硬件平台、操作系统等建立应用软件时的开发工具的集合。它可以简单地为某个程序设计语言提供应用程序编程接口 API 的一些文件，使用这

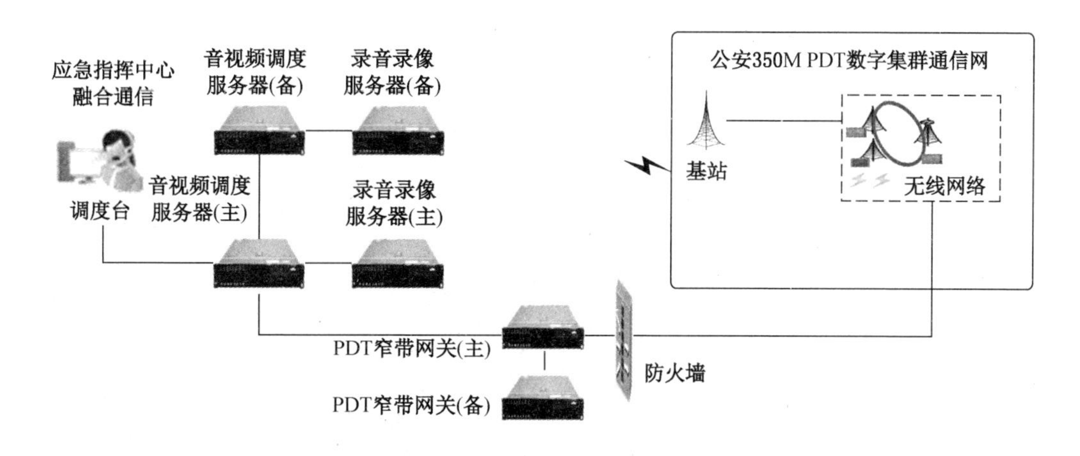

图 8-19　与 PDT 数字集群通信网互通示例

些接口，开发者就可以很方便地实现某些功能。如海康的摄像头 SDK，融合通信平台可以通过该类 SDK 接口完成对摄像头的对接控制。

对于私有接口对接，往往容易因缺少标准化、内容变化不可控致使对接开发难度大，后期维护复杂。

四、背靠背技术

在通信工程领域中，多网络、多系统融合技术需要实现内容融合以及接入融合两个重要的方面。其中内容融合是指在各个通信系统之间的信息可以得到有效的传递，而接入融合是指在通信协议上各个通信系统需要保持一致。多网融合的理念以及相关的技术的有效运用能够有效降低通信基础设施的建设成本，极大地提高信息管理的效率。

兼容问题是多网融合中最重要的问题。就通信协议而言，目前在路由层广泛采用的一般为 IP 协议，因此多网融合技术的兼容性的协议方面一般是基于 IP 协议的，而在路由层之上，需要设计符合多网融合实际情况的控制协议，来解决不同网络传递的信息格式的转换以及兼容问题。针对部分较为老旧或少量采用私有协议的通信系统，通信协议无法匹配对接的情况下，背靠背技术采用底层硬件级联方式，通过模拟线路转接，实现不同通信系统的互联互通。背靠背技术是指通过模拟线路转接方式，实现音视频信号互通采集，从而实现不同品牌视频会议间的互联互通。

背靠背对接如图 8-20 所示，具体方法如下：

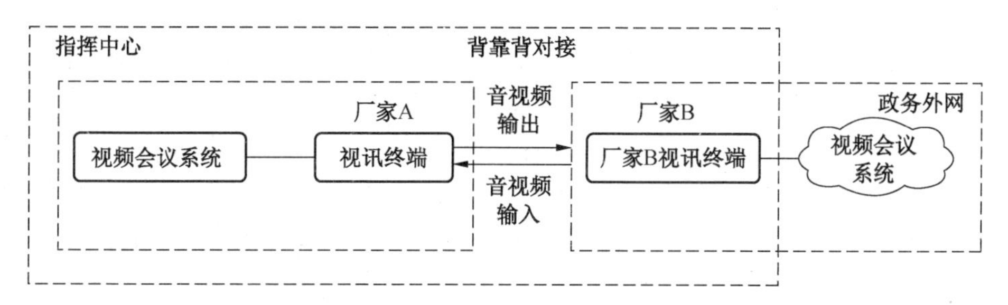

图 8-20　背靠背对接图示

通过模拟信号线将原有硬件视频会议终端与新增视频会议终端设备相连接。

线路1：原有终端HDMI视频输出——→新增终端HDMI视频输入。

线路2：原有终端HDMI视频输入←——新增终端HDMI视频输出。

线路3：原有终端音频输出——→新增终端音频输入。

线路4：原有终端音频输入←——新增终端音频输出。

第四节　应急融合通信应用案例

指挥中心在国家、城市的日常管理、应急响应中处于核心地位，是城市的神经中枢和大脑。融合通信可广泛应用于日常事件处置及各类突发事件的应急响应，通过先进的ICT手段实现高效、协同、可视的指挥调度，是高效运作的指挥中心不可或缺的核心建设部分。

一、广东省应急融合通信实践

广东省应急管理厅通过联创中心快速落地应急融合通信，实现会商、监控等八大类音视频融合，通过应急指挥中心建设，在全省率先利用应急指挥平台同各地市及受灾地区会商研判，真正成为省应对突发事件指挥部的阵地场所。

2020年3—9月应对了20次“龙舟水”，包括在6月5—11日期间，出现广东省最强的一次“龙舟水”，极端性强降水，最大雨量可达100~200 mm，局部达300 mm以上，部分区域出现极端条件下公网断电、灾区通信中断、无法了解受灾实际情况的难题。

在应急救援过程中，充分发挥了应急融合通信等技术在内的信息化优势，通过前指背负式便携通信以及LTE无人机升空通信系统，实现了省、市、县、镇、村五级即时连通零距离、场景即时传播零时差、指令即时下达零延误，彻底解决了极端条件下应急通信保障问题，为抗洪抢险救灾赢得黄金时间，最大限度地减少了人员伤亡，最大限度地保护了人员群众财产安全。

2020年国庆节前后，广东省启动“安全生产南粤行”活动，针对高温地区，重点是河源、梅州、韶关、清远等地部署节假日森林防火工作要点，这些地点都有中秋节拜山的习俗，是森林防火工作的关注重点，省厅派无人机、直升机对这些重点地区进行巡护，现场画面通过应急融合通信系统进行整合，实时回传到指挥中心，结合风险评估“一张图”，并与一线巡视人员保持实时联系，有效防范了火灾险情隐患。

二、扬州市应急融合通信实践

“落实安全责任，推动安全发展！”2020年6月25日，扬州市以实战为标准成功举办了扬州市自然灾害应急救援综合演练。演练采取“四个结合”的方式呈现，即主会场与分会场相结合、情景设置与实战实操相结合、现场直播与分场录制相结合、一个总案与各个专项预案相结合。充分运用“互联网+”技术手段，设置“一中心三现场”：“一中心”设在市应急指挥中心，“三现场”分别为扬州市江都区自然灾害衍发长青农化公司天然气泄漏事故应急救援演练现场、扬州市江都区自然灾害衍发道路交通事故纬三路演练现场、扬州市江都区自然灾害衍内涝宜陵镇白塔村演练现场，全程实现“一中心”与“现场”

的互联互通。

此次演练运用应急指挥系统、5G传输系统、应急指挥车、单兵手台和无人机等高科技手段，锻炼各部门在多个突发事件发生时的应急能力，也是对应急系统和应急实战装备的一次检验。指挥中心大屏接入并投屏展示三路画面，从左到右依次为视频会议4路画面（指挥中心画面、现场指挥车外置摄像头画面、应急指挥信息系统“一张图”画面、现场指挥车内部画面/无人机拍摄画面切换）、演练现场直播画面、应急指挥信息系统“一张图”画面。

演练现场响起应急警报时，无人机升空，通过高空拍摄画面，将救援车辆入场、现场救援、人员离场等画面清晰传到指挥中心，指挥中心负责指挥的领导能清晰地了解现场的受灾情况、救援工作的进展等。通过单兵手台入会，使指挥中心领导能够听到现场的指挥全过程。演练按预案进行，整个演练过程既紧张、激烈，又有条不紊。通过演练将市局新建的以融合通信为基础的应急指挥信息系统、指挥车、单兵装备及无人机等投入到演练中，在提高应对紧急突发事件的响应能力的同时，检验新建系统的建设成果。

第九章 应急通信应用

应急通信系统以有线通信、无线通信和卫星通信为主要手段，保证应急指挥平台的通信网络7×24 h畅通；能保障事件现场语音、视频监控、视频等传输畅通，实现与现场应急通信系统的整合和不同通信系统之间的互联互通；能够保障在所有的自然环境下，如森林、河流、山地丘陵等地带应急通信联络的畅通；在灾害、干扰和故障等特殊情况下提供容灾应急通信保障，各种应急通信方式能互相备份，在一种通信方式受阻时，至少仍有一种方式保障通信畅通；公共交换电话网络在超饱和条件下通信时，应急管理机构人员在执行公务时具有优先通话权；提供数字录音系统，为指挥调度中的命令接收及下达提供录音功能，根据需要可随时检索、回放指挥过程的场景。

第一节 应急通信应用场景

应急通信过程涉及多种应急通信场所和多种通信手段及网络，应急通信场所有应急指挥中心、现场指挥部、移动应急指挥车、灾害现场，应急通信手段有电话、短信、APP、VoLTE、宽带集群、窄带集群、短波、微波、视频会议、视频监控、无人机等，网络有4G/5G/互联网的公众通信网、无线通信网、卫星通信网。在不同的应急通信场景，不同的事件类型及环境下，不同的应急通信手段及网络都发挥各自独特的优势。

应急通信系统主要针对四大类突发事件（自然灾害、事故灾难、社会安全和公共卫生），这里我们介绍四大类突发事件中对应急通信网络提出较高使用需求的九类应用场景。

一、自然灾害类

（一）地震和大型地质灾害场景

地震和大型地质灾害场景等重大突发自然灾害往往造成受灾地大量人员伤亡和严重财产损失，可能造成当地常规通信系统性能严重下降甚至瘫痪，导致政府应急通信指挥系统无法正常运行，严重影响现场救援工作的顺利开展。

地震和大型地质灾害对应急通信系统提出了非常高的要求，通常发生这类灾害时，公共通信网络已经损毁，道路有一定损坏，应急指挥车辆不易到达现场；这时在救援初期主要依靠卫星网络和便携的现场通信保障网络形成的应急通信系统进行灾害现场的组织、救援、指挥和信息收集。

在面对常规通信系统性能严重下降甚至瘫痪的场景下，通过卫星网络和便携的现场通信保障网络设备，构建起一个南向覆盖救援区域，北向与指挥中心互通的现场指挥网络，满足对现场各类救援人员的指挥需求。

（1）快速构建南向覆盖救援区域的应急通信，在地震等重大灾害的救援过程中，主要采用无线通信通道，构建集群通信与常规通信等不同模式的信息交互模式，充分满足相应场景下的救援通信要求。以集群通信为例，其具有较强的保密性能，救援人员通过使用集群通信系统，在避免信息数据丢失的情况下，在相应规模内，开展人员的调配以及物资的配给，形成科学化的地震救援决策，对于地震救援工作的稳步推进有着极大的裨益。对于通信基站受损严重的地区，在构建应急通信系统的过程中，可以通过短波通信，从过往经验来看，短波通信系统对于通信基站、光缆以及基础线路的依赖程度相对较低，具备较强的实用性，并且短波通信系统在地震救援环节，可以最大限度地排除地形、通信距离等因素的影响，通信效果更为稳定。因此，现阶段当地震震级较高，危害性较大，通信光缆以及交换机受损严重的情况下，往往采用短波通信通道，建立稳定、可靠的信息通道，以确保救援活动可以快速展开。

（2）快速恢复北向与指挥中心互通的现场指挥网络，可以在地震的相关区域设置卫星便携站、卫星通信车等设备，建立起简易的通信系统，将地面通信与卫星通信连接，形成稳定的信息通道，为地震等大型地质灾害救援活动的开展提供技术支撑。

此外，应急通信还有 3 种特殊要求要考虑：

（1）由于地震和大型地质灾害场景下，余震和地质灾害还会持续发生，救援队伍需要便携式地震和地质灾害传感器的通信保障；一般情况下是通过便携式现场通信网络提供物联网链路，与移动式传感器进行通信，如图 9-1 所示。

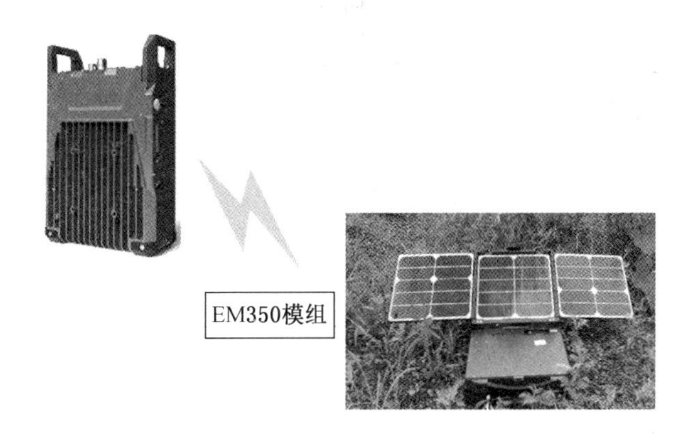

图 9-1　背负式通信基站结合移动式传感器

（2）地震和大型地质灾害需要较多的直升机等空中支援，现场通信保障网络需要具备与直升机通信的保障手段，如图 9-2 所示。

（3）地震和地质灾害场景救援对应急通信支持无人机的工作提出了新的要求。在能保证无人机视频回传、喇叭播音等功能之外，应急通信要能够为无人机对地震和大型地质灾害改变的现场地形进行快速扫描和快速 GIS 地图出图提供相应的数据通信的保障，如图 9-3 所示。

从实际经验来看，地震救援工作涉及多个主体，为保证救援活动的有效调度，在应急通信保障体系的构建过程中，应当进行通信指挥机制的创设，借助通信指挥系统的管理作用，将各个通信过程进行量化处理，避免通信范围过窄、通信方式单一等问题。在这一思

图 9-2　直升机通信保障

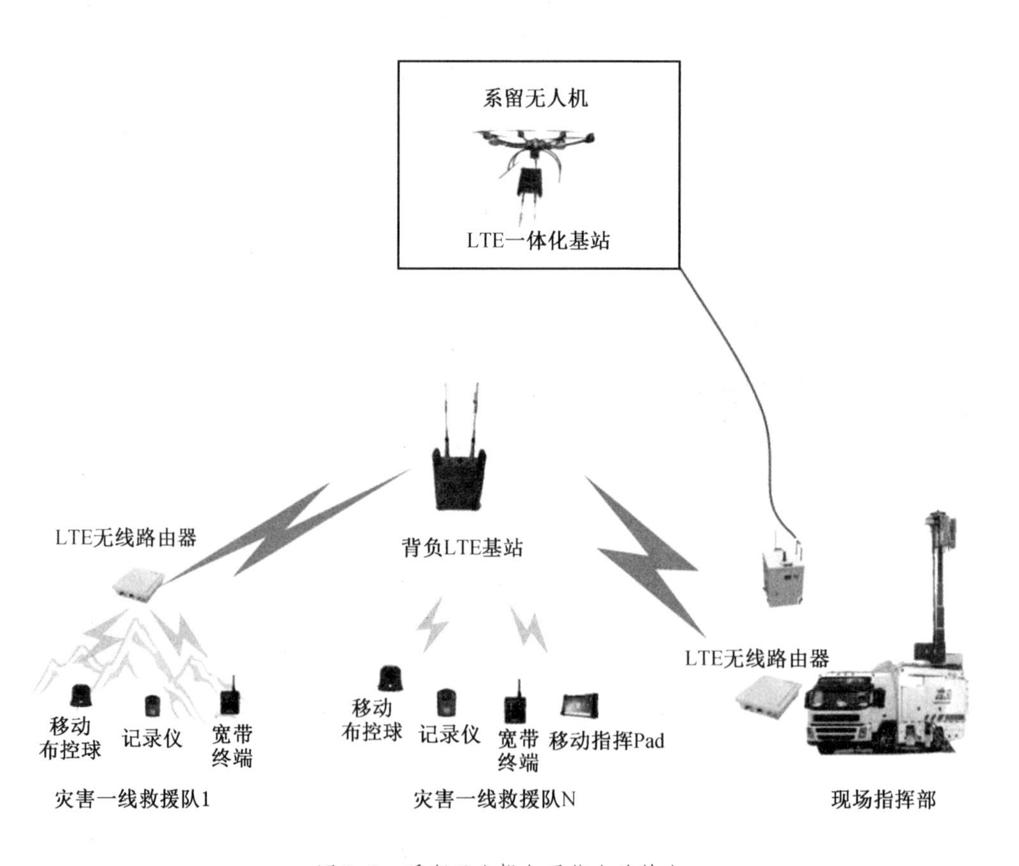

图 9-3　系留无人机与通信小站结合

路的指导下，工作人员应当着眼于实际，通过对现有应急通信指挥系统的打造，将各类应急通信保障技术完成收束，以有效解决通信通道规划混乱、通信资源整合不到位等情况，持续提升通信系统的服务能力，如移动视频通信平台：随着 5G 技术的逐步成熟，应急通信保障机制在创建的过程中，需将移动视频等技术手段融入视频通信等环节。从过往地震救援的情况来看，救援单位在进入到地震区域后，需要快速建立起视频应急通信系统，以便相关部门及时掌握地震的危害程度，评估地震救援的整体难度，以此为依据，制定系统性的救援方案，规避救援决策适用性不高、可操性不强等系列问题。为实现移动视频通信平台的科学打造，工作人员需要做好硬件系统、软件系统的搭建，确保移动视频技术可以在地震区域内快速实现。要求工作人员掌握应急救援新知识、新技术，通过对各类技术手段的整合和操作系统的优化，实现移动视频通信平台的高效打造，最大限度地提升视频通信的稳定性，适应地震救援工作的开展要求。

（二）森林火灾的应急通信

森林火灾，是最早纳入国家危机事件管理的重大突发事件之一，同时也是我国应急管理体系的重要内容之一。森林火灾危害巨大，一旦发生就会造成不可挽回的经济损失。预防和扑救森林火灾、保护生态安全是我国林业生态建设和应急管理领域中的重要职责，而森林防火应急通信保障工作又是核心工作之一，通过加强森林防火应急通信工作，可以准确传输火场通信指令，使各级森林防火指挥中心在第一时间准确掌握火场动态信息，为指挥员正确指导森林火灾扑救工作提供翔实准确的情报，从而将森林火灾发生的破坏程度控制在最小的范围内，有效减少森林火灾对自然资源、人民生命财产损失及社会稳定造成的不利影响。

森林火灾救援中的应急通信系统主要保障一个大范围区域内多支救援队伍之间的通信，对于无公网信号覆盖的区域，实现信号覆盖前方救灾、减灾队伍人员以及队伍内的信息互通，对于后方指挥中心及现场指挥部，保障指挥命令准确下达，以及直升机、无人机与地面救援人员的通信。通过快速构建具备融合通信能力的现场指挥部，前方通过卫星网络和便携式现场通信装备构建起一个覆盖救援区域的应急通信网络。同时现场指挥部要通过公网和卫星等手段与指挥中心实现互联互通，实现对现场各类救援人员、各类保障人员的指挥需求。

此外，应急通信还要保障几种特殊场景，例如森林火灾救援需要较多的直升机进行空中支援，现场通信保障网络也需要具备与直升机通信的保障能力。

现场通信及多媒体调度指挥以背负式通信小站为核心，背负式通信小站指挥系统集成了基站、核心网、调度系统等功能，具有一体化、小型化的特点，适用于需要快速部署、区域覆盖的应急通信场景，为灾害现场提供无线通信以及语音、调度、数据传输、视频监控等宽带集群业务。当灾害发生时，背负式通信小站指挥系统随后到达，在灾害现场建立eLTE专网，为灾害现场提供信号覆盖，实现与后方区域指挥中心的通信联系并实施现场救援。森林火灾应急通信系统包含以下几种常见手段：

1.“空天地一体化”应急通信系统

森林火灾大多发生在山区，地势险要，4G/5G公网信号差，卫星通信设备对星困难，道路狭窄，多数路段车辆无法通行，大型通信车无法抵近火场保障，所以需综合运用无线电台、单兵图传、卫星电话、北斗有源终端等通信设备，保障话音、图像、定位和短报文通信服务，保持与指挥中心的不间断通信。

2. 基于多种通信设备的“空天地一体化”通信系统

在森林火灾通信系统中，第一个要求是保证通信系统畅通，所以首先通过前突小队乘坐摩托车或越野车遂行，携带无线电台、4G/5G单兵图传、北斗有源终端、卫星电话等通信设备。同时调派“动中通”卫星通信越野车，并协调三大通信运营商第一时间调派超级基站越野车或系留无人机基站赶赴现场，提供4G/5G信号、宽带互联网和指挥调度专线，保障话音、数据和视频传输需要。应急通信需要综合利用手机、公网集群电台、专网对讲机、自组网电台、卫星电话、超轻型卫星便携站等通信设备，尤其是卫星设备作为保底通信手段。在使用无线电台时，要按照无线通信三级组网要求，划分几个指挥网和战斗网，明确通信频道和通话规则，利用背负、车载、飞行器载或高点中继台，实现区域通信覆盖，集中各方面、各火线参战队伍的通信人员，实施统一调度，对口下达灭火救援指令。使用卫星电话时，要选择合适位置架设，尽量使用全向天线，专人值守，定时报告。如果火场面积过大，可通过无人机挂载中继台与自组网设备，以无人机中继的方式，实现地对空、空对空、空对地的通信互联，保证灭火一线队伍与指挥部的通信联络；或利用无人机挂载自组网与动中通卫星设备，建立地对空、空对天、天对地通信网络，实现全天候、全地域通信，如图9-4所示。现场采集的视频画面通过无人机组网、4G/5G、互联网、应急车联网或卫星专网回传至各级指挥部，辅助前后方会商并研判应急救灾方案和部署。

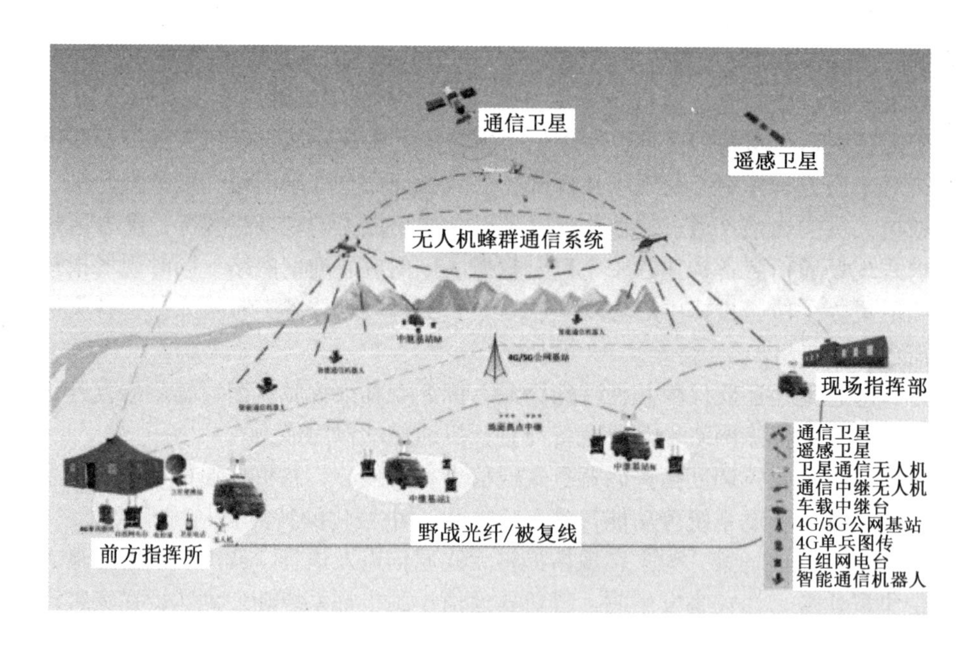

图9-4 “空天地一体化”通信系统

3. 基于无人机自组网的通信系统设计

采用随时转场、动态组网的形式，具有灵活机动性能。组网结构可以采用分层的混合组网，以地面前方指挥站和现场指挥部为无人机集群网络中心站，无人机通信终端应具备在无人机集群中自组网功能以及与地面前方指挥站、现场指挥部直接通信的功能；同时为满足灭火行动中不断变化的通信需求，通过无人机与自组网等方式，接力通信、中继转信，延伸网络覆盖范围，确保指挥过程中通信畅通。

如果现场受风、雨、地形、地势等影响，无人机无法起飞，可采取反向覆盖的方式，在无人机通信覆盖范围内选择合适位置起飞，建立空对地远程通信覆盖。其中最可靠的做法是按照平战结合的原则，事先在林区合适高点或利用广播电视高山转播塔架设固定中继台或自组网设备，实现林区通信覆盖，战时利用无人机高空中继，补点入网，实现与指挥部的全域通信。

除此之外，火灾信息获取与地图构建是森林救援过程中的重要保障能力之一，将地面监测、无人机侦察、卫星遥感技术相结合，获取火灾整体态势、发展趋势、范围，以及火灾受气象、地形等影响蔓延的方向、速度。采用倾斜摄影和金字塔匹配技术构建三维地图，获取林区地形地貌、山势走向、道路、水源、隔离带分布，周边重点目标、重大危险源等，并进行灭火力量绘制。

基于二维图像的火灾信息提取，图像处理中用到的二维图像主要是可见光图像和红外图像。针对森林火灾区域提取图像，需把握火灾整体态势与发展趋势。而单一的可见光图像只能获取火灾颜色、纹理、几何轮廓等基本属性，单一的红外图像只能获取目标表面温度。如果仅采用其中某种方式，则会忽略各属性间的相关性，导致设计方案抗干扰能力差。所以采用可见光图像与红外热成像相结合的技术，实现优势互补。采用地面监测、无人机侦察、卫星遥感3种侦察方式相结合的方式获取二维图像。同时为满足森林火灾现场航拍需要，现场至少调派2架抗风性能好、航行时间长、飞行速度快的无人机，执行视频侦查任务。尤其是在道路受阻、车辆无法行进的情况下，无人机可就地起飞前往侦查，搜寻道路，图传火场情况。在利用单兵或车载图传、手机拍摄现场的火灾视频以及林区的监控视频得到连续帧的可见光图像后，进行火灾区域信息获取。

首先根据火焰像素点颜色划分可见光颜色空间区域，再利用火焰燃烧时在二维图像中的几何轮廓相对于背景变化频率更快框选火焰区域。此外，利用红外热成像技术，通过红外热成像仪计算得到目标温度。二者结合可去除树木遮挡和烟雾干扰，实现火情检测。对现场采集的视频图像进行处理后，通过4G/5G、互联网或卫星专网回传至各级指挥部，辅助前后方会商并研判。大面积的火场情况通过共享气象、航天等部门提供的卫星遥感图像，方便指挥人员了解火场位置、火灾范围，以及火灾发展变化趋势等信息，如图9-5所示。为保证后续灭火力量的部署，需采用具有GNSS北斗、GPS等导航定位装备的无人机，利用GPS或北斗卫星终端获取精确的火灾区域经纬度信息，并实现装备授权、定位、控制指令等信息联通。

基于二维正射影像图与三维模型地图构建技术获取火灾信息。传统森林火灾灭火力量部署结合的是GIS地图、军事地图、遥感地图等，存在时效性、分辨率双低的问题。将无人机航拍制作二维正射影像图与三维模型相结合，根据二维正射影像图及图像缩放比例可得到火场长度、宽度、面积，由此标绘灭火力量。利用倾斜摄影的飞行平台的五目相机，分别采集垂直摄影图像和前后左右4个摄影图像，制作三维模型，辅助指挥决策、部署灭火力量。倾斜摄影可同时得到目标区域多位摄影，为三维实景建模提供纹理信息和测量数据，如图9-6所示。

倾斜摄影对倾斜摄影获得的多视影像进行联合平差，采用金字塔匹配，在各级金字塔影像上进行同名点匹配，建立对应点和对应线的连接，然后对多视影像进行密集匹配，将二维特征转换为三维特征，并确定各个墙面，构建三维模型。

（三）台风和洪涝灾害的应急通信

图 9-5　二维图像的火灾信息提取

图 9-6　二维正射影像图与三维模型地图构建技术获取火灾信息

台风和洪涝灾害通常同时影响多个城市，而应急通信是实施抢险救援与对外联络的极其重要的一环，通过实施合理的应急通信方式，可以最佳地利用资源，抢救更多的生命和财产。如何在灾害时建立快速、灵活、有效的应急通信，是目前面临的一个重大课题，对应急通信系统提出了较高的要求，简单概括来说包括“线、面、点”三个方面。

（1）各区域之间应对防洪防汛的跨地市甚至跨省的指挥调度，需要应急通信“线”的能力。应急通信确保跨省跨地市直接的联络通畅，“线”的能力一般由有线通信网络保障。

（2）各大范围区域内整体防洪态势的事件上报和态势分析，需要构建应急通信“面”的能力。主要依托公共通信网络和各个部门的通信专网，以及能够将多个部门的多种终端融合的“融合通信”能力，实现一个区域内多个部门多种终端的集中调度，统一协调。

（3）一个重点位置的洪水和台风的救援通信保障，需要构建应急通信“点”的能力。一般都是“三断”场景（断电、断网、断路），此时主要依托公共通信网络、卫星网络和现场通信保障网络，对一个重点位置进行救援。与地震和地质灾害救援场景类似，其中对现场通信网络保障，是其最难一关，主要通过背负式通信小站进行现场无线信号覆盖，将灾害一线音频、视频回传至后方指挥中心，在车辆无法前行的情况下，可通过人体背负方式，将信号进行延伸覆盖，结合卫星技术，实现现场无人机、布控球、宽带终端等与后方进行音视频传输，如图 9-7 所示。

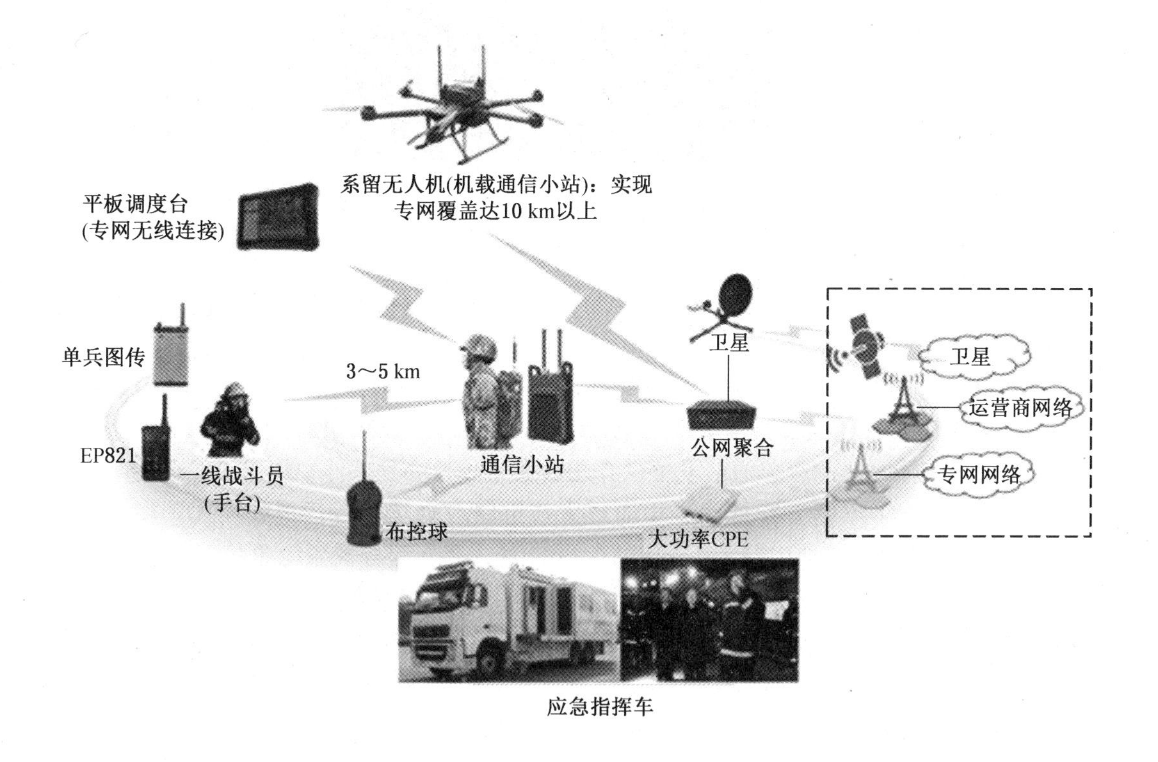

图 9-7　台风和洪涝灾害场景应急通信示意图

台风和洪涝灾害中常见应急通信保障手段如下：

（1）建立高效的作战指挥中心，确实做到救援人员实时调度工作。作战指挥中心必须具备以下特点：①必须具备对作战人员、器材装备、辖区情况能够实时掌控；②必须具备多样化通信手段，实现与每支参战队伍进行实时通信；③必须具备处置自然灾害的相关预案。

（2）建立有效的专网通信保障模式，摆脱对公网通信模式的依赖。发生台风和特大洪灾后，由于大面积的停电、基站设备的损坏等，公网通信模式往往较为脆弱，已无法形成有效的通信模式。只有建立高效可靠的专网模式才能得到有效的作战指挥效果。①建立卫星通信模式，各作战中心配备一至两部卫星电话，配备“动中通”“静中通”等通信设备，切实提高音视频通信保障，如图 9-8 所示；②建立短波通信模式，利用短波通信系统，各单位配备车载短波和背负式短波，在复杂的条件下建立起语音通信模式。

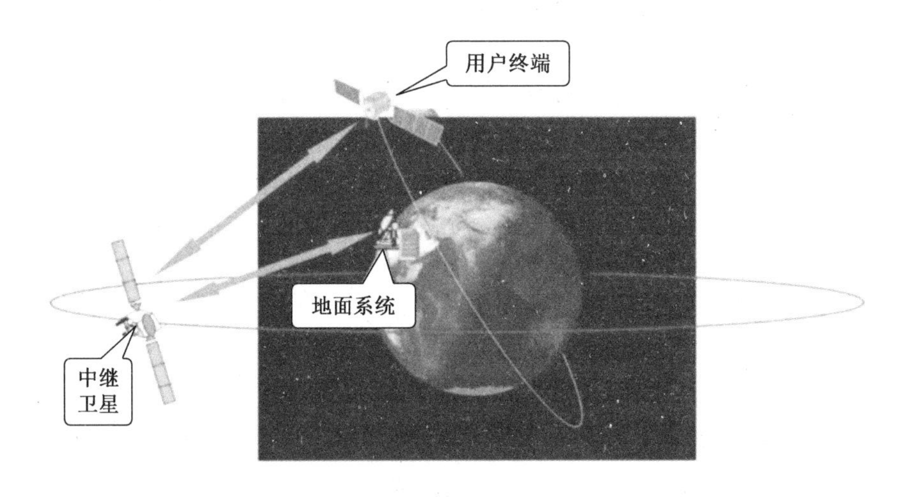

图 9-8　卫星通信示意图

（3）建立现场无线通信模式，利用专网特点，建立起音视频应急通信模式，在一定的范围内实现无线通信。

（4）强化应急通信装备建设，扎实开展应急通信保障实战训练和演练。利用背负式应急通信系统建立一套集常规电台、中转台、集群电台、GSM 语音、4G/5G 视频传输、图像存储等模块于一体的应急通信设备，并能够在中小型突发事件中快速组建现场临时指挥部，如图 9-9 所示。后方指挥中心可通过无线链路对现场进行音视频指挥调度。通过短波系统、卫星电话、“动中通”“静中通”等设备，建立起音视频应急传输系统。在救援战斗过程中，要经常利用现有的应急通信保障手段实现现场的应急通信保障，到现场后利用单兵、手台、布控球、无人机、短波及卫星电话等设备汇报现场救援开展情况。

二、事故灾难类

（一）隧道安全事故的应急通信

近年来，随着国家公路、高速铁路的大规模建设，长、大隧道的数量在急剧增多，超长隧道更是屡见不鲜。隧道作为一种特殊构造，在高速公路，城市综合管廊、地铁、非煤矿等环境都有应用，但隧道具有易发生事故及事故危害程度大、难以处理的特点。如何解决在隧道内部发生灾害性紧急情况下的应急通信保障，确保公路、铁路各级指挥中心对灾害现场的综合指挥就成了一个需要重视的问题。

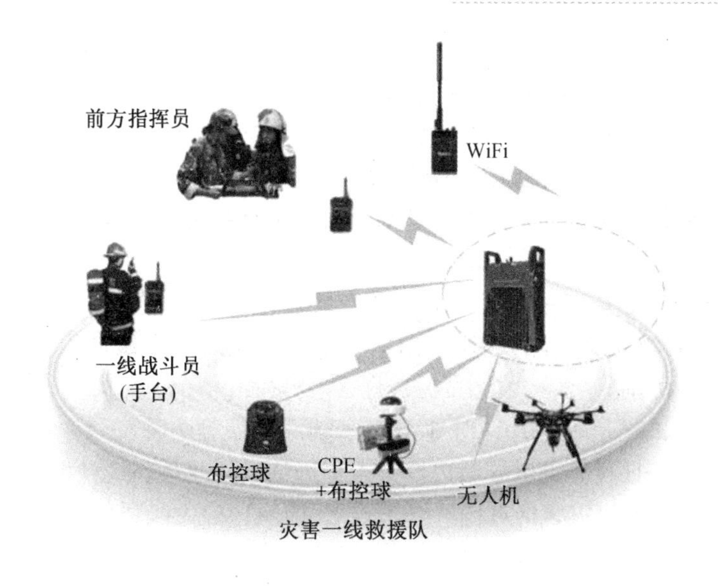

图 9-9 现场场景应急通信示意图

通信针对供隧道内的环境及安装特点，提供 IP 紧急话站和模拟紧急电话两种接入方式，在保障基本通信的基础上，实现隧道内 IP 紧急话站与报警及视频联动，使隧道的广播系统与调度中心进行联动，从而更好地提供事前预警和保障隧道安全。

由于隧道救援面临“三断”（断网、断电、断路）情况，隧道内现场通信设备无法正常连接到公网进行使用，一般通过隧道外部署背负式铜芯线小站，可向隧道内 5 km 内实现信号覆盖，保障移动终端、手台等终端设备进行通信，同时背负式通信小站支持 600 M 宽带通信，实现实时视频回传、可视化指挥调度。隧道实际应急通信保障如图 9-10 所示。

(a) 隧道入口图

(b) 应急保障人员及设备

图 9-10 隧道安全事故场景应急通信保障图

（二）城市安全事故和火灾的应急通信

近年来，城市安全事件频发，严重威胁人类生命安全和财产安全，如火灾爆炸、交通事故、疫病疫情以及群体性事件等都严重影响社会安全与稳定。随着城市化进程的加快，由自然因素和人为因素引起的灾害，包括人类管理不善或疏忽、错误造成的，如火灾与爆炸、城市工业与高新技术致灾、公害致灾、城市生命保障线事故、交通事故等引起的灾害事件构成的城市公共安全也面临着空前的挑战。

城市安全事故和火灾的应急通信主要考虑城市相对密闭的空间以及大量人群聚集对应急通信保障的影响。

（1）确保城市内安全事故和事件上报和态势分析，主要依托公共通信网络，以及能够将多个部门的多种终端融合的“融合通信”能力，实现一个区域内多个部门多种终端的集中调度，统一协调。

（2）借助背负式通信小站，针对地下停车场、地铁等多种场景。这类场景下的公共通信网络覆盖不足，且容易受事故周边聚集人群影响通话质量。这种情况下一般通过现场通信保障系统，实现城市灾害区域内（一般半径 1 km）的无线通信专网的覆盖，如图 9-11 所示。

图 9-11　城市安全事故场景应急通信示意图

（3）由于超高层建筑实际上是一个立体的救援空间，对通信保障比较苛刻，这时应急通信系统需要能够比较方便地与超高层建筑的时分系统进行对接，通过运营商在超高层火灾内的通信天线实现应急通信网络的覆盖，如图 9-12 所示。

（三）矿山安全事故的应急通信

矿山采掘施工属高危行业，由于在生产过程中存在管理和技术缺陷、地质灾害等因素，施工中参与人员多，大型机具多，工程占地范围大，加之施工中涉及爆破作业、高边坡作业、立体交叉作业、水平垂直运输作业等诸多危险因素，施工现场复杂又变化不定，因此存在较多的不安全因素，易导致人员伤亡和财产损失事故的发生。施工过程中常见的危险有害因素有高处坠落、物体打击、机械伤害、爆炸、车辆伤害、泥石流、坍塌、触电等。

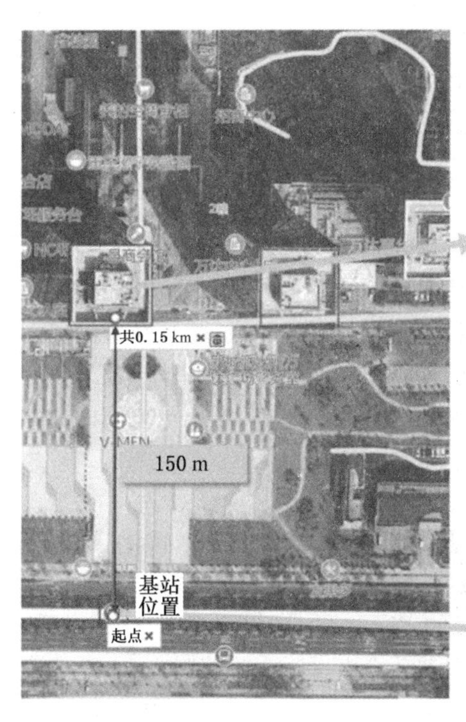

图9-12 超高层火灾救援场景应急通信示意图

矿山安全事故的应急通信主要考虑矿井内固定的有线通信网络、并考虑有线通信网络断网情况下矿井和地面救援力量之间的救援通信保障，矿山应急通信系统主要有以下几种：

1. TTW 矿山应急通信系统

虽然磁石式电话、声能电话、贝尔信令电话、拨号与寻呼混合系统、无源光网络等都在矿山通信系统中得到过应用，但是应用较少。现场总线是应用在生产现场的一种分层通信网络，用于连接现场的智能设备（如传感器、执行器等）、控制器等，实现控制中心与现场、现场设备之间的数值、状态、事件、控制命令等数据的传输。与传统的直接使用通信线缆连接设备的方案相比，现场总线的信息传输质量更高，传输的数据量更大，能够大幅节省电缆和减少安装费用，添加或删除现场设备更加容易。

2. TTA 矿山应急通信系统

矿井无线通信系统具有不同于地面系统的一些特殊要求，比如设备必须防爆、抗衰落、抗干扰能力强，体积不能太大、发射功率要小，并且要具有较强的防尘、防水、防潮、防腐、耐机械冲击等性能。目前，可用于矿山的无线通信技术较多，如蜂窝通信、Wi-Fi、无线传感器网络、可见光通信等。

3. TTE 矿山应急通信系统

TTE 通信是一种有力的矿井事故应急救援通信手段，以大地作为媒介传播极低频信号，主要有磁感应、地电极和弹性波 3 种传输方式，其中，磁感应方式使用得最普遍，地电极和弹性波方式在低频段依赖于地层传播，因此受地层特性影响很大，应用于中间煤层和采空层时会严重影响信号强度。磁感应方式则是通过天线辐射进行低频电磁波传输，由于不同地层和空气介质的磁导率基本相同，不存在层面反射问题，因此通信过程受大地介质和地层结构影响较小。另外，地电极和磁感应这两种方式是近场通信。从能量利用效率的角度而言，地电极方式在低频段的能量效率要显著高于磁感应方式，而弹性波方式的能量效率最差。

4. 现场通信保障指挥系统

根据矿井内需求在避难点建立相应有线通信网络，并与地面通过有线方式连接，发生灾害时，尽量确保此网络与地面畅通并保障应急指挥。其次，在有线通信网络断路情况下，可以快速构建一个现场通信保障网络，通过射频延长线，将现场通信保障网络延伸到矿井内，通过无线终端与矿井被困人员进行通信。最后，当矿井救援通道打通，现场通信保障设备可由救援人员背负式进入矿井，确保矿井内多个救援人员之间的通信，支持现场救援人员的搜集通信需求，如图 9-13 所示。

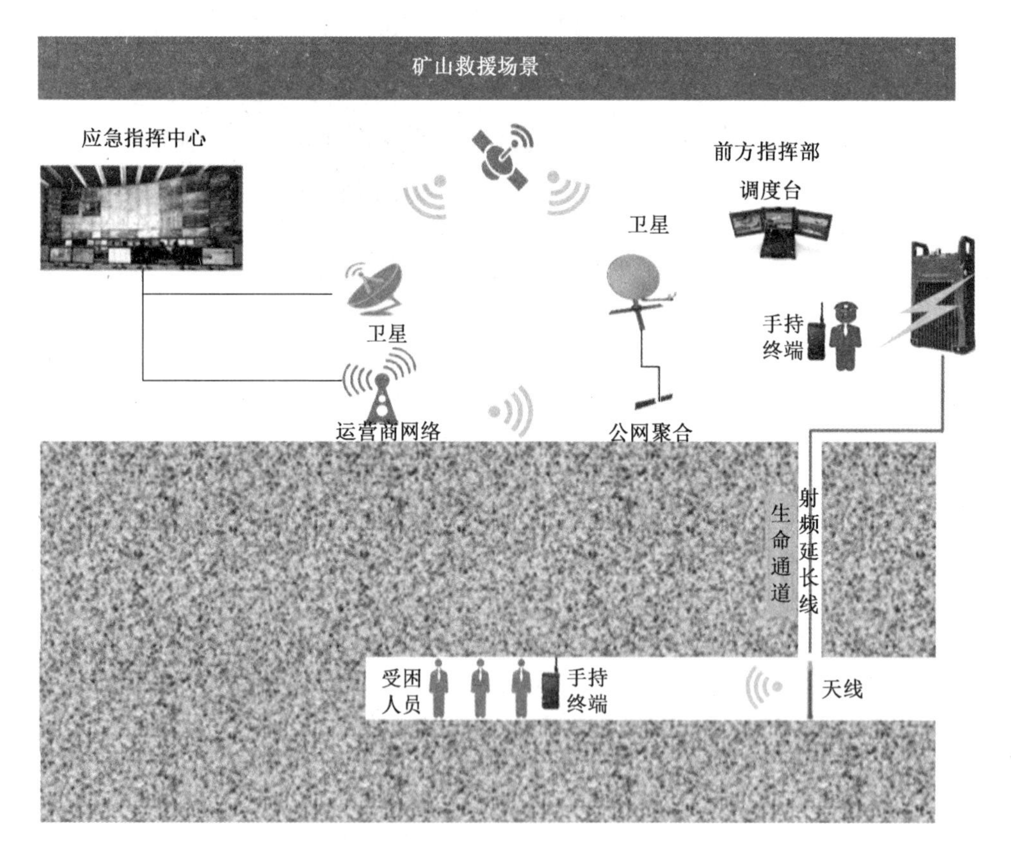

图 9-13 矿山救援场景应急通信示意图

（四）海上救援的应急通信

随着人类海上活动的日益频繁，海上应急通信保障在海洋活动中的作用愈发显现。中国管辖海域面积辽阔，安全形势复杂，各种海洋自然灾害和海上突发事件给海洋活动带来严重危害，海上应急通信能力是有效应对海上自然灾害和突发事件的基础保障。目前中国海上通信网已实现初步的传输服务质量保障，但较陆地通信网仍在覆盖范围、通信质量等方面有所欠缺，从而也增加了海上应急通信能力建设的紧迫性。

面对海洋自然环境恶劣，要满足全面覆盖、重点强化、应急出动、快速响应等应急通信的基本保障需求，国内外普遍采取了船载、空基、天基等多种应急手段结合的结构体系。

海上应急通信主要为海洋自然灾害和海上突发事件提供应急通信保障。不同于陆地应急通信保障，海上应急通信保障通常需要面对海上基础通信设施缺乏、海上工况环境恶劣等不利条件，并且海上应急事件通常具有事发突然、应急响应窗口短、后果严重等特点，因此海上应急通信保障要求相对较高。

受海上自然环境制约，海上通信基本上以无线通信为主。海上环境和海上应急场景的多样化，决定了海上应急通信必然包括多种无线通信手段，例如卫星通信、短波/超短波通信、移动通信等。海上应急事件的发生地覆盖全球海域，涉及天、空、岸、海、潜等诸多环境，需要充分利用各种通信手段的技术特点，以应对不同条件下的应急通信需求。

海上应急通信涉及多部门多系统，海上应急处置过程中，涉及海洋、海事、航道、救捞、运输、医疗、海上工程等多个部门，应急处置现场通常需要多方协同进行。任何一个部门、机构都很难独立完成全部的通信保障服务，任何独立的系统也很难适应全部的应急场景，需多部门、多系统的深度互联互通。这就使海上应急通信体系的建设成为一项庞大的系统工程，需要依托多方力量，结合典型应用场景，进行统筹规划，长期建设。

国内海上应急通信技术已经初步实现接入通信服务保障。相较国外的成熟技术，国内海上应急通信技术仍然在覆盖范围、通信质量等方面有所欠缺。随着中国海洋活动日益增加，海洋应急通信的建设需求日趋紧迫。中国在海洋应急通信建设方面，没有专门用于保障海洋应急通信的通信网络，主要依靠近岸移动通信网络、短波/超短波电台、国家现有卫星通信系统以及租用国外海事卫星等技术进行。海上数据通信过于依赖国外的卫星系统，严重缺乏自主通信保障，未能形成完整的海洋应急通信体系。

目前，在中国的近海范围和江河湖泊上的移动通信网络已较为发达。从广西北海开始一直到大连海域，基本已建成近海 50 km 左右的覆盖网络。在沿海的一些岛屿或沿海省份也建设了基站。随着南海岛屿的开发，一些重要岛礁上也实现了移动通信网络覆盖。已建成的近海移动通信网络主要以第 3、4 代移动通信（3G/4G）为主，能够满足基本的话音和低速数据业务通信需求。

2015 年 5 月，国务院批准印发了《国家民用空间基础设施中长期发展规划（2015—2025 年）》，对中国未来 15 年通信卫星及应用进行了全面论证，明确空间系统主要由遥感、通信广播、导航定位 3 类应用卫星组成。通信广播卫星如图 9-14 所示。

在应急通信技术方面，主要手段如下：

（1）LTE 技术在海上信道环境中的应用。背负式小站可通过卫星便携站为宽带、窄带集群、无人机、单兵设备等提供无线信号，为海洋运输、海岛生态旅游开发、海上渔业等提供良好的通信服务。

（2）基于船载移动基站的海上搜救。船载移动基站通过甚小天线地球站（VSAT）卫星通信系统实现与陆地移动通信网络的对接，通过移动通信系统信号与卫星通信信号的转换，实现了船端系统对目标手机的测距和测向信息功能及目标手机位置的可视化显示，达到海上定位和搜救的目的，如图 9-15 所示。

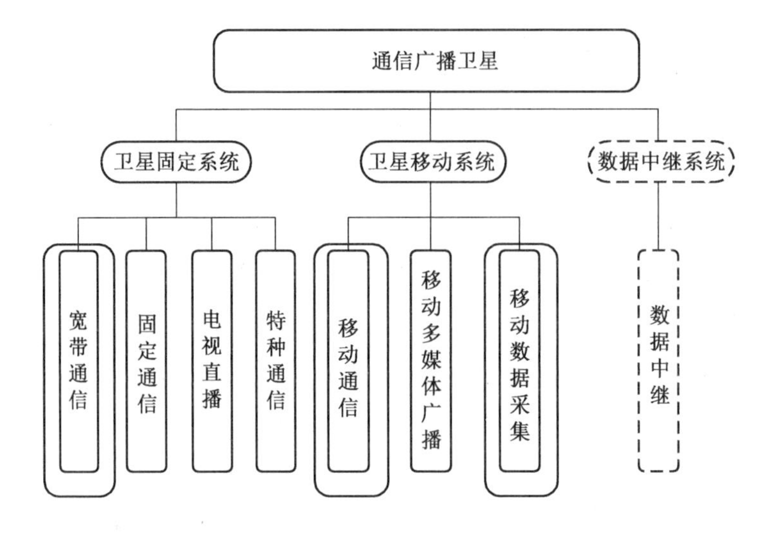

图 9-14　通信广播卫星示意图

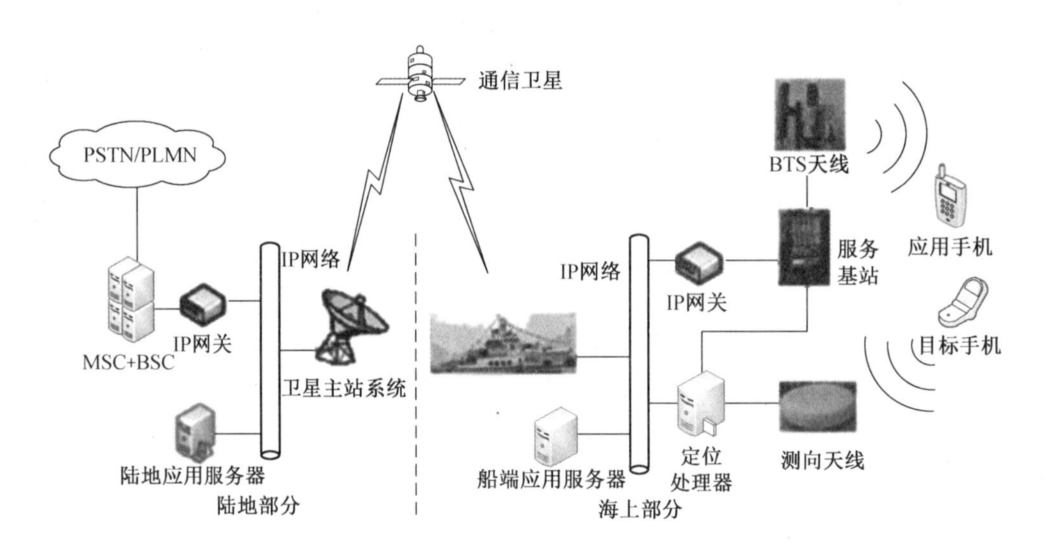

图 9-15　海上救援场景应急通信示意图

（3）船间自动化灯语通信系统。可见光通信以光作为传输信道，具有抗电磁干扰、安全性高、成本相对低廉、使用方便等优点。灯语通信系统是一种常见的海上可见光通信系统。受海上环境影响，大部分海难事故发生在夜间或恶劣海况下，很容易影响到卫星通信或船载基站的可靠性。可见光通信在恶劣条件下可靠性较高，能够实现人工通信，对装备、环境的要求较低，是一种最低限度的通信保障，较为适合海上应急通信的需要。

（4）水下通信导航技术。国内水声通信和定位技术广泛应用于海底潜标、水下有人/无人航行器、水下作业平台的遥控与数据回传等场合。

根据应用需求分析，构建天（卫星）、空（无人机）、岸（海岸和岛礁站点）、海（舰船）、潜（水下）五位一体的海上应急通信系统。

（1）天基手段——全球海洋常态覆盖。天基手段指低轨道通信卫星星座手段。其主要特点是通过在轨部署，实现覆盖全球海域和两极地区海域的基本通信能力的常态化周期性有效覆盖。

典型的应用场景是全球（含两极）的基本通信能力保障。在全球海洋任意区域发生灾害和突发事件时，面向国内海上用户，基于应急通信系统中的低轨道卫星星座全球覆盖、快速重访的特点，实现应急海区内部用户之间、应急海区用户与大陆之间、应急海区用户与救援船队间的通信联络，并向应急通信系统指挥控制中心汇集应急海区的态势信息。

（2）空基手段——机动快速灵活响应。空基手段是指无人机应急通信手段，部署于中国沿海或岛礁机场。其主要特点是通过应急起飞，快速抵达服务海区，重点保障东海和南海海域的应急通信。

典型应用场景是强化中国海岸/岛礁周边 200~2000 km 距离内海域的应急通信保障能力。在距离中国海岸、岛礁周边 200 km 以内发生灾害和突发事件时，通过飞行高度 3000 m 的普通无人机携带通信载荷，利用普通无人机飞行成本低、机动灵活的特点，实现快速抵达应急现场、8 h 以上驻留时间、单点覆盖 100 km 左右、全天时工作的强化应急通信能力保障。

在距离中国海岸周边 200~2000 km 范围以内发生灾害和突发事件时，通过飞行高度 20 km 的邻近间长航时无人机携带通信载荷，利用飞行距离远、驻留时间长的特点，实现快速抵达应急现场、驻留多天、单点覆盖 100 km 的强化应急通信能力保障。

（3）岸基手段——近岸常态应急保障。岸基手段指部署于中国重点海区海岸、岛礁既有固定站点的应急通信手段。其主要特点是通过在既有站点上配置相应的通信手段，实现站点周围附近海域的常态化应急通信保障。

典型应用场景是强化中国近岸、岛礁附近海域的应急通信保障能力。在中国近岸、岛礁周边发生灾害和突发事件时，通过在南海和东海沿岸、岛礁以及重点海区布设的浮台上部署灯塔应急通信系统，利用平台支持能力强、网络节点地理位置相对固定的特点，实现近岸海域/岛礁周边 25 km 范围内海域的全天时、全天候、多功能应急通信接入。

（4）海基手段——长期驻留能力综合。海基手段指搭载于通用或专用舰船的应急通信手段。其主要特点是利用舰船载荷承载能力强的优势和远距离机动、长时间驻留的能力，通过在东海、南海的机动部署，持久保障应急海区的通信能力。

典型应用场景是中国东海、南海全域海区长时间驻留强化应急通信能力保障。在中国东海、南海海域发出灾害预警或应急事件发生时，利用船载系统载荷承载能力（质量、功耗、体积等）强、多种载荷可同时工作、不受昼夜限制、对海洋恶劣环境抵御能力强、可搭载专业/兼职人员现场干预操作等特点，通过派出搭载多种通信载荷和载荷的应急通信船，快速抵达应急海域，实现对应急船周边 30~80 km 的全天时、全天候、多功能水面用户应急通信接入。

（5）潜基手段——水下应急通信导航。潜基手段指应急部署于水下测绘、救援、矿产勘探开发等水下活动现场的水下通信手段。其突出特点是可随船迁徙，实现对水下应急区域的有效覆盖。

典型应用场景是中国东海、南海等重点海区水下应急通信和搜救能力保障。针对中国东海与南海海区沉船搜救打捞、飞机海上失事搜救、海底光缆故障抢修、海底管道溢油抢修、水下考古等活动，通过随应急通信船部署的水下应急通信设备，为水下机器人、潜水器、潜水员的水下作业提供通信和定位服务。

结合上述 5 种应急通信手段，根据海洋应急通信的业务需求，进行典型场景的应用模式的分析和设计。

（1）应急救助。中国东海、南海海区航路密布，船舶交通流密集，通航环境复杂，且每年受台风、寒潮、浓雾等恶劣天气影响明显，海上险情时有发生。目前，近海海域可依赖 Inmarsat、铱星、甚高频（VHF）、中频/高频（MF/HF）、船舶交通管理系统（VTS）、AIS 等通信手段，而离岸 30 km 以外海域只能依靠 Inmarsat、铱星等通信手段实现通信保障，部分偏远小岛因海底光缆未上岛，台风等灾害对通信设施破坏较大，通信保障能力很弱。

基于无人机和低轨道卫星的应急通信系统有助于提高远海区域通信保障水平，实现语音、图像、视频等的实时传输，当发生海上事故时，能够实时掌握海上搜救现场情况，为快速、高效的搜救指挥工作提供强有力的保障。另外，水下应急通信也能为水下救援、沉船定位、搜救打捞等提供通信和定位服务。

（2）危险化学品监管及事故应急救援。

近年来，国内危险化学品重特大事故频繁发生，如“7·16”大连新港油库爆炸事故、渤海湾蓬莱 19-3 油田漏油事故、天津港“8·12”瑞海公司危险品仓库特别重大火灾爆炸事故等，不仅造成了严重的生命财产损失，也对当地生态环境造成了极大破坏。

中国管辖海域的油气储运、石油炼化基地及企业、港口、锚地都位于海上或各个分散的海岛，位置偏僻，交通不便，通信基础设施不完善。一旦发生事故，往往是突然发生，灾情复杂，处置难度大；应急救援力量多，指挥协调难；事故现场信息量大，原有通信设施破坏严重，信息上传下达难。

在危险化学品监管及事故应急救援工作中，海上应急通信系统可以发挥重要作用。①平时作为危化企业生产数据和视频监控数据，接入“危化企业在线监测预警和应急指挥平台”的备用通信链路；②发生事故时（如罐区、厂区燃烧爆炸，海上溢油等），在现场通信设施被破坏的情况下，利用无人机、通信船等中继资源，及时向现场应急指挥部和市应急指挥平台回传现场事故视频监控和现场救援数据，保障双向通信畅通；③利用无人机搭载必要的载荷进行海洋环境监测，对海洋溢油、有害化学品泄漏、生产企业废气废水排放等进行实时监控。

（3）水下设施应急维护。水下光缆电缆在中国领海海区部署密集，因船舶锚泊不当等原因，经常造成海缆中断，造成直接经济损失数千万元，严重影响供电和通信的可靠性。在海缆日常维护和故障抢修工作中，应急通信系统可解决的问题及发挥的作用有：①水下机器人在水下 100 m 的区域作业时，通过水声通信终端，提供图像、数据等通信支持；②水下机器人在浑水区作业时，利用定位浮潜标对故障点精准定位，导引机械手对海缆进行检修；③在海缆廊道一定区域内，利用周边浮标广播信号，实时提醒过往船只不要随意抛锚，防止钩断海缆事故的发生；④蛙人进行水下作业时，利用背负式终端设备，提供无线话音、精确定位等服务，保障蛙人的作业安全。

（4）海洋权益维护。中国有 300 万 km^2 的蓝色海洋国土，海洋安全有其特殊的重要意义。东海、南海等海域作为重要的海上交通枢纽，是国际货运的最主要通道，更是实现

“一带一路”和海上丝绸之路倡议的支点。然而，东海、南海海域国防安全、军民联合应急通信指挥系统匮乏的短板日益显现，鉴于国防安全、军民联合应急通信保障的重要性，需要大力发展相关应急通信能力，建设军民一体化深度融合的应急通信设施。

三、社会安全类

特大城市重大活动的创办预示人们经济和生活水平的显著提升，表示我国繁荣昌盛。因为特大城市重大活动中参与的人数诸多、时间长、规模大、物资集中、活动项目多等，导致特大城市重大活动可能会产生很多安全事故，如火灾、踩踏、坍塌等现象，如果发生此类安全事件，就会对特大城市重大活动造成不可泯灭的政治影响，以及巨大的经济损失和人员伤害，所以，为了保证特大城市重大活动的顺利进行，需要部署应急保障工作。

城市重大活动保障的应急通信主要考虑大量人群聚集对应急通信保障的影响。①需要构建一个健壮的公共通信网络系统；要针对重大活动进行人员数量、聚集位置等评估，并根据重点位置通过公共通信网络保障车确保公共通信网络的畅通；②针对重大活动保障力量，应急通信网络要具备能够将多个部门的多种无线通信终端进行融合的“融合通信”能力，从而实现重大活动保障区域内多个部门多种终端的集中调度，统一协调；③应急通信网络还应该具备支持现场预警信息的发布的通信保障。

四、公共卫生类

城市突发性公共卫生事件是指由于某种病毒或某种不被认知的疾病导致的突发性公共卫生事件安全问题。以新冠肺炎来说，在疫情暴发之时，我们首先要做的就是充分了解疫情发展情况，采取合理的方式控制疫情蔓延。

构建数字化公共卫生应急管理体系有利于减缓疫情以及提供科学决策。在信息化时代，数据流呈现出爆发式增长，数字化给公共管理带来了挑战和机遇。在新冠疫情的发展初期，因互联网所具有的互联互通的技术特征，“互联网+”成为中国医疗服务体系应对疫情的技术突破口。各级政府也迅速搭建数字化治理平台，助力科学防控、精准施控。在大数据时代，数据不再主要来自政府，而是可以从更加多元化的企业中收集。以数据为基础的信息指令的准确表达、相关组织机构的高度配合、人员安排的及时响应、构建科学公共卫生体系、协同治理工程等系列信息服务于社会的科学问题亟待解决。这次疫情防控是对国家治理体系和治理能力的一次考验，对中国公共卫生应急管理体系的一次全面检查，对中国的科学与技术支撑能力提出了新的需求和挑战。

1. 完善多级联动的疫情风险和防控信息精准数字化采集系统

在重大疫情和突发事件面前，第一时间获取多源的数据，对于风险评价、疫情防控以及领导决策支持具有重大意义。时间就是生命、滞后就是风险，让“电磁波与病毒赛跑”，为风险应对提供高效全面的数据支持。主要包括以下几方面：

（1）疫情风险源头和影响区域的数字化排查与空间锁定。基于疫情基础数据库，通过系统定制，构建并动态更新确诊、疑似、密接人群数据库，对外来人口信息进行电子排查。基于风险源数据，实现空间范围锁定（交通工具及线路、街道、建筑物、商场等），通过缓冲区分析、空间聚类，制定疫情风险防控的分区、分级的街区图。

（2）全数字化采集下沉到医院、机场、车站、港口等前沿防线。通过多种渠道，动态采集飞机航站楼、火车站、公路卡口相关的人流健康信息，做好外来输入型潜在风险源的历史备案、防控措施和预案，根据疫情传播的时间窗口，动态调整风险等级，更新潜在风险人口数据库。构建省、市、县联动的全数字化精准信息采集系统。重点对医院、车站、商场、公共交通、办公大楼等公共空间设定数据采集系统，制定联控措施。医院对病患人员实施全数字化流行病学调查，避免信息瞒报、漏报、误报。政府通过风险区域和等级宏观引导人流、车流时间段和范围。

2. 建设统一时空基准的公共卫生应急管理大数据中心

在应急条件下，精准的数据是科学防控的重要依据。中国急需建设统一时空基准的公共卫生应急管理大数据中心，实现跨区域、跨行业数据的汇聚、融合与共享，重要数据内容包括传染病专题数据、基础地理数据、医疗设施数据、应急救助数据、交通及流量数据、公共安全治理数据、居住区房屋的实有人口数据、病例动态数据及其完备的轨迹信息等。主要包括以下几个方面：

（1）完善数字化疫情数据集采集标准，促进数据共享、共通。联合医疗救治、应急防控、疫情监测分析、病毒溯源、资源调配等方面的专家，共同制定数字化疫情数据集采集标准，便于大数据综合分析和数据质量检核、数据清洗和信息提取，进而实现社会调查统计网、交通网、快递网、高速网、视频监控网、通信网、互联网、卫星网等多源数据的一体化融通和共享。

（2）完善数据脱敏与保密的机制和法律，实现数据共建、共享。在国家突发公共卫生或安全事件一级响应情况下，为了保证国家和人民的安全，确定具有保密资质的国家公共安全信息维护部门组织相关部门获得过滤个人私人信息以外的时空活动信息，将所有相关数据尽快脱敏，以提供分析服务。在使用机制方面，病例数据库在系统后台运行，公众只能查看自身及其周边的情况，不必获取病例的数据资料，从而进一步保障数据安全问题。

3. 加强高精度、智能化疫情监测、预测与风险研判技术

精准防控监测数据的动态汇聚，能够为构建共享、共融、共通的一体化大数据体系和科学定策、精准施策提供保障。基于人工智能、大数据分析等高新技术，加强高精度、智能化疫情监测、预测与风险研判技术研究，提高管控精准度和筛查效率。在市、县、社区等多级区域开展安全风险评估与监测。通过时间和空间信息的融入，基于不同区域传播风险的差异、不同阶段传播风险特征，精确评估、刻画区域疫情的时空相对风险格局及变化规律。根据本单位的人员结构、当前疫情和过去一段时间内进出人员的活动轨迹，对单位进行疫情风险等级评估。根据风险评估结果，对实体单位相应人员的行动进行合理管控，避免感染风险；及时全面掌握确诊和疑似病例的密切接触者，辅助疾控机构开展病例流行病学调查和密切接触者追踪管理，并启动相应的防控程序，尽力将疫情聚集性暴发的影响降低到最低。

第二节　应急通信与业务系统融合应用

尽管通信技术的发展一日千里，但如何保障在各种突发事件条件下的通信需要至今仍是世界难题。当然，无论是对政府部门和通信运营商来说，还是对普通百姓而言，充分利用现有的通信技术和手段，切实提升应急管理的通信保障能力，都是确保应急管理取得成

效的必然选择。准确把握应急通信的内涵，全面认识应急通信的发展要求是促进应急通信健康、快速发展的前提。

应急通信在应急管理的不同阶段有着十分重要的作用，而且不同阶段有不同的应用需求，各个阶段具有各自的应用特点。

一、在防灾减灾阶段的应用

防灾减灾是为了减少灾害的发生而采取的一系列的活动，既是应急管理的基础性工作，也是全面提升应急管理能力的“基石”。应急通信在防灾减灾环节可以发挥多方面的作用，对夯实应急管理的基础大有裨益。应急通信主要为政府各部门之间、政府和公众之间提供防灾减灾信息的交互和联络，为减灾各方建立起一种紧密、高效的联系。

常见的视频监控、视频会商、互联网、移动电话等通信技术和手段，以及卫星通信、遥感遥测、无线通信等专业通信技术和手段，都可以在防灾减灾的实践中找到用武之地。目前已较多地应用到对地震、洪水、山体滑坡、森林火灾和旱灾等自然灾害的监控等方面。

遥感技术被广泛应用于实时监测和发现易发生森林火灾的地方等方面，由遥感图像结合实时气象监测系统而产生的过热点是可能出现旱灾和火灾的标志，这样就缩小了易发生森林火灾并需要采取火灾预防和制止措施的区域，对采取有效的防范和应对措施有着很大的帮助。在那些易遭受洪水侵袭的地区，遥感技术可以用来生成数字式的地势模型，绘制出各种类型的洪水发展图，包括洪水持续时间、洪水深度、受影响区域及气流的方向等，这些都对有关部门制定防灾决策有着重要的作用。

视频监控系统主要通过对地方应急部门和外部单位的视频逐级或直接接入和共享，特别针对危化品企业、煤矿、消防重点单位、火灾高危单位、“九小”场所等重点场景进行重点监控，将海量视频资源充分整合、统一管理。整合接入既有的视频监控，主要用于自然灾害与安全生产的事前日常监测和事中的现场图传，移动布控球和无人机等临时架设的移动类视频监控用于事中现场图像远程回传，实现灾害事故现场视频直通指挥中心，详见表9-1。

表9-1 视 频 资 源

<table>
<tr><th>架设方式</th><th>体系属性</th><th>类别</th></tr>
<tr><td rowspan="3">移动类视频监控</td><td rowspan="8">隶属部门视频资源</td><td>布控球</td></tr>
<tr><td>无人机</td></tr>
<tr><td>……</td></tr>
<tr><td rowspan="9">固定类视频监控</td><td>消防重点单位视频监控</td></tr>
<tr><td>危化品企业视频监控</td></tr>
<tr><td>城市制高点视频监控</td></tr>
<tr><td>森林重点区域视频监控</td></tr>
<tr><td>……</td></tr>
<tr><td rowspan="4">非隶属部门视频资源</td><td>治安监控</td></tr>
<tr><td>环境监控</td></tr>
<tr><td>“雪亮工程”监控</td></tr>
<tr><td>……</td></tr>
</table>

视频监控主要有企事业单位与政府各行业建立的监控点，移动类视频主要有布控球、无人机等。另外，根据网络属性可区分为互联网视频共享系统、行业专网视频共享系统、指挥信息网视频共享系统，总体层级结构设计为省、地市、区县三级，视频监控系统组成结构如图 9-16 所示。

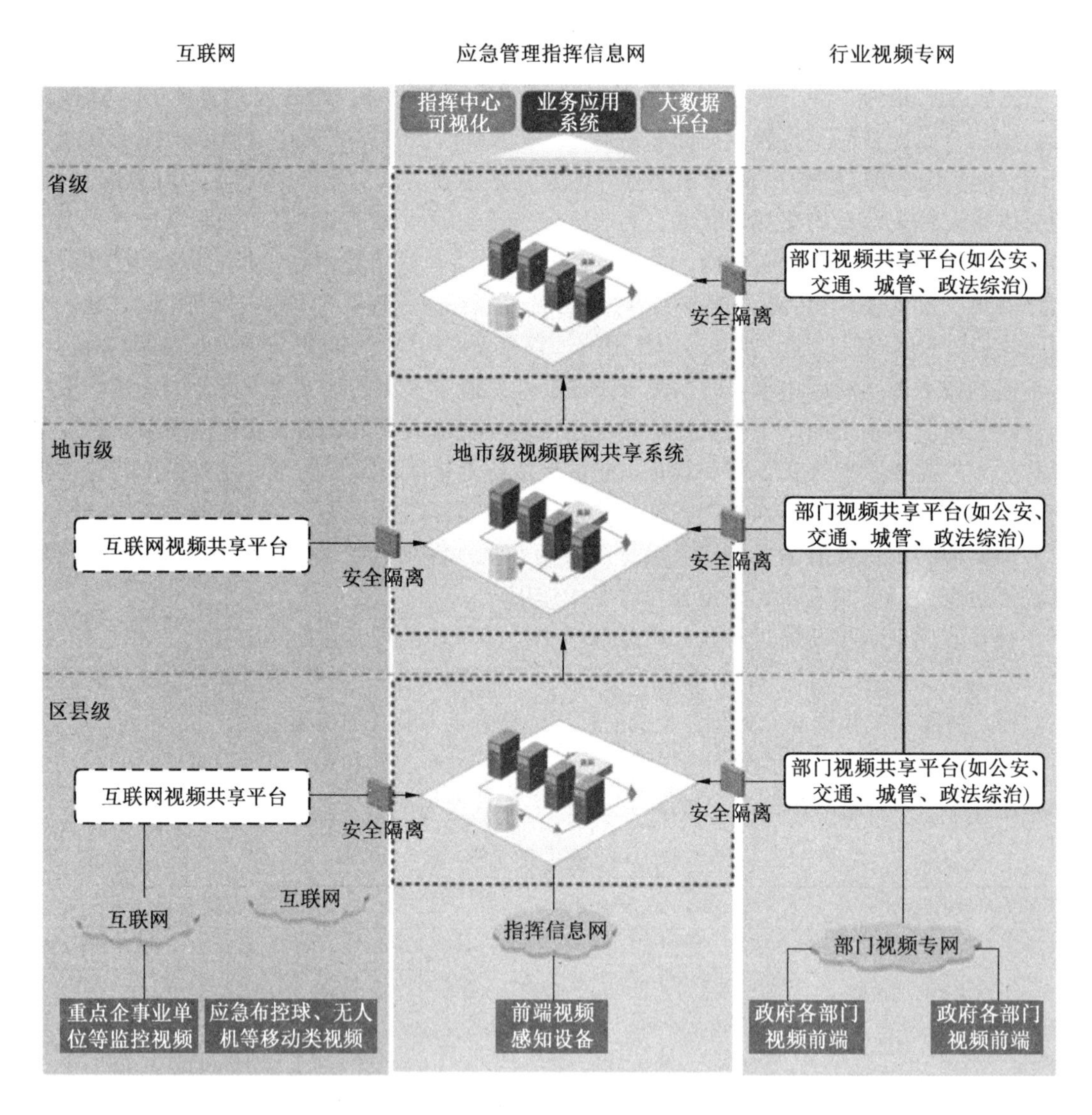

图 9-16 视频监控系统架构

二、在灾害准备阶段的应用

在灾害准备阶段，核心目标是保障重大事故应急救援所需的应急能力，特别是应急通信能力。通过建立预警系统，进行应急培训和应急演练来提升灾害准备阶段的应急能力。靶向短信、视频会商、广播系统等通信技术和手段，都可以在灾害准备阶段发挥重要作用。

（一）监测预警

应急通信系统可支持灾害预警的发布，并根据服务受众的不同，可建立多种预警信息发布手段，通过整合现有发布资源，创新信息发布手段，增强预警信息发布时效，提高预警信息的应用实效，形成覆盖多种通信手段的信息发布渠道系统，如图9-17所示。

图9-17　预警示意图

通过完善与信息传播技术快速发展相适应的常态信息和应急信息发布管理机制，构建多手段、多渠道、多受众的信息发布功能，发布内容涵盖面向公众的突发事件预警信息，面向管理职能单位的安全生产、消防安全等预警信息，以及灾情通报信息、事故调查报告、预警响应通知等；通过媒体传播科普宣传教育、心理安抚和应急防灾避险知识等资讯，及时回应社会关切热点和问题，正面宣传引导应急管理部门形象，提升应急管理部门信息发布的专业性、及时性和权威性，加强灾害预警和灾情信息发布能力。

（二）灾害信息发布

（1）新闻媒体沟通管理：通过发布活动、发布情况管理、新闻通稿管理、资讯管理、虚拟演播室等功能实现与新闻媒体的强效沟通。

（2）舆情监测引导：主要实现舆情的监测、采集、分析、传引导和网评管理。

（3）科普宣传知识管理：主要通过科普宣传教育知识库、编目管理、媒资管理系统和非编系统，实现对科普宣传知识的管理。

（4）信息发布管理：主要包括信息采集、信息标准化、流程管理、策略配置、发布预案管理、发布规范和字典信息统一维护等功能。

（三）信息发布渠道

（1）信息发布渠道：主要包括发布平台信息管理、渠道安全认证、信息发布数据服务和渠道适配等功能。

（2）灾害信息网等统一门户发布接口：建立部门对联动部门、应急局内部员工及群众的信息通道，根据内部应急工作需要和公众告知需要，在应急管理厅官方门户网站进行信息发布。

（3）短信发布平台（省级平台统建应用部分）及接口：利用三大运营商的短信网关建立省级平台，覆盖省、市、县三级用户，实现预警信息、应急知识信息等面向公众的简短推送。

（4）融媒体应用：主要通过微博、微信应用和 APP 等渠道实现融媒体应用。

（5）广播电视发布平台（对接省、市、县应急广播平台，自筹不含）：主要实现基础数据交换、应急信息发布和反馈、广播电视资讯发布效果评估等功能。

（6）卫星多媒体广播（直播星）接口：通过卫星发射电视、广播、数据信息等多媒体信号的广播电视，实现直播星用户快速、高效、不受区域限制地接收应急信息。

（7）其他地方政府发布系统接口：通过转发地方特色预警系统发布，包括电子显示屏、信息服务站、海洋广播等；转发省委自建发布系统的信息发布内容，与其他省委与地方政府发布系统进行对接，完善应急事件相关信息，同时可通过系统接口下达应急厅政策、指令、信息等，实现消息互通，信息对等。

（8）靶向短信：利用移动通信的人员定位能力和短信触达能力，进行定向发送短信，实现预警信息的精准发送。

在应急监测预警阶段，预警短信平台能直接通过 Web 界面选择人群标签、圈定指定区域、设定触发条件进行短信精准发送并且能对触达效果、预算合理性进行有效监控。

突发事件发生时，可通过平台向相关单位发送信息，并反馈信息发送成功条数。值守人员可在应用界面创建、编辑或删除应急信息模板，主要包括事件类型、事件等级和文本内容，供指挥中心在发布信息时快速调用，节约编辑时间，提供工作效率。

在地图上任意选取相关区域，系统智能统计分析信息，包括区域镇街信息、责任人数量及详细信息，支持对靶向分析结果进行后续处置流程，指挥中心编辑短信内容并向终端设备发送，下发规则仅限本级单位向受影响区域的本级单位或下级单位推送。系统实时读取信息发送/接收状态反馈信息，并进行统计分析，在平台界面可查询信息发送/接收进度，为指挥中心监控信息发送情况提供数据支撑。

广东省应急管理厅已经打造全省覆盖、点面结合、直达预警区灾害隐患点的预警发布系统，如图 9-18 所示。自 2020 年 5 月 20 日广东进入“龙舟水”以来，发布短临预警上百期，为指挥决策提供科学依据，有针对性地指导镇村做好临灾防御工作。全省累计转移 4 万余人，成功避免 55 名人员伤亡。

信息发布

发布单位：广东省应急管理厅

发布渠道：短信 广东应急一键通

信息内容：请输入信息内容 0/1000

发布时间：立即发布 定时发布

发布对象：选择责任人

临时号码：

可以用“，”号隔开，添加多个号码

审核材料：文件上传

允许上传的文件格式：doc、docx、pdf、jpg、png，上传数量不可超过20个。

审核人：姓名：请输入审核人姓名 手机号码：请输入审核人手机号码

重置 发布

中国移动 China Mobile

China unicom中国联通

中国电信 CHINA TELECOM

图 9-18 广东省应急管理短临预警信息发布

三、在灾害响应阶段的应用

应急通信技术在灾害响应阶段的应用非常重要，无论是灾情信息的获知，还是指挥指令的下达，抑或是灾害抢险救援的组织，如果没有可靠的应急通信系统作保障，一切就会变得不可想象。但现实情况往往是在灾害来临时，一些常规的通信手段都会因各种原因陷入瘫痪，短波电台、卫星电话等一些具有比较高抗毁性的通信手段在灾害应急时会担当起重要的职责。但由于平时的准备不足，加上卫星通信技术自身发展水平的限制，常常会出现在关键时刻“掉链子”的现象，这一点正是需要我们重视的内容。

（一）通信联络及数据采集

在灾害应急处置的关键时刻所采用的应急通信技术和手段虽有多种选择，但在陆基通信系统出现大面积故障或全面瘫痪的情况下，能够选择的基本只有卫星通信或集群通信等抗毁性能高的通信手段了。太多经验案例告诉我们，只有在平时加强对卫星通信、短波通信和专用集群通信等高可靠性通信系统的部署，才能在灾害应急时临危不乱，应对有序。

在灾害现场和指挥中心，需要通过应急融合通信将各种通信手段进行融合，实现救援现场多种维度的音频和视频资源的整合。由于灾害事故现场具有位置和时间的不确定性，以及灾害现场条件的限制，一般要求采用移动指挥车、便携式（背负式）的应急融合通信系统来完成这项工作，可以随时布控、快速安装部署。指挥中心可以通过卫星通信等手段实现与灾害现场的通信，进而实现“三断”极端场景下的应急通信保障能力，如图 9-19 所示。

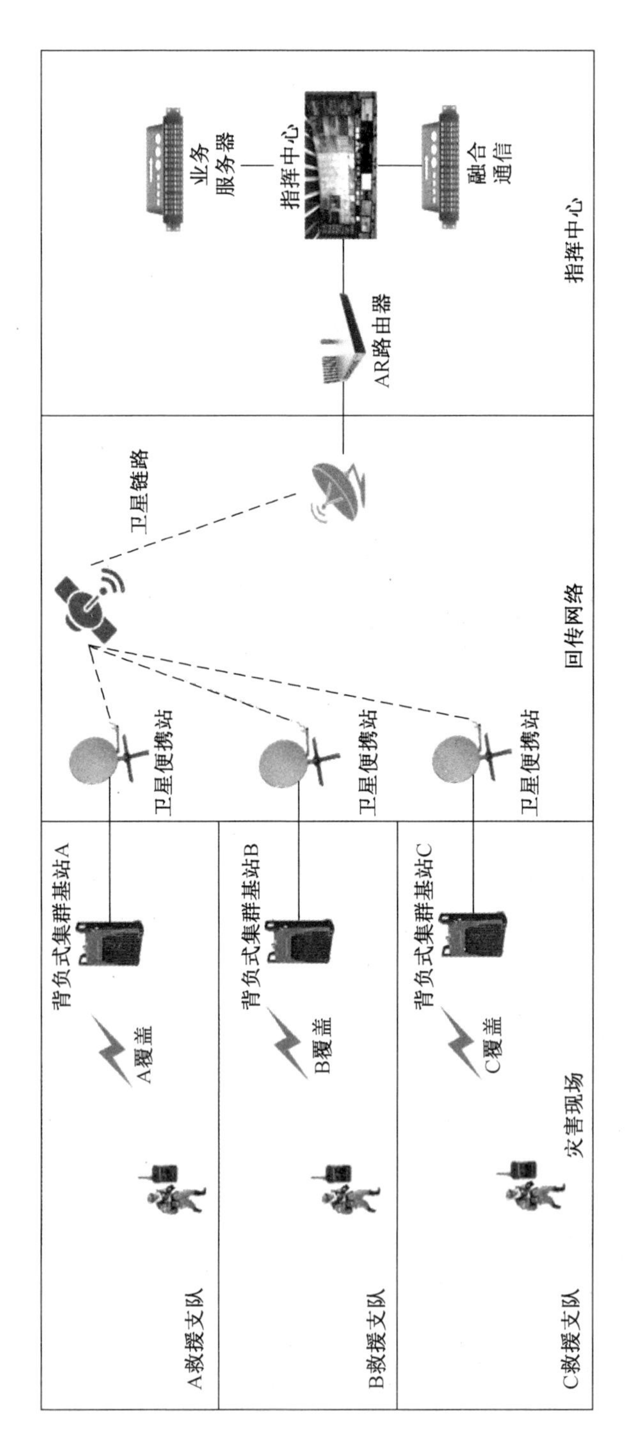

图 9-19　现场与指挥中心应急通信保障示意图

通过应急融合通信系统，将公网手机、公网 POC、无线集群终端、座机、通信 APP 等进行整合，多维度了解灾害现场的实际情况，研讨救援方案，并将救援方案发送到各个救援力量手中，提升应急救援和远程指挥调度能力。

（二）指挥调度

应急通信网络在融合各种通信手段和各种通信终端的情况下，可实现联动指挥和扁平化指挥。

（1）联动指挥就是协调各个委办局进行统筹调度，主要依托公共网络以及视频会商等能力，确保整体救援进展和指挥方案。

（2）扁平化指挥就是具备通过指挥调度台，直接呼叫一个或者多个救援人员的通信设备（包括手机、执法记录仪、窄带无线集群、宽带无线集群、卫星电话）等的能力，直接跨部门、跨层级地进行现场信息的收集和关键指令的下达。

四、在灾后恢复阶段的应用

灾后恢复是一个涉及面广、持续时间长的过程，在这一阶段，通信系统自身面临着一个恢复重建的任务，同时还要为全面的灾后恢复提供可靠的通信支持。

从灾后恢复的业务需求来看，通信技术主要为寻找失踪人员、发放救援物资、筹集救灾资金、开展灾后评估及促进社会安定等方面提供通信服务支持。与灾害响应阶段相比，灾后恢复阶段的通信服务所面临的压力相对较小，面向公众的公共通信服务系统也将渐次恢复，逐步承担起服务公众、参与灾后重建的通信需要。在灾后恢复的过程中，专门为政府、专业救援机构提供通信服务的通信系统可以通过数字集群等方式实现；面向公众的通信方式可以利用移动通信及其他的日常通信方式来实现。

根据国际经验，对灾后损失和毁坏的性质与范围进行最初评估的决策而言，卫星遥感系统是宝贵的信息来源，有利于拯救生命和抢救财产。在减灾工作中取得的重要进展是利用历史的和当前的遥感数据，并结合其他地理空间数据，可以为灾后恢复和重建发挥重要的作用。

第十章 通信保障应急预案和演练

第一节 通信保障应急预案编制

一、概述

应急预案是指各级政府和相关部门、企事业单位、社会组织为了依法、迅速、科学、有序地应对各种突发事件，尽可能最大限度地减少事件负面后果及其造成的损害而预先制定的工作方案。突发公共事件预案体系由总体应急预案、专项应急预案、部门应急预案、地方应急预案、企事业单位应急预案和重大活动应急预案六大类组成。

在《国家突发公共事件总体应急预案》中，应急通信是作为应急保障工作的重要组成部分，任务是建立健全应急通信、应急广播电视保障工作体系，完善公用通信网，建立有线和无线相结合、基础电信网络与机动通信系统相配套的应急通信系统，确保通信畅通。因此，在各类、各层级的突发公共事件应急预案中，都涉及应急通信保障。

二、通信保障预案体系

为建立健全国家通信保障和通信恢复应急工作机制，提高应对突发事件的应急处置能力、组织能力、指挥能力，保证应急通信指挥调度工作迅速、有序、高效地进行，满足突发情况下通信保障和通信恢复工作的需要，确保通信的安全通畅，我国颁布和持续修订了《国家通信保障应急预案》，各省（自治区、直辖市）结合实际情况制定了各省的通信保障应急预案。目前，我国通信保障应急预案已经包括 4 个层级，分别是国家级、省部级、地市级、企业级，我国通信保障应急预案的完善程度在不断提高。

三、主要内容和编制要点

（一）主要内容

通信保障的应急预案主要由六大要素组成，分别是主体、客体、目标、情景、措施、方法。这些要素相互关联、相互作用，是应急预案必备框架。

1. 主体

主体指预案实施过程中的决策、组织和执行预案的组织或个人，主要包括应急组织机构、参加单位及人员、援助单位或机构。

2. 客体

客体指预案实施所要针对的灾害对象，主要包括灾害事件类型、地点及概率、影响范围、严重程度等内容。

3. 目标

目标是预案实施所欲达到的目的或效果，尽可能减轻灾害造成的生命财产损失。

4. 情景

情景分为自然情景与人文情景。自然情景包括气象、水土、地质、地理、生物等；人文情景包括工程性情景、非工程性情景。

5. 措施

措施是指应急预案实施过程中所采取的方式、方法和手段，如通告程序、报警程序、接警程序等内容。

6. 方法

方法是实施措施的管理方案及动态调整办法，如保护措施程序、信息发布与公众教育、事故后的恢复程序等。在灾害、危险发生之前制订完善的应急预案，有利于确定应急救援的范围和体系，有利于在事故发生过程中做出及时、理智的应急反应，有利于建立与上级单位应急救援体系的连接，有利于提高大众的风险防范意识。

（二）编制要点

通信保障应急预案的编制要满足科学性、完整性、可操作性、针对性、符合性等要点。

1. 预案编制的科学性

通信保障应急预案制定的科学性，是指预案的编制依据、生成程序和实施方法等都是科学的，即预案的制定应该遵循突发事件的发生发展规律，以确保预案在实际过程中能真正有效地实施。因此，科学性是预案制定中必须要满足的首要条件。预案的编制必须通过组织专门的人员来进行，而且在编制的过程中必须遵守严谨、合理的原则。如果编制组成员达不到预案编制的要求，那么很难保证预案的实施效果。

1）编制目的和依据的科学性

通信保障应急预案编制满足突发情况下通信保障和通信恢复工作的需要，确保通信的安全畅通，其目的是提高应对突发事件的组织指挥能力和应急处置能力，保证应急通信指挥调度工作迅速、高效、有序地进行。因此，编制通信保障应急预案的前提是一定要依据国家出台的相应法律法规，保障预案的合法性、有用性以及科学性。

2）预案编制的系统性

完备的应急预案应该是一个系统，各个步骤相互衔接。

3）编制人员的适用性

编制预案应该成立专门的小组，其小组成员应该来自所有与通信类突发事件相关的职能部门、专业部门、政府及应急管理机构等，如各运营商、工业和信息化部、通信管理局等。小组成员确定后，明确编制内容，确定小组领导，以保证通信保障应急预案编制的顺利进行。

4）编制流程的合理性

预案编制流程必须科学合理，首先要组建专门的预案编制小组，进行当地环境分析，识别潜在的威胁因素，研究可能出现的突发事件，设置对应的情景，有针对性地制定通信保障应急预案，之后进行相应的评审和演练工作，确保预案的相对科学性、合理性和可操作性。

2. 预案组成要素的完整性

通信保障应急预案内容的完整性是指预案所包含的内容没有缺失，预案的顺利实施需要完整的预案支撑。

1）具有明确的适用范围

通信保障应急预案有其适用的地域范围和事件范围，如在某个地区的某种事件的重大通信保障或通信恢复工作有其适用的应急预案。

2）拥有完备的组织指挥体系及合理的职责分配

通信保障应急预案必须建立完备的组织指挥体系，组成机构和机构之间的从属关系和各机构内的人员职责需要明确。应急处置的过程中，每个步骤必须明确责任人，每个操作都必须确定先后顺序。通过此方式，才能够在突发事件发生后迅速、有效地进行通信保障和通信恢复工作。

3）建立健全的通信网络安全的预防和预警机制

各级电信主管部门和基础电信运营企业应当建立健全通信网络安全的预防和预警机制，要做到早发现、早报告、早处置，对可能演变为严重通信事故的情况及时做好预防和应急准备工作。

4）科学的分类分级体系

由于不同类别、级别的突发事件所造成的通信故障所需资源和应对措施有所不同，因此，预案编制小组需根据本地区可能发生的突发事件进行分类分级，使应急管理部门迅速、科学地配备相应的人力、物力，有针对性地应对其通信保障或通信恢复。在对突发事件实行分类分级时，需标明其分类分级标准及其每一类每一级别所对应的通信保障应急预案。

5）资源合理分配

资源配备包括资源种类、数量、存放地点及所属部门等方面。不同的通信保障和通信恢复工作所需资源种类、数量等都不同，需有针对性地做出相应的资源配置，并由具体机构进行保障和维护。

6）完善的后期处置与保障流程

通信保障应急预案是预先制订的计划或者方案，就不可能完全符合现实，需不断完善，才能最大限度地体现其效果。因此，相关部门在通信保障和通信恢复应急任务结束后应做好突发事件中公众电信网络设施损失情况的统计、汇总及任务完成情况总结和汇报，不断改进通信保障应急工作。对在通信保障和通信恢复应急过程中表现突出的单位和个人要给予表彰，对保障不力、给国家和企业造成损失的单位和个人进行惩处，以利于之后的应急管理工作。

3. 预案的可操作性

1）具有机制保障

预案实施需得到政府相应法律法规的支撑，具有一定的强制性。如在突发事件应对过程中，遇到应急资源调度等部门冲突，或需其他部门保障时，都要在政府法律法规及政策允许的条件下才能进行。

2）具有资源保障

应急资源储备是整个应急保障的基础和前提。应急处置能否顺利实施，很大程度上取决于应急资源是否充足。因此，需根据本地区可能发生的重大通信保障和恢复工作，配备相应的应急通信设备资源，并定期进行维护评估。

3）具有较强的逻辑性

应急预案是由多部门、多机构的方案共同组成，各个部门之间的工作衔接要符合逻辑顺序，防止出现因为步骤错乱导致的应急工作失败。

4）具有较大的灵活性

突发事件的一大特性是多变性，所有的情景无法利用任何详尽的应急预案概括。因此，应急预案的灵活性，即动态可调整性，就显得尤为重要。

4. 预案的针对性

通信保障应急预案是针对可能发生的事故，为迅速、有序地开展应急通信保障行动而预先制定的行动方案。因此，应急通信保障的应急预案应结合危险分析的结果，针对重大危险源、可能发生的各类事故、关键岗位和地点、薄弱环节以及重要的工程进行编制，确保其有效性。

5. 预案的符合性

通信保障应急预案中的内容应符合国家相关法律、法规、国家标准的要求。我国有关应急预案的编制工作必须遵守相关法律法规的规定，如《安全生产法》《无线电管理条例》《中华人民共和国电信条例》等，同时，编制突发事件通信保障应急预案还应参考其他灾种（如洪涝、地震、核辐射事故等）相关的法律法规。

四、存在的问题

我国应急通信保障应急预案主要还存在以下问题：

1. 应急通信的分类分级问题

我国《国家通信保障应急预案》对突发事件发生时，按照分级负责、快速反应的原则，将通信保障和通信恢复应急响应工作划分为 4 个等级。这 4 个应急通信响应级别是根据非常规突发事件对通信基础设施造成的影响及破坏程度来划分的。在非常规突发事件发生时，应急通信保障级别的确定大部分都是根据突发事件的等级直接定级的。这种分级方法一般是基于经验的概括，对突发事件的主动应对能力不强，加上突发事件的等级与通信保障等级并非简单的一一对应关系，以此来确定应急通信保障级别相对不科学，具有盲目性，可能会出现由于调度资源过度而造成资源浪费或者因调度不足难以满足现场需求等情况。

2. 预案内容体系不完善

流程完整度和任务细化度上存在缺陷和不足，在应急准备方面缺少很多如何应对具体突发事件的关键的前期准备工作。同时，对工作任务的表述不够准确或者与实际要求的符合度较差，导致预案中该方面的完备性低，影响了预案的整体有效性。

3. 预案中没有涉及应急通信资源调度问题

应急通信预案中还未明确应急通信资源调度的相关原则，应当考虑增加应急通信资源调度支撑体系的内容，降低应急通信资源调度过程中的盲目性，提高应急通信资源调度的科学性，进而提高应急预案的有效性。

第二节　通信保障应急演练

为提高我国应急通信行业在发生非常规突发事件情况下的快速响应能力，各省（自治区、直辖市）及电信运营企业定期会举行应急演练活动。目前进行的演练类型主要包括日常演练、军地联合演练和跨部门跨区域演练等。

一、概述

应急演练是在事先虚拟的事件（事故）条件下，应急指挥体系中各个组成部门、单位或群体的人员针对假设的特定情况，执行实际突发事件发生时各自职责和任务的排练活动。简单地讲就是一种模拟突发事件发生的应对演习。实践证明，应急演练能在突发事件发生时有效减少人员伤亡和财产损失，迅速从各种灾难中恢复正常状态。这里需要指出的是，应急演练不完全等于应急预案演练，由于应急演练一般都需要事前作出计划和方案，因此应急演练在某种意义上也可以说是应急预案演练，但这个“预案”还包括了临时性的策划、计划和行动方案。应急演练具有如下重要意义：

1. 提高应对突发事件的风险意识

开展应急演练，通过模拟真实事件及应急处置过程能给参与者留下更加深刻的印象，从直观上、感性上真正认识突发事件，提高对突发事件风险源的警惕性，能促使公众在没有发生突发事件时，增强应急意识，主动学习应急知识，掌握应急知识和处置技能，提高自救、互救能力，保障其生命财产安全。

2. 检验应急预案效果的可操作性

通过应急演练，可以发现应急预案中存在的问题，在突发事件发生前暴露预案的缺点，验证预案在应对可能出现的各种意外情况方面所具备的适应性，找出预案需要进一步完善和修正的地方；可以检验预案的可行性以及应急反应的准备情况，验证应急预案的整体或关键局部是否可以有效地付诸实施；可以检验应急工作机制是否完善，应急反应和应急救援能力是否提高，各部门之间的协调配合是否一致等。

3. 增强突发事件的应急反应能力

应急演练是检验、提高和评价应急能力的一个重要手段，通过亲身体验接近真实的应急演练，可以提高各级领导者应对突发事件的分析研判、决策指挥和组织协调能力；可以帮助应急管理人员和各类救援人员熟悉突发事件情景，提高应急熟练程度和实战技能，改善各应急组织机构、人员之间的交流沟通、协调合作；可以让公众学会在突发事件中保持良好的心理状态，减少恐惧感，配合政府和部门共同应对突发事件，从而有助于提高整个社会的应急反应能力。

二、分类

应急演练可根据其演练的内容、形式和目的等进行分类，便于演练的组织管理和经验交流。

1. 按演练内容分类

按其内容划分，可以分为单项演练和综合演练。

（1）单项演练，又称专项演练，是指根据情景事件要素，按照应急预案检验某项或数项应对措施或应急行动的部分应用功能的演练活动。单项演练可以是类似部队的科目操练，如模拟某一灾害现场的某项救援设备的操作或针对特定建筑物废墟的人员搜救等，也可以是某一单一事故的处置过程的演练。

（2）综合演练是指根据情景事件要素，按照应急预案检验包括预警、应急响应、指挥与协调、现场处置与救援、保障与恢复等应急行动和应对措施的全部应急功能的演练活动。综合演练相对复杂，需模拟救援力量的派出，多部门、多种应急力量参与，一般包括应急反应的全过程，涉及大量的信息注入，包括对实际场景的模拟、单项实战演练、对模拟事件的评估等。

2. 按组织形式分类

按照组织形式，可以分为模拟场景演练、实战演练和模拟与实战结合的演练等。

（1）模拟场景演练，又称为桌面演练，是指设置情景事件要素，在室内会议桌面（图纸、沙盘、计算机系统）上，按照应急预案模拟实施预警、应急响应、指挥与协调、现场处置与救援等应急行动和应对措施的演练活动。模拟场景演练是以桌面练习和讨论的形式对应急过程进行模拟和演练。

（2）实战演练，又称现场演练，是指选择（或模拟）生产建设某个工艺流程或场所，现场设置情景事件要素，并按照应急预案组织实施预警、应急响应、指挥与协调、现场处置与救援等应急行动和应对措施的演练活动。实战演练可包括单项或综合性的演练，涉及实际的应急、救援处置等。

（3）模拟与实战结合的演练形式是对前面两种形式的综合。

3. 按演练目的和作用分类

按其目的与作用，可以分为检验性演练、示范性演练和研究性演练。

（1）检验性演练是指不预先告知情景事件，由应急演练的组织者随机控制，参演人员根据演练设置的突发事件信息，按照应急预案组织实施预警、应急响应，指挥与协调、现场处置与救援等应急行动和应对措施的演练活动。

（2）示范性演练主要是指为了向参观、学习人员提供示范，为普及宣传应急知识而组织的观摩性演练。

（3）研究性演练是指为验证突发事件发生的可能性、波及范围、风险水平以及检验应急预案的可操作性、实用性等而进行的预警、应急响应、指挥与协调、现场处置与救援等应急行动和应对措施的演练活动。

不同演练组织形式、内容及目的作用的交叉组合，可以形成多种多样的演练方式，如专项桌面演练、综合桌面演练、专项实战演练、综合实战演练、专项示范演练、综合示范演练等。

三、流程

应急演练是由多个组织共同参与的一系列行为和活动，应急演练的过程可划分为准备、实施和总结评估 3 个阶段。

1. 准备

1）应急演练策划

应急演练策划组不仅负责演练设计工作，也参与演练的具体实施和总结评估工作，责任重大。策划组应由多种专业人员组成，对于简单模拟场景演练或者单项演练，演练策划组有 2~3 人即可，大型的综合演练则需要几十人。演练策划组可以按照成员各自的职责划分为若干个行动小组，如指挥组、操作组、计划组、后勤组和行政组等，便于分工负责，分头开展工作。策划组成员必须熟悉实际情况，精通各自领域专业技能，做事认真细致，并在应急演练开始前不向外界透露细节。

2）演练目标与范围

应急演练准备阶段，演练策划组应确定应急演练的目标，并确定相应的演示范围或演示水平。应急演练策划组应结合应急演练目标体系进行演练需求分析，然后在此基础上确定本次应急演练的目标。演练需求分析是指在评价以往重大事件和演练案例的基础上，分析本次演练需要重点解决的问题、演练水平、应急响应功能和演练的地理范围，然后在目标体系中选取本次应急演练的目标。应急演练的范围根据实际需要，小到一个单位，大到整个部门或者一个地区。演练需要达到的目标越多，层次越高，则演练的范围越大。前期准备工作越复杂，演练成本也越高。

3）编写演练方案

演练方案是应急演练前期准备工作中非常重要的一环，是组织与实施应急演练的依据，涵盖演练过程的每个环节，直接影响到演练的效果。演练方案的编写主要由 3 个部分构成，即演练情景设计、演练文件编写和演练规则制定。应急演练是一项复杂的综合性工作，为确保演练顺利进行，应成立应急演练策划组。

2. 实施

应急演练实施阶段是指从宣布初始事件起到演练结束的整个过程，是整个演练程序中的核心环节。

1）演练前检查

演练活动实施前，相关工作人员应在演练开始前对演练所用的设备设施等情况进行检查，确保其正常工作。

2）演练前情况说明和动员

组织人员应在演练前分别召开情况介绍会，分发演练手册，确保所有演练参与人员了解演练现场规则、演练情景和演练计划中与各自工作相关的内容。

3）演练启动

各项准备工作落实到位后，按照既定的演练方案启动演练活动。

4）演练实施

演练活动始于报警消息。演练启动后，各参演队伍按照演练方案，各负其责，有序展开相应的应急演练行动。模拟场景演练一般在室内进行、采用会议讨论的形式实施。实战演练是通过对事件情景的真实模拟来检验应急救援系统的应急能力，各参演队伍应尽可能按实际紧急事件发生时的响应要求进行演示，参演人员根据应急预案中制定的应急响应程序及现场处置措施，对情景事件做出响应行动。演练实施过程中，要安排专人做好演练解说、演练记录和演练宣传报道。

5）演练结束

演练完毕并宣布演练结束后，所有参演人员停止演练活动，并按预定方案集合进行现场点评和总结。演练的点评包括专家点评、领导点评以及参演人员的反馈等。整个演练结束后，参演队伍有序撤场。后勤保障小组组织相关人员对演练场地及模拟设施进行清理和恢复。

3. 总结评估

应急演练结束后应及时进行评价和总结。总结分析演练中暴露出的问题，评估演练是否达到预定目标，改进应急通信演练准备水平，提高演练人员应急技能。

第三节　通信队伍保障

一、队伍建设

通信保障除了在灾害事故发生时保障受灾人员与外界的通信外，还要保障救援人员与现场指挥人员、现场指挥人员与指挥中心之间的通信，因此，应急通信保障队伍按功能分为两类。

（1）由各级应急救援指挥部门建立的为应急救援指挥提供统一高效的通信保障的应急通信保障队伍。负责在突发性紧急事件发生后，部署各种信息采集终端及通信终端，综合利用各种通信技术和网络资源，搭建“通信枢纽、现场指挥、伴随保障”三位一体的应急通信体系，实现前方指挥部、后方指挥中心与灾害现场之间的通信畅通。此类保障队伍可以是应急救援指挥部门负责通信和信息化的员工，也可以通过购买服务方式，由信息化公司派驻人员进行保障服务。

（2）由各省（自治区、直辖市）通信管理局牵头组建成立的相应省（自治区、直辖市）应急救援通信保障队。在各省（自治区、直辖市）应急办的统筹协调下，负责在发生重大自然灾害、重大突发事件时抢修通信设备设施、快速恢复灾区通信，为受灾人员重要信息传递提供通信保障。该类应急救援通信保障队伍坚持专业化与社会化相结合的指导方针，以电信运营企业的通信应急保障队伍为依托，整合省（自治区、直辖市）民防办、军事学院、相关部队的应急通信保障力量，充分利用和发挥军队、地方各部分的通信资源优势，为应急救援提供最大限度的应急通信服务保障。各省（自治区、直辖市）应急救援通信保障队挂靠于相应省（自治区、直辖市）通信管理局，由副局长任队长，下设电信分队、移动分队、联通分队、民防办分队等保障分队，由各单位主管负责人任分队队长。在应急救援通信保障队中的成员中，属于专业的全职人员非常少，大多数是其他岗位上任职，兼任应急救援保障队成员的人员，其中移动和联通分队中兼职人员的比例比较大。

应急通信保障队的组建，促使我国应急管理相关部门的应急通信人力资源进行有效整合，有利于发挥各方面优势，共同为应急通信保障工作提供支持。

二、队伍培训

加强应急通信保障队伍培训工作，主要从以下几个方面：

（1）加强新一代应急通信设备的知识技能培训，强化技术技能训练。随着科技的不断发展，需要不断地维护、升级、更新种类系统和设备。为了能够让应急通信保障人员了解与掌握应急通信新技术，增强其对新装备的运用能力，政府和企业需要定期对通信保障操作人员进行专业技能培训，并根据应急通信岗位的特点，不定期地设置考试或考核，以检验和提高应急通信保障人员的专业技能与实战能力。

（2）加强实战演练。应急通信演练是积累应急通信保障经验的有效手段，定期组织人员开展综合性、多部门联合的实战演练，可以提高应急通信保障人员对预案的熟知度。

（3）加强业务交流和理论研究。各省市部门间开展业务交流活动，相互学习省市先进经验，鼓励通信保障人员参与预案编制与评估，积极申请科研课题，奖励成果创新，激发其学习研究的积极性。

第四节　应急通信运维

运维服务本质上是对网络、服务器、服务等全生命周期各个阶段的运营与维护，使得网络、设备和服务在成本、稳定性、效率上达成一致可接受的状态。通过应急通信运维服务可实现对应急通信设备、网络线路、配套系统平台的运行维护管理和保障，确保应急通信网络体系的长期、高效、稳定地提供保障服务。

一、运维服务重要性

灾害事故的监测预警信息、预报预警信息、指挥调度信息等上传下达的及时性、准确性，在一定程度上决定了灾害事故发生后应急救援工作开展的质量和效率，而信息的连通传达离不开应急通信网络软件、硬件和业务流程环节支持。应急通信运维服务从根本上保障了这些重要信息在相应软件、网络、硬件、业务流程等环节的正常流转，保障了信息传输的准确性、及时性，为助力灾害事故发生后应急救援工作的第一时间开展和保障人民群众生命财产安全奠定了基础。

加强系统的运行维护管理，从运维管理力量配置、运维管理方法手段运用和制定运维管理制度等方面统筹规划、全面建设。应急通信运维服务可将各分离的应急通信设备、网络功能和信息数据等集成到相互关联的、统一协调的保障体系之中，使网络资源达到充分共享，实现集中、高效、便利的管理，支撑保障网络系统持续升级或扩展延伸等。

紧抓应急管理信息化建设发展战略机遇，通过主动运维的服务模式，全面提升应急通信信息化系统设备的运维能力，逐步健全完善运维体系，为相关信息化基础设施、软件系统等提供高质量的支撑服务，保障相关软硬件设备设施的安全可靠、正常高效运转，降低后台核心资源的故障率，并提升资源利用率，保障自然灾害防治、安全生产事故预防和应急管理工作高效有序开展。

二、运维服务主要内容

应急通信运维服务主要包括应急通信硬件设备的运维、软件平台的运维、网络线路的运维等服务内容。按照“管运分离”原则，建立规范化的运维管理机制和智能化的运维管理系统，为应急通信体系硬件设备和软件系统提供长期、稳定、高效的运维服务。将应急管理人才从日常的维护工作中解放出来，提升整体工作效率，更好地发挥科信部门的自身职能。通过专业的运维服务，对设备进行维护保养，延长设备的使用寿命，降低设备故障率，为应急管理信息化基础设施建设、管理和投入提供依据。

（一）硬件设施运行维护

1. 机房基础设施运维

为应急通信系统涉及的机房基础环境和硬件设备提供运行维护服务。机房基础环境运行维护服务的范围主要包括供配电系统、UPS 系统、空调通风系统、综合监控系统（安全防范系统、设备及环境监控系统、KVM 系统）、机柜和综合布线系统、消防系统（火灾自动报警和气体灭火系统）、接地及防雷系统等内容。为保证设备的生产工作能够安全、稳定、有效运转，设备相关人员在操作设备时必须根据制定的设备操作手册，遵循手册的设备使用的范围、设备的安装、设备的启动与使用、设备的维护、设备的拆卸等保养程序或步骤来操作设备。

1）机房设备台账管理

每年对机房设备进行盘点，设备台账包括设备名称、设备型号、序列号、负责人、使用状态等，台账应做到分类归档、内容完整、及时更新，所有的设备台账由运维负责人妥善保管、归档。

2）设备的上架

设备上架后，对上架的设备进行标志，包括设备上架时间、IP 地址、设备型号、设备标识号等。在设备上架前对拟上架的设备进行试用，测试其性能及安全功能是否满足需求。设备上架前须确定设备安装位置，硬件设施管理人根据设备情况及设备所属机房的区域分布现状、机柜空闲度、PDU 空闲度、电源负载情况等最终确定具体安装位置。上架前应对设备资质进行审查，严禁使用未经国家管理部门批准和未通过国家信息安全质量认证的设备。

3）设备的下架

应急通信设备确因设备老化、性能落后等原因，造成设备无法继续使用的，由硬件设施管理人实施报废处理。设备搬迁时需注意检查设备是否具备搬迁条件，注意对标签的保护等。

4）停机

设备停机应在没有负荷的情况下进行，检查设备有无异常现象。设备停机运转后，要切断电源。

5）报废

IT 设备在报废处理前，应由硬件设施管理人对其是否存有内部敏感信息进行检查，确保不会因设备处置不当造成泄密。

6）例行物理巡检

提供定期现场物理巡检服务，通过现场检查设备，获取设备的各项物理状态，如电源、硬盘、CPU、内存、主板等，及时发现和解决问题，确保设备能够 7×24 h 正常运行，能够有效避免因设备物理模块故障引起的业务中断。

2. 网络的运行维护

网络运维服务包含机房内部网络的运维、应急通信网络设备的运维等。提供 5×8 h 的现场保障服务，7×24 h 的技术支持服务，充分保障网络的平稳运行，保障业务系统网络畅通无阻。

网络运维主要工作内容包括：①网络架构标准化、可扩展性、可用性、可靠性、高性能性、安全性及可管理性等检查；②系统的使用管理支持及相关升级服务；③检查网络监控系统日志分析报告，以及其他的记录文件；④安全性配置分析及管理性能配置分析，当前系统配置采集及系统更改信息归档；⑤设备 SNMP、LOGGING 设置、NTP 配置、网络层路由分发配置、静态路由配置、网络系统通信状态检查、路由协议学习管理、质量服务（QOS）、检查网络流量、通信流量控制、网络访问安全、通信数据类型的转发、VLAN 划分等；⑥将发现有隐患的系统问题及时排除；⑦提供重要事件现场支持服务（例如割接、设备搬迁、现网测试、组网方案等），结合系统软硬件的系统运行状况，进行网络整体拓扑结构化分析，确定网络故障情况，中断影响的范围，及时处理故障。

3. 应急通信设备运维保障服务

针对各类应急通信设备提供运行维护保障服务，为全省各地市、区县、乡镇应急管理部门会场提供工程师支持、硬件支持及重大事件保障等支持服务，支持工程师通过电话、邮件及远程接入方式提供针对设备问题的解决方案或到现场进行硬件更换和软件配置服务；提供信息收集、问题分析、故障诊断、方案实施及紧急故障恢复等处理服务；提供硬件备件服务，解决硬件故障，确保设备的完好率和稳定性。

（二）配套软件运行维护

为应急通信网络配套软件系统提供日常运维与运行监控服务，并及时响应解决相关故障，保证各系统的安全稳定高效运行。

1. 服务内容

服务内容见表 10-1。

表 10-1 服务内容

类别	运维工作	运维流程和标准规范	备注
系统维护	服务请求的响应和处理	服务请求管理	故障处理需要以“先通后修”的原则，优先恢复业务
	故障处理	事件管理	按照系统分级和故障分级的不同，配套不同的运维响应要求
	问题处理	问题管理	紧急问题需要快速组织成立专家小组修复
	CMDB 维护	紧急问题响应机制	
	系统部署和优化	配置管理	
	中间件调优	系统分级标准	
	数据库维护和调优	故障分级标准	
	系统漏洞扫描和修复防护	运维服务 SLA 管理	
	系统迁云配合	安全基线管理	
版本变更	版本和变更计划	版本管理	重要系统建议编排月度版本和变更计划，在圈定的时间窗口发布
	版本和变更方案评审	变更管理	联合产品等需要做好版本的上线后的验证和保障工作

表 10-1（续）

类别	运维工作	运维流程和标准规范	备　注
版本变更	版本和变更方案实施	版本发布请求流程	
	版本和变更保障		
	紧急版本或补丁的发布和保障等		
	版本和变更的质量报告		
监控告警	监控清单维护	监控管理	有功能监控、性能监控、业务监控等多个维度
	监控方案管理	告警和级别管理	
	告警响应和处理	定期巡检制度	
	巡检和报告		
数据支撑	数据提取	敏感数据清单管理	特别留意是否涉及敏感数据
	统计分析	数据安全管理	
持续优化	系统检查	系统健康度定期报告	健康度报告的内容比定期巡检的丰富很多，包含系统访问量、性能、安全等多维度的内容
	运维优化方案报告		
访问管理	登录日志审查	账号和权限申请流程	账号按需申请，尽量做到一人一账号
	弱密码和登录次数限制	接入管理	密码复杂度要求数字、字母和字符组合，定期更新，近期 2 次密码互斥
	内控审计	账号和权限定期审阅	权限以最小原则分配
综合保障	五一值班安排	节假日和重要时点值班机制	确保问题有响应，联系到处理人员
定期报告	日/周/月/季/年报告	定期报告制度	根据系统和客户要求等的不同，按需报告
	运维应知应会和知识库更新	知识库管理	
服务商的管理	服务商运维支持情况报告	合作备忘录	合同方面，建议商务、采购、市场的同事负责，运维配合
			具体运维考评管理，运维为主
业务辅助支持	客户走访	需求管理	由业务支持人员负责，应用运维人员配合
	需求响应和分析的技术支持		
	需求方案编制和组织评审的技术支持		
	需求方案实施的配套支持工作		
	客户培训支持		
其他事项	运维管理流程优化		
	运维工作定期回顾审视		

2. 技术支撑

驻场人员对已接管系统承担技术支撑责任，内容包括：系统版本升级后的运行环境测试及支持；应用系统与外围系统的接口联调等；对系统的扩容提供技术支持；协助完成系统的等保整改工作；负责对应用系统的监控部署工作。

3. 系统优化

驻场人员对已接管系统承担系统优化的责任，内容包含：配置与性能检测、诊断与优化。驻场人员对应用系统的配置和性能等进行检测和诊断，协助和配合开发厂家对存在问题进行优化；协助配合开发厂家对应用系统进行架构优化等工作；协助配合开发厂家对应用系统接口进行优化工作。

4. 日常巡检及预防性运维

驻场人员严格按照巡检流程，对业主已接管系统进行巡检，巡检时间覆盖日常和重要时点（包括重大政治活动、节假日等），并提供定期的深度巡检及预防性健康检查服务，及时了解应用系统的运行维护最新状况，减少故障发生率的同时提高响应和处理故障的速度。巡检结束后提交检查报告，提出性能优化方案，并提供相应的技术支持。落实系统监控部署措施，提前发现系统异常，及时进行干预和处理。

5. 变更实施

驻场人员严格按照变更流程和变更窗口，对已接管系统的变更进行实施，并于实施完毕后提交相关交付物。

6. 质量汇报

针对已接管应用系统的运行情况，驻场人员负责编制提交各类服务总结性报告，包括运维周报、运维月报、服务分析报告等。

7. 专家服务

为应急通信网络配套软件系统运维提供技术专家支持服务，包括：组织开展应用系统缺陷评审、高级巡检方案编制、系统调优等技术支持工作，并能够提出建设性建议；负责组织开展系统性能诊断和调优相关工作；协助完成日常系统业务需求受理和专项工作。

（三）专业通信系统运维

为更好地发挥应急通信装备在某省抢险救灾、重大任务中的通信保障作用，加强应急管理与调度的协调联动保障，完善应急通信网络链路和基础设施建设，提供包含卫星通信系统、短波通信系统、网络视频会议系统、辅助系统、便携通信系统等专业通信系统的运维服务内容。

1. 卫星通信系统维护内容

主要包括系统重要部位的除尘、除锈、润滑、防锈、防水，卫星功放功率值的检测，LNB 接收信号状态的检测，系统连接线、接插件和紧固件的检查，波导常见故障的检测，系统传输设置检查，故障设备维修处理，系统升级改造等。

2. 短波通信系统维护内容

主要包括系统重要部位的除尘、除锈、防锈、防水，天线与电台连接线、紧固件、接插件以及射频端口的检查，天线振子检查，系统阻抗匹配情况检测，接地带损坏程度检查，扩展设备检查，发信机输出功率检测，收信机噪声系数、灵敏度检测，系统驻波比、失真度、边带等内容的检测，故障设备维修处理，系统改造升级等。

3. 网络视频会议系统维护内容

主要包括系统重要部位的除尘、除锈、防锈、防水，系统连接线、接插件、紧固件的检查，系统整机参数设置检查，系统 IP 设置检查，软件备份情况检查，调音台调音情况检测，音视频切换等内容检测，故障设备维修处理，系统改造升级等。

4. 辅助系统维护内容

主要包括系统重要部位的除尘、除锈、防锈、防水，系统散热情况检查，系统电压检测，系统连接线、接插件、紧固件检查，系统整机参数设置检查，电解液更换、系统易损部位检查，故障设备维修处理，系统改造升级等。

5. 便携通信系统维护内容

（1）便携卫星系统：系统重要部位的除尘、除锈、润滑、防锈、防水；卫星功放功率值的检测；LNB 接收信号状态的检测；系统连接线、接插件和紧固件的检查；波导常见故障的检测；系统传输设置检查等；故障设备维修处理；系统升级改造等。

（2）便携短波系统：系统重要部位的除尘、除锈、防锈、防水；天线与电台连接线、紧固件、接插件以及射频端口的检查；天线振子检查；系统阻抗匹配情况检测；接地带损坏程度检查；扩展设备检查；发信机输出功率检测；收信机噪声系数、灵敏度检测；系统驻波比、失真度、边带等内容的检测；故障设备维修处理；系统改造升级。

（3）超短波手持机：手持机的除尘、除锈、防锈、防水；系统驻波比检测；系统电压检测；系统连接件、紧固件检查；系统参数配置等内容检查；故障设备维修处理；系统改造升级。

（4）便携微波系统：系统重要部位的除尘、除锈、防锈、防水；收发信本振电平、频率检测；中频输入/输出回波损耗检测；发信功率电平、频谱及三阶交调失真检测；检测自动控制范围；系统连接线、紧固件检查；天线系统（馈线、天线）等内容检查；故障设备维修处理；系统改造升级。

三、应急通信运维服务要求

（一）配套支持工具

根据总体运维管理建设体系规划，使用基于 CMDB 省级平台为核心的“监、管、控”一体化运维管理平台，实现对服务项目系统资源的全面监控与集中管理、日常运维管理制度流程体系的支撑落地，以及对运维相关操作的流程化控制，规范运维管理工作。配套运维工具需要配套有配置平台、监控告警系统、统一告警管理、运维工单系统等。

1. 配置管理平台

通过配置管理库实现对运维管理相关信息的统一纳管、厘清各系统资源配置项的关联关系，透视业务系统关联的系统资源信息、操作系统、中间件、数据库。通过不同关系维度的维护，进行项目信息、人员信息、系统信息、网络连接、故障变更发生情况等的整合关联，为整体运维管理工作提供核心数据管理及关联，为衔接各模块信息互通提供核心引擎。

1）机房配置

通过实施机房配置，记录机房名称信息、机房的物理位置、机房运营情况、关联机房内部设备信息、机柜信息等，帮助高效管理不同区域的机房及机房内的相关设备。

2）设备配置

配置平台支持多种设备类型，包括服务器、网络设备、存储、安全设备等，设备间的关系在多维度下作数据展示，除基本的信息数据列表外，还可通过使用习惯跟业务要求，通过平台配置做拓扑或者树形图等内容展示。设备配置是配置平台系统的核心功能，在保留传统的列表管理下，还能结合拓扑进行跨云管理。主要具备以下功能点：

（1）拓扑维度的主机概况展示。通过页面左边的拓扑树能展示设备在各集群和模块下的分布情况。

（2）跨云、跨区域管理设备。在配置平台可以便捷地管理设备，不会受内网 IP 冲突等影响。

（3）便捷强大的设备筛选。用户可以通过组合常用条件过滤设备。

（4）丰富的增值功能。资产管理系统提供表格导出、实时数据查看、设备模块变更等功能，协助用户更好地管理设备。

（5）设备属性自定义展示。在设备管理页面，用户可以选择性地展示自己需要的设备字段，同时用户可以导入配置平台不提供的一些设备字段。

（6）实时数据展示。在主机详情页面会展示主机详情、系统状态、系统防火墙、计划任务、HOSTS 文件、路由信息等设备快照数据。

3）业务配置

业务配置是通过配置平台录入业务信息，包括业务名、业务状态、业务所属厅局委办信息等，将业务和厅局委办信息通过业务配置平台关联起来，支持从厅局委办的维度能清晰地总览整个业务情况。业务配置是配置平台进行主机管理的基础，将设备跟业务关联起来。

业务配置提供用户模块配置、拓扑配置、进程配置等功能。①模块配置，业务配置中对业务模块的属性还提供配置管理功能，用户可以通过配置业务模块属性，进一步从各种维度对主机进行分类管理；②拓扑配置，配置平台支持用户基于业务的拓扑结构进行拓展，针对不同的场景建立并展示自己业务的拓扑；③进程配置，可帮助业务管理进程及其端口、进程和模块的绑定关系。

4）权限配置

配置平台采用多租户的技术架构，同时仍可确保各用户间数据的隔离性和安全性。从服务提供的角度看，配置平台的服务执行时能够同一时候提供给多个厅局委办使用，而且厅局委办之间的数据和状态是保持隔离的；从服务使用的角度看，不同的厅局委办同一时候使用同一个服务时相互不影响。

5）数据收集

提供智能化的数据收集，提供自动采集和发现数据，避免手工维护带来的错误和低效率，发现错误数据自动纠正。配置平台自动采集的信息包括但不限于设备型号，软件版本、CPU 信息、内存信息、网卡信息、硬盘信息和 IP 地址等。

6）运维平台操作审计

系统有完善的操作记录审计功能，针对监控系统任何变更都有操作审计。只要在监控应用内做的任何操作，都会被自动登记记录。

2. 监控告警系统

监控告警系统是作为发现系统问题的重要工具，提升监控发现能力、完善监控覆盖范围、优化监控告警控制需要从工具建设层面予以支撑。根据实际需求，从操作系统监控、中间件监控、数据库监控、基础硬件环境监控、业务数据层监控等方面入手，提供一套高效、可视化的监控告警工具。

1）系统环境监控

系统环境监控的业务主要覆盖指标支持 CPU、内存、磁盘、网络、进程、系统、事件（corefile、主机重启等）等 7 类共 30~40 项指标，主要包括 CPU 的监控，覆盖 CPU 使用率、空闲率、单核使用率、等待 IO 的时间占比、分配给虚拟机的时间占比、用户程序使用占比、系统程序使用占比等性能指标。系统环境监控主要实现以下功能：

（1）监控业务感知：全方位 7×24 h 监控各项性能指标，让用户可以全面地、及时地感知监控系统性能的健康状况，对监控能力的业务预警。

（2）监控告警设置：监控告警系统提供告警的默认项和告警阈值，由业务方通过线上使用情况，请做告警项及阈值的调优，并做监控告警的优化。

（3）监控数据分析：即事后提供监控数据的分析供故障的回溯追查。

2）中间件监控

支持各种中间件、数据库等组件的性能监控，支持 nginx、apache、MySQL、redis、Tomcat、AD、Ceph、Consul、Elastic、Exchange 2010、Haproxy、IIS、Kafka、MemCache、MongoDB、MSSQL、Oracle、RabbitMQ、Weblogic、ZooKeeper 等组件的监控，覆盖大范围的组件的性能监控指标。

3）自定义监控

系统具有强大的扩展性，支持采集器框架开发组件采集器，支持自定义脚本下发采集和支持自定义日志采集监控。以自定义脚本采集为例，可支持 Linux 下发 shell 脚本和 Window 下发 bat 脚本，自定义采集用户需要的各项个性化的指标，采集入库后，在监控统一监控配置页面配置告警策略，可设置阈值、同比、环比等检测算法，配置相应的告警通知角色与用户。

4）Web 服务拔测

Web 服务拔是指从拨测节点向目标地址探测服务可用性，拨测节点是部署 Agent 的服务器。Web 拨测支持 HTTP、TCP、UDP 的协议，通过拨测节点检测 URL 的可用性和响应时间。配置相应的拨测告警测试，能有效针对业务的可用性，性能监控等，保证关键业务可用、稳健地运行，并实时监控其业务健康状态。Web 服务拨测主要实现以下功能：

（1）可用性报警：针对关键业务，如业务主接口、访问端口等，需要高可用性，以确保业务正常运行与避免业务损失。

（2）性能报警：结合日常性能情况，基于自身业务波动趋势，定义性能相应为报警阈值，针对访问用时与用户体验进行报警。

3. 统一告警管理

系统针对业务告警有统一的事件中心查询界面，分为列表模式与日历模式，可清晰观察业务最近告警数据。完善的告警查询系统，可支持针对告警时间、告警类型、告警状态、告警级别、告警内容、告警 ID、告警机器等维度的查询方式，针对关键资源设定多重告警机制，通过短信、邮件、微信公众号多种告警方式，实时推送告警消息，第一时间发现及处理影响业务的关键故障。

1）监控告警收敛功能

监控后台具备默认的告警收敛/汇总规则，帮助规避告警风暴带来的隐患。

2）多视角可视化展示

可视化配置功能支持多种图表呈现方式，包括但不仅限于曲线/柱状/面积图、Top 排行、状态等，并且可以额外增加图表自定义“标记”，让用户更直观地从图表中发现问题。

3）平台自动化巡检工具

通过将日常运维过程中积累的检查经验通过自动化工具实现。批量完成对服务器、数据库、中间件的巡检。并将巡检报告发送给业务的负责人。通过巡检报告发现操作系统、数据库、中间件各个层面可能存在的安全隐患。减少日常此类重复性工作的人力投入。实现服务器、数据库、中间件的标准化运维。

4. 运维工单系统

基于 ITSM 的运维管理流程体系，是从复杂的 IT 管理活动中梳理出核心流程，并将这些流程规范化、标准化，明确定义各个流程的目标和范围、绩效指标，以及各个流程之间的关系，致力于提供高质量、低成本、高效率的 IT 服务。

1）变更管理模块

变更管理流程通过标准统一的方法和步骤来管理和控制所有对 IT 生产环境有影响的变更，指导与 IT 变更的相关人员执行变更，变更管理流程始于变更的接收，结束于变更的实施和回顾。

通过规范所有 IT 变更，将变更对生产的影响降到最小，提高 IT 系统和服务的质量，支撑业务的快速发展，提高日常的运维效率。通过对所有变更的正确评估，可以维护 IT 环境的完整性，变更请求和变更实施得到正确记录，并提供审计记录。

2）事件管理模块

通过事件管理流程建立起完善的事件管理流程，快速有效地响应用户的需求，并通过事件管理流程规范运维人员的工作，提高事件处理效率，同时通过服务台对事件信息的记录，形成知识库。

3）问题管理模块

为消除引起事件的深层次根源，防止同类的事件再次发生，解决事件管理中遗留的问题，建立问题管理流程，确定发生事件/问题的根本原因和 IT 业务中可能存在的故障，然后提出解决方案。问题管理涉及问题的分派、受理、重派、转派、等待、完成、关闭，以及重启流程。

4）请求管理模块

请求管理主要包括目录管理、请求发起、请求审批、请求执行处理、请求评价、请求关闭和请求查询。通过“流程自定义引擎”，用户可以按照业务需求和服务目录定制请求流程，包括表单和审批流。不同的请求项可以有不同的表单，不同的请求项和请求人会有不同的审批流和审批人。

（1）打回功能：环节审批人在处理工单时判断提单人或前一个审批人提供的信息或者审批有误，可以打回到提单或前面的审批人，让对方重新填写工单或重新判断工单是否通过，避免工单信息有误而导致错误流转，保证工单的正确性。

（2）转处理人功能：环节审批人根据工单的情况，判断目前自己无法审批该工单，可以通过转处理人的方式直接将工单转交给指定的另外一个人或团队，让其他人对该工单继续判断并审批。

（3）终止功能：当审批人确认提单人员提单内容有问题并且即使打回也不能审批通过的情况下，可以使用终止功能将该工单永久终止，不能流转。

（4）挂起功能：当故障处理等场景由于客观原因导致故障无法处理，且工单有时效性时，可以使用挂起功能将当前工单挂起，避免超时。等有条件处理故障后取消挂起，再继续计算时间。

（5）工单数据导出功能：用户可根据自己的需求选择对应的字段导出自己处理过的工单，以便做数据统计。

（6）提单模板功能：帮提单人员保存自己的提单信息，下次提单可以调用，避免多次重复填写提单信息。

（二）驻场运维流程

1. 巡检流程

日常巡检流程主要针对业务系统功能、作业计划、系统日志、系统环境、系统负载或者系统数据等方面进行巡检管理。一线运维人员在每工作日 10：00 前检查前一天的业务监控情况，并及时关注和查找业务系统的异常运维数据、图表趋势异常情况，及时回复邮件说明或者安排后续的跟进改进措施等。同时还需保障业务运维指标的变更及时在运维日报上展现。

2. 故障处理

1）故障定级及处理要求

故障定级见表 10-2，故障处理要求见表 10-3。

表 10-2 故 障 定 级

故障等级	故 障 定 义
一级	系统不可用； 对业务产生重大的、不可接受的影响，且没有替代方案
二级	关键业务功能受损或无法响应，但通过人为干预或规避可以在有限的时间内运行
三级	一个小的功能模块无法正常使用； 影响到某些操作，但没有影响服务的交付； 服务中断，但是有变通的解决方案； 出现一些性能下降或功能不可用，但不影响服务交付
四级	对不是关键的组件或功能模块无法使用； 有其他选择，可以接受延期维护； 不影响服务交付； 不影响生产环境

表10-3 故障等级与处理

业务类型	一级	二级	三级	四级
高度重要系统	响应时间：≤5 min RTO < 30 min；RPO < 5 min 故障报告给出时间：≤12 h 故障进展更新时间：每10 min 未及时解决故障数量：全年≤1次 故障升级：—	响应时间：≤8 min RTO < 30 min；RPO < 5 min 故障报告给出时间：≤16 h 故障进展更新时间：每20 min 未及时解决故障数量：全年≤3次 故障升级：>4 h	响应时间：≤10 min RTO < 30 min；RPO < 5 min 故障报告给出时间：≤24 h 故障进展更新时间：每40 min 未及时解决故障数量：全年≤5次 故障升级：>6 h	响应时间：≤15 min RTO < 30 min；RPO < 5 min 故障报告给出时间：≤36 h 故障进展更新时间：每1 h 未及时解决故障数量：全年≤10次 故障升级：>8 h
重要系统	响应时间：≤10 min RTO < 4 h；RPO < 30 min 故障报告给出时间：≤16 h 故障进展更新时间：每20 min 未及时解决故障数量：全年≤2次 故障升级：—	响应时间：≤12 min RTO < 4 h；RPO < 30 min 故障报告给出时间：≤24 h 故障进展更新时间：每40 min 未及时解决故障数量：全年≤5次 故障升级：>6 h	响应时间：≤15 min RTO < 4 h；RPO < 30 min 故障报告给出时间：≤36 h 故障进展更新时间：每1 h 未及时解决故障数量：全年≤10次 故障升级：>8 h	响应时间：≤20 min RTO < 4 h；RPO < 30 min 故障报告给出时间：≤2 d 故障进展更新时间：每1. 5 h 未及时解决故障数量：全年≤15次 故障升级：>12 h
相对重要系统	响应时间：≤10 min RTO<6 h；RPO<2 h 故障报告给出时间：≤24 h 故障进展更新时间：每40 min 未及时解决故障数量：全年≤3次 故障升级：—	响应时间：≤12 min RTO<6 h；RPO<2 h 故障报告给出时间：≤36 h 故障进展更新时间：每1 h 未及时解决故障数量：全年≤8次 故障升级：>8 h	响应时间：≤15 min RTO<6 h；RPO<2 h 故障报告给出时间：≤2 d 故障进展更新时间：每2 h 未及时解决故障数量：全年≤15次 故障升级：>12 h	响应时间：≤20 min RTO<6 h；RPO<2 h 故障报告给出时间：≤3 d 故障进展更新时间：每4 h 未及时解决故障数量：全年≤20次 故障升级：>16 h
一般系统	响应时间：≤20 min RTO<48 h；RPO<2 h 故障报告给出时间：≤36 h 故障进展更新时间：每1 h 未及时解决故障数量：全年≤5次 故障升级：—	响应时间：≤25 min RTO < 48 h；RPO < 24 h 故障报告给出时间：≤2 d 故障进展更新时间：每2 h 未及时解决故障数量：全年≤10次 故障升级：>12 h	响应时间：≤30 min RTO < 48 h；RPO < 24 h 故障报告给出时间：≤3 d 故障进展更新时间：每4 h 未及时解决故障数量：全年≤15次 故障升级：>16 h	响应时间：≤40 min RTO < 48 h；RPO < 24 h 故障报告给出时间：≤5 d 故障进展更新时间：每6 h 未及时解决故障数量：全年≤20次 故障升级：>24 h

表 10-3（续）

业务类型	一级	二级	三级	四级
测试类系统	响应时间：≤30 min RTO＜3 d 故障报告给出时间：≤3 d 故障进展更新时间：每2 h 未及时解决故障数量：全年≤5 次 故障升级：—	响应时间：≤40 min RTO＜3 d 故障报告给出时间：≤5 d 故障进展更新时间：每4 h 未及时解决故障数量：全年≤10 次 故障升级：＞12 h	响应时间：≤50 min RTO＜3 d 故障报告给出时间：≤7 d 故障进展更新时间：每6 h 未及时解决故障数量：全年≤15 次 故障升级：—	响应时间：≤60 min RTO＜3 d 故障报告给出时间：≤10 d 故障进展更新时间：每8 h 未及时解决故障数量：全年≤20 次 故障升级：＞12 h

2）故障升级通知机制

发生三、四级故障或安全事件时，立即通过短信、邮件或者电话等方式通知对应技术人员到位处理，如 30 min 内不能排除则上报故障系统或专业领域的负责人，并由该负责人按照严重性决定是否上报领导。

发生二级故障或安全事件时，立即通过短信、邮件或者电话等方式通知对应技术人员到位处理，通知对应系统或专业领域的负责人，如 15 min 内不能排除则由该负责人继续上报领导，如 30 min 内不能处理，由领导决定是否现场组织协调处理。

发生一级故障或安全事件时，立即通过短信、邮件或者电话等方式通知对应技术人员到位处理，通知对应系统或专业领域的负责人，由该负责人上报对应领导，由领导决定是否进行现场组织协调处理以及上报省信息化主管部门。

3）故障处理流程

（1）故障处理流程说明：主要是指对系统故障、基础设施故障的管理。

（2）用户或者驻场人员上报问题。

（3）填写事件单，记录故障的详细信息，根据故障级别进行通传通报。

（4）要对事件的处理全流程进行跟踪，督促相关人员及时处理，确保及时解决。

（5）根据故障对应的系统或项目，通知一线、二线运维进行处理。

（6）故障处理过程通过参考 SLA 服务及故障升级流程进行故障升级处理。

（7）如事件没得到根本解决，需要继续改进的，填写改进信息和录入知识库，线下触发问题或变更流程。

3. 问题管理

驻场人员对应用系统的问题，根据级别进行响应，采取相应的现场支持解决策略。

1）问题的定义

在应用系统中，问题表现为多个有相同现象的事件或一个重大的事件，并且存在某个未知原因的错误的情况。

2）问题响应的目标

通过对问题及时响应和处理，主动消除或减少生产环境中事件发生的数量，降低严重程度，进行进一步分析，找出故障深层原因和根本解决方案，通过变更服务或预防性措施来防止同类故障再次发生，从而建立一个稳定的IT环境，提高IT服务的可用性。通过对问题的不断迭代处理，建立完善的问题管理流程，使系统问题不断收敛，提高资源的使用率。

3）问题管理流程

问题管理主要是指对疑难故障、长期没解决事项的跟进督办管理。驻场服务人员可根据故障单的改进建议或者频发的告警信息录入问题单，也可根据二线运维和用户的意见录入问题单。通过对问题管理管控，实现对问题的根本解决，避免重复故障经常性发生。

4. 变更管理

驻场运维人员对应急管理厅应用系统变更进行及时响应，确保变更及时准确执行，保障变更前后系统的稳定性和可用性。应用系统由于业务逻辑变化、处理系统故障等原因，对生产环境做出的变化，定义为变更，包括应用系统版本和配置的变化。变更维护窗口是指经过预先考量，认定IT维护对业务影响最小的时间段。用于尽可能地减少因为实施变更或者变更失败等对生产运行可能带来的影响。

5. 应急预案

驻场运维人员对应急管理厅政务信息系统提供应急处置服务，包含以下内容：

1）应急响应预案制定

针对应急管理厅的核心或者重要应用系统，驻场运维人员根据紧急故障级别制定应急响应预案。应急预案应包括人员职责、监控和预警机制、应急事件级别及处置流程、应急预案的保障措施等。

2）培训和演练

制订应急响应培训计划，将应急预案作为培训的主要内容，并组织相关人员参与。同时，为验证应急预案的有效性，使相关人员了解预案的目标和内容，熟悉应急响应的操作规程，应定期组织应急演练。演练前必须制订演练计划和方案，过程中应有详细记录并形成报告，演练不能影响业务的正常运行。同时，可根据演练结果对应急预案进行完善。

6. 运维质量管理

根据指定的服务水平协议SLA保障要求，驻场运维人员对所开展的运维工作进行质量评估，以改进运维工作环节存在的问题和缺陷，优化现有流程和机制，以保证运维管理工作的高质高效。

1）质量计划

制订运维质量控制计划，以确保服务目标的实现及服务风险的降低。

2）质量管理执行

从运维事件开始至结束，流程相关实施人员的处理时效和质量、环节审批负责人的审批效率、管理流程执行效果记录，包括事件管理、配置管理、变更管理、发布管理等，形成服务报告。

3）运维质量分析

对收集运维质量数据进行统计、分析、预警、跟踪。检查各项运维服务指标达成情况，并与原定SLA要求进行比对，对未达标项提出改进措施，形成项目质量分析报告。

4）质量改进

通过阶段性的月、季度的运维质量分析总结，对运维工作和管理的问题和偏差做出有效评估，并进行调整和优化，及时了解客户需求，根据客户意见或建议进行改进，保证运维质量目标的实现。

（三）运维人员要求

1. 基础设施运维工程师

1）高级工程师

5年以上网络运维工作经验，大专以上学历，计算机系统或网络工程等相关专业；熟悉深信服、华为、思科及H3C等各大主流厂商网络产品（交换机、路由器、防火墙等）的配置和管理，能独立对设备进行安装、调试及故障排查；精通网络技术，熟悉掌握各类网络设备指令调试，能提供大中型网络规划设计解决方案，能独立完成项目的实施、维护；具备TCP/IP、OSPF、BGP、VPN等网络技术知识，能够进行网络运维和故障排除及解决；精通语音、视频、无线网络等日常运维；熟悉网络设备的日常故障处理，会使用wireshark、科来等常用的网络排错工具。

2）中级工程师

3年以上网络运维工作经验，大专以上学历，计算机系统或网络工程等相关专业；熟悉主流厂商网络产品（交换机、路由器、防火墙等）的配置和管理，能独立对设备进行安装、调试及故障排查；熟悉掌握各类网络设备指令调试，能独立完成项目的维护；具备TCP/IP、VPN等网络技术知识，能够进行网络运维和故障排除及解决；熟悉网络设备的日常故障处理，会使用wireshark、科来等常用的网络排错工具。

3）初级工程师

1年以上网络运维工作经验，大专以上学历，计算机相关专业；熟悉主流厂商网络产品（交换机、路由器、防火墙等）的配置和管理，能完成基本的故障排查；熟悉掌握各类网络设备指令调试；具备TCP/IP、VPN等网络技术知识，能够进行网络运维和故障排除及解决；熟悉网络设备的日常故障处理。

2. 现场应急通信保障工程师

1）高级工程师

大专及以上学历，计算机相关专业，5年以上工作经验；精通主流卫星通信、便携式通信设备，编写操作优化方案，对设备线路进行梳理，同时绘制出系统的拓扑和布线图；精通操作设备调音台、音频处理器、视频矩阵、中控等相关设备；具有应急通信保障相关工作经验。

2）中级工程师

大专及以上学历，计算机相关专业，3年以上工作经验；熟练主流卫星通信、便携式通信设备；精通操作设备调音台、音频处理器、视频矩阵、中控等相关设备；具有应急通信保障相关工作经验。

3）初级工程师

大专及以上学历，具有1年以上相关工作经验；政治思想正确，工作习惯良好，沟通和表达能力强，学习能力强，责任心强；具备主动服务意识，思路清晰；熟悉各种外设的安装配置。

（四）运维服务方式

服务方式包括热线电话服务、远程服务和现场服务等。

（1）对于基础设施运行维护，提供工作日 5×8 h 驻场运维服务，并提供 7×24 h 热线电话服务，出现故障时快速响应，响应时间小于 30 min，重大故障提供故障分析报告。

（2）对于软件系统运行维护，提供工作日 5×8 h 驻场运维服务，并提供 7×24 h 热线电话服务，出现故障时，快速受理服务请求，业务系统根据不同的故障等级在不同时间内进行响应，出现故障时快速响应，根据系统等级和故障等级划分标准进行响应，对于远程或电话无法解决的问题，安排技术人员现场处理，重大故障提供故障分析报告。

（3）对于应急指挥信息化系统保障服务，提供 7×24 h 驻场运维服务，接到紧急调度任务时，保障人员 5 min 内到岗，10 min 内完成会议设备调试。

（五）服务考核体系

1. 运维报告

定时完成运维报告的整理与交付。具体服务项及交付内容见表 10-4。

表 10-4 运维报告交付明细表

服务	交付内容	服务级别
日常运维服务报告	运维日/月/年报告	每日/月度/年度
重大事件服务报告	重大事件服务报告	按事件发生情况
巡检报告	巡检工作记录	月度
值班报告	值班记录	月度
设备维修	设备维修单	按维修情况
设备上下架	设备上下架记录表	月度
机房进出管理	机房进出登记表	月度
系统/网络优化	优化建议书/方案	按实际需求

2. 管理服务

具体管理服务项及交付内容见表 10-5。

表 10-5 管理服务交付明细表

服务	交付内容	服务级别
现状评估	评估报告	1 次
标准化	标准与流程定制	1 次
文档管理	文档管理库	每周更新
知识管理	知识库	不定期更新
运维服务流程规范编制	运维服务流程规范	按实际需求
运维管理制度编制	运维管理制度	按实际需求

3. 响应服务

根据运维服务 SLA 管理原则，按期完成响应服务需求。对于超时响应服务，计入考核扣分项。

4. 人员考核

建立对运维人员的工作能力、工作纪律、工作时间、着装形象、服务态度等方面进行考核，每月进行一次运维人员考核评分。对出现重大工作失误的人员进行及时清退，并要求加强人员管理。

5. 满意度调查

开展各处室人员满意度调查，定期收集服务满意度调查表，对出现问题的环节和人员进行限期整改，并作为服务质量考核指标。

6. 绩效评估

绩效评估指标主要包括用户满意度、服务时间、水平达标评价、指令任务完成满意度、投诉事件、重大故障事件、运维室管理规范等。

第十一章　应急通信系统建设实施

建设应急通信系统对提升应急管理部门应对突发灾害事故时的应急通信能力，进一步保障人民群众生命财产安全意义重大。开展应急通信项目建设，需遵循一定的建设实施力量方法和工作体系。首先，需设定3~5年的总体建设规划，然后按照规划逐步完成每年的建设任务，开展每年的具体建设工作，从而完成全流程的应急通信项目建设任务，不断完善应急通信网络，提升非常规通信能力，构建布局合理、技术先进、自主可控的应急通信网络体系。

第一节　全国一般应急通信项目建设

一、应急通信项目规划立项

（一）规划编制方法

规划编制方法是规划成功的前提，在进行应急通信项目规划编制的前期研究阶段，规划编制的主要方法包括：

1. SWOT分析方法

SWOT分析法又称为态势分析法，是一种企业分析方法，产生并形成于20世纪80年代。在战略分析中，SWOT分析方法是最常用的方法之一，其有助于全面把握战略规划与管理过程中的外部环境特点、内部资源优势、现有缺陷和存在的威胁等内容。

2. PEST分析方法

PEST是从政治（Politics）、经济（Economic）、社会（Society）、技术（Technology）4个方面，基于战略的眼光来分析外部宏观环境的一种方法。PEST分析法能从各个方面比较好地把握应急通信建设的宏观环境的现状及变化的趋势。

3. 波特五力分析模型

波特在其《竞争战略》一书中指出一个行业内部的竞争状态取决于5种竞争作用力，即潜在进入者、供应商、现有竞争者、购买方和替代品，即“五种竞争力量模型”（简称“五力模型”或“5P模型”），这5种力量的综合作用可以为组织的战略规划和经营决策提供方向和策略性依据。

4. 波特价值链分析

波特提出的价值链分析常用来分析组织是如何创造价值以及组织的核心竞争优势，其最终目的是实现原始资源的增值转化，即实现价值活动。组织各种价值活动的有机聚合便构成了自身的价值链。

5. 情景规划

情景规划就是将具备高度不确定性和关键性的宏观环境因素和变革驱动力进行不同的

组合，以此对组织所面对的环境在将来可能发生的变化进行具体和可信的分析。情景规划主要包括3个部分：①围绕核心的驱动力做出情景假设；②根据不同的情景假设制定战略（或应急计划）；③观察环境是如何发展变化的，并相应调整战略和计划。随着时间的推移，很可能出现多种情景，这就需要对战略做出较大调整。

6. 需求调查分析

需求调查是用来识别用户需求的主要方法之一，方法包括：①问卷调查法，是用书面形式间接搜集研究材料的一种调查手段；②专家调查法，是依靠专家的知识和经验，由专家通过调查研究对问题作出判断、评估和预测的一种方法；③数据挖掘调查法，是一种支持决策的数据处理方法，主要通过大量数据背后隐藏的规则和模式进行挖掘，以定量分析的方式来分析用户需求的变化。

总之，规划在选取不同的分析方法时，要明确不同方法的适用性和局限性，合理选择适用的方法，扬长避短，尽量发挥不同方法的优势，克服其局限性。同时应将定性分析与定量分析结合起来，注重多种方法的综合利用和互相补充。

规划模板详见本书附录。

（二）项目立项流程简述

项目立项是指成立项目，执行实施。特别是大中型创业项目或行政收费项目，要列入政府、社会、经济发展计划中。项目通过项目实施组织决策者申请，得到政府发改委部门的审议批准，并列入项目实施组织或者政府计划的过程叫发改委立项。立项分为鼓励类、许可类、限制类三种，对应的报批程序分别为备案制、核准制、审批制。报批程序结束即为项目立项完成。申请项目的立项时，应将立项文件递交给项目的有关审批部门。立项报告包括项目实施前所涉及的各种由文字、图纸、图片、表格、电子数据组成的材料。不同项目、不同的审批部门、不同的审批程序所要求的立项文件是各有不同的。

项目立项是政府投资项目单位为推动某个项目建设，根据国民经济的发展、国家和地方中长期规划、产业政策、生产力布局、国内外市场、所在地的内外部条件，提出的具体项目的建议文件，是专门对拟建项目提出的框架性的总体设想，该报告的核心价值是：作为项目拟建主体上报审批部门审批决策的依据；作为项目批复后编制项目可行性研究报告的依据；作为项目的投资设想变为现实的投资建议的依据；作为项目发展周期初始阶段基本情况汇总的依据。

项目立项报告就是一份计划书，需要写明项目的分析、执行方案、盈利模式、预计收入等，主要包括以下内容：①项目投资方名称，生产经营概况，法定地址，法人代表姓名、职务，主管单位名称；②项目建设的必要性和可行性；③项目产品的市场分析；④项目建设内容；⑤生产技术和主要设备。说明技术和设备的先进性、适用性和可靠性，以及重要技术经济指标；⑥主要原材料及水、电、气，运输等需求量和解决方案；⑦员工数量、构成和来源；⑧投资估算，需要说明需要投入的固定资金和流动资金；⑨投资方式和资金来源；⑩经济效益初步估算。

项目立项方案编制模板详见本书附录。

二、应急通信项目建议书

项目建议书（又称项目立项申请书或立项申请报告）由项目筹建单位或项目法人根

据国民经济的发展、国家和地方中长期规划、产业政策、生产力布局、国内外市场、所在地的内外部条件，就某一具体新建、扩建项目提出的项目的建议文件，是对拟建项目提出的框架性的总体设想。它要从宏观上论述项目设立的必要性和可能性，把项目投资的设想变为概略的投资建议。

项目建议书是由项目投资方向其主管部门上报的文件，广泛应用于项目的国家立项审批工作中。它要从宏观上论述项目设立的必要性和可能性，把项目投资的设想变为概略的投资建议。项目建议书的呈报可以供项目审批机关作出初步决策。它可以减少项目选择的盲目性，为下一步可行性研究打下基础。

项目建议书往往是在项目早期，由于项目条件还不够成熟，仅有规划意见书，对项目的具体建设方案还不明晰，市政、环保、交通等专业咨询意见尚未办理。项目建议书主要论证项目建设的必要性，建设方案和投资估算也比较粗略，投资误差为 20% 左右（可行性研究报告 10%）。

另外，对于大中型项目和一些工艺技术复杂、涉及面广、协调量大的项目，同时涉及利用外资的项目，只有在项目建议书批准后，才可以开展对外工作。项目建议书一般处于投资机会研究之后、可行性研究报告之前。

因此，我们可以说项目建议书是项目发展周期的初始阶段基本情况的汇总，是选择和审批项目的依据，也是制作可行性研究报告的依据。

项目建议书研究内容包括进行市场调研，对项目建设的必要性和可行性进行研究，对项目产品的市场、项目建设内容、生产技术和设备及重要技术经济指标等进行分析，并对主要原材料的需求量、投资估算、投资方式、资金来源、经济效益等进行初步估算。

项目建议书编制模板详见本书附录。

三、应急通信项目可行性研究

可行性研究是在项目建议书被批准后，对项目在技术上和经济上是否可行所进行的科学分析和论证。可行性研究是指在调查的基础上，通过市场分析、技术分析、财务分析和国民经济分析，对各种投资项目的技术可行性与经济合理性进行的综合评价。可行性研究的基本任务是对新建或改建项目的主要问题，从技术经济角度进行全面的分析研究，并对其投产后的经济效果进行预测，在既定的范围内进行方案论证的选择，以便最合理地利用资源，达到预定的社会效益和经济效益。可行性研究必须从系统总体出发，对技术、经济、财务、商业以至环境保护、法律等多个方面进行分析和论证，以确定建设项目是否可行，为正确进行投资决策提供科学依据。项目的可行性研究是对多因素、多目标系统进行的不断的分析研究、评价和决策的过程。它需要有各方面知识的专业人才通力合作才能完成。可行性研究不仅应用于建设项目，还可应用于科学技术和工业发展的各个阶段和各个方面。例如，工业发展规划、新技术的开发、产品更新换代、企业技术改造等工作的前期，都可应用可行性研究。可行性研究自 20 世纪 30 年代美国开发田纳西河流域时开始采用以后，已逐步形成一套较为完整的理论、程序和方法。1978 年，联合国工业发展组织编制了《工业可行性研究编制手册》。1980 年，该组织与阿拉伯国家工业发展中心共同编辑《工业项目评价手册》。中国从 1982 年开始将可行性研究列为基本建设中的一项重要程序。可行性研究大体可分为工艺技术、市场需求、财务经济状况三大方面。

应急通信建设项目的可行性研究是在投资决策前，运用多学科手段综合论证一个工程项目在技术上是否现实、实用和可靠，在财务上是否盈利；做出环境影响、社会效益和经济效益的分析和评价，以及工程抗风险能力等的结论，为投资决策提供科学依据。可行性研究还能为银行贷款、合作者签约、工程设计等提供依据和基础资料，是决策科学化的必要步骤和手段。

可行性研究报告是可行性研究的一个宏观的例子，可行性研究报告主要包括项目投资环境分析、行业发展前景分析、行业竞争格局分析、行业竞争财务指标参考分析、项目建设方案研究、组织实施方案分析、投资估算和资金筹措、项目经济可行性分析、项目不确定性及风险分析等方面。可行性研究报告是在前一阶段的项目建议书获得审批通过的基础上，对项目市场、技术、财务、工程、经济和环境等方面进行精确、系统、完备的分析，完成包括市场和销售、规模和产品、厂址、原辅料供应、工艺技术、设备选择、人员组织、实施计划、投资与成本、效益及风险等的计算、论证和评价，选定最佳方案，作为决策依据。可行性研究报告是在招商引资、投资合作、政府立项、银行贷款等领域常用的专业文档。可行性研究报告可用于代替项目建议书、项目申请报告、资金申请报告。

项目可行性研究报告编制模板详见本书附录。

四、应急通信项目初步设计

建设项目初步设计是根据批准的可行性研究报告或设计任务书而编制的初步设计文件。初步设计文件由设计说明书（包括设计总说明和各专业的设计说明书）、设计图纸、主要设备及材料表和工程概算书四部分组成。建设项目的初步设计，应当按照环境保护设计规范的要求，编制环境保护篇章，落实防治环境污染和生态破坏的措施以及环境保护设施投资概算。初步设计是最终成果的前身，相当于一幅图的草图，一般做设计的在没有最终定稿之前的设计都统称为初步设计。

初步设计的步骤主要包括：主题确认、模式设计、资料收集、资料整理分析、提出设计思路、明确详细设计方案、初步估算、探讨保障措施等。通常来说，应急通信工程一般应分为初步设计和深化设计两个阶段。项目初步设计编制模板详见本书附录。

五、应急通信项目深化设计

深化设计指在原初步设计方案基础上，结合现场实际情况，对应急通信项目设计方案图纸进行完善、补充，绘制成具有可实施性的施工图纸，深化设计后的图纸满足原方案设计技术要求，符合相关地域设计规范和施工规范，并通过审查，图形合一，能直接指导现场施工。应急通信项目深化设计根据不同设计深度可分为 3 个层面：

（1）在方案设计单位完成方案设计的情况下，由施工单位完成施工图设计。

（2）已有施工图但不完备，由施工单位完成补充设计。

（3）设计图纸已达到施工图要求，但具体实施过程中仍需继续施工细化等。

深化后图纸具备可实施性，满足现场施工，以控制工程进度；深化后图纸更详细，准备调整招标后工程预算；深化后图纸更完善，为配合交叉施工提供有利条件；深化后图纸形成系统化，立足于设计单位与施工图单位之间的介质，加快推动项目的进展。项目深化设计编制模板详见本书附录。

第二节　广东省应急通信项目建设

一、应急通信项目规划立项

1. 规划编制方法

规划编制方法是规划成功的前提。好的规划，不是关在房间里写出来的，不是拍脑袋拍出来的，而是经过认真的分析和科学的预测研究出来的。在进行应急通信项目规划编制的前期研究阶段,规划编制的方式主要是委托课题和调研,汇总各部门、各地方和各领域专家的建议,目前,信息技术发展到今天,有必要且有足够条件在规划编制中发挥更大作用。

（1）运用大数据做好前期研究。过去规划编制对大数据的应用，很大程度上还停留在其统计意义上。当然整合各类规划资料、建立一个规划数据库是必要的，但这还是初级的工作。真正把大数据的预测分析功能用起来，将改变我们思考规划的方式。如，国际上的规划一直非常注重把人口情况分析作为规划的最重要前提，而现在运用大数据技术后，可以真正客观、及时、准确地反映人口的基础结构、变动趋势，特别是对人的行为的分析和汇总将是全新的课题，今后编制规划时，着眼点和基本逻辑都会随之做出调整。同理，关于应急通信信息化发展的规划，也应在分析应急管理信息化建设的现状和需求及其逻辑和趋势的基础上进行。由大数据分析得出的建设情况，更贴近实际情况和瞬息万变的形势，也有助于改进传统的规划方法。

（2）运用技术手段提高编制效率。除了大数据，还有相当多的技术方法可以用在规划编制的各个环节。一方面，在有关重要内容的研究中有更大的选择余地，如新的监测和信息获得能力，可以对完善指标体系、提出新的指标等提供较大支持。另一方面，在进入应急通信规划正式编制阶段后，传统的码字改稿模式也应得到升级。如只要设计出适当的技术辅助软件，提供智能检索参考文献、智能分析篇章结构、智能提醒交叉重复，以及自动生成修改说明等功能，将在很大程度上提高规划编制的效率，使规划编制人员从相对费时的一些简单劳动中解放出来，更能集中精力思考规划的重大问题。此外，技术手段在规划实施评估中也能起到很大的辅助作用，如卫星遥感技术用于森林火灾防治分析等。

（3）综合提炼分析规划建议。一般的应急通信规划的研究阶段，规划编制部门都能收到海量的研究报告和建议，过去一般采取分工阅读推荐的方式，既容易错过一些好的建议，也难以横向对比分析。如何从这些浩瀚的信息中提炼出最有用的建议，也可以通过智能化的辅助手段实现。可建立一个研究报告和建议的信息库，智能分析和生成主要观点，节省阅读时间，同时又能就其中的某个领域筛选相关观点，随时供编制人员参考。对规划建言献策工作，也可采用智能归类的方法，方便后期处理和遴选。

规划模板详见本书附录。

2. 立项方案编制要求

应急通信项目立项申报单位应依据已备案的政务信息化规划、相关政策或主管部门批复的相关文件，本着客观、公正、科学的原则，按照要求编制项目立项方案，具体编制工作可委托具有相关专业能力的咨询机构开展。

（1）方案命名要求:项目名称命名格式为“单位简称+内容摘要+项目”,其中单位简称为省直党政群机关规范简称,例如“省体育局信息系统运行维护服务项目”;如包含年份信息,则命名格式为“单位简称+内容摘要+(年份)+项目”,例如“省体育局政务信息系统运行维护服务(2020年)项目”。项目立项方案文档应统一命名为《项目名称+“立项方案”》。

（2）基本术语要求：项目立项方案编制使用的基本术语应参照有关国家标准、行业标准、国际标准以及国内、国际的惯用术语。除此之外，对理解项目立项方案有重要影响的专用术语应做出定义。需定义的术语较多时，宜汇编列为附录或术语表。

（3）图形符号要求：项目立项方案中的各类数据流程图、程序流程图、系统流程图、程序网络图、系统资源图和计算机系统配置图等图形及符号表示方式应符合《信息处理数据流程图、程序流程图、系统流程图、程序网络图和系统资源图的文件编制符号及约定》（GB/T 1526—1989)、《信息处理程序构造及其表示的约定》（GB/T 13502—1992）和《信息处理系统计算机系统配置图符号及约定》（GB/T 14085—1993）等的规定。

（4）词汇使用要求：项目立项方案编制宜使用汉语词汇，必要时可在汉语词汇后加注相应的外文词汇并放在圆括号内。确需使用无相应汉语词汇的外文词汇，应在第一次出现时加以说明，若使用的外文词汇较多，应集中汇编为词汇表。项目立项方案中使用缩略词汇或简称时，应在第一次出现的地方在圆括号内注明非缩略词汇或全称。

立项方案编制模板详见附录。

3. 项目立项流程

1）项目立项说明

参考广东省数字政府改革建设工作部署，为实现省级政务信息化项目由条线化管理向整体化管理转变、由政府投资建设向购买服务转变，进一步规范项目立项、采购、实施和监督管理，建立高效、协同、有序的一体化建设管理模式。

（1）基础设施服务：包括公共基础设施服务、专业基础设施服务。其中，公共基础设施服务是指政务网、政务云等基础设施服务，专业基础设施服务是指省各有关单位在其专业业务范围内使用的基础设施服务。

（2）软件开发服务：包括公共支撑平台开发服务、通用软件开发服务、专业软件开发服务。其中，公共支撑平台开发服务是指为政务信息系统提供公共平台开发服务，通用软件开发服务是指普遍通用的政务信息系统开发服务，专业软件开发服务是指在各专业业务范围内使用的政务信息系统开发。

（3）运行维护服务：包括基础设施运行维护服务、软件系统运行维护服务。其中，基础设施运行维护服务是指为基础环境、硬件正常运行提供的各种支持服务，软件系统运行维护服务是指为保障政务信息系统软件正常运行提供的各种支持服务。

（4）业务运营服务：是指基于政务信息系统开展的如业务分析、数据处理等服务。

（5）第三方服务：是指与政务信息系统相关的咨询、监理、测评、安全等配套服务。

2）项目立项流程

参考某省省直各单位负责专业类服务项目立项，专家委员会、省财政厅等参与。专业类服务项目立项管理流程仅适用于省直单位，包括编制立项方案、内部评审、立项初审、专家评审、资金审核、立项批复、备案等环节。

（1）方案编制：省直单位统筹考虑本系统、本单位的政务信息化需求，按照《项目立项方案编制指南》《省级政务信息化服务预算编制标准》《公共类服务目录》要求，编制项目立项方案。具体工作可委托具有相关专业能力的咨询机构协助开展。

（2）项目论证：省直单位应组织项目论证，可采用内部论证或专家论证的方式开展，出具项目论证意见，并由本单位办公会议审核后，报送省政务服务数据管理局。

（3）密码应用审核：省直单位应将涉及密码应用的项目立项方案报送省密码管理局进行审核。省密码管理局组织项目密码应用内容（包括密码应用的算法、技术和产品等）审核，出具审核意见。原则上 5 个工作日内出具。

（4）立项初审：省政务服务数据管理局组织开展项目立项初审。对申报材料的完备性，以及方案的合规性、必要性、现状与需求、方案设计、一体化要求、项目管理等进行审核。方案审核过程中，征求与项目相关的省直单位意见，不符合初审要求的退回申报单位补充完善。

（5）造价审核：省政务服务数据管理局委托第三方造价咨询单位，按照《预算编制标准》，对通过立项初审的项目进行造价审核。

（6）专家评审：省政务服务数据管理局委托专家委员会组织开展专业类服务项目专家评审，出具专家评审意见。

（7）资金审核：专家评审通过后，省政务服务数据管理局将项目立项方案转省财政厅征求意见。省财政厅组织项目资金审核，出具资金审核意见和资金安排初步意见。

（8）项目批复：省政务服务数据管理局综合专家评审意见、密码应用审核意见以及省财政厅意见，出具项目立项批复意见。

（9）项目备案：省直单位根据立项审批意见完善项目立项方案，报省政务服务数据管理局备案。涉及密码应用的项目立项方案报省密码管理局备案。

二、应急通信项目建设

应急通信工程项目建设程序主要包括工程项目从策划、评估、决策、设计、施工到竣工验收、投入生产或交付使用的整个建设过程中，各项工作必须遵循的先后工作次序。应急通信项目建设程序是工程建设过程客观规律的反映，是建设工程项目科学决策和顺利进行的重要保证。工程项目建设程序是人们长期在工程项目建设实践中得出来的经验总结，不能任意颠倒，但可以合理交叉。

（一）项目策划决策

应急通信项目策划决策阶段，又称为建设前期工作阶段，主要包括编报项目建议书和可行性研究报告两项工作内容。

1. 项目建议书

对于政府投资工程项目，编报项目建议书是项目建设最初阶段的工作。其主要作用是为了推荐建设项目，以便在一个确定的地区或部门内，以自然资源和市场预测为基础，选择建设项目。项目建议书经批准后，可进行可行性研究工作，但并不表明项目非上不可，项目建议书不是项目的最终决策。

2. 可行性研究

可行性研究是在项目建议书被批准后，对项目在技术上和经济上是否可行所进行的科学分析和论证。根据《国务院关于投资体制改革的决定》(国发〔2004〕20 号)，对于政府投资项目须审批项目建议书和可行性研究报告。《国务院关于投资体制改革的决定》指出，对于企业不使用政府资金投资建设的项目，一律不再实行审批制，区别不同情况实行核准制和登记备案制。对于《政府核准的投资项目目录》以外的企业投资项目，实行备案制。

3. 可行性研究报告

可行性研究报告是从事一种经济活动（投资）之前，双方要从经济、技术、生产、供销直到社会各种环境、法律等各种因素进行具体调查、研究、分析，确定有利和不利的因素、项目是否可行，估计成功率大小、经济效益和社会效果程度，为决策者和主管机关审批的上报文件。

应急通信项目的可行性研究是确定建设项目前具有决定性意义的工作，是在投资决策之前，对拟建项目进行全面技术经济分析的科学论证，在投资管理中，可行性研究是指对拟建项目有关的自然、社会、经济、技术等进行调研、分析比较以及预测建成后的社会、经济效益。在此基础上，综合论证项目建设的必要性、财务的盈利性、经济上的合理性、技术上的先进性和适应性，以及建设条件的可能性和可行性，从而为投资决策提供科学依据。

（二）项目勘察设计

应急通信项目勘察设计阶段主要包括勘察阶段和设计阶段。

1. 勘察过程

应急通信项目的勘察过程可以分为初勘和详勘两个阶段，以为设计提供实际依据。通信工程的勘察工作是在确定通信项目建立之后对施工环境的勘察，包括对工程施工环境的勘察、确定设备型号及设备安装方案。所以，通信工程勘察工作是通信工程的必要装备。通过勘察可以使通信工程的建设单位对于工程的安排和预算做出相应的准备，并通过会审与工程的各部门达成一致方案。

2. 设计过程

应急通信项目的设计过程一般划分为两个阶段，即初步设计阶段和施工图设计阶段，对于大型复杂项目，可根据不同行业的特点和需要，在初步设计之后增加技术设计阶段。初步设计是设计的第一步，如果初步设计提出的总概算超过可行性研究报告投资估算的10%或其他主要指标需要变动时，要重新报批可行性研究报告。初步设计经主管部门审批后，建设项目被列入国家固定资产投资计划，方可进行下一步的施工图设计。施工图一经审查批准，不得擅自进行修改，必须重新报请原审批部门，由原审批部门委托审查机构审查后再批准实施。

（三）建设准备阶段

应急通信项目建设的准备阶段主要内容包括：组建项目法人、征地、拆迁、“三通一平”乃至“七通一平”；组织材料、设备订货；办理建设工程质量监督手续；委托工程监理；准备必要的施工图纸；组织施工招投标，择优选定施工单位；办理施工许可证等。按规定做好施工准备，具备开工条件后，建设单位申请开工，进入施工安装阶段。

（四）项目施工阶段

应急通信项目建设工程具备开工条件并取得施工许可证后方可开工。项目施工的主要内容包括应急通信硬件设备部署、应急通信软件管理系统开发、应急通信线路租赁等内容。

1. 硬件设备部署

按照设计方案和合同设备清单，对照产品型号和数量完成设备到货后的部署、调测等工作，确保有线应急通信、无线应急通信、卫星应急通信、网络信息安全等硬件设备的顺利安装部署和运用。

2. 软件系统开发

按照设计方案和合同设备清单，对照软件系统功能需求，完成系统开发及上线运行等工作，实现对应急通信网络的统一管理。

3. 通信线路建设和租赁

按照设计方案和合同设备清单，对照线路建设清单，按照线路带宽和长度要求，结合勘察后的施工图设计图纸完成通信线路的铺设，或者按照合同要求，完成相应应急通信线路的租赁等。

4. 应急通信小分队租赁

按照项目合同要求中的人员资质要求、数量要求、技能要求和配套设备要求等，租赁应急通信小分队，负责完成灾害现场应急通信保障等工作。

（五）生产准备阶段

对于应急通信建设项目，在其竣工投产前，建设单位应适时地组织专门班子或机构，有计划地做好生产准备工作，包括招收、培训生产人员；组织有关人员参加设备安装、调试、工程验收；落实原材料供应；组建生产管理机构，健全生产规章制度等。生产准备是由建设阶段转入经营的一项重要工作。

（六）竣工验收阶段

应急通信工程项目竣工验收是全面考核建设成果、检验设计和施工质量的重要步骤，也是建设项目转入生产和使用的标志。验收合格后，建设单位编制竣工决算，项目正式投入使用。竣工验收阶段是指当工程项目全部完成，符合设计要求，并具备竣工图表、竣工决算、工程总结等必要文件资料时，项目主管部门或建设单位向负责验收的单位提出竣工验收申请报告。竣工验收合格后方可投入使用。竣工验收是投资成果转入生产或服务的标志，对促进工程项目及进行投产、发挥投资效益及总结建设经验都具有重要意义。其主要作用是对拟建项目进行初步说明，论述其建设的必要性、条件的可行性和获利的可能性，供基本建设管理部门选择并确定是否进行下一步工作。

（七）考核评价阶段

应急通信工程建设项目后评价是工程项目竣工投产、生产运营一段时间后，再对项目的立项决策、设计施工、竣工投产、生产运营等全过程进行系统评价的一种技术活动，是固定资产管理的一项重要内容，也是固定资产投资管理的最后一个环节。通过对投资活动实践的检查总结，确定投资预期的目标是否达到，项目或规划是否合理有效，项目的主要效益指标是否实现，通过分析评价找出成败的原因，总结经验教训，并通过及时有效的信息反馈，为未来项目的决策和提高、完善投资决策管理水平提出建议，同时也为被评项目实施运营中出现的问题提出改进建议，从而达到提高投资效益的目的。项目后评价的基本内容有：

（1）项目目标后评价：该项评价的任务是评定项目立项时各项预期目标的实现程度，并要对项目原定决策目标的正确性、合理性和实践性进行分析评价。

（2）项目效益后评价：项目的效益后评价即财务评价和经济评价。

（3）项目影响后评价：主要有经济影响后评价、环境影响后评价、社会影响后评价。

（4）项目持续性后评价：项目的持续性是指在项目的资金投入全部完成之后，项目的既定目标是否还能继续，项目是否可以持续地发展下去，项目业主是否可能依靠自己的力量独立继续去实现既定目标，项目是否具有可重复性，即是否可在将来以同样的方式建设同类项目。

（5）项目管理后评价：项目管理后评价是以项目目标和效益后评价为基础，结合其他相关资料，对项目整个生命周期中各阶段管理工作进行评价。

第三节　应急通信项目建设流程

开展应急通信项目一般主要包括项目酝酿、项目建议书、环境评价、规划许可、可行性研究报告、可研评审、项目批复、勘察和设计、图纸审查、消防审查、造价咨询、招标、项目报建以及监理和施工等流程，具体的项目建设流程如图 11-1 所示。

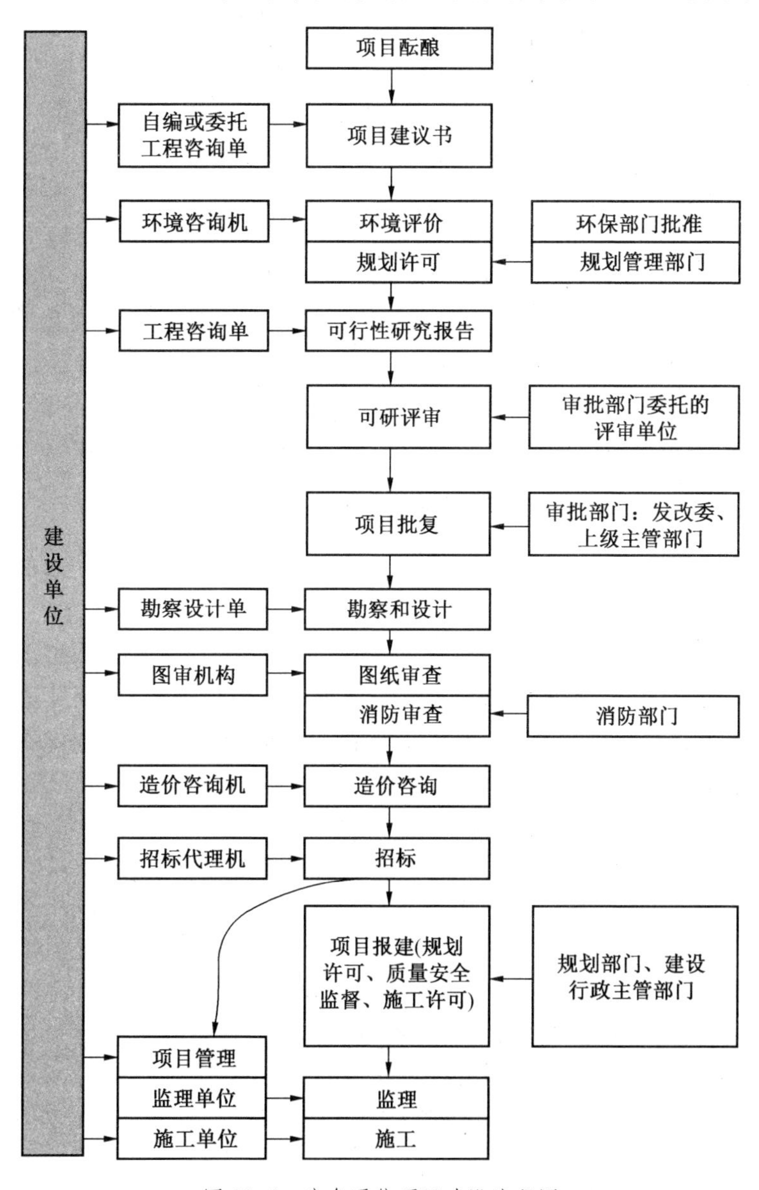

图 11-1　应急通信项目建设流程图

第四节 应急通信项目建设经验总结

为深入学习贯彻习近平总书记关于防灾减灾救灾的系列重要讲话精神，贯彻落实应急管理部对灾害事故应急通信保障工作的相关要求，确保灾害现场应急通信工作迅速、高效、有序展开，为科学高效处置灾害事故提供强有力的支撑和保障，全国各级应急管理部门应加大应急通信建设力度，为应急管理体系和能力现代化提供基础支撑。

一、科学应备，找到应急通信建设的“金钥匙”

自然灾害往往具有突发性强、破坏性强等特点，发生的时间、场景往往难以预测，对应急通信装备种类、数量的要求较高。现有的应急通信手段较为单一，技术手段老旧，灾害发生时，难以满足特殊条件下（如高山、森林、海洋等灾害现场）的应急通信保障需要，同时由于应急通信装备数量不足，所配备的应急通信指挥车设备老旧，无法与一线救灾人员实时保持通信畅通，极大程度上制约了应急通信的能力。

通过开展应急通信项目建设，更好地提升了应急通信的建设水平，科学应备各项自然灾害的发生，积极推动应急通信研究成果转化和落地。应推动完成各类应急通信项目建设验收，有效补齐通信装备数量种类短缺等问题，完成卫星固定站、大型方舱式指挥车、北斗短报文、Ka 卫星链路等设备的采购建设，配置搭载双光吊舱的四旋翼长航时无人机、单兵图传、卫星便携站、视频终端等设备，实现快速人员定位、实时轨迹跟踪、VR 3D 全景展示、平面测面积、立体测面积、超链接融合、图形化标注、现场 3D 建模、前后方协同标绘等功能，有效提升长时长、跨地区、复杂地形应急通信演练保障能力。

二、时时应变，以变制变应对不同场景保障

当前，自然灾害、事故灾难、公共卫生事件、社会安全事件频发，对不同场景下的应急通信保障也提出了新的需求。需要针对不同的业务场景，及时调整应急通信保障手段，时时应变，以变制变。推动开展应急通信项目建设，帮助更好地应对不同场景下的应急通信保障任务，结合实际，推动联合创新，以变制变，研发多种应急通信保障新模式。

通过卫星固定站、移动指挥车、卫星便携站、天通终端等卫星通信设备，打通现场卫星链路，实现指挥中心和现场指挥部的链路通信双保障，结合视频会议终端、宽窄带便携站等设备，打通音视频回传通道，有效解决“断网、断路、断电”等极端条件下现场应急通信网络覆盖的问题；提出宽窄互补的无线通信网覆盖等新模式，通过深度应用宽带、窄带集群技术，无人机无线中继通信等各类无线通信技术，实现灾害现场无线通信全域覆盖，有效提升灾害现场应急通信网络覆盖范围；验证系留无人机通信能力保障能力，通过采用系留无人机+公网基站的模式，有效解决受灾地区公网覆盖的问题；尝试创新验证载人直升机+卫星便携站的应急通信新模式，有效解决直升机旋翼对信号衰减以及便携站配重问题对飞机安全的影响，实现音视频通信信号的稳定传输。通过科技创新，针对不同场景下的通信保障需求提出了不同的技术手段，以变制变，有效提升了应急通信的保障能力。

三、统一应战，落实权威在“统”、高效在“战”

统一应战是应急管理能力现代化的特色优势，应急管理只有权威在“统”时，才能高效在“战”时。应急力量要统一行动，要做到统一领导、统一指挥、统一协调、统一调度。开展应急通信项目建设，一般可通过采购服务的形式开展。各级应急管理部门可以组建专业化的应急通信保障分队，常驻救援基地，负责一线应急通信保障工作。同时，建立应急通信保障队伍管理制度，明确职责分工、人员管理、装备管理、应急响应方案、演练安排、培训安排和资源协调等方面内容，形成制度化、流程化，同时加强与全省矿山救援基地联动力度，构建规范化的应急通信服务保障体系，有效保障应急情况下通信保障队伍、设备调度和技术支持需求，确保通信与指挥畅通有序，保障应急救援工作高效开展。通过完善队伍和制度建设，进一步提升了应急管理部门“统”的能力，有效提升了应急通信保障的实战能力。

四、精准应灾，做到救民于水火、助民于危难

精准应灾事关人民群众生命财产安全，是全面贯彻习近平总书记提出的“对党忠诚、纪律严明、赴汤蹈火、竭诚为民”的重要训词精神的重要体现，既要加强应急通信装备选型的严谨性，也要加强实战演练能力。坚持实战导向，通过应急通信项目建设，固化应急通信装备清单。针对森林、海洋、隧道等不同场景下的应急通信保障任务，展开实战测试，相关专业通信设备性能得到充分考验，经筛选淘汰，针对不同情况下的应急通信保障任务，分别梳理出完备的应急管理通信设备清单，实现应急指挥“四合一”标准配备，有效解决在执行不同应急通信保障任务期间设备选配等问题。定期、有针性地开展各类应急指挥救援场景的模拟演练活动，不断锤炼应急通信保障队伍、人员的应急通信能力，相关人员对专业设备的掌握能力大幅提升。通过加强应急通信装备选型和日常演练能力建设，有效提升了应急通信保障的实战能力，做到救民于水火、助民于危难。

五、及时应验，总结经验教训、补齐短板弱项

及时应验，要求开展应急通信项目建设要坚持总结经验、吸取教训，抓紧补短板、堵漏洞、强弱项。推动标准引领，坚持全省一盘棋的建设理念。围绕应急管理部制定的《灾害事故现场音视频装备采集和传输技术规范》《应急指挥信息化与通信保障能力建设规范》《灾害事故救援现场应急指挥场所通信和信息化通用功能建设方案》等技术标准和建设方案，结合地方业务需求，印发系列规章制度及建设任务书，用于指导下级部门开展智慧应急建设强化基层部门指挥调度、窄带无线网、卫星通信网保障能力。

完善各级应急管理局通信保障队伍与省厅应急通信保障小分队建立联动机制，平时进行联训联调，战时互相协作，互为主备。并结合本地区实际应急通信需求，充分利用现有通信资源，针对不同场景、不同应用和不同通信手段完善相关应急通信预案，提升应急响应工作效率。通过总结实战中的经验、教训，推动制定各项应急管理制度和联动机制，有效提升了基层应急部门的应急通信保障能力和水平。

第十二章　应急通信系统实践探索

通过融合各种通信手段并提供互联互通网络，我们可以支持各种视频会商应用、应急通信体系网络与各类业务系统的对接，从而为各类业务应用提供数据接入、信息上传、消息互通等基础通信支撑能力。具体地，应急管理监测预警、辅助决策、救援等各类实战业务应用可融合接入互联网、政务外网、各行业专网、5G 专网、指挥信息网、Ka 卫星通信网、Ku 卫星通信网、370 M 应急数字集群通信网、350 M 公安数字集群通信网、短波通信网等多种网络，实现与各类应急通信网络的互联互通。

应急通信系统体系通过实现与各类业务系统的对接，可支撑应急指挥中心具备统一指挥和单独应用指挥能力，支撑打造“看得见、呼得通、调得动”的现代化指挥调度系统。“看得见”是指实现天网、无线图传、公专网终端、无人机、人口热力图等多种信息源图层统一在一张图上显示；“呼得通”是指 350 M 终端、固定话机、公专网手机、卫星电话等通信终端能够实现融合互通呼叫；“调得动”是指实现预案“拉得动”、周边资源“拉得动”、联动单位“拉得动”、辅助决策资源“拉得动”、人力态势“拉得动”等，提升综合实战能力。

本章主要介绍某区域开展应急指挥中心应急通信系统及应用建设的实例，通过打造某省级应急指挥中心融合通信一张网，为应急指挥中心提供统一融合的有、无线应急通信网络和现场应急通信指挥车、应急移动值勤车，建设内容包括融合通信系统、视频联网分析服务、计算机网络系统、有线通信网、卫星通信网、无线通信网、移动通信指挥（车）、统一网管中心和专线租赁。为某省应急指挥中心在全灾种应急、全风险感知、全要素指挥、全过程管理、全部门联动等业务场景提供一体化、智能化、高效安全稳定的通信保障支撑。

第一节　网络系统构成

在某省应急指挥中心建设无线通信基站、卫星通信基站等基础设施，接入 Ka/Ku 卫星通信网、应急 370 M/公安 350 M 数字集群通信网、短波通信网络等。建设大楼内部网络，配置安全接入区、核心交换区和网管运维区。同时，通过专线或政务外网专线接入各厅局单位，通过专线接入邻近省份等，通过专线接入国家东南应急救援指挥中心、关键行业重点央企等。通过各厅局专网实现和国家各相关部委、省内各地市各区县相关厅局单位的网络互通，通过专线实现与省内各地市/区县应急指挥中心的网络互通，支撑实现构建“横向到边、纵向到底、天地一体化”的融合通信一张网。

构建完备可靠、高效可用、科学联动的应急通信保障体系，保障省应急指挥中心通信网络等基础设施稳定可靠运行。“平时”主要以使用公网为主（主要为地面网络，含固定网和移动网），用于实现数据和语音指挥。“战时”优先使用公用网络，支持接入使用

Ka/Ku 卫星通信网络或无线通信网络，其中，短波通信技术作为最终保底应急通信保障手段，即使在极其恶劣的紧急环境下仍可支持快速建立通信通道，进而保障省应急指挥中心的基本应急指挥能力。

在某省应急指挥中心建设融合通信网关、网关配套功能软件和接口软件等，实现省应急指挥中心公网、窄带集群、宽带集群、卫星、4G/5G、PSTN 电话、视频会议和指挥信息网等不同网络的接入融合汇聚和安全互联，为指挥中心在平时和战时与应急管理部、省内其他厅局、全省市县镇各级应急管理部门、移动通信车、移动便携站、单兵、省内大型关键国有企业等各级各类部门单位互联互通提供统一高效、安全可靠的通信保障。

一、有线网络接入

应急指挥中心需要在战时能够指挥大局，调动人力、物资等用于应急救援指挥，因此，除应急、消防、公安等应急指挥相关的通信网络需要接入，还需要打通某省应急指挥中心与省应急管理厅、省水利厅、省公安厅、省民政厅、省交通运输厅、省卫生健康委、省气象局、省水文局、省自然资源厅、省农业农村厅、省住房和城乡建设厅、省消防救援总队、省武警总队、铁路局、交通集团、机场集团等等各行各业的网络，确保战时资源可调度。

1. 指挥信息网接入

应急指挥信息网作为应急管理部门通信网络的重要组成部分，主要承载应急指挥救援、大数据分析、视频会议、部分监测预警等关键应用，是基于 IPv6 的网络系统，支持 IPv4 共网运行，具有高可靠、高稳定、高安全特点。在某省应急指挥中心建设指挥信息网安全接入区用于应急指挥信息网的安全接入，双机部署路由器、防火墙（开启入侵防御、防病毒、URL 过滤功能）等设备进行路由转发、安全访问控制和非法入侵检测和阻断。通过跨网交换区和政务外网区实现逻辑隔离和安全互访。

2. 公安网接入

公安信息网是用于公安机关传输警务工作秘密信息的重要网络，承载公安机关非涉及国家秘密的业务应用，是公安信息化的重要基础设施，覆盖了县级以上公安机关和公安基层所队，并已广泛延伸到社区和农村警务室，为各公安机关、各警种的业务协同和信息共享提供网络支撑。通过专线将公安信息网接入省应急指挥中心，在指定场所接入公安信息网及视频专网，按需使用，在省府应急指挥中心业务需要使用公安业务系统时，由省公安厅专职人员派驻省应急指挥中心操作展示相关业务系统，平时公安专线管理拟断网处理确保数据安全。

3. 其他行业网络接入

某省应急指挥中心需要在战时指挥大局，调动人力、物资等用于应急救援指挥，因此，除了应急、消防、公安等应急指挥相关的通信网络需要接入，还有水利、医疗、粮食、气象等行业专网需要接入。政务外网是按照国家相关标准及规范要求建设的重要电子政务基础设施，服务于各级党委、人大、政府、政协、法院和检察院等政务部门，满足各级政务部门经济调节、市场监管、社会管理和公共服务等方面需要的政务公用网络。行业专网接入到某省应急指挥中心，政务外网经过外部网络安全接入区后接入到省应急指挥中心的网络核心交换区。

二、无线网络接入

在某省应急指挥中心建设数字集群固定站和短波固定站等，接入无线应急通信网络，作为应急通信网络的重要补充和应急保障。按照“统一指挥、专常兼备、反应灵敏、上下联动、平战结合”的总体要求，横向实现与多部门网络互联互通，纵向实现与区县—市—省—部各级应急管理机构统一指挥调度，为应急救援实施不间断指挥提供强有力的无线应急通信保障。

1. 应急 370 M 数字集群通信网

在某省应急指挥中心建设 370 M 通信核心网设备和 PDT 集群基站。在省应急指挥中心楼顶卫星信息接收中心机房空余空间配置 2 个机柜部署核心网设备，主要包括建设汇聚路由器（主备）、应急交换控制中心（主备）设备，横向接入省厅一体化应急通信指挥平台，通过应急通信指挥平台实现统一指挥调度，纵向实现应急体系的部—省—市—县/区的联网。基站布设在楼顶卫星信号接收机房内，玻璃钢全向天线架设在楼顶，天线通过低损耗电缆接入机房内 PDT 基站，实现对省应急指挥中心周边无线信号的覆盖。配备集群手持终端，手持终端设备为省应急指挥中心用户提供可靠通信保障，提供高性能、高质量的语音和数据通信服务，支持满足政府及应急行业用户在各种严酷环境下无线应急通信使用需要。

2. 公安 350 M 数字集群通信网

在某省应急指挥中心建设 350 MHz PDT 基站，接入省公安厅 PDT 交换控制中心和调度中心，实现全省公安系统通信系统、信息支撑系统的融合，进一步为全省应急及公安系统快速反应、处理突发事件、作战指挥、进行日常调度协调提供重要通信保障。在某省应急指挥中心楼顶建设 1 个 PDT 集群基站 4 载频（使用 350 M 频率），供指挥中心公安用户无线终端入网使用。

3. 短波应急通信网

在某省应急指挥中心部署建设短波固定站，接入应急短波通信网络，在指挥中心楼顶卫星信息接收中心机房部署 125 W 短波设备，包括 20 W 收发信机、125 W 功率放大器、125 W 天线调谐器及相关电源电缆、射频线缆等。同时，在屋顶部署 1 副短波框型天线。通过部署短波电台主机、天调、短波天线等，实现与后方指挥中心短波系统的点对点通信，实现最终的通信保底通信。

4. 4G/5G 移动通信网

在某省应急指挥中心建设 4G、5G 移动通信网络，确保做好整栋指挥中心大楼移动通信信号覆盖。

三、卫星网络接入

在某省应急指挥中心楼顶建设卫星固定站，实现卫星通信网的接入，为应急通信提供更可靠的保障，支撑打造“天地一体化”的应急通信网络体系。卫星通信不受通信两点间任何复杂地理条件的限制和任何自然灾害、人为事件的影响，能够进一步提高省应急指挥中心在常规地面通信系统失效等极端条件下的应急通信保障能力，有力支撑省应急指挥中心应急救援、指挥调度等工作的有序、高效开展。

1. Ka 卫星通信网

在某省应急指挥中心楼顶建设 Ka 卫星固定站，接入 Ka 卫星通信网，实现紧急情况下的高速数据传输、高清图像回传、音视频传输等，提高省应急指挥中心的综合应急处置水平。利用我国首颗 Ka 频段高通量宽带卫星——“中星 16 号”卫星，为全省提供应急通信网络的延伸和补充，确保应急指挥救援工作中信息互通、上下联动、快速反应。Ka 频段大容量多媒体通信卫星具有可用频带宽、点波束增益高、终端小型化等技术特点优势，系统容量高于传统系统 10 倍到百倍。“平时”提供一定的通信流量满足日常演练需求，“战时”则为省应急指挥中心提供具有保证质量的通信服务，并确保有足够的数据流量可用。

2. Ku 卫星通信网

在某省应急指挥中心楼顶建设部署 Ku 卫星固定站，包括卫星通信天线、射频系统和业务调制解调器等设备。通过指挥信息网或卫星通信网将省应急指挥中心固定站接入省级固定站和部级中心站纳入管理，实现与本省所属远端站音视频等数据业务的连接，支撑指挥调度和协同作战等应急指挥工作，为全省应急指挥救援工作提供高质量卫星通信支撑能力。

3. 天通卫星终端管理

在某省应急指挥中心部署天通卫星管理系统，包含天通卫星应急终端管理平台、智能全网通天通卫星终端服务等，实现指挥中心与公安执法等相关部门的应急指挥系统整合联通，加强协调联动保障。在无公网条件下，可支持实现天通卫星定位及语音、视频回传等功能。

四、移动指挥网络接入

在某省应急指挥中心部署应急通信指挥车和应急移动值勤车，提升应急指挥中心移动通信指挥综合保障能力。应急通信指挥车是处理突发性事件的前沿阵地，在提高事故现场信息获取能力和处理突发事件的快速反应能力、组织协调能力、决策指挥能力等方面具有重要意义。当出现突发灾害事故时，通过使用应急通信指挥车，可在最短时间内将应急通信、救灾抢险等设备及人员带入突发事件发生地点，从而实现将现场灾难情况、人员伤亡情况等以视频语音的方式传送至省应急指挥中心，帮助领导迅速确定灾难级别，有效调动救援物资及医疗救援力，在最短时间内挽救伤者生命，挽回经济损失、恢复社会秩序。

第二节　设备对接接入

在某省应急指挥中心建设融合通信系统，在同一网络中，通过标准开放的协议对接，实现和公安、交通、消防等关键部门现有融合通信系统的对接，在现有容量可满足的条件下，将 PSTN 电话、350 M/370 M 集群及 800 M 集群对讲、移动 APP、视频会议终端、执法仪、视频监控、LTE 宽带集群，各种车载、单兵、无人机、卫星电话等信息采集终端对接到本次融合通信系统中，实现基本音视频互通，保障战时指挥调度的及时可视，满足自然灾害、安全生产、公共卫生、社会治安等四大领域内应对突发事件的指挥调度、决策支持、协同会商需求。

一、设备终端接入

打造某省应急指挥中心建设融合通信系统，支持接入指挥大厅音响设备、PSTN 电话、350 M 集群及 800 M 集群对讲、融合通信 APP、视频会议终端、4G 单兵执法仪、视频监控、eLTE 宽带集群以及各种车载、单兵、无人机、公网、政务外网和 5G 专网等不同类型的网络终端接入，支持标准接入接口，兼容移动端手机 APP 的接入，兼容 5G 终端指挥调度、现场连线等功能，实现对不同种类的终端进行全融合，规划统一会控、统一调度等功能，提供融合调度服务。

二、移动终端接入

某省应急指挥中心纵向与全省应急管理部门应急通信网络及终端对接，接入值班信息、预警信息和接报信息，横向对接应急管理的各级组织和单位，同时支持接入移动终端用户，通过移动端接收信息化业务系统推送数据，实现互联互通。在某省应急指挥中心信息化业务系统中提供 PC 终端与移动终端的报送与接收渠道，为各委办厅局联合值守提供信息传递等功能。

三、云桌面接入

在某省应急指挥中心采用虚拟化桌面云技术替换传统 PC，实现云桌面终端等的接入，将用户桌面集中在数据中心，通过虚拟化技术组建资源池，提供业务用户使用手终端、软终端、智能终端等移动接入，打造安全、便捷、高效的工作方式，也通过云桌面系统的建设实现无纸化办公的目标。采用桌面云方式办公以控制非法接入、保证数据安全。

第三节 业务系统对接

通过多种业务系统的融合对接，构建上下联动、横向呼应、高效运行的现代指挥体系。实现宽窄带、有线无线语音、有线无线视频、移动视频和电话会议视频的融合，实现接报系统、GIS 及各专业应用系统的信息关联、业务联动。融合通信系统作为省“数字政府”框架下的平台能力，是全省统一的指挥调度平台，支撑全省各厅局委办的业务，以及重大灾害下以及军队等的临时使用，可实现全省范围的跨层级、跨部门、跨系统的可视化指挥调度。融合通信一张网体系的建设完成后，应能够成功支撑多种音视频业务的融合通信，主要包括实现集群语音、全双工语音、视频业务、定位业务、多媒体信息和移动指挥业务等的统一接入和承载。

一、与应急指挥一张图对接

某省应急指挥中心以“全灾种，大应急”的建设理念，为应对自然灾害、事故灾难、公共卫生、社会安全等各类突发事件，实现对接覆盖海陆空地的综合应急指挥一张图。一张图汇聚各行业厅局应急相关数据，在图上显示各行业厅局的物资、队伍等，与各行业专业系统形成互补关系，以省级全局视野展示相关信息。同时为应急指挥中心提供基于应急资源地图的应急信息展示、指挥通信一张图应用，建设内容包括突发事件一张图、应急资源一张图、应急响应一张图、辅助决策一张图、一张图通信应用、一张图界面构件和应急指挥综合业务管理应用。

应急指挥一张图契合新形势下统筹多部门、统一指挥的应急管理工作模式，为指挥长提供快速了解事件概况的抓手并提供应急决策支持。系统基于数据可视化技术，在一张图上直观展示各类灾害、资源、救援力量的空间分布，为领导指挥决策提供基础信息、现场实时信息、应急决策信息支撑，提升全省实战指挥能力。应急指挥一张图主要包括突发事件一张图、应急资源一张图、应急响应一张图、辅助决策一张图、一张图通信应用、可视化构件中心、省应急指挥综合业务管理等功能模块，应用支撑部分以及数据支撑部分在系统融合平台部分建设，与应急指挥一张图紧密对接。

1. 突发事件一张图

通过对接多渠道接报数据，对地方政府、应急管理部门及其他单位上报的突发事件信息进行汇总，在突发事件发生的第一时间做出响应，以最快的速度、最高效的工作，最大限度地挽救生命和财产安全，最大程度地降低灾难的后果和严重程度。从多维度、多角度展现全省突发事件数量及分布情况，为领导宏观了解全省突发事件发生情况提供支撑。主要包括突发事件总览、自然灾害一张图、事故灾难一张图、公共卫生一张图、社会安全一张图、重大事件提醒等功能模块。

2. 应急资源一张图

通过数据可视化，在“一张图”上直观展示应急资源现状，快速了解资源空间分布以及信息详细情况；同时提供应急资源综合分析服务，提供对应急资源进行属性、空间、时间等维度的查询检索和统计分析能力。可基于属性指标、空间指标等多维度指标查询某个空间范围的应急资源。辅助领导直观判断，合理调度。主要包括应急资源总览、救援队伍一张图、应急专家一张图、救援装备一张图、应急物资一张图、医疗机构一张图、社会救援力量一张图、避难场所一张图、避风港一张图、运输资源一张图、通信资源一张图、重点物资装备生产企业一张图、污染治理企业一张图等功能模块。

3. 应急响应一张图

应急响应一张图功能模块支持在图上查看各地市应急响应的情况，包括应急响应总览、应急响应分类展示、应急响应启动跟踪、应急响应联动等功能，实现全省应急响应基于地图分布的直观展示、智能关联相关信息上报、预案信息等，并支持对各类应急响应分级分类展示，方便指挥人员和领导掌握全省当前应急响应情况。

4. 辅助决策一张图

辅助决策一张图提供突发事件全流程辅助决策信息展示，结合不同灾害事故场景下应急指挥实际业务需求，按照响应迅速、灵活可控、提示智能、交互友好的设计理念，结合应急管理新形势下突发事件应对场景，实现多源异构数据大屏动态综合展示，提供多灾种、多场景、多事件辅助决策支持，给予应急决策人员更全面、更有重点的信息展示。主要包括辅助信息一张图、重点目标一张图、辅助方案模拟化三部分。

二、与值班值守系统对接

建设某省应急指挥中心值守信息系统，强化“平时”和“战时”的事件信息接报工作，实现全省值班值守信息的统一管理。为省应急指挥中心提供横向联通省有关部门、国有企业的联合值守、事件报送、信息流转应用，建设内容包括联合值班一张图、响应值班、事件信息接报、信息发布、突发事件网络舆情监测。以省应急指挥中心为节点，纵向联通应急管理部指挥中心和国家东南区域应急救援指挥中心、市、区县应急管理部门，横向联通省直相关厅局委办、应急指挥机构、部队和武警部队，构建全省一体化值班值守、扁平化速报响应的联合值守体系。

满足应急管理部门全年 365 天、24 h 在岗值守和信息报告制度，实现省委、省政府关于要着力健全机制，围绕健全公共安全体系的目标，加强应急值守体系建设，加强应急专业队伍建设，加快构建“全灾种、大应急”格局，不断提升我省应急管理体系和管理能力现代化水平，进一步做好全省应对自然灾害、事故灾难、社会安全、公共卫生等各类突发事件时的多部门联合值守工作的要求。

1. 响应值班

建立值守信息系统，方便值班人员方便快捷完成信息收集处理和上传下达等应急值守工作，负责值班和接报信息的管理，结合电话、传真、短信、网络等多种信息收集、信息传递的通信手段，实现电话、传真、系统、移动终端 APP、服务对接等多方式、多途径、多渠道信息接报管理，完成来往电话、传真、文电、公文等业务信息化处理，通过对各类重大信息和突发事件信息的逐级报告，有效提高日常值班值守的工作效率，进一步规范和加强对应急值守成效的管理，实现值班和接报信息的多维查询展示和图表统计分析，支持通过不同颜色展示统计分析结果。响应值班主要包括值班信息管理、排班信息、值班通讯录、收文发文、批示通知、工作动态、大事记、文档管理、短信管理、电话管理和传真管理等功能。

2. 联合值守一张图

联合值守一张图以应急指挥多灾种、大应急，多部门联动值守工作为核心，汇聚各类值班信息，与移动应急专区实现信息联动，深度融合，使得值班信息可以跨厅局、多终端之间融合联动处理，实现快速查询值班人员在岗情况、一键电话联系值班人员，及时发现并解决值班问题；通过对值班值守工作的智能化管理，帮助指挥人员实时掌握值班动态，提升应急值守与响应的容错能力。联合值守一张图主要包括值班信息、值班提醒、值班巡检、值班连线、值班统计和视频资源展示等功能。

3. 事件信息接报

联通某省应急管理厅和其他省有关部门和单位，满足突发事件信息的统一报送管理，为快速应急响应提供基础支撑。事件信息接报包括信息报送、信息接收、信息处理、信息合并、智能提醒、预警信息接收、接报统计功能。

4. 信息发布

信息发布具备向某省全省应急相关机构、人员以及公众发布经过审批的预警信息、灾情信息、处置信息、指挥救援、公众防范等多种信息，对发布信息进行全程跟踪和管理，实现多视角、可视化查看各渠道、手段的发布情况，信息发布主要包括预警信息汇聚、发布信息审核、信息发布制作、发布渠道对接和发布可视化监控等功能。

5. 突发事件网络舆情监测

突发事件网络舆情监测整合互联网信息采集技术及信息智能处理技术，提供对各类新闻网站、论坛、贴吧、微博、微信、博客、电子报及境外互联网海量文本、图片和视频等信息的自动抓取、自动分类聚类、主题检测、专题聚焦等服务；支持将分析结果以简报、报告、图表等方式呈现到值班值守系统中，并可以四大类突发事件的信息为主要对象，及时掌握群众发布动态，从侧面扩大突发事件上报的途径，也可以与系统上报信息进行核实参考。突发事件网络舆情监测主要功能包括国际舆情监测、国内舆情监测、省内舆情监测功能。

三、与数据融合平台对接

实现与某省应急指挥中心数据融合平台的对接，融合平台通过汇聚接入省应急管理厅、省交通运输厅、省水利厅、省气象局等全省各厅局委办及相关单位应急资源数据或相关系统，为业务系统通用应用提供支撑和应用开发环境，满足应急信息全面汇聚、综合展现、快速传达、互联互通，构建反应灵敏、协同联动、高效调度、科学决策、智能化、一体化的综合应用平台，提升全省应急响应能力。

对接接入省应急系统融合平台，主要包括行业厅局委办系统接入展示、应急指挥专区、应急指挥应用支撑以及应急指挥数据专区等内容，融合平台通过汇聚接入省应急管理厅、省交通运输厅、省水利厅、省气象局等全省各厅局委办及相关单位应急资源数据或相关系统，为一张图系统通用应用提供支撑和应用开发环境，满足应急信息全面汇聚、综合展现、快速传达、互联互通，构建反应灵敏、协同联动、高效调度、科学决策、智能化、一体化的综合应用平台，提升全省应急响应能力。

1. 行业厅局委办系统接入展示

基于数字政府统一身份认证服务，接入全省各厅局委办应急指挥相关的业务系统，完成各系统的用户信息整合，简化用户及其账号的管理复杂度，降低系统管理的安全风险。主要包括系统融合服务、接入管理服务等功能服务。

2. 应急指挥专区

将全省所有行政机构纳入一套通讯录中，实现政府部门间跨部门、跨组织、跨地域、跨系统、跨层级的即时通信，文件签批皆可通过线上完成，以移动优先的理念，将政务应用逐渐转移到“指尖”，建设全省通讯录，实现移动办公和智能消息推送，进一步提升沟通和办公效率。建立多部门联动、跨部门协作、一体化运行的政务办公平台和机制，以信息系统整合共享促进政务工作协同化、体系化，打破部门业务隔阂。

3. 应急指挥应用支撑

结合省级公共支撑能力进行补充建设，主要包括应急地图支撑、人口热力图、交通路况图、地图三维建模、应急模型算法、统一集成服务和感知物联网平台，其中应急地图支撑以数据政府公共支撑平台为底图，利用政府公共支撑平台的数据共享平台进行应急指挥数据共享交换。

1）应急地图支撑

应急地图支撑包括地图工具箱、互联网图层接入等功能。应急地图支撑资源统一提供通用的、基础的地图服务，空间分析服务，数据快速上图服务等支撑，满足应急管理各个业务应用需要。

2）人口热力图

人口热力是使用可视化展示方式，以选定区域为单位，对外准实时提供该区域内客流监测、客群画像等人群变化情况的大数据能力。区域人口热力图以颜色深浅表征人口数据的大小，实现数据的可视化。人口的分布情况可以用热力图颜色的聚集情况表征。

3）交通路况图

基于交通路况图服务，为基于全省路况数据进行实时路况数据分析，路况分析数据更新频次为 1 min，路况数据基于超过覆盖全国 1000 万 km 路网数据，占所有道路的 95%，数据生态中的 2600 万辆车每日回流 22 亿 km 实时轨迹，保障了数据的鲜活精准和快速更新。

4）地图三维建模

系统支持二维地图对接，兼容多种地图视角和内容的三维实景地图，支持卫星云图、2.5D 瓦片地图、3D 建模地图、AR 高清渲染地图、视频拼接投影地图，支持海量点云数据支持特性，赋能上层应急指挥应用的全景视觉、全局感知、全程交互、多灾种适用的应急指挥、重点防控、实时监测等功能实现。

5）应急模型算法

为区域风险分析、物资、救援力量需求、预案链事件链等常用应急业务模型建立基础性和综合性的模型库，可对各类模型进行管理，并支持不断完善更新。专题应用可根据事件类型匹配适用模型，推算事件影响范围和发展趋势等重要信息，为指挥人员进行处置决策提供参照。

6）统一集成服务

统一集成服务平台基于某省国产政务云，进行更专业范围的业务集成，初步设计完成 20 个业务系统的数据集成服务、100 个主题消息集成服务、200 个应用服务集成，包括了应急管理智能感知的实时监测、智能分析，应急指挥实时的视频调度、音频调度、物联数据实时获取等能力，与政数局的数据共享交换平台保持对接。

7）感知物联网平台

基于某省国产政务云提供专业的物联设备接入、物联设备管理、数据推送、设备查看及实时监控等服务，支持 1 万设备注册，设备消息上报 1000TPS，通过物联网感知能力有力支撑应急信息化工作统筹，逐步消除信息“孤岛”，以“对物的全面感知和智能管控、对人的精准服务和综合办公”为目标，基于感知数据流为依托，全面打通数据线和服务线，实现政府条块高度融合。

8）应急管理部数据总线对接

实现与应急管理部数据总线对接，通过整合本地资源，包括数据资源、应用服务资源及其他非数据资源，按照安全可控的原则，建设能够实现跨应用、跨业务条线、跨网络的信息资源服务共享建设的服务资源通道，实现技术融合，兼容各种业务应用服务资源，对外提供统一标准的服务，解决协作应用、协作区域间信息服务资源的对等开放的要求。

4. 应急指挥数据专区

打造某省应急指挥数据专区，服务于“统一指挥、专常兼备、反应灵敏、上下联动、平战结合”的中国特色应急管理体制，为建立高效科学的自然灾害防治体系和安全生产事故预防体系提供基础性、综合性、战略性可靠数据支撑。应急指挥数据专区的数据来源主要分为应急管理内部数据、外厅局数据、物联传感设备数据、社会数据，将政数局政务大数据中心已有的应急指挥相关数据进行数据汇聚，政务大数据中心未接入的大型央企、国有企业数据部分通过数据采集、数据库同步、交换共享等方式接入到应急指挥数据专区。

第四节　实战应用优势

1. 广域覆盖的应急通信网络

通过融合对接各类应急通信网络，实现应急通信体系与各类业务应用的对接融合，支撑打造和不断完善广域覆盖的应急通信网络，使得有限的通信频率资源为涵盖广阔的业务应用提供有力的支撑，解决传统单一通信手段存在覆盖盲区等问题。

2. 音、数、视多样化业务应用

应急通信网络体系与业务应用的对接融合，可使得数据应用成为应急管理信息化发展的重要部分，不论是文字信息、图片、位置信息、实时视频等数据，都将能实现传输畅通，构建语音、数据、话音融合应用，提升应急救援指挥调度等业务使用效率。

3. 应急管理多业务共享移动终端

由于应急管理移动业务需求的存在，为满足前往灾害现场移动指挥途中等移动场景下的应急通信移动终端能够实现通信网络与指挥调度等业务应用的融合，实现同一终端上对于语音、多媒体及业务数据采集、业务处理等应用功能，更好地满足前方应急救援人员多维的应用需求。

4. 应急管理业务数据安全性

应急管理大多业务涉及国家民生的重要领域，因此，对于业务数据的安全性和保密性有着一定的要求，通过实现应急通信网络与业务系统的融合，满足应急管理业务工作者对通话的私密性和信息的安全性的较高要求，实现安全的语音数据传输，支持提供统一的、跨网络、跨终端的信息安全保障方案。

5. 应急通信各领域业务融合

随着应急通信网络与业务系统的不断融合，应急通信从专业承载语音业务向数据业务升级，融合智能终端的出现更让移动指挥等业务融合变为现实。宽应急通信系统体系将支撑成为移动办公、指挥调度、大数据体系的重要部分，每个终端既是集语音、数据、图像、视频为一体的智能前端，又是通往后台海量数据的信息入口，融合采集、识别、反馈、通信、可视对讲等功能为一体。

附录一 应急通信项目全国通用模板

一、规划编制模板

0 引言

1 现状与形势

  1.1 取得成效

  1.2 存在问题

  1.3 发展机遇

2 总体要求

  2.1 指导思想

  2.2 基本原则

  2.3 规划依据

3 愿景和目标

  3.1 愿景与理念

  3.2 总体目标

  3.3 具体目标

4 总体架构

  4.1 业务架构

  4.2 技术架构

  4.3 网络架构

  4.4 关系定位

5 主要任务

  5.1 有线通信建设

  5.2 无线通信建设

  5.3 卫星通信建设

6 实施步骤

  6.1 第一阶段（20××—20××年）

  6.2 第二阶段（20××—20××年）

  6.3 第三阶段（20××—20××年）

7 投资匡算

8 保障措施

附录1 信息化项目清单

附录2 购买数据服务需求清单

二、立项方案编制模板

1 项目概述

1.1 项目背景

1.2 项目名称

1.3 项目承担单位

1.4 建设方案编写依据

1.5 项目建设目标、规模、周期

1.5.1 建设目标

1.5.2 绩效目标

1.5.3 项目建设规模

1.5.4 项目建设周期

1.6 项目投资预算费用

2 项目单位概况

2.1 项目单位职能

2.2 项目单位信息化现状

2.3 项目单位未来3年信息化建设规划

2.4 存在的主要问题及解决途径

3 现状、必要性和可行性分析

3.1 信息化现状及存在的问题

3.1.1 项目政策现状

3.1.2 现状及问题

3.2 建设背景与依据

3.3 项目建设的必要性

3.4 可行性分析

3.4.1 社会可行性分析

3.4.2 经济可行性分析

3.4.3 技术可行性分析

4 需求分析

4.1 业务需求分析

4.1.1 ××功能

4.1.2 ××功能

4.1.3 ××功能

4.1.4 ××功能

4.2 业务效益需求分析

5 本期项目建设方案

5.1 整体部署架构

5.2 安全部署设计

5.2.1 数据安全设计

5.2.2　网络安全
6　总投资概算
6.1　投资概算的有关说明
6.1.1　编制依据
6.1.2　有关说明
6.2　项目投资汇总表
6.3　系统建设概算明细表
7　资金来源与落实
8　项目采购方案
8.1　采购范围
8.2　采购方式
8.3　项目招标的主要依据
9　项目实施方案
9.1　项目建设周期
9.2　系统部署实施步骤
9.3　系统检验测试
9.4　项目实施要求
9.5　项目实施难度
10　效益与风险分析
10.1　项目的社会效益和经济效益
10.1.1　社会效益分析
10.1.2　经济效益分析
10.2　项目风险分析及其对策
10.2.1　风险识别和分析
10.2.2　风险对策和管理
11　项目组织机构和人员
11.1　项目组织管理
11.2　项目人员配置
11.3　项目管理原则
12　项目培训和售后服务要求
12.1　培训要求
12.2　售后服务要求

三、建议书模板

1　总论
1.1　项目概况
1.1.1　项目名称
1.1.2　项目的承办单位
1.1.3　项目报告撰写单位

1.1.4　项目主管部门

1.1.5　项目建设内容、规模、目标

1.1.6　项目建设地点

1.2　立项研究结论

1.2.1　项目政策保障问题

1.2.2　项目资金保障问题

1.2.3　项目组织保障问题

1.2.4　项目技术保障问题

1.2.5　项目立项可行性综合评价

1.3　主要技术经济指标汇总

2　项目发起背景和建设必要性

2.1　项目建设背景

2.1.1　国家或行业发展规划

2.1.2　项目发起人以及发起缘由

2.2　项目建设必要性

2.3　项目建设可行性

2.3.1　经济可行性

2.3.2　政策可行性

2.3.3　技术可行性

2.3.4　组织和人力资源可行性

3　建设条件

4　技术方案

4.1　项目组成

4.2　通信网工程

5　项目实施进度安排

5.1　项目实施的各阶段

5.2　项目实施进度表

5.3　项目实施费用

6　项目财务测算

6.1　项目总投资估算

6.2　资金筹措

6.3　投资使用计划

7　财务效益、经济和社会效益评价

8　可行性研究结论与建议

9　结论与建议

10　附录

四、可行性研究报告模板

1　项目概要

1.1 项目背景
1.2 项目内容与特点
1.3 网络架构
1.4 项目目标
2 项目建设单位介绍
3 主要服务
3.1 项目内容与目标
3.2 项目网络架构
3.3 项目设备与设施
3.4 项目建设基本方案与内容
3.5 项目进展
4 项目 SWOT 综合分析
4.1 优势分析
4.2 弱势分析
4.3 机会分析
4.4 威胁分析
4.5 SWOT 综合分析
5 风险分析与规避对策
5.1 项目风险分析
5.2 项目风险规避
6 投入估算与资金筹措
6.1 项目资金使用计划
6.2 退出机制
7 项目投资效益分析
8 项目投资价值分析
9 附录

五、初步设计模板

1 项目概述
1.1 项目名称
1.2 项目性质
1.3 项目建设单位
1.4 项目建设目标、规模、周期
1.5 项目建设内容一览表
1.6 项目投资总额、资金来源及使用计划
2 背景、现状和必要性
2.1 背景
2.2 现状
2.3 项目必要性

3　需求分析
　3.1　业务需求
　3.2　功能需求
　3.3　数据需求
　3.4　性能需求
　3.5　安全需求
　3.6　备份容灾需求
4　建设目标
　4.1　业务目标
　4.2　技术目标
5　建设方案
　5.1　建设原则
　5.2　设计依据
　5.3　总体框架
　5.4　建设内容
6　安全设计
　6.1　网络安全等级定级
　6.2　系统安全分析及技术实现方案
7　总投资概算
　7.1　投资概算汇总表
　7.2　投资概算明细表
8　项目管理
　8.1　项目采购
　8.2　项目实施计划
　8.3　风险分析
　8.4　项目效益评价
9　附录

六、深化设计模板

1　项目概述
　1.1　项目名称
　1.2　项目性质
　1.3　项目建设单位
　1.4　项目建设目标、规模、周期
　1.5　项目建设内容一览表
　1.6　项目投资总额、资金来源及使用计划
2　背景、现状和必要性
　2.1　背景
　2.2　现状

2.3 项目必要性

3 需求分析

3.1 业务需求

3.2 功能需求

3.3 数据需求

3.4 安全需求

3.5 备份容灾需求

4 建设目标

4.1 业务目标

4.2 技术目标

5 技术方案

5.1 建设背景

5.2 建设目标

5.3 建设原则

5.4 建设依据

5.5 建设内容

5.6 需求分析

5.7 系统总体设计

5.8 各分项子系统设计

5.9 应急通信综合管理平台

6 安全设计

6.1 网络安全等级定级

6.2 系统安全分析及技术实现方案

7 施工组织方案

7.1 总体实施方案

7.2 施工进度计划安排

7.3 质量保证措施

7.4 安全文明措施

7.5 人员技术培训

7.6 售后服务方案

8 总投资概算

8.1 投资概算汇总表

8.2 投资概算明细表

9 项目管理

9.1 项目采购

9.2 项目实施计划

9.3 风险分析

9.4 项目效益评价

10 附录

附录二　应急通信项目广东省模板

一、规划编制模板

0　引言
1　现状与形势
　1.1　取得成效
　1.2　存在问题
　1.3　发展机遇
2　总体要求
　2.1　指导思想
　2.2　基本原则
　2.3　规划依据
3　愿景和目标
　3.1　愿景
　3.2　总体目标
　3.3　具体目标
4　总体架构
　4.1　业务架构
　4.2　技术架构
　4.3　网络架构
　4.4　关系定位
5　主要任务
　5.1　应急通信有线网络
　5.2　应急通信无线网络
　5.3　应急通信卫星网络
　5.4　应急通信网络安全
　5.5　应急通信网络运维
6　重点工程
　6.1　有线网络重点工程
　6.2　无线网络重点工程
　6.3　卫星网络重点工程
　6.4　信息网络安全工程
　6.5　网络运维重点工程
　6.6　应急通信标准规范工程

7 实施步骤

7.1 第一阶段（20××-20××年）

7.2 第二阶段（20××-20××年）

7.3 第三阶段（20××-20××年）

8 投资匡算

8.1 总投资匡算

8.2 主要项目建设

9 保障措施

9.1 加强组织领导

9.2 完善体制机制

9.3 强化责任分工

9.4 开展队伍建设

9.5 落实经费保障

9.6 开展绩效管理

10 附录

二、立项方案编制模板

1 项目概述

1.1 项目概况

1.1.1 项目名称

1.1.2 项目申报单位

1.1.3 项目实施单位

1.1.4 项目立项方案编制单位

1.1.5 项目立项方案编制依据

1.1.6 项目目标

1.1.7 项目内容简介

1.1.8 项目预算及资金来源

1.2 项目申报单位概况

1.2.1 项目申报单位简介

1.2.2 组织机构简介

1.2.3 与本项目有关的申报单位的职责介绍

1.3 项目实施单位概况

1.3.1 项目实施单位简介

1.3.2 组织机构简介

1.3.3 与本项目有关的实施单位的职责介绍

2 现状及需求分析

2.1 项目背景

2.2 信息化现状

2.2.1 通信基础设施服务现状

2.2.2 通信网络管理系统现状
2.2.3 运行维护管理现状
2.2.4 安全服务现状
2.3 存在的主要问题
2.4 项目的意义及必要性
2.5 需求分析
2.5.1 业务需求分析
2.5.2 用户角色分析
2.5.3 安全需求分析
2.5.4 备份容灾需求分析
3 总体设计
3.1 设计原则
3.2 技术路线
3.3 系统架构
3.3.1 总体架构
3.3.2 业务架构
3.3.3 网络架构
3.3.4 安全架构
4 整合共享与业务协同
4.1 网络整合
4.2 业务协同
5 服务内容
5.1 基础设施服务
5.2 软件开发服务
5.3 运行维护服务
5.4 第三方服务
6 公共类服务需求
6.1 政务服务场景化需求
6.2 公共基础设施服务需求
7 采购方式
8 项目管理
8.1 项目周期
8.2 风险分析
8.3 绩效目标分析
9 项目预算
9.1 项目预算范围
9.2 编制依据
9.3 编制说明
9.4 项目预算总表

9.5 项目预算明细

9.6 资金来源

9.7 资金使用计划

10 附录

参 考 文 献

[1] 姜安鹏，沙勇忠．应急管理实务：理念与策略指导［M］. 兰州：兰州大学出版社，2010.
[2] 陈兆海．应急通信系统［M］. 北京：电子工业出版社，2012.
[3] 姚国章，陈建明．应急通信新思维［M］. 北京：电子工业出版社，2014.
[4] 王海涛．基于无线自组网的应急通信技术［M］. 北京：电子工业出版社，2015.
[5] 孙玉．应急通信技术总体框架讨论［M］. 北京：人民邮电出版社，2009.
[6] 李文峰．现代应急通信技术［M］. 西安：西安电子科技大学出版社，2007.
[7] 李文峰，白慧，常姗．空天地井应急通信［M］. 北京：科学出版社，2018.
[8] 王纪强，吴晨，宋文杰．地震救援现场应急通信体系研究［J］. 地震工程学报，2017（39）：214-221.
[9] 张旭，李方军，杜宁兰，等．非常规突发事件现场应急指挥信息通信体系研究［J］. 科学技术创新，2015（24）：36.
[10] 谷冬清．高速公路重大突发事件现场应急指挥车方案设计［D］. 西安：长安大学，2015.
[11] 朱红伟．消防应急通信技术与应用［M］. 北京：中国石化出版社，2020.
[12] 樊自甫，杨俊蓉，万晓榆．通信保障应急预案有效性评估理论与方法［M］. 北京：科学出版社，2017.
[13] 张冬辰，周吉．军事通信：信息化战争的神经系统［M］. 2 版．北京：国防工业出版社，2008.
[14] 任国春．短波通信原理与技术［M］. 北京：机械工业出版社，2020.
[15] 姚国章，陈建明．应急通信新思维：从理念到行动［M］. 北京：电子工业出版社，2014.
[16] 张洪太，王敏，崔万照．卫星通信技术［M］. 北京：北京理工大学出版社，2018.
[17] 范录宏，皮亦鸣，李晋．北斗卫星导航原理与系统［M］. 北京：电子工业出版社，2020.
[18] 王坤，曲振华．应急通信国际标准组织研究情况分析［J］. 电信网技术，2012（7）：4.
[19] 中国卫星导航系统管理办公室．北斗卫星导航系统应用案例［EB/OL］.（2018-12-27）［2022-10-01］http：//www. beidou. gov. cn/xt/gfxz/201812/P020181227583462913294. pdf.
[20] 3GPP. About 3GPP Home［EB/OL］.（2021-12-27）［2022-10-01］https：//www. 3gpp. org/.
[21] 3GPP. 3GPP Specification［EB/OL］.（2021-12-27）［2022-10-01］https：//www. 3gpp. org/specifications/79-specification-numbering.
[22] ITU. 国际电信联盟（ITU）简介［EB/OL］.（2021-12-27）［2022-10-01］https：//www. itu. int/zh/about/Pages/default. aspx.
[23] ETSI. Sdandards［EB/OL］.（2021-12-27）［2022-10-01］https：//www. etsi. org/standards.
[24] ATIS. Standards and Specifications［EB/OL］.（2021-12-27）［2022-10-01］https：//www. atis. org/standards-and-specifications/.
[25] 中国通信标准化协会．标准查询［EB/OL］.（2021-12-27）［2022-10-01］http：//www. ccsa. org. cn/bzcx.

图书在版编目（CIP）数据

应急通信实务／广东省安全生产科学技术研究院组织编写．
--北京：应急管理出版社，2023(2024.3重印)
ISBN 978-7-5020-9090-6

Ⅰ.①应… Ⅱ.①广… Ⅲ.①应急通信系统 Ⅳ.①TN914

中国国家版本馆 CIP 数据核字(2023)第 037150 号

应急通信实务

组织编写 广东省安全生产科学技术研究院
责任编辑 郑 义
编　　辑 孟 琪
责任校对 赵 盼
封面设计 地大彩印

出版发行 应急管理出版社（北京市朝阳区芍药居 35 号 100029）
电　　话 010-84657898（总编室） 010-84657880（读者服务部）
网　　址 www. cciph. com. cn
印　　刷 三河市中晟雅豪印务有限公司
经　　销 全国新华书店

开　　本 787mm×1092mm 1/16 **印张** 18 1/2 **字数** 441 千字
版　　次 2023 年 1 月第 1 版 2024 年 3 月第 2 次印刷
社内编号 20211526 **定价** 75. 00 元